SHUBIANDIAN SHEBEI JINSHU CAILIAO
JI JIANCE SHIYAN JISHU

输变电设备金属材料及检测试验技术

国网江苏省电力有限公司电力科学研究院
国家电网公司 GIS 设备运维检修技术实验室　组编

中国电力出版社
CHINA ELECTRIC POWER PRESS

内 容 提 要

本书共十章，系统阐述了金属材料基础知识、金属材料性能及分类、电网设备常用金属材料、金属材料成型工艺、金属材料检测试验方法、无损检测技术、腐蚀与防护技术等内容；为了方便指导现场检测试验工作的开展，本书汇集了相关工作的要点和技术要求，编写了金属材料检测试验的作业规范。此外，本书还对电网设备金属材料失效案例进行了分析，供读者学习借鉴。

本书可供从事金属材料和无损检测专业的工作人员学习阅读。

图书在版编目（CIP）数据

输变电设备金属材料及检测试验技术 / 国网江苏省电力有限公司电力科学研究院，国家电网公司GIS设备运维检修技术实验室组编. —北京：中国电力出版社，2018.4

ISBN 978-7-5198-1671-1

Ⅰ. ①输⋯ Ⅱ. ①国⋯ ②国⋯ Ⅲ. ①输电–电气设备–金属材料–材料试验 ②变电所–电气设备–金属材料–材料试验 Ⅳ. ①TM7

中国版本图书馆CIP数据核字（2018）第001415号

出版发行：中国电力出版社
地　　址：北京市东城区北京站西街19号（邮政编码100005）
网　　址：http://www.cepp.sgcc.com.cn
责任编辑：刘丽平（liping_liu@sgcc.com.cn）
责任校对：王开云
装帧设计：张俊霞　左　铭
责任印制：邹树群

印　　刷：三河市万龙印装有限公司
版　　次：2018年4月第一版
印　　次：2018年4月北京第一次印刷
开　　本：787毫米×1092毫米　16开本
印　　张：17.5
字　　数：390千字
印　　数：0001—3000册
定　　价：88.00元

编 委 会

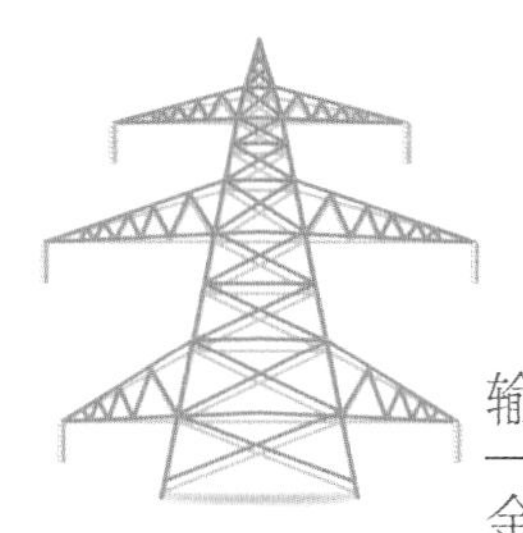

前 言

近年来，随着电力工业的快速发展，电网的承载能力和输送容量显著增加，输变电设备的可靠性显得愈加重要。金属材料是输变电设备的基础，金属材料性能是输变电设备电气性能的重要保障。金属技术监督作为一种保障设备运行安全的手段在电网生产过程中发挥了重要作用，它从输变电设备的选型、制造、安装、运行到检修维护的全过程对金属材料的性能进行分析和评价，通过检测试验手段实现排查设备隐患、评价设备状况、降低运行风险、提升电网设备安全水平的目的。

输变电设备种类繁多，功能各异，涉及的金属材料也多达数千种，涵盖了碳钢、合金钢、不锈钢、铜及铜合金、铝及铝合金等多个种类。输变电设备用金属材料检测试验涉及的专业方向也较为宽泛，包括金属材料性能分析、焊接及成型工艺、无损检测、腐蚀防护、结构力学等等。此外，输变电设备金属材料的检测试验还需要将金属材料理论与设备功能和使用条件相结合，以分析和评价的手段从设备全寿命周期管理环节提升和保障电网设备的质量和安全运行。

本书结合输变电设备金属材料检测试验工作的要求，紧贴电网设备实际，从金属材料基础知识、金属材料性能及特点、金属材料成型工艺、金属材料性能检测分析技术、无损检测技术、腐蚀与防护技术等方面对检测试验方法及其特点进行了系统阐述。为了利于指导现场检测试验工作的开展，本书汇集了相关工作的要点和技术要求，编写了金属材料检测试验的作业规范。此外，本书还列举了输变电设备失效典型案例，对读者开展输变电设备材料失效原因分析和缺陷隐患排查具有一定的指导和借鉴意义。

由于编者的经验和水平有限，以及金属材料专业和无损检测技术的不断发展，本书在内容上存在的不足和错误，敬请读者批评指正。

编 者

2017 年 12 月

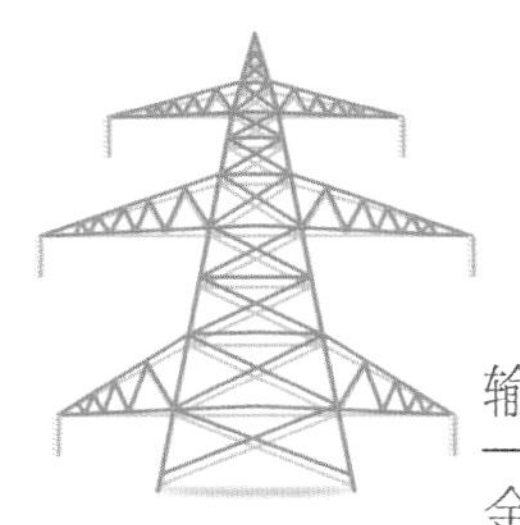

目　录

1 金属材料基础知识

1.1 金属材料概述

金属材料是指金属元素或以金属元素为主构成的具有金属特性的材料的统称，包括纯金属和合金。纯金属是指单一的、基本不含任何杂质的具有金属特性的材料。合金常指由两种或两种以上的金属或金属与非金属结合而成、具有金属特性的材料，如铁碳合金（钢）、铜锌合金（黄铜）等。

金属特性一般是指具有金属光泽（即对可见光强烈反射）、富有延展性、具有一定导电性、导热性、加工性和固定熔点，但并非所有的金属材料都具有良好的延展性和导电性。

比较严格的定义是：金属是具有正的电阻温度系数的物质。即：所有金属材料的电阻都随着温度的升高而增大，而所有非金属材料的电阻都随着温度的升高而减小，非金属材料的电阻温度系数为负值。

目前已知的112种元素中，有92种是金属元素，常温下除汞Hg（水银）外，其余金属元素均以固体形式存在。在自然界中，绝大多数金属是以化合物形态存在的，少数金属如Au、Pt、Ag、Bi是以游离态存在的。游离态是元素存在的一种状态，与化合态相对。假如某物质只由一种元素组成，那么其状态即被称为游离态。金属矿物多数是氧化物及硫化物，其他存在形式有氯化物、硫酸盐、碳酸盐、硅酸盐等。

金属的特性是由于其原子的结构和原子间的结合方式决定的。也就是说，金属的特性归根于金属的原子结构，也取决于原子间的结合方式以及原子在空间的排列情况。为了理解金属的特性，首先要了解金属原子的结构特点。

1.1.1 金属原子结构

原子结构理论认为，孤立的自由原子是由带正电的原子核和带负电的核外电子所组成。原子的尺寸很小，为10^{-9}mm数量级，原子核的尺寸更小，为10^{-13}mm数量级。原子核中包括质子和中子，质子与中子的质量近似相等。质子具有正电荷，每个质子所带电荷与一个电子所带电荷相等，但符号相反。每个原子中的质子数与核外电子数相等。核外电子按能级由低至高分层排列。内层电子的能量低，最为稳定。外层电子的能量高，与原子核结合得弱，这样的电子通常称为价电子。原子中的所有电子都按照量子力学的规律运动。

金属原子的结构特点是，最外层的电子数很少，一般为 1～2 个，最多不超过 4 个。由于这些外层电子与原子核的结合力较弱，所以很容易脱离原子核的束缚而变成自由电子，此时的原子即变为正离子。因此，常将这些元素称为正电性元素。非金属元素的原子结构与此相反，即外层电子数较多，最多 7 个，最少 4 个，它易于获得电子，此时的原子即变为负离子。因此，非金属元素又称为负电性元素。过渡族金属元素，如钛、钒、铬、锰、铁、钴、镍等，它们的原子结构除具有上述金属原子的特点外，还有一个特点，即在次外层尚未填满电子的情况下，最外层就先填充了电子。因此，过渡族金属的原子不仅容易丢失最外层电子，而且还容易丢失次外层的 1～2 个电子，这就出现过渡族金属化合价可变的现象。当过渡族金属的原子彼此相互结合时，不仅最外层电子参与结合，而且次外层电子也参与结合。因此，过渡族金属的原子间结合力特别强，宏观表现为熔点高、强度高。由此可见，原子外层参与结合的电子数目，不仅决定着原子间结合键的本质，而且对其化学性能和强度等特性也具有重要影响。

1.1.2 金属键

由于金属与非金属的原子结构不同，使原子间的相互结合产生了很大差别。下面以食盐（氯化钠）、金刚石（碳）和铜为例进行分析。当正电性元素钠和负电性元素氯相接触时，由于电子一失一得，使它们各自变成正离子和负离子，两者靠静电作用结合起来，氯化钠的这种结合方式称为离子键。碳的价电子数是 4 个，得失电子的机会近似，既可形成正离子，也可形成负离子。事实上，虽然碳偶尔也能与别的元素形成离子键，但它本身原子之间多以共价键方式结合。所谓共价键，即相邻原子共用它们外部的价电子，形成稳定的电子满壳层。金刚石中的碳原子之间完全以共价键结合。铜原子之间的结合既不同于离子键，也不同于共价键，属于金属键。近代物理和化学的观点认为：处以集聚状态的金属原子，全部或大部分将它们的价电子贡献出来，为整个原子集体所公有，称之为电子云或电子气。这些价电子或自由电子，已不再只围绕自己的原子核转动，而是与所有的价电子一起在所有原子核周围按量子力学的规律运动着。贡献出价电子的原子，则变为正离子，沉浸在电子云中，它们依靠运动于其间的公有化的自由电子的静电作用而结合起来，这种结合方式叫做金属键。金属键没有饱和性和方向性。图 1–1–1 示意地绘出了金属键模型。这种模型认为，在固态金属中，并非所有原子都变为正离子，而是绝大部分处于正离子状态，但仍有少部分原子处于中性原子状态。

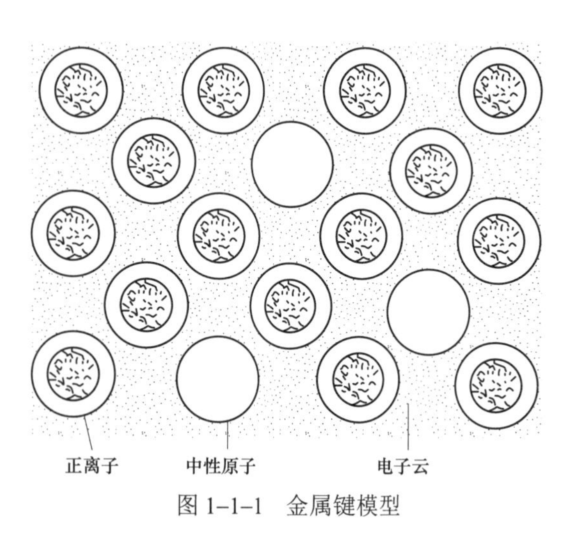

图 1–1–1　金属键模型

在金属及合金中，主要是金属键，但有时也不同程度地混有其他键。

根据金属键的本质，可以解释固态金属的一些特性。例如，在外加电场作用下，金属中的自由电子能够沿着电场方向作定向运动，形成电流，从而显示出良好的导电性。自由电子的运动和正离子的振动使金属具有良好的导热性。随着温度的升高，正离子或原子本身振动的振幅加大，可阻碍电子的通过，使电阻升高，因而金属具有正的电阻温度系数。由于自由电子很容易吸收可见光的能量，而被激发到较高的能级，当它跳回到原来的能级时，就把吸收的可见光能量重新辐射出来，从而使金属不透明，具有金属光泽。由于金属键没有饱和性和方向性，所以当金属的两部分发生相对位移时，金属的正离子始终被包围在电子云中，从而保持金属键结合。这样，金属就能经受变形而不断裂，使其具有延展性。

1.1.3 金属原子的结合力与结合能

在固态金属中，众多的原子依靠金属键牢固地结合在一起。下面从原子间的结合力与结合能来说明，沉浸于电子云中的金属原子（或正离子）为什么像图 1–1–1 所示的那样规则排列着，并往往趋于紧密地排列。为简便起见，首先分析两个原子之间的相互作用情况（即双原子作用模型）。当两个原子相距很远时，它们之间实际上不发生相互作用，但当它们相互逐渐靠近时，其间的作用力就会随之显示出来。分析表明，固态金属中两原子之间的相互作用力包括：正离子与周围自由电子间的吸引力、正离子与正离子以及电子与电子之间的排斥力。吸引力力图使两原子靠近，而排斥力力图使两原子分开，它们的大小都随原子间距离的变化而变化，如图 1–1–2 所示。

图 1–1–2 的上半部分为 A、B 两原子间的吸引力和排斥力曲线，两原子的结合力为吸引力与排斥力的代数和。吸引力是一种长程力，排斥力是一种短程力，当两原子间距较大时，吸引力大于排斥力，两原子自动靠近。当两原子靠近致使其电子层发生重叠时，排斥力便急剧增长，一直到两原子距离为 d_0 时，吸引力与排斥力相等，即原子间结合力为零，好像位于原子间距 d_0 处的原子既不受吸引力，也不受排斥力一样。d_0 即相当于原子的平衡位置，原子既不会自动靠近，也不会自动离开。任何对平衡位置的偏离，都立刻会受到一个力的作用，促使其回到平衡位置。例如，当距离小于 d_0 时，排斥力大于吸引力，原子间要相互排斥；当距离大于 d_0 时，吸引力大于排斥力，两原子要相互吸引。如果把 B 原子拉开，远离其平衡位置，则必须施加外力，以克服原子间的吸引力。当把 B 原子拉至 d_c 位置时，外力达到原子结合力曲线上的最大值，超过 d_c 之后，所需外力就越来越小。可见，原子间的最大结合力不是出现在平衡位置，而是在 d_c

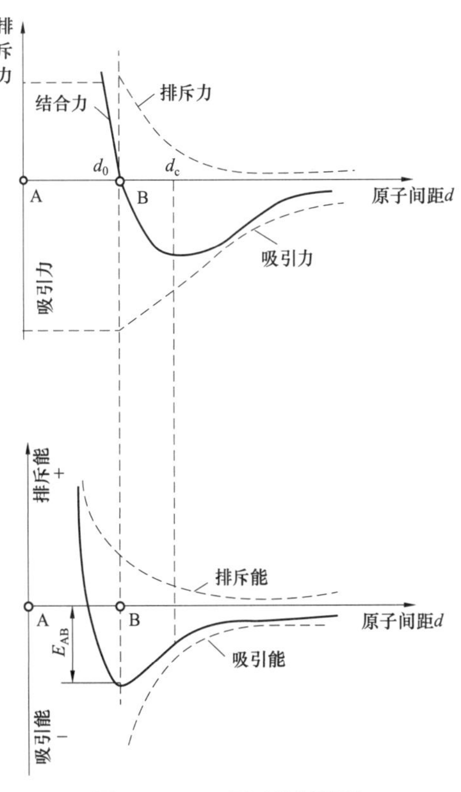

图 1–1–2 双原子作用模型

位置上。这个最大结合力就对应着金属的理论抗拉强度。金属元素不同，则原子的最大结合力值也不同。此外，从图上可以看出，在 d_0 点附近，结合力与距离的关系接近线性关系。

图 1–1–2 的下半部分是吸引能和排斥能与原子间距离的关系曲线，结合能是吸引能与排斥能的代数和。当形成原子集团比分散孤立的原子更稳定，即势能更低时，那么，在吸引力的作用下把远处的原子移近所做的功是使原子的势能降低，所以吸引能是负值。相反，排斥能是正值。当原子移至平衡距离 d_0 时，其结合能达到最低值，即此时原子的势能最低、最稳定。任何对 d_0 的偏离，都会使原子的势能增加，从而使原子处于不稳定状态，原子就有回到低能状态，即恢复到平衡位置的倾向。这里的 E_{AB} 称为原子间的结合能或键能。同样，金属元素不同，则其结合能的大小也不同。

将上述双原子作用模型加以推广，不难理解，当大量金属原子结合成固体时，为使固态金属具有最低能量，以保持其稳定状态，大量原子之间也必须保持一定的平衡距离，这就是固态金属中的原子趋于规则排列的重要原因。

如果试图从固态金属中把某个原子从平衡位置拿走，就必须对它做功，以克服周围原子对它的作用力。显然，这个要被拿走的原子周围近邻的原子数越多，所需要做的功也越大。由此可见，原子周围最近邻的原子数越多，原子间的结合能（势能）越低。能量最低的状态是最稳定的状态，而任何系统都有自发从高能状态向低能状态转化的趋势。因此，常见金属中的原子总是自发地趋于紧密地排列，以保持最稳定的状态。

当原子间以离子键或共价键结合时，原子达不到紧密排列状态，这是由于这种结合方式对原子周围的原子数有一定的限制之故。

最后，应当指出，所有的离子和原子在各自的平衡位置上并不是固定不动的，而是各自以其平衡位置为中心作微弱的热振动。温度越高，热振动的振幅越大。

1.2 金属基本晶体结构

金属中的原子是有序排列的，我们将这种原子在三维空间作有规则的周期性重复排列的物质称为晶体，金属一般均为晶体。在晶体中，原子排列的规律不同，其性能也不同。

1.2.1 晶体的特性

晶体与非晶体的区别不在外形，主要在于内部的原子排列情况。在晶体中，原子按一定的规律周期性地重复排列着，而所有的非晶体，如玻璃、木材、棉花等，其内部的原子则是散乱分布着，至多有些局部的短程规则排列。

由于晶体中的原子呈一定规则重复排列着，这就造成了晶体在性能上具有区别于非晶体的一些重要特点。

首先，晶体具有一定的熔点（熔点就是晶体向非晶体状态的液体转变的临界温度），

在熔点以上，晶体变为液体，处于非晶体状态；在熔点以下，液体又变为晶体，处于结晶状态。金属从晶体至液体或从液体至晶体的转变都是突变的。而非金属则不然，它从固体至液体，或从液体至固体的转变都是逐渐过渡的，没有确定的熔点或凝固点，所以可以把固态非晶体看作是过冷状态的液体，它只是在物理性质方面不同于通常的液体而已，玻璃就是一个典型的例子。故往往将非晶体态的固体称作玻璃体。

其次，晶体的另一个特点是在不同的方向上测量其性能（如导电性、导热性、热膨胀性、弹性和强度等）时，表现出或大或小的差异，称之为各向异性或异向性。而非晶体在不同方向上的性能则是一样的，不因方向而异，称之为各向同性或等向性。

由此可见，晶体与非晶体之间存在着本质的差别，但这并不意味着两者之间存在着不可逾越的鸿沟。在一定条件下，可以将原子呈不规则排列的非晶体转变为原子呈规则排列的晶体，反之亦然。例如，玻璃经长时间高温加热后能形成晶态玻璃；用特殊的设备使液体金属以极快的速度冷却下来，可以制出非晶态金属。当然，这些转变的结果必然使其性能发生极大的变化。

1.2.2 晶格与晶胞

原子的空间排列规律可以用刚球堆垛来表示，也可以将原子抽象成几何点（称为阵点或结点），用平行线将各个阵点连接起来，构成一个三维的空间格架。这种用以描述晶体中原子（离子或分子）排列规律的空间格架称为空间点阵，简称点阵或者晶格，如图 1–2–1 所示。

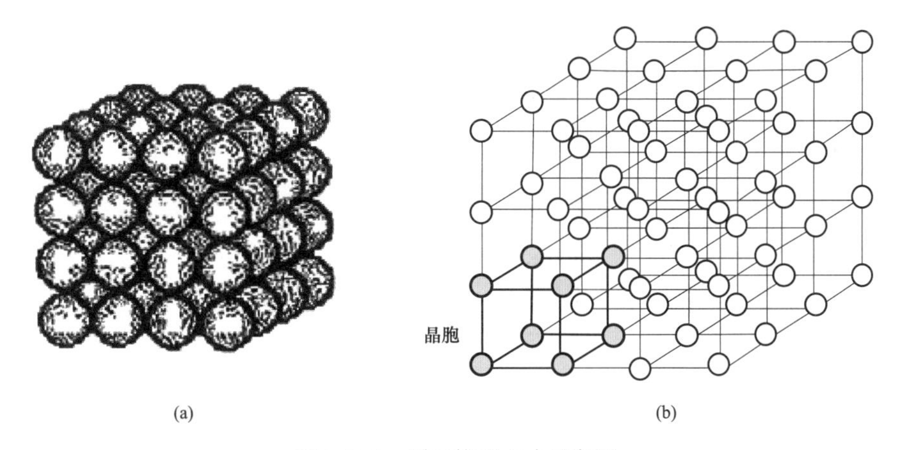

图 1–2–1 原子排列方式示意图

（a）原子堆垛模型；（b）晶格

由于晶格中的原子排列具有周期性的特点，因此可以认为晶格是由许多大小、形状和位向相同的基本几何体在空间重复堆积而成的。这种可以完整反映晶格特征的最小几何单元称为晶胞。

1.2.3 典型的晶体结构

自然界中的晶体有数万种，它们的晶体结构也各不相同。但根据晶胞的三个晶格常数

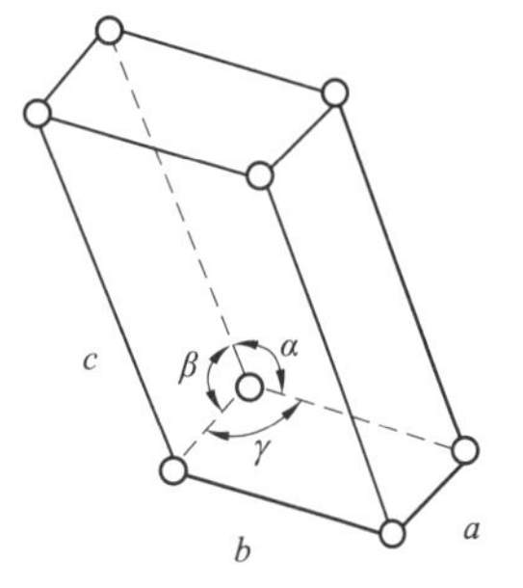

图 1–2–2　晶胞的晶格常数示意图

（图 1–2–2 中晶胞三个棱边长度 a、b、c）和三个轴间夹角（图 1–2–2 中晶胞三个棱边夹角 α、β、γ）的相互关系，则可以将晶体的空间点阵分为 14 种类型。根据空间点阵的基本特点，又可以将 14 种空间点阵归结为 7 个晶系。

由于金属原子趋于紧密排列，所以工业上使用的金属元素中，绝大多数都具有比较简单的晶体结构（$a=b=c$，$\alpha=\beta=\gamma=90°$），其中最常见的有体心立方、面心立方和密排六方结构三种。

表 1–2–1　　常见晶体结构的特点

晶体结构	刚球模型	晶胞	特点及对应原子
体心立方（BCC）			晶胞的 3 个棱边长度相同，三个轴间夹角均为 90°。在晶胞 8 个角上各有 1 个原子，立方体中心还有一个原子。 具有体心立方晶格的金属有 α–Fe（室温下的铁）、Cr、V、Nb、W 等
面心立方（FCC）			在晶胞 8 个角上各有 1 个原子，立方体 6 个面的中心还有一个原子。 具有面心立方晶格的金属有 γ–Fe（高温下的铁）、Cu、Al、Ni、Ag、Pb 等
密排六方（CPH）			在晶胞的 12 个角上个有 1 个原子，构成六方柱体，上底面和下底面的中心各有 1 个原子，晶胞内还有 3 个原子。 具有密排六方晶格的金属有 Zn、Mg、Be、Cd 等

表 1–2–2　　晶格类型特征及对应的常见金属

晶格类型	晶胞中的原子数	原子半径	致密度	常见金属
体心立方	2	$\frac{\sqrt{3}}{4}a$	0.68	Cr、W、Mo、V、α–Fe
面心立方	4	$\frac{\sqrt{2}}{4}a$	0.74	Cu、Al、Au、Ag、γ–Fe
密排六方	6	$\frac{1}{2}a$	0.74	Mg、Zn、Be、Cd

从表 1–2–2 中可以看出，三种常见的晶格结构中，原子排列最致密的是面心立方晶格和密排六方晶格，而体心立方晶格的致密度要小一点。因此，当金属从一种晶格转变为另一种晶格时，如：铁从高温冷却时，由面心立方的 γ–Fe 转变为体心立方的 α–Fe 时，将会引起体积和致密度的变化；若体积变化受到约束，则会在金属内部产生出内应力，当内应力较大时会导致金属部件发生变形或开裂。

1.2.4 晶向指数和晶面指数

在晶体中，由一系列穿过原子中心的线所组成的平面称为晶面，任意两原子之间连线所指的方向称为晶向。为了研究和表述不同晶面和晶向的原子排列情况及其在空间的位向，需要有一个统一的表示方法，这就是晶面指数和晶向指数。晶向指数与晶面指数的标定如图 1–2–3、图 1–2–4 所示。

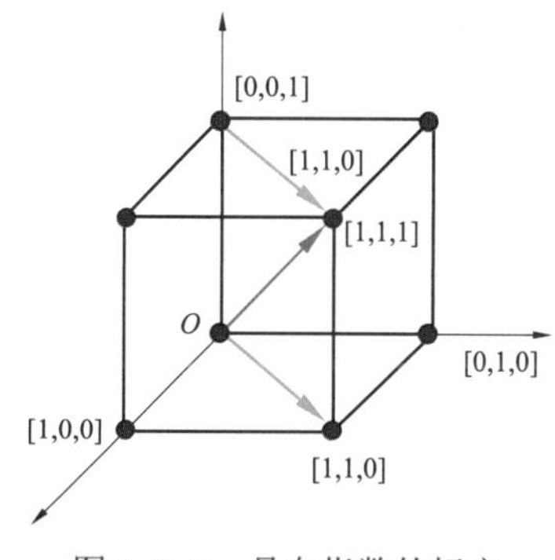

图 1–2–3 晶向指数的标定

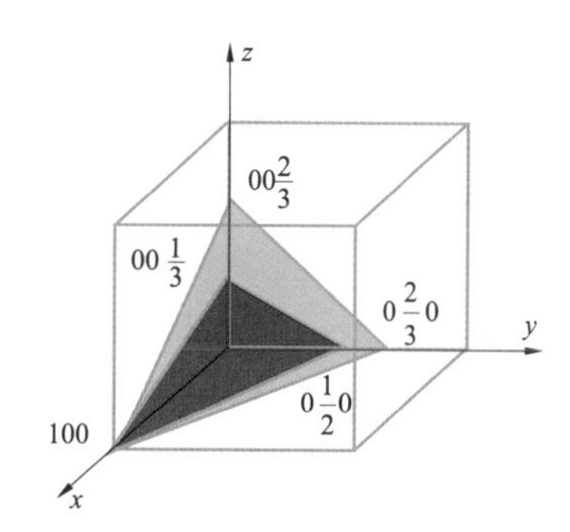

图 1–2–4 晶面指数的标定

1.2.5 晶体的各向异性

各向异性是晶体的一个重要特性，是区别于非晶体的重要标志。晶体具有各向异性的原因，是由于在不同晶向上的原子紧密程度不同所致。原子的紧密程度不同，意味着原子之间的距离不同，则导致原子间结合力不同，从而使晶体在不同晶向上的物理、化学和机械性能不同，即无论是弹性模量、断裂抗力、屈服强度，还是电阻率、磁导率、线膨胀系数以及在酸中的溶解速度等方面都表现出明显的差异。

1.2.6 多晶型性

大多数金属在固态下只有一种晶体结构，如铜、铝、银等金属在固态时无论温度高低，均为面心立方晶格，钨、钼、钒等金属则为体心立方晶格。但有些金属在固态下存在两种或两种以上的晶格形式，即具有多晶型。如铁、锡、锰、钛等金属在加热或冷却过程中，其晶格类型会发生变化。

金属在固态下随温度的改变由一种晶格类型转变为另一种晶格类型的现象，称为同素异构转变或多晶型转变。同一金属的同素异构体按其稳定存在的温度，由低温到高温依次用希腊字母 α、β、γ、δ 等表示。如：铁在 912℃以下为体心立方晶格，称为 α–Fe；在 912～1394℃，具有面心立方晶格，称为 γ–Fe；而从 1394℃至熔点，又转变为体心立方晶格，

称为 δ–Fe。由于不同的晶体结构具有不同的致密度，因而当发生多晶型转变时，将伴有比容或体积的突变。

同素异构转变是各种金属材料能够通过热处理方法改变其内部组织结构，从而改变其性能的理论依据。

1.3 晶 体 缺 陷

在实际应用的金属材料中，总是不可避免地存在一些原子偏离规则排列的不完整性区域，这就是晶体缺陷。这些晶体缺陷不但对金属及合金的性能（特别是那些对结构敏感的性能，如强度、塑性、电阻等）产生重大影响，而且还在扩散、相变、塑性变形和再结晶过程中扮演着重要角色。

根据晶体缺陷的几何形态特征，可以将其分为点缺陷、线缺陷及面缺陷。

1.3.1 点缺陷

点缺陷的特征是三个方向的尺寸都很小，相当于原子的尺寸，常见的点缺陷有空位、间隙原子、置换原子，如图 1–3–1 所示。

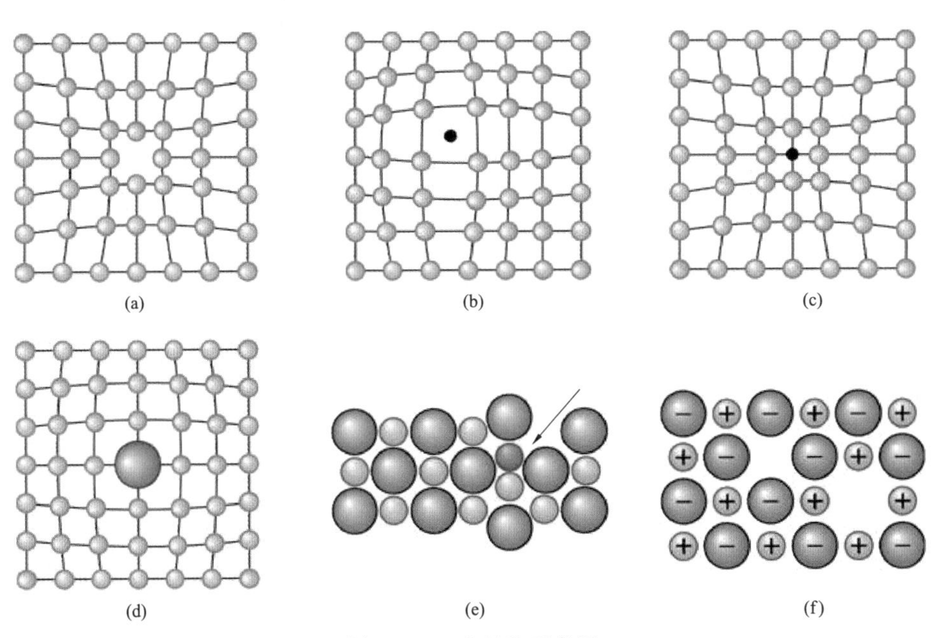

图 1–3–1　点缺陷示意图

（a）空位；（b）间隙原子；（c）置换原子；（d）置换原子；（e）间隙原子；（f）空位

空位是原子迁移的结果，是一种热平衡缺陷，温度升高，原子振动能量提高，迁移增多，空位浓度提高。处于晶格间隙中的原子即为间隙原子，它也是一种热平衡缺陷，在一定温度下有一个平衡浓度，这个浓度也称为固溶度。占据在原来基体平衡位置上的异类原子称为置换原子，由于置换原子的大小与基体原子不可能完全相同，也会造成晶格畸变。

无论是哪种点缺陷，都会造成晶格畸变，对金属性能产生影响，例如屈服强度升高、电阻增大、体积膨胀等。此外，点缺陷的存在将加速金属中的扩散过程，因此凡与扩散有关的相变、化学热处理、高温下的塑性变形和断裂，都与空位和间隙原子的存在和运动有密切关系。

1.3.2　线缺陷

晶体中的线缺陷就是各种类型的位错，它是在晶体中某处有一列或若干列原子发生了有规律的错排现象，使长度达几百至几万、宽约几个原子间距范围内的原子离开其平衡位置，发生了有规律的错动。位错中最简单、最基本的的类型有刃型位错和螺型位错。位错是一种极为重要的晶体缺陷，它对于金属的强度、断裂和塑性变形等起着决定性的作用。

刃型位错模型如图 1–3–2 所示，犹如一把锋利的钢刀将晶体上半部分切开，亦可理解为右上部晶体中的原子自右向左滑移了一个原子间距。

螺型位错可以设想为立方晶体右端上下部分沿滑移面发生了一个原子间距的相对切边，已滑移区和未滑移区的边界就是螺型位错线。由于位错线附近的原子是按螺旋形排列，所以称为螺（旋）型位错，如图 1–3–3 所示。

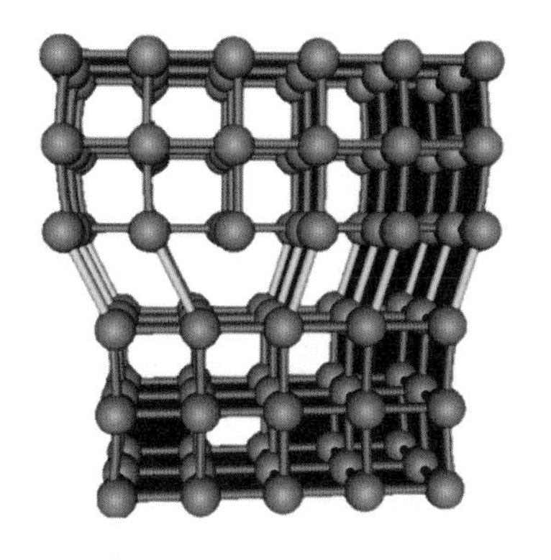

图 1–3–2　刃型位错示意图

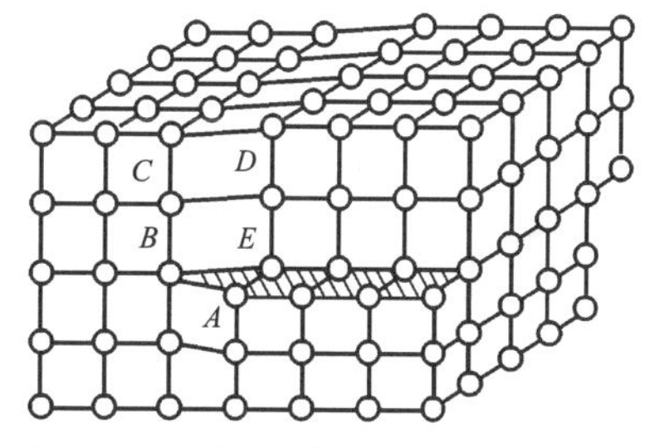

图 1–3–3　螺（旋）型位错示意图

实际晶体中经常含有大量的位错，位错密度非常高，特别是经剧烈冷塑性变形的金属。如果金属中不含位错，那么它将有极高的强度，位错有利于金属的变形，但由于变形后位错密度的增加，位错之间相互作用和制约，晶体的强度便又上升。

1.3.3　面缺陷

晶体的面缺陷包括晶体的外表面（表面或自由界面）和内界面两类，其中内界面又有晶界、亚晶界、孪晶界、堆垛层错和相界等。如果将位错认为是一种线性的晶体缺陷，那么面缺陷可认为是二维的晶体缺陷。

晶界分为大角度晶界和小角度晶界。晶粒位向差大于 10° 的晶界为大角度晶界（见图 1–3–4），多晶体金属中的晶界大都属于大角度晶界，其晶界结构十分复杂；晶粒位向差小于 10°的晶界为小角度晶界（见图 1–3–5），小角度晶界基本上由位错构成。亚晶界为亚结构之间的界面，两侧位向差通常小于 1°（见图 1–3–6）。

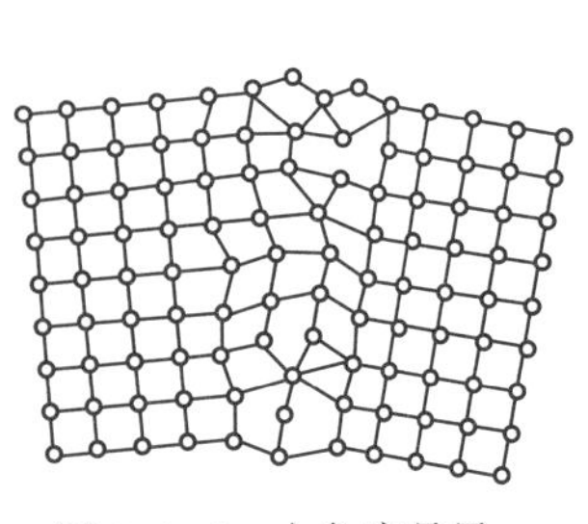

图 1–3–4　大角度晶界

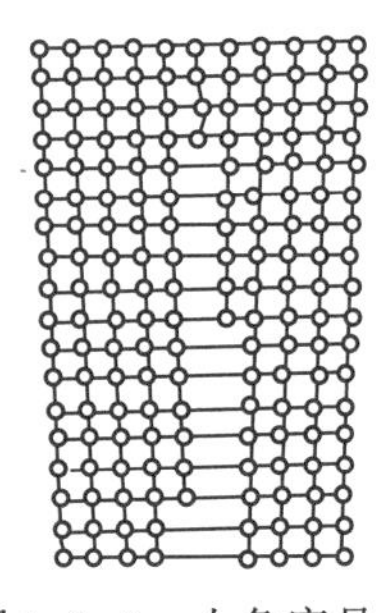
图 1–3–5　小角度晶界

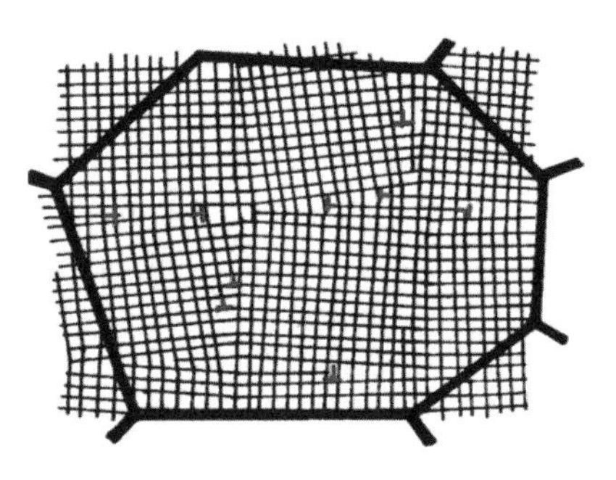
图 1–3–6　亚晶界结构示意图

由于界面能的存在，当金属中有能降低界面能的异类原子时，这些原子就向晶界偏聚，如钢中硼原子向晶界的偏聚对钢的性能有重要影响。此外，界面能的存在使晶界的熔点低于晶粒内部，且易于腐蚀和氧化。

1.4　相 及 相 图

1.4.1　合金中的相

1.4.1.1　相的概念

合金常指由两种或两种以上的金属或金属与非金属结合而成、具有金属特性的材料。组元是组成合金的最基本的、独立的单元，一般是指元素或稳定的化合物。根据组元的数量，合金可以分为二元合金、三元合金、多元合金等。

相是指合金中晶体结构相同、成分和性能均一，并以界面相互分开的均匀组成部分。当不同的组元经熔炼组成合金时，这些组元由于物理和化学的作用，形成有一定晶体结构和成分的相。合金在加热、冷却过程中亦会生成新相。由一种固相组成的合金称为单相合金，由几种固相组成的合金称为多相合金。例如含 30%Zn 的黄铜即为单相 α 黄铜，它是锌溶于铜的固溶体。而如果 Zn 含量达到 40%，则是两相合金，即除了形成固溶体外，铜和锌还会生成金属化合物，它的晶体结构与固溶体完全不同，成分与性能也不相同，中间有界面把两种不同的相分开。

以钢铁材料为例，常见的相有 α–Fe、γ–Fe、δ–Fe、Fe_3C 及其他合金碳/氮化物（如 MX），以及一些金属间化合物（如 σ 相、G 相、η 相、LAVES 相等），它们均具有不同的晶体结构和成分配比。

组织是由不同形态、大小和分布的一种或者多种相组成的综合体，也包含有各种材料缺陷。通常，将用肉眼或者放大镜看到的组织称为宏观组织或低倍组织，而将用金相显微镜观察方法看到的微观形貌称为显微组织。

合金的性能由其组织决定，而合金的组织由相组成。相是组织的基本单元，组织是相的综合体。

1.4.1.2　相的分类

虽然相的种类非常繁多，但根据相的晶体结构特点可以将其分为以下两大类：

（1）固溶体。合金的组元之间以不同的比例混合，混合后形成的固相的晶体结构与组成合金的某一组元的相同，这种相就称为固溶体。亦可理解为在某一固体溶剂中溶入了某些固体溶质，固溶体因此得名。

工程上所使用的金属材料，绝大部分是以固溶体为基体的，例如广泛应用的碳钢和合金钢，均以固溶体为基体相（如奥氏体、铁素体等），其含量占组织中的绝大部分。

（2）金属化合物。合金系中，组元间发生相互作用，除彼此形成固溶体外，还可能形成一种具有金属性质的新相，即为金属化合物。金属化合物具有它自己独特的晶体结构和性质，与原组元的结构性质截然不同。金属化合物中，除离子键、共价键外，金属键也参与作用，因而具有一定的金属性质，所以称为金属化合物。碳钢中的 Fe_3C、黄铜中的 CuZn、铝合金中的 $CuAl_2$ 等都是金属化合物。

1.4.1.3　相结构

（1）固溶体。

固溶体的晶体结构与基体金属的基本相同，固溶体按原子在晶格中所占的位置分为置换固溶体和间隙固溶体；按固溶度分为有限固溶体和无限固溶体；按溶质原子与溶剂原子的相对分布分为无序固溶体和有序固溶体。

虽然固溶体仍保持着溶剂的晶格类型，但若与纯组元相比，结构还是发生了一些变化，主要表现为晶格畸变与偏聚。固溶体中的晶格畸变使材料的塑性变形抗力增大，提高了其强度、硬度，而使塑性、韧性、电导率有所下降。这种通过溶入溶质元素形成固溶体，使金属材料的强度、硬度升高的现象称为固溶强化。固溶强化是提高金属材料力学性能的重要途径之一。

固溶强化的强化效果与溶质的浓度和固溶体的类型有关，在达到极限溶解度之前，溶质浓度越大，强化效果越好。一般而言，间隙固溶强化的效果比置换固溶强化的效果强烈得多，其强化作用甚至可差 1～2 个数量级，钢中碳原子的固溶强化就是典型的例子。

实践表明，只要适当控制固溶体中的溶质含量，就可以在显著提高金属材料强度、硬度的同时，仍然保持其相当好的塑性和韧性。因此，对综合力学性能要求较高的金属材料都是以固溶体为基体的合金。应该指出，单纯通过固溶强化所达到的最高强度指标仍然是有限的，常常满足不了对结构材料的要求，因而在固溶强化的基础上，还要应用其他的强化方式。

此外，晶格畸变除了会引起固溶强化之外，还会使固溶体的某些物理性能发生变化。一般规律是随着溶质原子的溶入，金属的电阻值升高，而且固溶体的电阻值与温度关系不大，工程上应用的精密电阻和电热材料等都广泛应用固溶体合金，如热处理炉用的 Fe–Cr–Al、Cr–Ni 电阻丝等都是固溶体合金。

（2）金属化合物。

金属化合物一般可以用分子式来大致表示其组成，主要分为正常价化合物、电子化合物、间隙相和间隙化合物。

正常价化合物具有严格的化合比，成分固定不变，可用化学式表示。这类化合物一般具有较高的硬度，脆性较大，如钢铁中的MnS夹杂物，有色合金中的Mg_2Si强化相。

电子化合物不遵守原子价规律，而是按照一定电子浓度的比值形成的化合物。电子浓度不同，所形成化合物的晶格类型亦不同。电子化合物也可以用分子式表示，但其成分可以在一定范围内变化，因此可以将其看成以化合物为基的固溶体，如铜合金中的CuZn相、Cu_5Sn相都是电子化合物。

间隙相和间隙化合物主要受组元的原子尺寸控制，通常是由过渡族金属与原子半径很小的非金属元素H、N、C、B所组成。根据非金属元素（以X表示）与金属元素（以M表示）原子半径的比值，可将其分为两类：当$R_X/R_M<0.59$时，形成具有简单结构的化合物，成为间隙相；当$R_X/R_M>0.59$时，则形成具有复杂晶体结构的化合物，成为间隙化合物。氢、氮的原子半径较小，所以过渡族金属的氢化物和氮化物都是间隙相；硼的原子半径最大，所以过渡族金属的硼化物都是间隙化合物；碳的原子半径介于两者之间，所以一部分为间隙相，一部分为间隙化合物。

间隙相具有简单的晶体结构（如简单立方、面心立方、体心立方、密排六方），非金属原子位于晶格的间隙位置，间隙相的化学成分可用简单的分子式表示，如MX、M_2X等，但是它们的成分可以在一定范围内变动。间隙相具有极高的熔点和硬度，是钢中主要的强化相，钢中常见碳化物都属于间隙相，如VC、NbC、Mo_2C等。

间隙化合物一般具有复杂的晶体结构，Cr、Mn、Fe的碳化物均属于此类，如Fe_3C、$Cr_{23}C_6$等。间隙化合物也具有较高的熔点和硬度，但与间隙相相比，它们的熔点和硬度要低些，而且加热时也较易分解，稳定性低于间隙相。

当一定数量的金属化合物以细小的颗粒状均匀分布在固溶体基体上时，能显著提高合金的强度和硬度，这种强化方式称为第二相强化。

1.4.2 铁碳合金相图

1.4.2.1 相图的概念

相图是研究材料的基础，也是进行焊接和热处理基础。在平衡条件下（极其缓慢地加热和冷却）合金成分、温度、组织状态之间的关系图形称为相图，又称合金相图或合金状态图。各种合金都有相应的相图，例如，铁碳合金相图，铜镍（Cu–Ni）合金相图，铅锡（Pb–Sn）合金相图，铜锡（Cu–Sn）相图等。根据需要，本节主要讨论铁碳合金相图。

相图是通过测定得到的。最常用的测定方法为热分析法，即在极其缓慢的条件下对该合金系中不同成分的多个合金进行加热和冷却，并在此过程中观察其内部组织的变化规律，测出其相变临界点，并标于温度—成分坐标中，绘成相图。

1.4.2.2 Fe–C 相图/Fe–Fe_3C 相图

常用的碳钢是铁碳合金，铸铁也是铁碳合金。当铁碳合金中的碳含量大于 6.69%时，铁碳合金脆性极大，加工困难，在生产中无实用价值。当铁和碳组成碳化物 Fe_3C 时，Fe_3C 中的碳含量为 6.69%，所以仅研究相图中含碳量从 0～6.69%的部分。铁–碳相图又称为 Fe–Fe_3C 相图，如图 1–4–1a 所示。为了便于方便研究，将相图左上角部分进行简化，得到简化后的 Fe–Fe_3C 相图，如图 1–4–1b 所示。

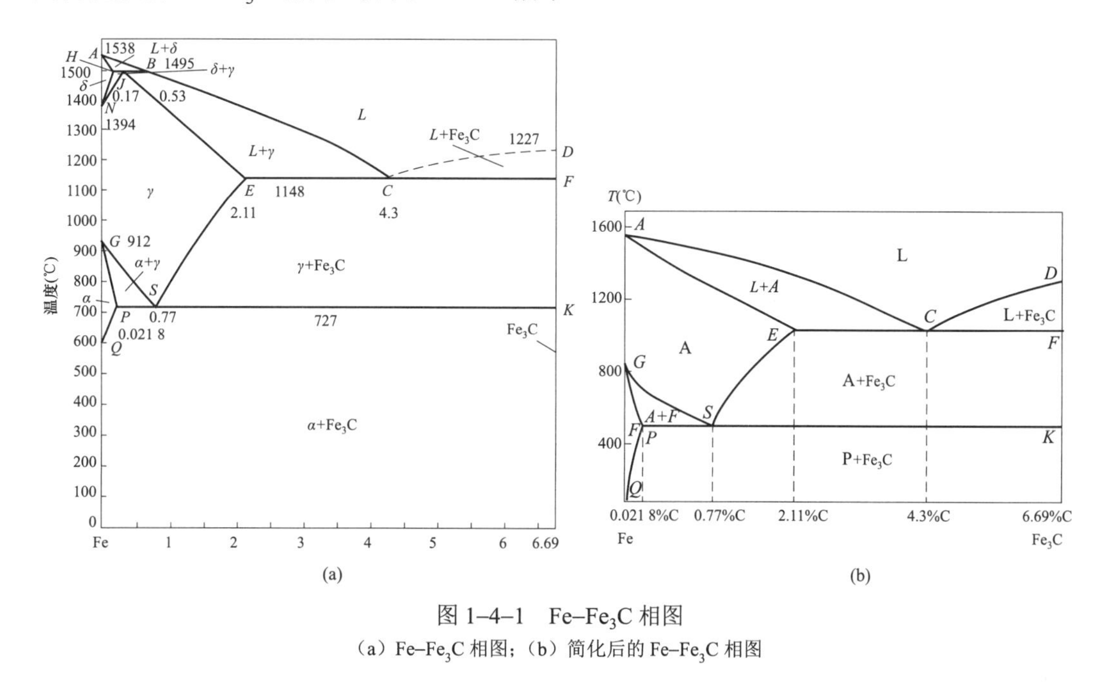

图 1–4–1　Fe–Fe_3C 相图

（a）Fe–Fe_3C 相图；（b）简化后的 Fe–Fe_3C 相图

简化后的 Fe–Fe_3C 相图可看作由两个简单组元组成的典型二元相图，图中纵坐标表示温度，横坐标表示 C 的成分含量。左端原点的 C 含量为 0，即纯铁；右端点 C 含量为 6.69%，即 Fe_3C。横坐标上任何一个固定的成分均代表一种铁碳合金。例如 S 点，表示含 C 含量为 0.77%的铁碳合金。

从图 1–4–1（a）可知，纯铁从液态结晶后到 1394℃得到体心立方晶格的（δ–Fe）铁素体，从 1394℃冷却到 912℃获得面心立方的奥氏体（γ–Fe），从 912℃冷却到室温获得体心立方的铁素体（α–Fe）。碳在不同相中的溶解度是不同的，当溶解在铁素体和奥氏体中的碳含量超过溶解度时，多余的碳就会和铁形成金属化合物 Fe_3C，称为渗碳体。

1.4.2.3 Fe–Fe_3C 相图中各种相/组织

碳原子溶入 δ–Fe 中所形成的固溶体称作高温铁素体。它在 1400℃以上高温出现，对工程应用的铁碳合金的组织和性能没有什么影响，故不予研究。同时也不作为基本相。因此，合金的基本相是铁素体、奥氏体和渗碳体，基本组织为珠光体和莱氏体。

（1）铁素体

铁素体是碳原子溶入 α–Fe 铁中的固溶体（体心立方）。由于体心立方晶格间隙只有

0.036nm，而碳原子的半径为0.077nm，所以铁素体对碳的溶解度很小。在727℃时最大固溶度为0.021 8%，而在室温时为0.008%。铁素体的力学性能与纯铁相近，有良好的塑性和韧性，但其强度和硬度偏低（HB80）。铁素体通常用α或F表示。

（2）奥氏体

碳原子溶入γ–Fe中形成的固溶体称为奥氏体。奥氏体具有面心立方晶格，间隙半径为0.052nm，比α–Fe的间隙稍大，在1148℃时碳原子在奥氏体中的最大固溶度为2.11%，HBS120～220。但随着温度的降低碳在奥氏体中的溶解度下降，在727℃时为0.77%。奥氏体是727℃以上的平衡相，也称为高温相。面心立方晶格的奥氏体有极好的塑性和韧性，强度、硬度较低，通常用γ或A表示。

（3）渗碳体

渗碳体是铁和碳原子结合形成的具有金属性质的复杂间隙化合物，它的晶体结构复杂，属于复杂八面体结构，分子式为Fe_3C，含碳量为6.69%。渗碳体的硬度很高，HV800，极脆，塑韧性几乎为零，在铁合金中是硬脆相，是碳钢的主要强化相。渗碳体在钢中含量和形态对钢的性能有很大的影响。它在铁碳合金中可以呈片状、粒状、网状、板状形态存在。

在高温时，钢和铸铁中的渗碳体经一定时间会发生分解，析出石墨态的碳。

（4）珠光体

珠光体为含碳量0.77%铁碳合金，是727℃时奥氏体共析转变产物，用符号P表示。珠光体是由片层相间的铁素体和渗碳体组成，两者的质量比约为7:1，间距为微米级。具有这种组织的金相试样在抛光和腐蚀后，略为突起的渗碳体片就好像一个衍射光栅，在普通光照射下，会产生珠母般的光泽，因而得其名。珠光体中层片较薄的细粒珠光体也称为索氏体，索氏体具有比普通珠光体更高的硬度、塑性和韧性。

（5）莱氏体

莱氏体为含碳量4.3%铁碳合金，是1148℃时从液相同时结晶出奥氏体和渗碳体的混合物，用符号Ld表示。由于奥氏体在727℃时还将转变为珠光体，所以在室温条件下的莱氏体由珠光体和渗碳体组成。这种混合物仍叫莱氏体，用符号L′d表示。莱氏体的力学性能和渗碳体相似，硬度很高，塑性很差。

1.4.2.4 Fe–Fe_3C相图上点、线、区的含义及分析

（1）Fe–Fe_3C相图的特性点

Fe–Fe_3C相图中特性点的成分和温度与被测材料纯度和测试条件有关，故在不同资料中，各特性点位置略有不同。对照图1–4–1（a），各特性点的温度、成分及含义见表1–4–1。

表1–4–1　特性点的温度、成分、含义

特性点	温度（℃）	含碳量（%）	含　义
A	1538	0	纯铁的熔点
B	1495	0.53	含碳量为0.53%的铁–碳合金的结晶点
C	1148	4.3	共晶点，L⟺A+Fe_3C相互反应
D	1227	6.69	渗碳体的熔点

续表

特性点	温度（℃）	含碳量（%）	含　义
E	1148	2.11	碳在 γ–Fe 中最大的溶解度
G	912	0	纯铁的同素异构转变点，α–Fe ⟺ γ–Fe 相互反应
S	727	0.77	共析点，$A \Longleftrightarrow F+Fe_3C$ 相互反应
P	727	0.021 8	碳在铁素体中最大的溶解度

（2）$Fe–Fe_3C$ 相图的特性线

$Fe–Fe_3C$ 相图的特性线是不同成分的合金具有相同物理意义临界点的连接线。对照 1–4–1（b），简化的 $Fe–Fe_3C$ 相图中各特性线的名称及含义如下：

ACD 线——液相线，当温度高于此线以上时，铁–碳合金呈液相，用 L 表示。金属液冷却到此线开始结晶，在 AC 线以下从液态中结晶出奥氏体，在 CD 线以下结晶出渗碳体。这种渗碳体称为一次渗碳体，由于一次渗碳体从液态析出，温度高，容易长大，长大时受阻碍小，所以一般都比较粗大。

AECF 线——固相线，金属液冷却到此线全部结晶为固态，在液相和固相线之间是金属的结晶区。在这个区域内金属液体和固相并存，AEC 区域内为金属液和奥氏体，DCF 区域内为金属液体和渗碳体。

GS 线——冷却时奥氏体向铁素体转变的开始线（或加热时铁素体转变成奥氏体的终止线），常用符号 A_3 表示，奥氏体向铁素体转变是铁的同素异构的结果。当铁中溶入碳以后，其同素异构转变的开始温度随含碳量的增加而降低。

GP——奥氏体在冷却过程中转变为铁素体的终止温度线。

ES 线——碳在奥氏体中的溶解度线，常用符号 Acm 表示。在 1148℃时，碳在奥氏体中的溶解度为 2.11%（E 点），在 727℃时降到 0.77%（S 点）。该线表示含碳量大于 0.77% 的铁碳合金，在 1148～727℃缓慢冷却过程中，由于碳在奥氏体中的溶解度下降，多余的碳将以渗碳体的形式从奥氏体中析出，为了和从金属液体中直接结晶出的渗碳体（一次渗碳体）区别，将从奥氏体中结晶出的渗碳体称为二次渗碳体（Fe_3C Ⅱ）。在极缓慢冷却后得到的二次渗碳体呈网状分布在晶界。

ECF 线——共晶线，当金属液体冷却到此线（1148℃）时，都将发生共晶反应，从金属液体中同时结晶出奥氏体和渗碳体的混合物——莱氏体 L′d。

PSK 线——共析线，常用符号 A_1 表示。当合金冷却到此线（727℃）时，都将发生共析反应，从奥氏体中同时析出铁素体和渗碳体的混合物——珠光体 P。

PQ 线——碳在铁素体中溶解度的变化线。从该线可以看出碳在铁素体中的最大溶解度在 727℃时，可溶解碳 0.021 8%，而在室温时仅能溶解 0.008%。故一般铁碳合金凡是从 727℃缓冷至室温时，均会从铁素体中析出渗碳体，称为三次渗碳体（Fe_3CIII）。对于亚共析钢在 680℃左右长时间退火处理时，容易形成三次渗碳体的“宽”晶界。因为三次渗碳体数量极少，对力学性能影响不大，所以常予以忽略。所谓一、二、三次渗碳体，仅是来源、大小和分布有所不同，但其含碳量、晶体结构和性能均相同。

1.4.2.5　$Fe-Fe_3C$ 相图的应用

如图 1–4–2 所示，根据 $Fe-Fe_3C$ 的二元相图，可以知道任一含碳量的钢或铸铁在任一温度下的组织组成（双相区根据杠杆原理可以得到各相的组成）。铁碳合金相图中有液体、奥氏体、铁素体、渗碳体四种合金相。室温下有铁素体、珠光体、莱氏体、渗碳体四种组织，这四种组织都是在平衡状态（可以想象为奥氏体在极其缓慢的状态下冷却，使奥氏体有足够的时间分解转变）下转变的组织（见表 1–4–2），而在实际的热处理过程（如冷却速度较快）中，奥氏体转变是一种不平衡转变，可能会产生其他的金相组织，如贝氏体、马氏体等。

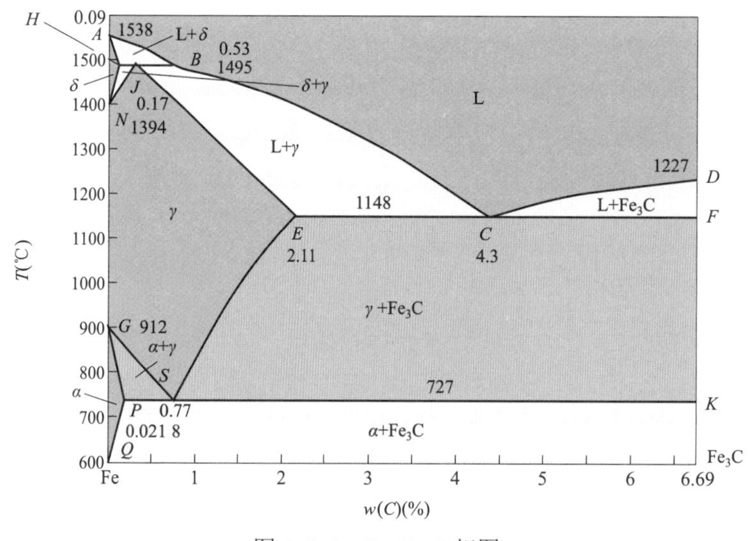

图 1–4–2　$Fe-Fe_3C$ 相图

钢从奥氏体状态以不同速度冷却时，将形成不同的转变产物，获得不同的组织和性能。碳钢从奥氏体状态缓慢冷却至 A_{r1} 以下将发生共析反应，形成珠光体。奥氏体转变为成分和结构都不同的另外两个新相 α 和 Fe_3C，可见相变过程中伴随着碳和铁原子的扩散。冷速越慢，相变温度越接近 A_1 点。珠光体就是在 A_1 点以下较高温度时奥氏体的转变产物，由于温度较高，碳、铁原子可以进行较充分的扩散，α 相的碳浓度接近于平衡浓度。

当冷却速度较快时，相变发生的温度较低。当冷却速度增大至铁原子扩散极为困难而碳原子尚能扩散时，奥氏体仍然分解为 α 和 Fe_3C 两相。但与珠光体不同，α 相中碳浓度比平衡浓度高，而 Fe_3C 的分散度很大，这种转变产物称为贝氏体。

如果冷却速度很快，例如在水中冷却（又称淬火），则相变发生的温度就更低。此时，铁原子和碳原子的扩散能力极低，奥氏体不可能分解为 α 和 Fe_3C 两个相，只能形成成分与 γ 相相同的 α 相（α′相），其碳浓度大大超过平衡 α 相的溶解度，这种过饱和的 α 固溶体叫做马氏体。奥氏体开始发生马氏体转变的温度叫做 M_s 点。

综上可知，钢从奥氏体状态冷却时，由于冷却速度不同将分别转变为珠光体、贝氏体和马氏体等组织。

另外，当钢中加入合金元素后，相图会有所改变，例如在加入大量 Ni 元素（扩大奥氏体区元素）后，奥氏体在冷却过程中甚至不发生转变，一直保持到室温。

表 1–4–2　　铁碳合金的室温平衡组织

名　称		含碳量（%）	室温下平衡组织
工业纯铁		＜0.021 8	铁素体 F
钢	亚共析钢	＜0.77	铁素体 F+珠光体 P
	共析钢	0.77	珠光体 P
	过共析钢	＞0.77～≤2.11	二次渗碳体 Fe_3C+珠光体 P
生铁 白口铁	亚共晶生铁	＞2.11～＜4.3	珠光体 P+莱氏体 L′d
	共晶生铁	4.3	莱氏体 L′d
	过共晶生铁	＞4.3～6.69	一次渗碳体 Fe_3C+莱氏体 L′d

Fe–Fe_3C 相图在生产中具有重大的实际意义，主要应用在钢铁材料选用和热加工工艺选用。

铁碳合金相图所表明的成分、组织和性能的规律，为钢铁材料的选用提供了依据。例如，要求塑性、韧性好的材料可选用低碳钢；强度高的可选用中碳钢或高碳钢。

根据 Fe–Fe_3C 相图的液相线可以找出不同成分的铁碳合金的熔点，从而找到合适的熔化和浇铸温度。从图中还可以看到钢的熔化温度要比铸铁高；靠近共晶点的铸铁不但熔点低，而且凝固温度区间较小，因此具有良好的铸造性。焊后热处理温度的选择也是根据相图来进行的。因此，了解和掌握相图的基本特性和意义是非常有必要的。

金属材料性能及分类

2.1 金属材料的性能

金属材料的性能主要分为工艺性能和使用性能。工艺性能是指在金属材料在加工制造过程中所表现出来的性能。金属材料工艺性能的好坏，决定了它在制造过程中加工成型的适应能力。对同一种金属材料而言，由于加工条件不同，所要求的工艺性能也不相同。使用性能是指金属材料在使用条件下表现出来的性能。金属材料使用性能的好坏，反映了它的使用范围与使用寿命。表 2–1–1 列出了金属材料性能的分类及其性能指标。

表 2–1–1 金属材料性能分类

分类	性能
工艺性能	铸造性能、锻造性能、焊接性能、切削加工性能、热处理性能
使用性能	力学性能、物理性能、化学性能

2.1.1 工艺性能

2.1.1.1 铸造性能

铸造性能是指金属材料是否适合铸造的工艺性能。表征金属材料铸造性能的指标主要包括金属流动性、收缩性、偏析倾向。

流动性是指熔融金属液体的流动能力。流动性不好，铸型（铸模）就不能被液态金属充满，从而无法得到所需的铸件样品。金属流动性在浇铸复杂的薄壁铸件时尤为重要。

收缩性是指铸件凝固时，液态金属体积收缩的程度。收缩性是金属铸造时的有害性能，它会影响铸件形成缩孔、疏松倾向的大小，也影响铸件内应力的大小、产生裂纹的倾向和影响铸件的最后尺寸，所以一般希望收缩性越小越好。

偏析倾向是指金属在冷却凝固过程中，因结晶先后差异而造成金属内部化学成分和组织的不均匀性。偏析会严重降低铸件的质量，偏析倾向越大，铸件各部分成分和组织就越

不均匀。一般来说，合金钢偏析倾向较大，高碳钢偏析倾向比低碳钢大，因此这类钢浇铸后要通过扩散退火热处理来消除偏析。铸锭的组织一般包括表层细晶区、柱状晶区和中心等轴晶区，如图 2–1–1 所示。

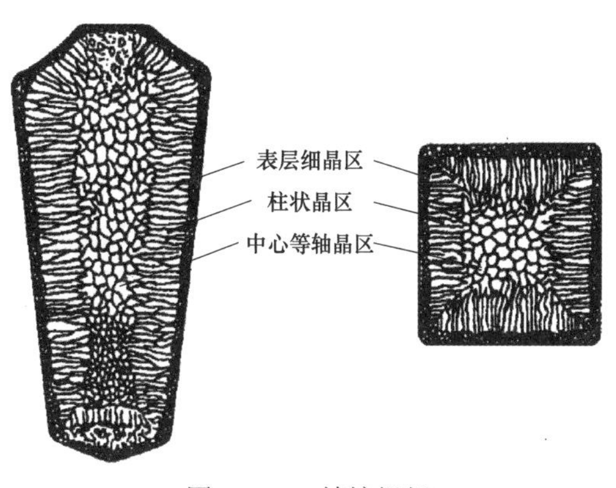

图 2–1–1　铸锭组织

2.1.1.2　锻造性能

锻造性能也称可锻性，是指金属材料在压力加工（包括在热态或冷态下进行锤锻、轧制、拉伸、挤压等加工）时，能改变形状而不产生裂纹的性能。锻造性能的好坏主要与金属材料的化学成分有关。绝大多数的铜、铝及其合金在冷态下就具有很好的锻造性能，青铜的锻造性略差。碳钢在加热状态下锻造性也很好，铸铁就几乎不能锻造。

2.1.1.3　焊接性能

焊接性能也称可焊性，是指金属材料能否适应焊接加工而形成完整的、具备一定使用性能的焊接接头的特性。金属材料的焊接性能包括两个方面：① 焊接结合性能，即在一定的焊接工艺条件下，金属形成焊接缺陷的敏感性；② 焊接使用性能，即在一定的焊接工艺条件下，金属焊接接头对使用要求的适用性。

影响金属材料焊接性的因素包含材料因素、工艺因素、结构因素、使用条件等。

2.1.1.4　切削加工性能

切削加工性能是指金属材料切削加工的难易程度。切削加工性能的好坏常用加工后工件的表面粗糙度、允许的切削速度以及刀具的磨损程度来衡量。切削加工性能与金属材料的化学成分、力学性能、导热性及加工硬化程度等诸多因素有关。

通常用硬度和韧性来衡量切削加工性能的好坏。一般讲，金属材料的硬度愈高愈难切削，硬度不高但韧性大时，切削也较困难。一般非铁金属（有色金属）比钢铁材料切削加工性能好，铸铁比钢好。金属材料中添加一些 S、P、Pb、Ca、Se、Te、Bi 等合金元素，可使其切削加工性能得以改善，如易切削钢和易切削黄铜等。

2.1.1.5　热处理性能

热处理是将金属工件放在一定的介质中，采用特定的加热、保温、冷却过程，通过改变金属材料表面或内部的组织结构来控制其性能的工艺方法。热处理主要包括正火、退火、淬火、回火、化学热处理、时效处理等方法。衡量金属材料热处理工艺性能的指标主要有淬硬性、淬透性、淬火变形开裂趋势、表面氧化趋势、过热过烧敏感趋势、回火稳定性及回火脆性等。

（1）正火。

正火是指将工件加热到奥氏体转变终了温度 A_{c3} 或 $A_{c_{cm}}$（c 表示加热过程）以上 30～

50℃，保温一定时间使其完全奥氏体化后，在空气中冷却、风冷或喷水冷却的热处理工艺。正火的目的主要是改善钢的切削加工性能、消除热加工缺陷、提高钢的力学性能、细化晶粒、均匀组织、降低应力。

（2）退火。

退火是指将工件加热到适当温度，根据工艺要求、材料和工件尺寸采用不同的保温时间，然后进行缓慢冷却的热处理工艺。退火的目的主要是降低金属材料的硬度、提高塑性，以利于切削加工或压力加工、减少残余应力、提高组织和成分的均匀程度，以及为后道热处理做好组织准备等。

常用的退火工艺有完全退火（重结晶退火）、球化退火、等温退火、结晶退火、石墨化退火、扩散退火、去应力退火等。

1）完全退火又称为重结晶退火，是将铁碳合金完全奥氏体化，随之缓慢冷却，获得接近平衡状态组织的退火工艺。完全退火主要用于亚共析钢，一般是中碳钢及低、中碳合金结构钢锻件、铸件及热轧型材，有时也用于它们的焊接构件。完全退火不适用于过共析钢，因为过共析钢完全退火需加热到 Ac_{cm} 以上，在缓慢冷却时，渗碳体会沿奥氏体晶界析出，呈网状分布，导致材料脆性增大，给最终热处理留下隐患。完全退火的加热温度碳钢一般为 A_{c3} 以上 30～50℃，合金钢为 A_{c3} 以上 50～70℃，保温时间则要依据钢材的种类、工件的尺寸、装炉量、所选用的设备型号等多种因素确定。为了保证过冷奥氏体完全进行珠光体转变，完全退火的冷却必须是缓慢的，随炉冷却到 500℃左右出炉空冷。与正火相比，完全退火和正火的加热温度相近，但由于冷却速度慢，转变温度较高，因此相同材料正火后得到的珠光体组织较细、钢的强度和硬度也较高。

2）球化退火是使钢中碳化物球化而进行的退火，得到在铁素体基体上均匀分布的球状或颗粒状碳化物的组织。球化退火主要适用于共析钢和过共析钢，如碳素工具钢、合金工具钢、轴承钢等。这些钢经过轧制、锻造后空冷，所得组织是片层状珠光体与网状渗碳体，这种组织硬而脆，不仅难以切削加工，且在以后淬火过程中也容易变形和开裂。而经球化退火得到的是球状珠光体组织，其中的渗碳体呈球状颗粒，弥散分布在铁素体基体上。和片状珠光体相比，球状珠光体不但硬度低，便于切削加工，而且在淬火加热时，奥氏体晶粒不易长大，冷却时工件变形和开裂倾向小。另外，对于一些需要改善冷塑性变形（如冲压、冷镦等）的亚共析钢有时也可采用球化退火。球化退火加热温度为 A_{c1} 以上 20～30℃或 A_{cm} 以下 20～30℃，保温后等温冷却或直接缓慢冷却。在球化退火时，奥氏体化是“不完全”的，只是片状珠光体转变成奥氏体，及少量过剩碳化物溶解。因此，它不可能消除网状碳化物，如过共析钢有网状碳化物存在，则在球化退火前须先进行正火，将其消除才能保证球化退火正常进行。

3）等温退火是将钢加热后以较快的速度冷却到 A_1 以下某一温度，保温一定时间使奥氏体转变为珠光体组织，然后空冷。对于亚共析钢，等温退火与完全退火加热温度完全相同，为 A_{c3} 以上 30～50℃，只是冷却的方式有差别。但是，完全退火不适用于共析钢和过共析钢，而等温退火可适用于共析钢和过共析钢，加热温度为 A_{c1} 以上 30～50℃。对某些奥氏体比较稳定的合金钢，采用等温退火可大大缩短退火周期。

4）石墨化退火的目的是使铸铁中渗碳体分解为石墨和铁素体，常用于白口铸铁转变

为可锻铸铁。

5）扩散退火又称均匀化退火，它是将钢锭、铸件或锻坯加热至略低于固相线的温度下长时间保温，然后缓慢冷却以消除化学成分不均匀现象的热处理工艺。主要用于消除铸锭或铸件在凝固过程中产生的枝晶偏析及区域偏析，使成分和组织均匀化。为使各元素在奥氏体中充分扩散，扩散退火加热温度很高，通常为A_{c3}或$A_{c_{cm}}$以上150～300℃，具体加热温度视偏析程度和钢种而定。碳钢一般为1100～1200℃，合金钢一般为1200～1300℃，保温时间也与偏析程度和钢种有关。由于扩散退火需要在高温下长时间加热，因此奥氏体晶粒十分粗大，需要再进行一次正常的完全退火或正火，以细化晶粒、消除过热缺陷。高温扩散退火生产周期长，消耗能量大，工件氧化，脱碳严重，成本很高。只是一些优质合金钢及偏析较严重的合金钢铸件及钢锭才使用这种工艺。对于尺寸不大的一般铸件或碳钢铸件，因偏析程度减轻，可采用完全退火来细化晶粒、均匀组织，消除铸造应力。

6）去应力退火是将工件加热至A_{c1}以下某一温度，保温一定时间后冷却，使工件发生回复，以去除由于机械加工、变形加工、铸造、锻造、热处理及焊接后等产生的残余应力，但仍保留冷作硬化效果的热处理。由于材料成分、加工方法、内应力大小及分布的不同，以及去除程度的差异，去应力退火温度范围很宽。习惯上，把较高温度下的去应力处理称为去应力退火，而把较低温度下的这种处理称为去应力回火，其实质都是一样的。去应力退火还能促使焊缝中的残余氢逸散，可以提高焊缝的抗裂性和韧性。

（3）淬火。

淬火是指将工件加热至A_{c1}或A_{c3}以上一定温度（一般，亚共析钢A_{c3}以上30～50℃，过共析钢A_{c1}以上30～50℃），保温后（获得奥氏体组织），在水、油或其他无机盐、有机水溶液等淬冷介质中以适当的速度冷却，获得马氏体（或下贝氏体）组织的热处理工艺。淬火的目的是使钢件获得所需的淬硬组织，提高工件的硬度、强度和耐磨性，为后道热处理（一般是回火）做好组织准备等。

钢在淬火冷却过程中，由于工件内外温差产生胀缩不一致以及相变不同还会引起淬火应力，甚至会引起变形或开裂。

（4）回火。

回火是指钢件经淬硬后，加热到相变温度 A_1 线以下的某一温度，保温一定时间，然后冷却到室温的热处理工艺。回火的目的主要是消除钢件在淬火时所产生的应力，发生一定的组织转变，适当降低钢的强度和硬度，使淬火钢件具有一定的硬度和耐磨性，提高其塑性和韧性等。有的材料在正火后硬度过高，不利于后续切削加工，需要通过回火来调节硬度。有的材料正火后也会产生淬硬组织，需要通过回火来消除和改善。

对于一般碳钢和低合金钢，根据工件的组织和性能要求，回火有低温回火、中温回火和高温回火。低温回火温度约为 150～250℃，组织为回火马氏体。相比淬火马氏体，回火马氏体既保留了钢的高硬度、高强度和良好的耐磨性，又适当提高了韧性、降低了内应力。中温回火温度一般为 350～500℃，组织为回火屈氏体。由于温度较高，碳化物开始聚集，基体开始回复，淬火应力基本消失，因此中温回火钢具有较高的弹性极限、较高的强度和硬度、良好的韧性和塑性。高温回火温度一般为500～650℃，组织为回火索氏体。淬火后高温回火的热处理工艺也叫调质处理。经调质处理后，钢具有优良的综合力学性能。

（5）化学热处理。

化学热处理是指金属或合金工件置于一定温度的活性介质中保温，使一种或几种元素渗入它的表层，以改变其化学成分、组织和性能的热处理工艺。常见的化学热处理工艺有渗碳、渗氮、碳氮共渗、渗铝、渗硼等。化学热处理的目的主要是提高钢件表面的硬度、耐磨性、抗蚀性、抗疲劳强度和抗氧化性等。

（6）时效处理。

时效处理是指合金工件经固溶处理后，或经冷塑性变形、铸造、锻造后，在较高的温度放置或室温保持，其性能、形状和尺寸随时间而变化的热处理工艺。若采用将工件加热到较高温度，并较长时间进行时效处理的工艺，称为人工时效处理。将工件放置在室温或自然条件下长时间存放而发生的时效现象，称为自然时效处理。时效处理的目的是释放工件的内应力、稳定组织和尺寸、改善机械性能等。

2.1.2　使用性能

2.1.2.1　力学性能

一般机械零件都是在常温、常压和非强烈腐蚀性介质环境中使用的，且在使用过程中金属材料都将承受不同载荷的作用。金属材料在载荷作用下抵抗破坏的性能称为力学性能（或称为机械性能）。金属材料的力学性能是零件设计和选材的主要依据，外加载荷性质不同（例如拉伸、压缩、扭转、冲击、循环载荷等），对金属材料要求的力学性能也不同。常用的力学性能包括强度、塑性、硬度、冲击韧性和疲劳强度（疲劳极限）等，如表 2–1–2 所示。

（1）强度。

强度是指金属材料在外力作用下抵抗塑性变形和破坏的能力。强度可分为抗拉强度、抗压强度、抗剪强度、抗弯强度和抗扭强度。其中以抗拉强度应用最普遍，可以通过拉伸试验来确定，具体试验过程可参考 GB/T 228.1—2010《金属材料　拉伸试验　第 1 部分：室温试验方法》。

强度指标中抗拉强度一般用 R_m（MPa）来表征，是指从开始拉伸到发生断裂的过程中所达到的最大应力值。它表示钢材抵抗断裂的能力大小，可以通过试样拉断前的最大荷载和试样的原始截面积计算得到。屈服强度用 R_e（MPa）表示，是指当材料试样所受荷载增大到某一数值时，试样产生屈服现象时的应力。钢材的屈服点（屈服强度）与抗拉强度的比值，称为屈强比。

（2）塑性。

塑性是指金属材料断裂前发生塑性变形（不可逆永久变形）的能力。金属材料的塑性高低一般用两种指标来表示，即延伸率 A 和断面收缩率 Z，可以通过拉伸试验得到。一般，A 和 Z 的数值越大，表示材料的塑性越好。$A \geqslant 5\%$时称为塑性材料，A（%）$<5\%$时称为脆性材料。

（3）冲击韧性。

冲击韧性是指材料在冲击载荷作用下吸收塑性变形功和断裂功的能力，表征了加载速

率和缺口效应对金属材料韧性的影响。冲击韧性常用标准试样的冲击吸收功 A_k 来表示。

冲击吸收功 A_k 不仅与样品类型、试验方法有关，还与试验条件（如温度）等有关。因此，查阅材料性能数据，评定材料脆断倾向时，要注意冲击试验的条件。

（4）硬度。

硬度是表征金属材料软硬程度的一种性能指标，其物理意义因试验方法的不同而不同。例如，划痕法硬度值主要表征金属切断强度，回跳法硬度值主要表征金属弹性变形功的大小，压入法硬度值则表征金属塑性变形抗力及应变硬化能力。因此，硬度不是金属独立的力学性能。

硬度试验一般仅在金属表面局部体积内产生很小的压痕，因而很多机件可在成品上试验，无需专门加工试样。硬度试验也可用于检查金属表面层的质量（如镀层、涂层、脱碳层等）。

硬度试验由于设备简单，操作方便、迅速，同时又能敏感地反应金属材料的化学成分和组织结构的差异，因而被广泛用于检查铁塔、母线、线夹等金属材料的性能和组织结构的变化。

（5）疲劳。

在工程中，许多构件在工作时承受随时间交替变化的应力，这种应力称为交变应力。构件长期在低于屈服应力的交变应力的作用下，有些会出现疲劳破坏现象。疲劳是在循环加载条件下，发生在材料某点处局部的、永久性的损伤递增过程，经足够的应力或应变循环后，损伤积累可使材料发生裂纹或使裂纹进一步拓展至完全断裂。金属或塑性材料在长时间承受交变载荷下，所表现出来的抵抗能力称为耐疲劳性。

电气设备中的很多构件都是在变动载荷下工作的，如导线、金具、设备线夹等，失效形式也多与疲劳断裂有关。由于疲劳破坏是在低于材料的屈服应力下发生的，因此具有一定的隐蔽性和突发性，所以危害性极大。

表 2-1-2　　金属材料的力学性能指标

载荷类型	名称		符号	单位或范围	内涵	特点及用途
静载荷	强度（材料抵抗永久变形和断裂的能力）	上屈服强度	R_{eH}	MPa	试样发生屈服时首次下降前的最大应力	评定材料优劣指标；检验材质合格与否的标准；机械零件设计、选材的定量依据
		下屈服强度	R_{eL}	MPa	在屈服期间，不计初始瞬时效应时的最小应力	
		抗拉强度	R_m	MPa	材料断裂前所能承受的最大应力值	
	刚度（材料抵抗弹性变形的能力）	弹性模量	E	MPa	在弹性范围内，进行金属拉伸试验时，外力和变形成比例增长的比例系数	结构稳定性设计的关键指标，刚度越大稳定性越好
	塑性（材料产生永久变形而不断裂的能力）	断后伸长率	A	%	断后标距的残余伸长与原始标距之比的百分率	零件设计选材的参考依据，安全工作的可靠保证。一般 $A>5\%$、$Z>10\%$ 可满足大多数零件的使用要求
		断面收缩率	Z	%	断裂后试样横截面积的最大缩减量与原始横截面积之比的百分率	

续表

载荷类型	名称		符号	单位或范围	内涵	特点及用途
静载荷	硬度（材料或零件局部抵抗压入变形的能力）	布氏硬度	*HBS* *HBW*	＜450 370～650	通过测量球形压痕直径计算硬度	测量误差小，数据稳定，常用来测毛坯或半成品零件，压痕大，不宜测成品
		洛氏硬度	*HRC* *HRB* *HRA*	20～70 60～100 60～88	通过测量残余压痕深度增量获得硬度	测量简便、压痕小，适宜测较硬材料及成品零件，不宜测组织不均材料
		维氏硬度	*HV*	225～900	通过测量表面压痕对角线长度计算硬度	测量压痕小，对试验条件和样品表面要求高，适宜大多数零件的使用要求
冲击载荷	韧性（材料断裂前吸收变形能量的能力）	冲击吸收能量	KV_2 KV_8 KU_2 KU_8	J	材料抗冲击而不破坏的能力	受冲击零件选材、检验的依据，防止零件低应力脆断设计的依据
交变载荷	疲劳强度（材料抵抗循环交变应力的能力）	疲劳极限	σ_N	MPa	材料抵抗对称循环应力的能力	承受循环交变载荷零件选材、检验的依据

2.1.2.2 物理性能

金属材料的物理性能是指金属材料对外界的各种物理现象，如温度高低、电磁作用等所引起的反应，即在金属原子组成不改变时所呈现的性质。金属材料常见的物理性能包括熔点、沸点、密度、电导率、导热率、比热容、熔化潜热、热膨胀性等，如表 2–1–3 所示。

表 2–1–3　金属材料的物理性能指标

名称	符号	单位	含　义
密度	ρ	g/cm³	单位体积的质量
熔点	—	K	金属材料由固态转变为液态时的熔化温度
导热系数	λ	W/（m·K）	维持单位温度梯度时，在单位时间内流经物体单位横截面积（*A*）的热量（*Q*）称为该材料导热系数
线膨胀系数	α_l	10^{-6}/K	金属温度每升高 1K 所增加的长度与原来长度的比值称线性膨胀系数。随温度升高，热膨胀系数相应增大，钢的线膨胀系数值一般在（10～20）$\times10^{-6}$ 的范围内
电阻系数	ρ	Ω·mm²/m	物体导电性能的一个参数。它等于 1m 长、横截面积为 1mm² 的导线两端的电阻
电阻温度系数	α	1/K	温度每升降 1K，材料电阻系数的改变量与原电阻系数之比
电导率	*K*	S/m	电阻系数的倒数叫电导率，在数值上它等于导体维持单位电位梯度时，流过单位面积的电流

续表

名称	符号	单位	含　义
导磁率	μ	H/m	衡量磁性材料磁化难易程度，即导磁能力的性能指标等于磁性材料之磁感应强度（B）和磁场强度（H）的比值。磁性材料通常分为软磁材料（μ 值甚高，可达数万）和硬磁材料（μ 值在 1 左右）两大类
磁感应强度	B	T	对于磁介质中的磁化过程，可以看作在原先的磁场强度（H）上再加上一个由磁化强度（J）所决定的，数量等于 4πJ 的新磁场，因而在磁介质中的磁场 $B=H+4\pi J$，叫做磁感应强度
饱和磁感应强度	B_s	T	用足够大的磁场来磁化样品达到饱和时，相应的磁感应强度
磁场强度	H	A/m	导体中通过电流，其周围就产生了磁场。磁场对原磁矩或电流产生作用力的大小即为磁场强度的表征
居里点	T_c	K	铁磁性物质当温度升高到一定温度时，铁磁状态变为顺状态，这个转变温度称为居里点。在居里点时，铁磁物质的自发磁化强度降至为零

2.1.2.3 化学性能

金属材料与周围介质接触时抵抗发生化学或电化学反应的性能，称为化学性能，主要包括耐腐蚀性和抗氧化性。耐腐蚀性指金属材料抵抗各种介质侵蚀的能力。抗氧化性指金属材料在高温或室温下抵抗产生氧化物的能力。

2.2 金属材料的分类

金属材料依据不同的分类原则可分为不同的种类。

2.2.1 常用分类

金属材料的常用分类如表 2–2–1 所示。

表 2–2–1　　金属材料的常用分类

分类依据	类　别	分类依据	类　别
是否含铁	钢铁材料、非铁金属材料	储量	稀有金属、富有金属
颜色	黑色金属、有色金属	市场价值	贵金属、普通金属
密度	重金属、轻金属		

2.2.2 工业生产分类

工业生产中通常把金属材料分成钢铁材料和非铁金属材料两大类。钢铁材料即黑色金属，包括纯铁、钢和铁。非铁金属材料即有色金属材料，包括铝、铜、镁、钛、锌、镍、稀土金属、贵金属、半金属等。一般，工业生产中金属材料的分类如表 2–2–2

所示。

表 2-2-2　　工业生产中金属材料的分类

类别	金属名称
黑色金属	铁、铬、锰
轻有色金属	密度小于 4.5g/cm³ 的有色金属，包括铝、镁、钾、钙、锶、钡
重有色金属	密度大于等于 4.5g/cm³ 的有色金属，包括铜、铅、锌、镍、钴、锡、镉、铋、锑、汞
贵金属	在地壳中含量少，开采和提取都比较困难，价格比一般金属贵的有色金属，包括金、银、铂、铑、钯等
稀有金属	在地壳中分布不广，开采冶炼较难，在工业中应用较晚的有色金属，包括钨、钼、钒、钛、铼、钽、锆、镓等
半金属	物理化学性质介于金属与非金属之间的物质，包括硅、硒、碲、砷、硼

电网设备常用金属材料

电网设备种类繁多，功能各异，涉及的金属材料也多达数千种，涵盖碳钢、合金钢、不锈钢、铜及铜合金、铝及铝合金等多个种类。其中，钢铁材料（包括碳钢、合金钢、不锈钢）主要起结构支撑和运动传递功能；铜及铜合金、铝及铝合金在承载受力的同时还承担导电通流作用。除此之外，还有起增强防护功能的银、锌、锡等涂镀层用材料。

3.1 钢 铁 材 料

铁是地球上储量最丰富的金属元素之一，在地壳中约占 5%，仅次于铝。钢铁材料又称黑色金属材料，是指以铁和碳为主要元素组成的合金。钢铁材料根据含碳量的不同，分为纯铁、钢和铸铁三大类。电网设备用钢铁材料主要有碳素结构钢（普通碳素结构钢、优质碳素结构钢），合金钢（合金结构钢、弹簧钢、不锈钢），铸钢和铸铁等几大类。

3.1.1 纯铁

纯铁泛指含碳量低于 0.021 8%的铁碳合金。纯铁的熔点为 1538℃，沸点为 3070℃，常温下密度为 7.87g/cm^3，弹性模量约为 2GPa，有很强的铁磁性、良好的变形能力和导热性。实际应用的纯铁含有少量杂质，称为工业纯铁。工业纯铁强度低、硬度低、塑性好，一般不作为结构材料使用，主要利用其铁磁性作为磁性材料使用。

3.1.2 钢

钢是碳的质量分数为 0.021 8%～2.11%的铁碳合金。

依据 GB/T 13304.1—2008《钢分类　第 1 部分　按化学成分分类》和 GB/T 13304.2—2008《钢分类　第 2 部分：按主要质量等级和主要性能或使用特性的分类》，可以将钢铁材料进行分析分类。按照化学成分，钢分为非合金钢、低合金钢、合金钢。在按照化学成分分类的基础上，依据质量等级可以将非合金钢、低合金钢分为普通质量、优质、特殊质量三种，将合金钢分为优质、特殊质量两种。

3.1.2.1 非合金钢

非合金钢常称为碳钢或碳素钢，是指碳含量为 0.021 8%～2.11%，除铁、碳和限量以内的硅、锰、磷、硫等杂质外，不含其他合金元素的钢。一般根据成分中杂质含量、力学性能将非合金钢分为碳素结构钢、优质碳素结构钢和非合金工模具钢三类。其中，碳素结构钢、优质碳素结构钢在电网设备中均有大量应用，非合金工模具钢在电网设备中应用相对较少。

碳素结构钢对含碳量以及磷、硫和其他残余元素含量的限制较宽，有的碳素结构钢还添加微量的铝或铌元素。优质碳素结构钢是含碳量小于 0.8%的碳素钢，且在冶炼过程中进行了比较完全的脱氧、脱硫和脱磷，非金属夹杂物及硫、磷等有害杂质的含量较少，钢的纯洁度和均匀性都较好，具有较高的塑性和韧性。非合金工模具钢的碳含量质量分数较高，在 0.65%～1.35%之间，其中的硫、磷等非金属夹杂物含量很少，属于高碳钢。

（1）碳素结构钢。

依据国家标准 GB/T 700—2006《碳素结构钢》，碳素结构钢有 Q195、Q215、Q235、Q275 四种钢号。钢号由代表屈服强度的 Q 字母、屈服强度值、质量等级代号、脱氧方法四部分组成，如 Q235BF。

符号说明：

钢材的屈服强度——Q，如 Q235 表示钢材的屈服强度值≥235MPa；

质量等级——分为 A、B、C、D 四级，质量等级由低到高。质量高低主要是以对冲击韧性（夏比 V 型缺口试验）的要求区分的，对冷弯试验的要求也有所区别。因而，其化学成分也略有差别。

脱氧方法——分为 F（沸腾钢）、Z（镇静钢）、TZ（特殊镇静钢），其中 Z、TZ 字母代号可以省略，F 不可以省略。

沸腾钢为脱氧不完全的钢。钢在冶炼后期不加脱氧剂（如硅、铝等），所以脱氧不完全，浇铸时钢液在钢锭模内产生沸腾现象（氧与碳反应形成的 CO 气体逸出）；钢锭凝固后，气泡呈蜂窝状分布在钢锭中，在轧制过程中这种气泡空腔会被粘合起来。这类钢的特点是钢中含硅量很低，标准规定为含量碳不大于 0.07%，通常铸成不带保温帽的上小下大的钢锭。其优点是钢的收得率高（约提高 15%），生产成本低，表面质量和深冲性能好；缺点是钢的杂质多，成分偏析较大，所以性能不均匀。

半镇静钢为脱氧较完全的钢。脱氧程度介于沸腾钢和镇静钢之间，浇注时有沸腾现象，但较沸腾钢弱。这类钢具有沸腾钢和镇静钢的部分优点，在冶炼操作上较难掌握。

镇静钢为完全脱氧的钢。通常铸成上大下小带保温帽的锭型，浇铸时钢液镇静不沸腾。由于锭模上部有保温帽（在钢液凝固时作补充钢液用），这节帽头在轧制开坯后需切除，故钢的收得率低，但组织致密、偏析小、质量均匀。优质钢和合金钢一般都是镇静钢。

随着钢铁冶炼技术的发展，沸腾钢、半镇静钢将逐步会退出标准体系。

碳素结构钢在电网设备中应用较广，其中以 Q235 钢材应用最为广泛。例如，输电线路角钢塔、钢管塔、钢制构支架、线路横担和设备台架等铁附件的设计制造中，如未明确

注明材质牌号的，一般均统指 Q235 钢。

碳素结构钢一般以热轧、控轧或正火状态交货。

（2）优质碳素结构钢。

优质碳素结构钢中除含有碳元素和为脱氧而含有的一定量硅（一般不超过 0.40%）；锰（一般不超过 0.8%，较高可到 1.20%）元素外，一般不含其他合金元素（残余元素除外）。此类钢必须同时保证化学成分和力学性能。其硫、磷杂质含量一般控制在 0.035%以下，若控制在 0.030%以下者称为高级优质钢，其牌号后加“A”。若磷控制在 0.025%以下、硫控制在 0.020%以下时，称为特级优质钢，其牌号后应加“E”以示区别。对于由原料带进钢中的其他残余合金元素，如铬、镍、铜等的含量一般控制在 Cr≤0.25%、Ni≤0.25%。有的优质碳素钢牌号锰含量达到 1.40%，称为锰钢。

优质碳素结构钢是依靠碳含量来改善钢的力学性能，因此，根据含碳量的高低又可分为：低碳钢——含碳量一般小于 0.25%，如 10、20 钢等；中碳钢——含碳量一般为 0.25%～0.60%，如 35、45 钢等；高碳钢——含碳量一般大于 0.60%。

在电网设备中，优质碳素结构钢主要用来制作机械传动部件、电力金具、架空输电线路钢芯铝绞线的线芯、地线等。

优质碳素结构钢通常根据其含碳量的万分数来命名，如 20 钢是指含碳量在万分之二十左右的优质碳素钢。优质碳素结构钢通常以热轧或热锻状态交货。如果需方有要求，并在合同中注明，也可以热处理（退火、正火或高温回火）状态或特殊表面状态交货。

优质碳素结构钢的国家标准为 GB/T 699—2015《优质碳素结构钢》。

（3）非合金工模具钢。

非合金工模具钢按化学成分分为非合金工具钢、非合金模具钢。非合金工模具钢生产成本较低，易于冷、热加工，在热处理后可获得较高的硬度。在工作温度不高的情况下，耐磨性也较好，因而应用较为广泛。其中，高级优质非合金工具钢韧度较高，磨削时可获得较高的光洁度，适宜制造形状复杂、精度较高的工具；但是，其红硬性较差，工作温度超过 250℃以后，硬度和耐磨性迅速下降。此外，非合金工具钢淬透性低，材料断面尺寸大于 15mm 时，水淬后只有表面层得到高的硬度，故不能用做大尺寸的工具。非合金工具钢淬火温度范围窄，易过热，淬火时畸变、开裂倾向性大，且易产生软点。

GB/T 1299—2014《工模具钢》中共有 8 个牌号的非合金工具钢，均采用字母 T+主要合金元素（碳）含量（千分数）的方式表示。其中，碳含量较低的 T7 钢具有良好的韧性，但耐磨性不高，适于制作切削软材料的刃具和承受冲击负荷的工具；T8 钢具有较好的韧性和较高的硬度，适于制作承受一定冲击载荷的工具；锰含量较高的 T8Mn 钢淬透性较好，适于制作断口较大和要求变形小的工具；T10 钢耐磨性较好，适于制作切削条件较差、耐磨性要求较高的金属切削工具；T12 钢硬度高、耐磨性好，但其韧性低，可以用于制作不受冲击的，要求硬度高、耐磨性好的切削工具和测量工具；T13 钢是碳素工具钢中碳含量最高的钢种，其硬度极高，但韧性低，不能承受冲击载荷，只适于制作切削高硬度材料的刃具和加工工具。

非合金工具钢的含碳量一般为 0.65%～1.35%，均为优质钢。若属于高级优质钢（对磷、硫的质量分数限制更严），则在钢号后标注字母 A。

3.1.2.2 合金钢

合金钢是钢中除了铁、碳和少量的硅、锰、磷、硫元素外，还含铬、镍、钼、钒、钛、钨、钴、硼、氮等合金元素的钢，合金钢的碳含量均小于 2.11%。

合金钢中由于含有不同种类和数量的合金元素，并采取适当的工艺措施，使得不同的合金钢分别具有较高的强度、韧性、淬透性、耐磨性、耐蚀性、耐低温性、耐热性、热强性、红硬性等特殊性能。

合金钢的种类繁多，目前国际上使用的有上千种合金钢钢号，数万种规格。为了便于生产、使用和科学研究，合金钢按用途分类，大体上可分为建筑结构用钢、机械结构用钢（除了合金结构钢外，还包括合金弹簧钢和轴承钢等）、工具钢（包括工模具钢和高速工具钢）以及特殊性能钢（不锈耐酸钢、耐热不起皮钢、无磁钢等）；按合金元素的总含量分类，可分为低合金钢（合金元素含量＜5%）、中合金钢（合金元素含量 5%～10%）、高合金钢（合金元素含量＞10%）；按所含主要元素，可分为铬钢、镍钢、钼钢、铬镍钢、铬镍钼钢等；按合金钢的金相组织，又可分成铁素体钢、珠光体钢、贝氏体钢、马氏体钢、奥氏体钢等。

（1）合金结构钢。

合金结构钢根据合金元素的含量分为两个标准进行规范，即 GB/T 1591—2008《低合金高强度钢》和 GB/T 3077—2015《合金结构钢》。

低合金高强度钢是输电线路角钢塔、钢管杆、钢管塔以及变电站构支架的主要材质。低合金高强度钢的牌号由代表屈服强度的汉语拼音字母 Q、屈服强度数值、质量等级符号三个部分组成。例如 Q345D，其中 Q 表示钢的屈服强度，345 为钢材的屈服强度数值（单位 MPa），D 表示质量等级为 D 级。当需方要求钢板具有厚度方向性能时，则在上述规定的牌号后加上代表厚度方向（Z 向）性能级别的符号，例如 Q345DZ15。

除低合金高强度钢以外的其他合金结构钢的成分、性能要求均在 GB/T 3077《合金结构钢》中进行了规范。合金结构钢由于具有合适的淬透性，经适宜的金属热处理后，显微组织为均匀的索氏体、贝氏体和极细珠光体，因而具有较高的抗拉强度和屈强比（一般在 0.85 左右）、较高的韧性和疲劳强度、较低的韧脆转变温度，可用于制作截面尺寸较大的机械部件。电网设备中主要用作高强度的机械传动部件、电力金具等。合金钢的含碳量、合金元素的种类、合金元素的含量均应在牌号中体现出来。表示方法为：两位数字（表示平均含碳量的万分之几）+合金元素符号+该元素百分含量数字+……，当合金元素的平均含量小于 1.50%时，只标元素符号，不标含量。例如：合金弹簧钢 60Si2Mn，表示含碳量～0.60%、硅含量～2%、锰含量～1%。高级优质钢在牌号后加字母 A，如 60Si2MnA。特级优质钢在牌号后加字母 E，如 30CrMnSiE。

（2）合金工具钢。

合金工具钢是在碳素工具钢基础上加入铬、钼、钨、钒等合金元素以提高淬透性、韧性、耐磨性和耐热性的一类钢种。它主要用于制造量具、刃具、耐冲击工具和冷、热模具及一些特殊用途的工具。由于合金工具钢具有较好的硬度和耐冲击性能，因此应用在变电设备的机械传动部件中，如 CrWMn。

（3）弹簧钢。

弹簧用钢材要求具有高的疲劳极限，较好的冲击韧性及一定的塑性，并且要具备良好工艺性能，在电气仪表中使用的弹簧要求有较高的导电性能。

弹簧钢按照生产方法分为热轧钢和冷拉钢。热轧钢一般截面尺寸较大，制造弹簧时采用加热成型，然后经淬火机中温回火处理。冷拉钢材截面较小，制造弹簧时采用冷态成型，成型后一般只需进行低温回火处理，工艺较简单。

碳素弹簧钢价格低廉，淬透性较差、屈服强度较低，通常只用于制作截面尺寸较小、工作温度不高（120℃以下）的弹簧。与碳钢相比，锰钢淬透性稍好，其使用范围与碳钢相似。为了提高钢的淬透性，通常在钢种加入锰、硅、铬、钼、钨、钒和微量的硼等元素，形成合金弹簧钢。此外，还有不锈钢、耐腐蚀钢等用于制造特殊工作条件的弹簧。

弹簧钢材料的性能指标应满足 GB/T 1222—2016《弹簧钢》的要求。

（4）不锈钢。

根据 GB/T 20878—2007《不锈钢和耐热钢　牌号及化学成分》的定义：不锈钢是以不锈、耐蚀为主要特性，且铬含量至少为 10.5%，碳含量最大不超过 1.2%的钢。

不锈钢是合金钢的一种。不锈钢的耐蚀性随含碳量的增加而降低，因此，大多数不锈钢的含碳量均较低，有些钢的 W_c（含碳量）甚至低于 0.03%（如 00Cr12）。不锈钢中的主要合金元素是铬（Cr），只有当 Cr 含量达到一定值时，钢材才具有耐蚀性。一般认为，当钢中 Cr 原子数量不低于 12.5%时，可使钢的电极电位发生突变，由负电位升到正的电极电位，阻止电化学腐蚀。因此，不锈钢的 Cr 含量一般均在 12.5%以上，此外还含有 Ni、Ti、Mn、N、Nb 等元素。

研究表明，当 Cr 加入铁中形成固溶体时，铁固溶体的电极电位得到显著的提高，且电极电位会随着 Cr 含量的变化而变化。在 Cr 含量达 12.5%原子比（即 1/8）时，电位有一个跃升；当 Cr 含量提高到 25%原子比（即 2/8）时，铁固溶体的电位又有一次跃升，这一现象称为合金固溶体电位的 *n*/8 规律。

在固溶体中，若钢中 Cr 与 C 结合，固溶体中实际 Cr 含量会低于 12.5%原子比，耐蚀性得不到跃升。所以，对于金属耐蚀性而言，C 一般是有害的，尤其是在奥氏体不锈钢中，C 将以 $Cr_{23}C_6$ 形式在奥氏体晶界析出，造成晶间腐蚀。

不锈钢常按基体分为铁素体不锈钢、马氏体不锈钢、奥氏体不锈钢、铁素体–奥氏体不锈钢（双相不锈钢）、沉淀硬化不锈钢 5 类。另外，还可按成分分为铬不锈钢、铬镍不锈钢和铬锰氮不锈钢等。

1）铁素体不锈钢含铬量为 12%～30%，加热、冷却时没有铁素体与奥氏体转变，其耐蚀性、韧性和可焊性随含铬量的增加而提高，耐氯化物应力腐蚀性能优于其他种类不锈钢。属于这一类的主要有 Crl7、0Cr17Ti、Cr17Mo2Ti、Cr25、Cr25Ti、Cr25Mo3Ti、Cr28 等。铁素体不锈钢因为含 Cr 量高，耐腐蚀性能与抗氧化性能均比较好，但机械性能与工艺性能较差，多用于受力不大的耐酸结构及作抗氧化钢使用。这类钢能抵抗大气、硝酸及盐水溶液的腐蚀，并具有高温抗氧化性能好、热膨胀系数小等特点。

2）马氏体不锈钢碳含量在 0.05%～0.45%之间，强度高，但塑性和可焊性较差。马氏体不锈钢常见牌号有 1Cr13、3Cr13、1Cr17Ni2 等，因含碳量较高，故具有较高的强度、硬度和耐磨性，但耐蚀性稍差，用于力学性能要求较高、耐蚀性能要求一般的一些零件上，如弹簧等。这类钢是在淬火、回火处理后使用的。

3）奥氏体不锈钢含铬大于 18%，还含有 8%左右的镍及少量钼、钛、氮等元素，综合性能好，可耐多种介质腐蚀。奥氏体不锈钢常用牌号有 0Cr18Ni9、1Cr18Ni9Ti 等。这类钢中含有大量的铬和镍元素含量，使钢在室温下呈奥氏体状态。这类钢具有良好的塑性、韧性、焊接性和耐蚀性能，在氧化性和还原性介质中耐蚀性均较好，用来制作耐酸设备，如耐蚀容器及设备衬里、输送管道、耐硝酸的设备零件等。奥氏体不锈钢一般采用固溶处理，即将钢加热至 1050～1150℃，然后水冷，以获得单相奥氏体组织。

对比不锈钢和碳钢的物理性能数据，碳钢的密度略高于铁素体和马氏体型不锈钢，而略低于奥氏体型不锈钢。电阻率按碳钢、铁素体型、马氏体型和奥氏体型不锈钢排序递增，奥氏体不锈钢的电阻率大约是碳钢的 5 倍。线膨胀系数大小的排序也类似，奥氏体型不锈钢的线膨胀系数比碳钢大 40%左右，并随着温度的升高，线膨胀系数也相应地提高。碳钢、铁素体型和马氏体型不锈钢有磁性，奥氏体型不锈钢无磁性，但其冷加工硬化生成马氏体相变时将会产生磁性，可用热处理方法来消除这种马氏体组织而恢复其无磁性。不锈钢具有低的热导率，约为碳钢的 1/3。奥氏体型是无磁或弱磁性的，马氏体及铁素体是有磁性的。奥氏体经过冷加工，其结构组织也会向马氏体转化，进而磁性变大。因此，生活中所说的通过磁铁吸附来辨别不锈钢优劣、真伪的方法并不科学。

4）铁素体–奥氏体不锈钢（双相不锈钢）：所谓双相不锈钢是在其固溶组织中铁素体相与奥氏体相各占约 50%，一般量少相的含量大于 15%。在含 C 较低的情况下，Cr 含量为 18%～28%，Ni 含量为 3%～10%。有些钢还含有 Mo、Cu、Nb、Ti，N 等合金元素。该类钢兼有奥氏体和铁素体不锈钢的特点，与铁素体相比，塑性、韧性更高，无室温脆性，耐晶间腐蚀性能和焊接性能均显著提高，同时还保持有铁素体不锈钢的 475℃脆性以及导热系数高，具有超塑性等特点。与奥氏体不锈钢相比，强度高且耐晶间腐蚀和耐氯化物应力腐蚀能力有明显提高。双相不锈钢具有优良的耐点蚀性能，也是一种节镍不锈钢，常见有 Cr21Ni5Ti、SS329 等。

5）沉淀硬化不锈钢：属于超高强度不锈钢，在不锈钢化学成分的基础上添加不同类型、数量的强化元素，通过沉淀硬化过程析出不同类型和数量的碳化物、氮化物、碳氮化物和金属间化合物，既提高钢的强度又保持足够的韧性，简称 PH 钢。根据组织可分为以下三类：① 马氏体沉淀硬化不锈钢，以中国牌号 0Cr17Ni7TiAl 和 0Cr17Ni4Cu4Nb 为代表；② 半奥氏体沉淀硬化不锈钢，以 0Cr17Ni7Al、0Cr15Ni7Mo2Al 为代表；③ 奥氏体沉淀硬化不锈钢，它实际上是铁基高温合金，以 0Cr15Ni20Ti2MoVB、1Cr17Ni10P 为代表。

下面介绍电网设备中三种常见的不锈钢。

1）06Cr19Ni10（旧牌号 0Cr18Ni9）。

06Cr19Ni10 钢即俗称的 304 不锈钢（全称 S30408），是一种含碳量超低的奥氏体不锈钢，不但具有良好的耐蚀性还具有一定的抗晶间腐蚀能力。其焊接性能较好，焊后不需要热处理。塑性和低温韧性也很好，并能抛光。这类材料即使在苛刻条件下焊接和使用，也

不太容易产生晶间腐蚀。06Cr19Ni10 钢是目前用量最大、范围最广的不锈钢牌号，可用于制造电气设备中的深冲成型零件和要求耐腐蚀的设备零部件、储罐和储酸容器，以及要求焊接的容器、塔、槽、管道等。

GB/T 20878—2007《不锈钢和耐热钢　牌号及化学成分》的规定，06Cr19Ni10 的化学成分为：C≤0.08%，Si≤1.00%，Mn≤2.00%，S≤0.030%，P≤0.045%，Cr 含量为 18.00%～20.00%，Ni 含量为 8.00%～11.00%。

根据 GB/T 1220—2007《不锈钢棒》的规定，06Cr19Ni10 的力学性能为：1010～1150℃固溶处理；抗拉强度≥520MPa，屈服强度≥205MPa，断后伸长率≥40%，断面收缩率≥60%，硬度≤187HBW。

06Cr19Ni10 的化学性能为：钢中 C 含量降到 0.10%以下，即使较长时间敏化处理（或焊接），由于没有或仅有少量铬碳化物的沉淀，在腐蚀介质作用下，也不会再出现晶间腐蚀。在不同浓度和不同温度的一些有机酸和无机酸中，尤其在氧化性介质中都有良好的耐蚀性能。

2）1Cr17Ni2。

1Cr17Ni2 属于马氏体型不锈钢，经淬火加低温回火热处理后，具有较高的强度、韧性和耐腐蚀性能，可以用各种方法进行焊接。另外，还具有良好的切削性能、冷冲压性能及抛光性能。为控制钢中 α–铁素体含量，以免引起力学性能降低，应控制钢的 Cr、Ni 含量，即 Cr 含量控制在 10%～17%，Ni 含量控制在 2%～2.5%，经淬火加回火后在 400℃以下使用。用于高强度和高耐腐蚀性的零部件，如要求耐蚀的叶片、叶轮、主轴、高中压阀杆及紧固件。

根据 GB/T 1220—2007《不锈钢棒》的规定，1Cr17Ni2 的化学成分为：C 含量为 0.11%～0.17%，Si 含量为≤0.80%，Mn 含量为≤0.80%，S 含量为≤0.030%，P 含量为≤0.040%，Cr 含量为 16.00%～18.00%，Ni 含量为 1.50%～2.50%。

力学性能：一般在经过 950～1050℃油冷、275～350℃空冷回火的热处理工艺后，抗拉强度≥1080MPa，断后伸长率≥10%，冲击吸收功≥39J/cm^2，布氏硬度（退火）≤285HBW。

化学性能：在 800℃以下空气介质中，具有稳定的抗氧化性能。在酸性、碱性条件下耐腐蚀性能都较好。

3）12Cr17Mn6Ni5N（旧牌号 1Cr17Mn6Ni5N）。

12Cr17Mn6Ni5N 是一种奥氏体不锈钢，与 ASTM 标准的 201 不锈钢成分接近。它是在 18–8 钢的基础上，用 Mn 代替部分 Ni 的 Cr–Mn–Ni 不锈钢材料。Mn 和 Ni 一样，能和 Fe 形成无限互溶固溶体（奥氏体）的元素。Mn 有比 Ni 大的固溶强化效应，使 Mn 钢的机械性能改善，但 Mn 不能像 Ni 那样促进钢的钝化，Mn 稳定奥氏体的能力只为 Ni 的 1/2，且比较容易促使 Cr 钢形成 σ 相，易导致钢的脆性。所以，12Cr17Mn6Ni5N 有较强的力学性能，但耐腐蚀性相对较差。

12Cr17Mn6Ni5N 不锈钢在固溶处理状态下，金相组织特征为奥氏体型，无磁性。但 12Cr17Mn6Ni5N 很容易产生加工硬化，组织转变，就会有磁性。

3.1.3 铸钢和铸铁

3.1.3.1 铸钢

铸钢是一种铸造合金，主要合金元素为铁和碳元素，碳含量为0～2%。铸钢分为铸造碳钢、铸造低合金钢和铸造特种钢3类。

铸造碳钢是以碳为主要合金元素并含有少量其他元素的铸钢。含碳小于0.2%的为铸造低碳钢，含碳量为0.2%～0.5%的为铸造中碳钢，含碳量大于0.5%的为铸造高碳钢。随着含碳量的增加，铸造碳钢的强度增大，硬度提高。铸造碳钢具有较高的强度、塑性和韧性，成本较低，在机械设备中用于制造承受大负荷的零件，如机架、底座、框架等；以及用于制造受力大又承受冲击的零件，如摇枕、侧架、车轮和车钩等。

铸造低合金钢是含有锰、铬、铜等合金元素的铸钢。其合金元素总量一般小于5%，具有较大的冲击韧性，并能通过热处理获得更好的机械性能。铸造低合金钢比碳钢具有较优的使用性能，能减小零件重量，提高使用寿命。

铸造特种钢是为适应特殊需要而炼制的合金铸钢，品种繁多，通常含有一种或多种的高量合金元素，以获得某种特殊性能。如含锰11%～14%的高锰钢能耐冲击磨损，多用于工程机械的耐磨零件；以铬或铬镍为主要合金元素的各种不锈铸钢，多用于有腐蚀或650℃以上高温条件下工作的零件，如化工用阀体、泵、容器或电站汽轮机壳体等。

铸钢的牌号表示方法：铸钢代号用铸和钢两字的汉语拼音的第一个大写正体字母“ZG”表示。当表示铸钢的特殊性能时，可以用代表铸钢特殊性能的汉语拼音的第一个大写正体字母排列在铸钢代号的后面。铸钢排号中主要合金元素符号用国际化学元素符号表示，混合稀土元素用符号“RE”表示，名义含量及力学性能用阿拉伯数字表示。

（1）以力学性能表示的铸钢牌号。

在牌号中“ZG”后面的两组数字表示力学性能，第一组表示该牌号铸钢的屈服强度最低值，第二组表示其抗拉强度的最低值，单位均为MPa，两组数字间用“–”隔开。

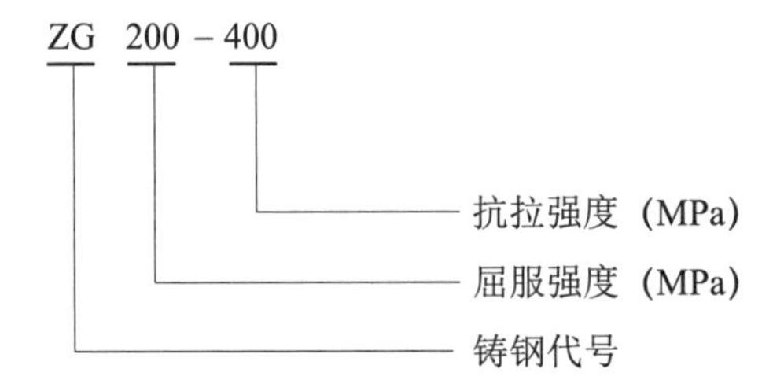

（2）以化学成分表示铸钢牌号。

当以化学成分表示铸钢牌号时，碳含量（质量分数）以及合金元素符号和含量（质量分数）排列在铸钢代号“ZG”后面。在牌号中“ZG”后面以一组（两位或三位）阿拉伯

数字表示铸钢的名义碳含量（以万分之几计）。平均碳含量＜0.1%的铸钢，其第一位数字为 0，牌号中名义碳含量用上限表示；碳含量≥0.1%的铸钢，牌号中名义碳含量用平均碳含量表示。在名义碳含量后面排列各主要合金元素符号，在元素符号后用阿拉伯数字表示合金元素名义含量（以百分之几计）。合金元素平均含量＜1.50%时，牌号中只标明元素符号，一般不标明含量；合金元素平均含量为 1.50%～2.49%、2.50%～3.49%、3.50%～4.49%、4.50%～5.49%……时，在合金元素符号后面相应写成 2、3、4、5……。当主要合金元素多于三种时，可在牌号中只标注前两种或前三种元素的名义含量值；各元素符号的标注顺序按它们的平均含量的递减顺序排列。若两种或多种元素平均含量相同，则按照元素符号的英文字母顺序排列。铸钢中常规的锰、硅、磷、硫等元素一般在牌号中不标明。在特殊情况下，当同一牌号分几个品种时，可在牌号后面用“-”隔开，用阿拉伯数字标注品种序号。具体示例如下：

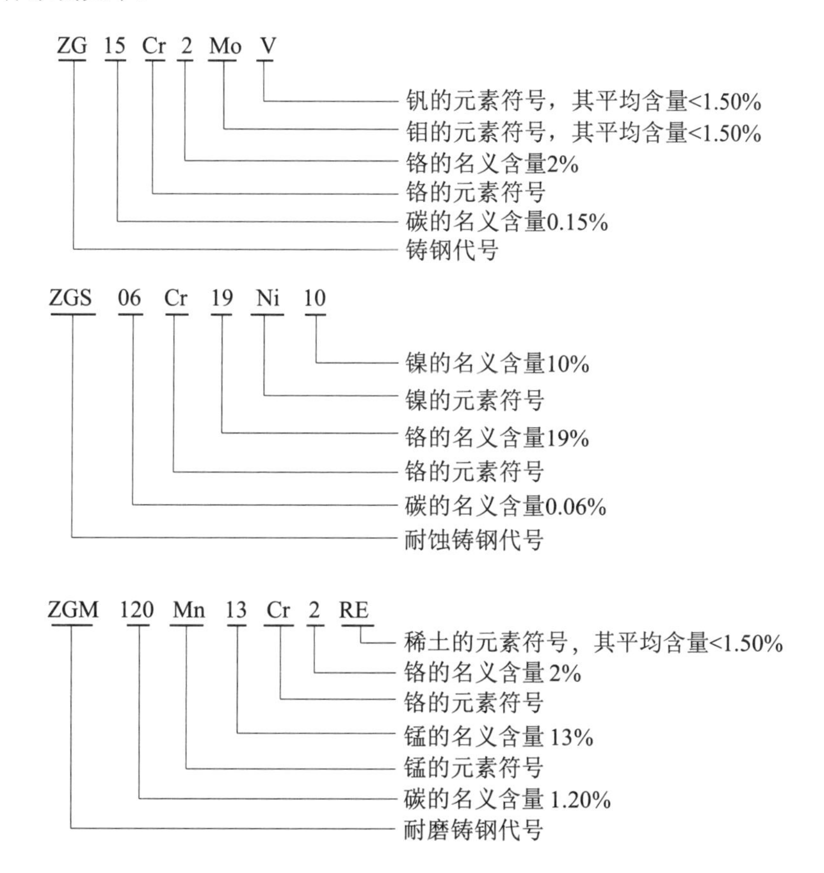

3.1.3.2 铸铁

铸铁是指含碳量在 2.11%以上的铸造铁碳合金的总称，铸铁中的碳含量最多不超过 5%。铸铁通常由生铁、废钢、铁合金等以不同比例配合通过熔炼而成，主要元素除铁、碳以外还有硅、锰和少量的磷、硫等元素。

工业用铸铁一般含碳量为 2%～4%。碳在铸铁中多以石墨形态存在，有时也以渗碳体形态存在。除碳外，铸铁中还含有 1%～3%的硅，以及锰、磷、硫等元素。合金铸铁还含有镍、铬、钼、铝、铜、硼、钒等元素。碳、硅是影响铸铁显微组织和性能的主要元素。

根据碳的存在形式，铸铁可分为灰口铸铁、白口铸铁、可锻铸铁、球墨铸铁、蠕墨铸铁、合金铸铁等。

灰口铸铁的含碳量较高（2.7%～4.0%），其中碳元素主要是以片状石墨形态存在，断口呈灰色，故简称灰铁。灰口铸铁的熔点低（1145～1250℃），凝固时收缩量小，抗压强度和硬度接近碳素钢，减震性好。由于其组织中存在片状石墨，故耐磨性好，铸造性能和切削加工较好。灰口铸铁多用于制造设备器身、箱体等结构件。其牌号以“HT”后面附两组数字表示，例如 HT20–40（第一数字表示最低抗拉强度，第二组数字表示最低抗弯强度）。

白口铸铁中的碳、硅含量较低，碳主要以渗碳体形态存在，断口呈银白色。白口铸铁凝固时收缩大，易产生缩孔、裂纹，硬度高，脆性大，不能承受冲击载荷，多用作可锻铸铁的坯件和制作耐磨损的零部件。当铸铁中的碳既有渗碳体形态、又有游离态石墨形态时，称为马（麻）口铸铁、斑铸铁。

可锻铸铁是由白口铸铁退火处理后获得，石墨呈团絮状分布，简称韧铁。其组织性能均匀，耐磨损，有良好的塑性和韧性，多用于制造形状复杂、能承受强动载荷的零件。需要说明的是，可锻铸铁由于塑韧性较好，可以承受一定程度的锻打加工，但仍然无法锻造加工。

球墨铸铁是将灰口铸铁铁水经球化处理后获得，析出的石墨呈球状，简称球铁。碳全部或大部分以自由状态的球状石墨存在，断口成银灰色。球墨铸铁比普通灰口铸铁有较高强度、较好韧性和塑性。其牌号以“QT”后面附两组数字表示，例如 QT45–5（第一组数字表示最低抗拉强度，第二组数字表示最低延伸率）。电网设备中用的铸铁件材料多为球墨铸铁。

蠕墨铸铁是将灰口铸铁铁水经蠕化处理后获得，析出的石墨呈蠕虫状。其力学性能与球墨铸铁相近，铸造性能介于灰口铸铁与球墨铸铁之间。

合金铸铁件是将普通铸铁中加入适量合金元素（如硅、锰、磷、镍、铬、钼、铜、铝、硼、钒、锡等）获得。合金元素使铸铁的基体组织发生变化，从而具有相应的耐热、耐磨、耐蚀、耐低温或无磁等特性。

3.1.4 钢中合金元素的作用

3.1.4.1 非合金化元素

钢中除含碳以外，还含有少量硅（Si）、锰（Mn）、硫（S）、磷（P）、氧（O）、氮（N）和氢（H）等元素。这些元素并非为改善钢材质量而有意加入的，而是由矿石及冶炼过程中带入的，故称为杂质元素。这些杂质对钢性能有一定影响，为了保证钢材的质量，在国家标准中对各类钢的化学成分及其含量都做了严格的规定，见表 3–1–1。

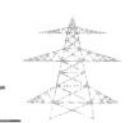

表 3–1–1　　非合金化元素在钢中的影响

元素	来源	影　　响
硅	炼钢时作为脱氧剂加入钢中	硅与钢水中的 FeO 能结成密度较小的硅酸盐炉渣而被除去，因此硅是一种有益的元素。硅在钢中溶于铁素体内，从而使钢的强度、硬度增加，塑性、韧性降低。由于钢中硅含量一般不超过 0.5%，故对钢性能影响不大
锰	炼钢时作为脱氧剂加入钢中	由于锰可以与硫形成高熔点（1600℃）的 MnS，一定程度上消除了硫的有害作用。锰具有很好的脱氧能力，能够与钢中的 FeO 成为 MnO 进入炉渣，从而改善钢的品质，特别是降低钢的热脆性，提高钢的强度和硬度。锰在钢中是一种有益元素。一般认为，钢中含锰量小于 0.5%时，可把锰看成是常存杂质
硫	炼钢的矿石与燃料焦炭	硫在钢中是有害元素。硫以硫化铁（FeS）的形态存在于钢中，FeS 和 Fe 形成低熔点（985℃）化合物。而钢材的热加工温度一般在 1150～1200℃以上，所以当钢材热加工时，由于 FeS 的过早熔化而导致工件开裂，这种现象称为“热脆”。含硫量越高，热脆现象越严重，故必须对钢中的含硫量进行控制
磷	由矿石带入钢中	磷在钢中是有害元素。磷虽能使钢的强度、硬度增高，但会引起塑性、冲击韧性显著降低。特别是在低温时，它使钢材显著变脆，这种现象称“冷脆”。冷脆使钢材的冷加工及焊接性变坏，含磷愈高，冷脆性愈大，故钢中对含磷量控制较严
氧	在炼钢过程中自然进入钢中	氧在钢中是有害元素。尽管在炼钢末期要加入锰、硅、铁和铝进行脱氧，但不可能除尽。氧在钢中以 FeO、MnO、SiO_2、Al_2O_3 等夹杂形式存在，使钢的强度、塑性降低。尤其是对疲劳强度、冲击韧性等有严重影响
氮	在炼钢过程中自然进入钢中	氮在钢中溶解度很低。当钢中溶有过饱和的氮，在放置较长一段时间后或随后在 200～300℃加热就会发生氮以氮化物形式的析出，并使钢的硬度、强度提高，塑性下降，发生时效。钢液中加入 Al、Ti 或 V 进行固氮处理，使氮固定在 AlN、TiN 或 VN 中，可消除时效硬化倾向（时效硬化是指随着时间的变化钢材内部组织会发生变化，导致其硬度升高）
氢	在炼钢过程中自然进入钢中	钢中溶有氢会引起钢的氢脆、白点等缺陷。白点常在铸件、轧制的厚板、大锻件中发现，在纵断面中可看到圆形或椭圆形的白色斑点；在横断面上则是细长的发丝状裂纹。材料中有了白点，使用时会发生突然断裂，造成不测事故。氢产生白点断裂的主要原因是因为熔融的金属液冷至较低温时，氢在钢中的溶解度急剧降低。当冷却较快时，氢原子来不及扩散到钢的表面而逸出，就在钢中的一些缺陷处由原子状态的氢变成分子状态的氢。氢分子在不能扩散的条件下会在局部区域产生很大压力，当压力超过了钢的强度极限就在该处产生裂纹，即形成白点

3.1.4.2 合金化元素

为改善钢材的某些性能而加入钢中的合金元素有铬（Cr）、镍（Ni）、钼（Mo）、钨（W）、钒（V）、钛（Ti）、铌（Nb）、硼（B）、铝（Al）等。各元素在钢中的影响各有不同，见表 3–1–2。

表 3–1–2　　合金化元素在钢中的影响

元素	影　　响
铬	可提高钢的强度和硬度，提高钢的高温机械性能，使钢具有良好的抗腐蚀性和抗氧化性，阻止石墨化，提高淬透性（钢的淬透性指钢在一定条件下淬火时获得淬透层深度的能力）。但铬会显著提高钢的脆性转变温度，促进钢的回火脆性
镍	可提高钢的强度而不显著降低其韧性，可降低钢的脆性转变温度，即可提高钢的低温韧性；改善钢的加工性和焊接性，还可以提高钢的抗腐蚀能力，不仅能耐酸，而且能抗碱和大气的腐蚀

续表

元素	影　　响
钼	对铁素体有固溶强化作用，可以提高钢的热强性、抗氢侵蚀和钢的淬透性的作用。钼的不良作用是能使低合金钼钢发生石墨化的倾向
钨	可提高钢的强度、高温强度和抗氢性能，并使钢具有热硬性。钨是高速工具钢中的主要合金元素
钒	可提高钢的热强性，并显著改善普通低碳低合金钢的焊接性能
钛	能改善钢的热强性，提高钢的抗蠕变性能及高温持久强度，并能提高钢在高温高压氢气中的稳定性，使钢在高压下对氢的稳定性高达600℃以上。钛是高温元件所用热强钢中的重要合金元素之一
铌	铌和碳、氮、氧都有极强的结合力，并与之形成相应的极为稳定的化合物，因而能细化晶粒，降低钢的过热敏感性和回火脆性。铌具有极好的抗氢性能，并能提高钢的热强性
硼	提高钢的淬透性和高温强度，并起到强化晶界的作用
铝	可用作炼钢时的脱氧定氮剂，细化晶粒，抑制低碳钢的时效，改善钢在低温时的韧性，特别是降低钢的脆性转变温度，提高钢的抗氧化性能。铝还能提高对硫化氢的抗腐蚀性。但是钢在脱氧时如果用铝量过多，将促进钢的石墨化倾向，相应的会使高温强度和韧性降低

3.2 铜及铜合金材料

铜具有良好的导电性和导热性，良好的强度、塑性、加工性能和耐磨性，易于成型和焊接，同时具有高的耐腐蚀性，是电力系统目前应用范围最广、使用数量最多的有色金属材料之一。铜及铜合金从颜色和成分上可以分为紫铜（纯铜）、青铜、黄铜和白铜四类，如图3–2–1所示。

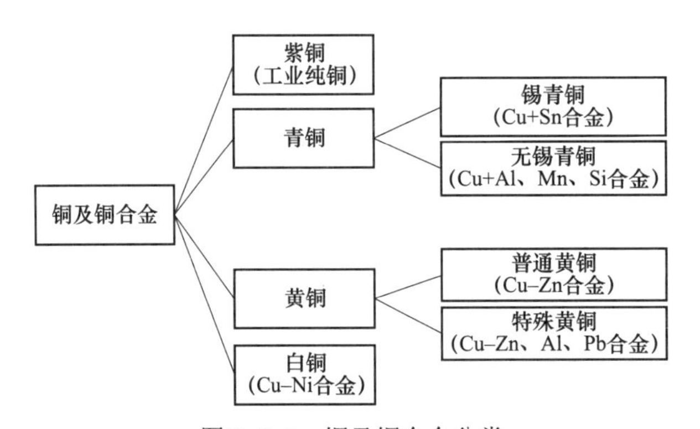

图3–2–1　铜及铜合金分类

电工用铜及铜合金主要符合以下国家标准：GB/T 5585.1—2016《电工用铜、铝及其合金母线　第一部分：铜和铜合金母线》、GB/T 3956—2008《电缆的导体》、GB/T 5231—2012《加工铜及铜合金化学成分和产品形状》。

GB/T 5231—2012《加工铜及铜合金化学成分和产品形状》规定了加工铜及铜合金的化学成分及常用形状。GB/T 5585.1—2016《电工用铜、铝及其合金母线　第一部分：铜和铜合金母线》规定了电工用铜和铜合金母线（排）的形状及偏差、化学成分、力

学性能以及电阻率的技术要求。GB/T 3956—2008《电缆的导体》规定了制成的电缆成品的导体（而不是作为原材料的铜线）的要求，规定电缆的导体为不镀金属或镀金属的退火铜线，同时规定了导体在 20℃条件下的电阻值，对材料本身的成分及力学性能均未作规定。

3.2.1 紫铜（工业纯铜）

铜材在电网设备中主要用作导体材料，因此电网设备中用的铜材大多为导电率较高的紫铜（工业纯铜）。根据 GB/T 5231—2012 的规定，工业纯铜主要有 T1（一号铜）、T2（二号铜）、T3（三号铜）三种，如表 3–2–1 所示。

表 3–2–1　　工业纯铜的铜含量

名　称	代　号	Cu+Ag 含量（%）
一号铜	T1	99.95
二号铜	T2	99.90
三号铜	T3	99.70

对于工业纯铜而言，成分是其最为关键的性能指标。例如：GB/T 5585.1—2016《电工用铜、铝及其合金母线　第一部分：铜和铜合金母线》中规定的三种铜及铜合金母线的材料要求，其铜+银含量均不低于 99.90%，也就是要达到 T2 的成分要求。对于电网设备用工业纯铜，电阻率则是最需要关注的指标参数，如 GB/T 3956—2008《电缆的导体》中规定了制成的电缆成品的各类导体在 20℃条件下的电阻值，而导电用铜及铜合金母线的电阻率应符合表 3–2–2 的要求。

表 3–2–2　　铜和铜合金母线电阻率

性能参数	型号类别	
	TMR、THMR 型	TMY、THMY 型
材料密度（g/cm^3）	8.89	8.89
线膨胀系数（$℃^{-1}$）	1.7×10^{-5}	1.7×10^{-5}
电阻温度系数（$℃^{-1}$）	0.003 93	0.003 81
20℃直流电阻率 ρ（$\Omega \cdot mm^2/m$）	≤0.017 241	≤0.017 77
导电率 σ（%IACS）	≥100	≥97

除此之外，导电用铜及铜合金母线用铜材也需要满足一定的力学性能要求，如表 3–2–3 所示。用于非导电的一般用途的铜及铜合金板材，其力学性能可参见 GB/T 2040—2008《铜及铜合金板材》。

表 3-2-3　　铜和铜合金母线机械性能

型　号	全部规格的机械性能		
	抗拉强度（MPa）	伸长率（%）	布氏硬度（HB）
TMR、THMR	≥206	≥35	—
TMY、THMY	—	—	≥65

3.2.2 青铜

青铜分为锡青铜和无锡青铜两大类，锡青铜的主要合金元素为锡，无锡青铜是在铜基中增加铝、硅、铍、锰等合金元素形成的铜合金，因此分别称为铝青铜、硅青铜、铍青铜、锰青铜。

3.2.2.1 锡青铜

以锡为主要合金元素的铜合金称为锡青铜。锡青铜的含锡量一般为 3%～14%，主要用于制作弹性元件和耐磨零件。变形锡青铜的含锡量不超过 8%，有时还添加磷、铅、锌等元素。磷是良好的脱氧剂，还能改善流动性和耐磨性。锡青铜中加铅可改善可切削性和耐磨性，加锌可改善铸造性能。这种合金具有较高的力学性能、减磨性能和耐蚀性，易切削加工，钎焊和焊接性能好，收缩系数小，无磁性，可用于制备青铜衬套、轴套、抗磁元件等。

图 3-2-2　弹簧管式压力表内部的锡青铜弹簧

在电网设备的弹簧管式压力表中可见锡青铜弹簧，如图 3-2-2 所示。

3.2.2.2 铝青铜

电网设备中所用的无锡青铜主要是铝青铜，以铝为主要合金元素的铜合金称为铝青铜，其含铝量一般不超过 11.5%，有时还加入适量的铁、镍、锰等元素。铝青铜可通过热处理进行强化，其强化原理是利用淬火能获得类似钢的马氏体组织，使合金强化。铝青铜在大气、海水、碳酸及大多数有机酸中具有比黄铜和锡青铜更高的耐蚀性。此外，还有耐磨损、冲击时不发生火花等特性。但铝青铜也有缺点，它的体积收缩率比锡青铜大，铸件内容易形成难熔的氧化铝，难于钎焊，在过热蒸汽中不稳定。

铝青铜可分为简单铝青铜和复杂铝青铜两类。简单铝青铜是指仅含铝的铜-铝二元合金，复杂铝青铜是指除含有铝元素外，还含有铁、镍、锰、硅等元素的多元合金。GB/T 5231—2012《加工铜及铜合金牌号和化学成分》中规定铝青铜共有 11 个合金牌号，它们是 QAl5、QAl6、QAl7、QAl9-2、QAl9-4、QAl9-5-1-1、QAl10-3-1.5、QAl10-4-4、QAl10-4-4-1、QAl10-5-5、QAl11-6-6。而美国 ASTM 标准中加工铝青铜共有 26 个合金牌号，铸造合金有 18 个。铝青铜的基本合金组成为 Cu–Al、Cu–Al–Fe、Cu–Al–Ni、Cu–Al–Fe–Ni、Cu–Al–Fe–Ni–Mn 等。

铝青铜具有很高的强度、硬度和耐磨性，常用来制造齿轮坯料、螺纹等零件；具有很好的抗蚀性，因此可用来制造耐腐蚀零件，如螺旋桨、阀门等；在冲击作用下不会产生火花，可用来制造无火花工具材料；具有优良的导热系数，可用作板式换热器材料；具有稳定的刚度，可作为拉伸、压延等磨具材料。在电网设备中常见的用途有轴套，如图 3–2–3 所示。

图 3–2–3　铝青铜轴套

3.2.3　黄铜

黄铜是由铜和锌组成的合金，其中只由铜和锌组成的黄铜叫做普通黄铜。为了提高黄铜的耐蚀性、强度、硬度和切削性等，在铜–锌合金中加入少量（一般为 1%～2%，少数达 3%～4%，极个别的达 5%～6%）锡、铝、锰、铁、硅、镍、铅等元素，构成三元、四元、甚至五元合金，即为复杂黄铜，亦称特殊黄铜。

黄铜的组织中常见的有 α、β、γ 等相。Zn、Mn、Al、Si 等元素能大量固溶于铜中而形成 α 单相合金。α 相为面心立方晶格的固溶体，不同固溶元素和状态的 α 相力学性能有很大的差异。其在铸态下呈树枝状、半连续铸造呈柱状形组织、经退火后呈等轴状。冷变形后晶粒内出现大量滑移带，形成加工硬化。加工铜合金经退火后 α 相呈多边形晶粒和孪晶组织，塑性较高。黄铜中锌当量小于 36%（质量分数）时，组织为 α 单相。β 相为体心立方晶格，一般是在铜合金中加入 Zn、Al 和 Be 等合金元素后形成的 CuZn、Cu_3Al、CuBe 等电子化合物为基的固溶体，呈块状、条片状或颗粒状。γ 相为铜合金中的 Zn、Sn 和 Be 等合金元素与 Cu 形成的 Cu_5Zn_8、Cu_3Zn_8、$Cu_{31}Al_9$、CuBe 等电子化合物为基的复杂立方固溶体，其性能硬脆，不利于加工。一般情况下有两种形态存在，铸态下多数呈颗粒状或星花状，在共析状态下主要在晶界上析出聚集呈球形，含量较少。

复杂黄铜的组织，可根据黄铜中加入元素的"锌当量系数"来推算。因为在铜锌合金中加入少量其他合金元素，通常只是使 Cu–Zn 状态图中的 α/（α+β）相区向左或向右移动。所以，复杂黄铜的组织通常相当于普通黄铜中增加或减少了锌含量的组织。例如，在 Cu–Zn 合金中加入 1%硅后的组织，即相当于在 Cu–Zn 合金中增加 10%锌的合金组织，所以硅的锌当量为 10。硅的锌当量系数最大，使 Cu–Zn 系中的 α/（α+β）相界显著移向铜侧，即强烈缩小 α 相区。镍的锌当量系数为负值，即扩大 α 相区。复杂黄铜中的 α 相及 β 相是多元复杂固溶体，其强化效果较大，而普通黄铜中的 α 及 β 相是简单的 Cu–Zn 固溶体，其强化效果较低。虽然锌当量相当，多元固溶体与二元固溶体的性质是不一样的，因此，少量多元强化是提高黄铜性能的常用途径。

铅黄铜。铅黄铜中的铅实际不溶于黄铜内，呈游离质点状态分布在晶界上。铅黄铜按其组织有 α 和（α+β）两种。α 铅黄铜由于铅的有害作用较大，高温塑性很低，故只能进行冷变形或热挤压。（α+β）铅黄铜在高温下具有较好的塑性，可进行锻造。铅能改善黄铜的切削性能，因此铅黄铜切削加工性良好。

锡黄铜。锡黄铜中加入锡，可明显提高合金的耐热性，特别是提高抗海水腐蚀的能力，故锡黄铜有“海军黄铜”之称。锡能溶入铜基固溶体中，起固溶强化作用。但是随着含锡量的增加，合金中会出现脆性的γ相（CuZnSn化合物），不利于合金的塑性变形，故锡黄铜的含锡量一般为0.5%～1.5%。常用的锡黄铜有HSn70–1、HSn62–1、HSn60–1等。前者是α合金，具有较高的塑性，可进行冷、热压力加工。后两种牌号的合金具有（α+β）两相组织，并常出现少量的γ相，室温塑性不高，只能在热态下变形。

锰黄铜。锰在固态黄铜中有较大的溶解度。黄铜中加入1%～4%的锰，可显著提高合金的强度和耐蚀性，而不降低其塑性。锰黄铜具有（α+β）组织，常用的有HMn58–2，冷、热态下的压力加工性能相当好。

铁黄铜。铁黄铜中，铁以富铁相的微粒析出，作为晶核而细化晶粒，并能阻止再结晶晶粒长大，从而提高合金的机械性能和工艺性能。铁黄铜中的铁含量通常在1.5%以下，其组织为（α+β），具有高的强度和韧性，高温下塑性很好，冷态下也可变形。常用的牌号为HFe59–1–1。

镍黄铜。镍与铜能形成连续固溶体，显著扩大α相区。黄铜中加入镍元素可显著提高黄铜在大气和海水中的耐蚀性。镍还能提高黄铜的再结晶温度，促使形成更细的晶粒。常用的HNi65–5镍黄铜具有单相的α组织，室温下具有很好的塑性，也可在热态下变形，但是对杂质铅的含量必须严格控制，否则会严重降低合金的热加工性能。

黄铜质软、耐磨性能强、塑性高，常用来制作各种电网设备部件，如图3–2–4所示。

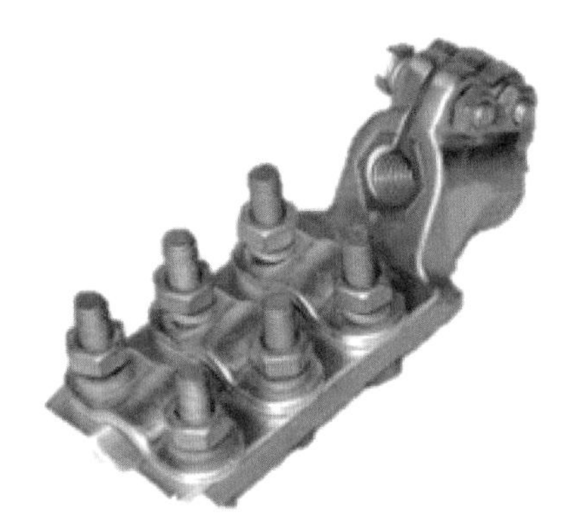

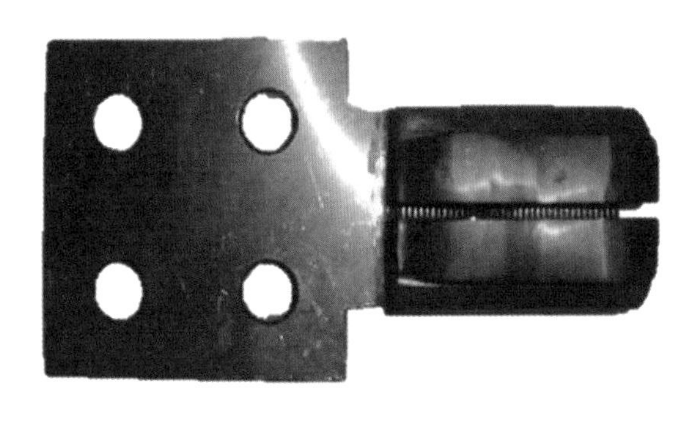

图3–2–4　黄铜抱杆式线夹

3.2.4　其他铜合金

3.2.4.1　铬铜合金

除青铜、黄铜这两类常见的铜合金外，电网设备中也会用到铜铬合金。铜铬合金之前被统称为铬青铜，在GB/T 5213—2012《加工铜及铜合金牌号和化学成分》标准实施后，除含铬量为3.5%～5.5%的QCr4.5–2.5–0.6被归入青铜（称为铬青铜）外，其余以铬为主要合金元素的铜铬合金都称为铬铜。铬铜中的铬含量为0.3%～1.5%，除此之外还含有少量的铁、硅等元素。

在常温及中高温度下（400℃），铬铜材料具有较高的强度和硬度，导电性和导热性也较高，经时效硬化处理后，其强度、硬度、导电性和导热性均可显著提高，易于焊接和钎焊，在大气和淡水中具有良好的抗蚀性，高温抗氧化性好，能很好的在冷态和热态中承受压力加工，但缺点是裂纹敏感性较强，在缺口和尖角处容易形成应力集中。有些设备厂家的开关柜抱杆线夹会用到铬铜材料。

3.2.4.2 钨铜合金

钨铜合金是钨和铜组成的合金，常用合金的含铜量为10%～50%，用粉末冶金方法制取，具有很好的导电导热性，较好的高温强度和一定的塑性。钨铜合金在高压断路器触头材质中有较广泛的应用。

3.2.4.3 白铜

以Ni为主要合金元素的铜合金称为白铜。普通白铜仅含Cu和Ni合金元素，其编号为B+Ni的名义质量分数。例如，牌号为B19表示Ni名义质量分数为19%的普通白铜。普通白铜中加入Zn、Mn、Fe等元素后，分别叫做锌白铜、锰白铜、铁白铜。编号方法为B+其他元素符号+Ni的名义质量分数+其他元素的名义质量分数，如，BZn15–20表示Ni名义质量分数为15%、Zn名义质量分数为20%的锌铜。

固态下，铜与镍能无限固溶，因此工业白铜的组织均为单相α固溶体。纯铜加镍能显著提高其强度、耐蚀性、硬度，并降低电阻温度系数。因此，白铜具较好的强度和塑性，能进行冷热变形和焊接，能通过冷变形提高强度和硬度；抗蚀很好，电阻率较高，可用于制作船舶仪器零件、化工机械零件及医疗器械，锰质量分数高的锰白铜可制作热电偶丝。

3.3 铝及铝合金材料

铝是元素周期表中第三周期主族元素，原子序数为13，原子量为26.981 5。

铝具有一系列比其他有色金属、钢铁、塑料和木材等更优良的特性，如密度小，仅为2.7g/cm^3，约为铜或钢的1/3；具有良好的导电性、导热性、耐低温性、耐腐蚀性、耐候性，其塑性和加工性能良好，对光热电波的反射率高、表面性能好、无磁、无毒、吸音，且兼具良好的力学性能、铸造性能、焊接性能和抗撞击性能。

铝的化学活性很强，标准电极电位很低（–1.67V），与氧有很强的亲和力，室温下可与空气中的氧结合生成Al_2O_3薄膜，能阻止氧向金属内部扩散而起到保护作用，具有较好的耐蚀性能。

铝及铝合金材料主要包括工业纯铝和铝合金两大类。工业纯铝一般指纯度为99.0%～99.9%的铝。以铝为基体，加入一种或几种其他元素（镁、硅、铜、锌、锰等）构成的合金称为铝合金。加入合金元素可以使铝材的组织结构和性能发生改变。不同的合金元素有不同的作用，铜元素可以提高铝的室温和高温强度，但会降低铸造性能；锰可以细化晶粒、提高强度，显著增加冷作硬化效果，略微降低耐腐蚀性能；硅可以改善合金液的流动性和铸造性能，通过析出细小的初晶硅提高硬度；镁可以产生时效沉淀强化，与锰一起增加冷作硬化效果；锌可以提高强度，但会降低耐腐蚀性能；钙能细化晶粒，促进铝中硅的析出而提高铝的电导率；镍有助于沉淀强化，改善高温性能；钒能细化晶粒、改善热处理效果，但会降低电阻率；铼能改善高温性能、疲劳强度和蠕变极限，改善合金液的流动性。

根据铝合金的成分和生产工艺上的特点，可将其分为铸造铝合金和变形铝合金两大类。铸造铝合金一般可制作铸造的零件或其毛坯。变形铝及铝合金一般可制作冶金工业半成品，即板、棒、管、丝、带等，或具有一定形状及尺寸的锻件和挤压型材。

3.3.1 铝及铝合金牌号

铝及铝合金的牌号采用四位数字及字母表示，第一位表示分组，如表 3–3–1 所示。

表 3–3–1　　铝和铝合金牌号表示法

组　别	牌号	组　别	牌号
纯铝（Al 含量）不小于 99.00%	1×××	以镁和硅为主要合金元素且以 Mg_2Si 相为强化相的铝合金	6×××
以铜为主要合金元素的铝合金	2×××	以锌为主要合金元素的铝合金	7×××
以锰为主要合金元素的铝合金	3×××	以其他合金元素为主要合金元素的铝合金	8×××
以硅为主要合金元素的铝合金	4×××	备用合金组	9×××
以镁为主要合金元素的铝合金	5×××		

3.3.2 铝及铝合金状态

根据 GB/T 16475—2008《变形铝及铝合金状态代号》的规定，基础状态代号用一个英文大写字母表示。细分状态代号采用基础状态代号后跟一位、两位或多位阿拉伯数字表示。

3.3.2.1 基础状态代号

基础状态代号如表 3–3–2 所示。

表 3–3–2　　铝和铝合金基础状态代号

代号	名　称	说明与应用
F	自由加工状态	适用于在成型过程中，对于加工硬化和热处理条件无特殊要求的产品，该状态产品的力学性能不作规定
O	退火状态	适用于经完全退火获得最低强度的加工产品
H	加工硬化状态	适用于通过加工硬化提高强度的产品，产品在加工硬化后可经过（也可不经过）使强度有所降低的附加热处理。 H 代号后面必须跟有两位或三位阿拉伯数字
T	热处理状态 （不同于 F、O、H 状态）	适用于热处理后，经过（或不经过）加工硬化达到稳定状态的产品，T 代号后面必须跟有一位或多位阿拉伯数字

3.3.2.2 细分状态代号

（1）HXX 状态。H 后面的第一位数字表示获得该状态的基本处理程序：

H1——单纯加工硬化状态，适用于未经附加热处理，只经加工硬化即获得所需强度的状态。

H2——加工硬化及不完全退火的状态，适用于加工硬化程度超过成品规定要求后，经不完全退火，使强度降低到规定指标的产品。

H3——加工硬化及稳定化处理的状态，适用于加工硬化后经低温热处理或由于加工过程中的受热作用致使其力学性能达到稳定的产品。

H4——加工硬化及涂漆处理的状态，适用于加工硬化后，经涂漆处理导致了不完全退火的产品。

（2）HXXX 状态。H 后面的第二位数字表示产品的加工硬化程度，1～9 的数字表示不同的硬化程度，数字 8 表示硬状态，9 表示超硬状态。

H111——适用于最终退火后又进行了适量的加工硬化，但加工硬化程度又不及 H11 状态的产品。

H112——适用于热加工成型的产品，该状态产品的力学性能有规定要求。

H116——适用于镁含量≥4.0%的 5XXX 系合金制成的产品。这些产品具有规定的力学性能和抗剥落腐蚀的性能要求。

（3）TX 状态。在 T 后面添加 0～10 的阿拉伯数字，表示的细分状态称作 TX 状态，如表 3–3–3 所示，T 后面的数字表示对产品的基本处理程序。

表 3–3–3　　TX 状 态 代 号

状态代号	说 明 与 应 用
T0	固溶热处理后，经自然时效再通过冷加工状态。适用于经冷加工提高强度的产品
T1	由高温成型过程冷却，然后自然时效至基本稳定的状态。适用于由高温成型过程冷却后，不再进行冷加工（可进行矫直、矫平，但不影响力学性能极限）的产品
T2	由高温成型过程冷却，经冷加工后自然时效至基本稳定的状态。适用于由高温成型过程冷却后，进行冷加工或矫直、矫平以提高强度的产品
T3	固溶热处理后进行冷加工，再经自然时效至基本稳定的状态。适用于在固溶热处理后，进行冷加工或矫直、矫平以提高强度的产品
T4	固溶热处理后自然时效至基本稳定的状态。适用于固溶热处理后，不再进行冷加工（可进行矫直、矫平，但不影响力学性能极限）的产品
T5	由高温成型过程冷却，然后进行人工时效状态。适用于由高温成型过程冷却后，不经过冷加工（可进行矫直、矫平，但不影响力学性能极限）予以人工时效的产品
T6	固溶热处理后进行人工时效的状态。适用于固溶热处理后，不再进行冷加工（可进行矫直、矫平，但不影响力学性能极限）的产品
T7	固溶热处理后进行过时效的状态。适用于固溶热处理后，为获取某些重要特性，在人工时效时强度在时效曲线上越过了最高峰点的产品
T8	固溶热处理后经冷加工，然后进行人工时效的状态。适用于经冷加工或矫直、矫平提高强度的产品
T9	固溶热处理后人工时效，然后进行冷加工的状态，适用于经冷加工提高强度的产品
T10	由高温成型过程冷却，再进行冷加工，然后人工时效的状态。适用于经冷加工矫直、矫平提高强度的产品

注　某些 6XXX 系的合金，无论是炉内固溶热处理，还是从高温成型过程急冷以保留可溶性组分在固溶体中，均能达到相同的固溶热处理效果。这些合金的 T0、T3、T4、T6、T7、T8 和 T9 状态可采用上述两种。

（4）TXX、TXXX 状态。在 TX 状态代号后面再添加一位阿拉伯数字称作 TXX 状态，或添加两位阿拉伯数字称作 TXXX 状态，表示经过了明显改变产品特性（如力学性能、抗腐蚀性能等）的特定工艺处理的状态，如表 3–3–4 所示。

表 3–3–4　　TXX、TXXX 状态代号

状态代号	说明与应用
T42	适用于自 O 或 F 状态固溶热处理后，自然时效到充分稳定状态的产品；也适用于需方任何状态的加工产品热处理后，力学性能达到 T42 状态的产品
T62	适用于自 O 或 F 状态固溶热处理后，进行人工时效的产品；也适用于需方对任何状态的加工产品热处理后，力学性能达到 T62 状态的产品
T73	适用于固溶热处理后，经过时效以达到规定的力学性能和抗应力腐蚀性能指标的产品
T74	与 T73 状态定义相同。该状态的抗拉强度大于 T73 状态，但小于 T76 状态
T76	与 T73 状态定义相同。该状态的抗拉强度分别高于 T73、T74 状态，抗应力腐蚀断裂性能分别低于 T73、T74 状态，但其抗剥落腐蚀性能仍较好
T7X2	适用于自 O 或 F 状态固溶热处理后，进行人工过时效处理，力学性能及抗腐蚀性能达到 T7X 状态的产品
T81	适用于固溶热处理后，经 1%左右的冷加工变形提高强度，然后进行人工时效的产品
T87	适用于固溶热处理后，经 7%左右的冷加工变形提高强度，然后进行人工时效的产品

（5）消除应力状态。在上述 TX 或 TXX 或 T XXX 状态代号后面再添加 51、510、511、52、54，表示经历了消除应力处理的产品状态代号，如表 3–3–5 所示。

表 3–3–5　　消除应力状态代号

状态代号	说明与应用
TX51 TXX51 TXXX51	适用于固溶热处理或自高温成型过程冷却后，按规定量进行拉伸的厚板、轧制或冷精整的棒材以及模锻件、锻环或轧制环，这些产品拉伸后不再进行矫直。 厚板的永久变形量为 1.5%～3%；轧制或冷精整棒材的永久变形量为 1%～3%；模锻件、锻环或轧制环的永久变形量为 1%～5%
TX510 TXX510 TXXX510	适用于固溶热处理或自高温成型过程冷却后，按规定量进行拉伸的挤制棒、型和管材，以及拉制管材，这些产品拉伸后不再进行矫直。 挤制棒、型和管材的永久变形量为 1%～3%；拉制管材的永久变形量为 1.5%～3%
TX511 TXX511 TXXX511	适用于固溶热处理或自高温成型过程冷却后，按规定量进行拉伸的挤制棒、型和管材，以及拉制管材，这些产品拉伸后略微矫直以符合标准公差。 挤制棒、型和管材的永久变形量为 1%～3%；拉制管材的永久变形量为 1.5%～3%
TX52 TXX52 TXXX52	适用于固溶热处理或高温成型过程冷却后，通过压缩来消除应力，以产生 1%～5%永久变形量的产品
TX54 TXX54 TXXX54	适用于在终锻模内通过冷整形来消除应力的模锻件

3.3.3 变形铝及铝合金

变形铝及铝合金是指通过轧制、冲压、弯曲、挤压等工艺使其组织、形状发生变化的铝及铝合金。按热处理特性可分为工业纯铝、热处理强化型铝合金、热处理不可强化型铝合金（或称非处理强化型铝及铝合金），按用途可分为纯铝、防锈铝、硬铝、超硬铝、特殊铝等。

3.3.3.1 工业纯铝

工业纯铝实质上可以看作是铁、硅含量很低的铝–铁–硅系合金。在杂质相中除了有针状硬脆的 $FeAl_3$ 和块状硬脆的硅质点外，还能形成两个三元相，当 Fe 含量大于 Si 含量时，形成 α（Fe_2SiAl_8）相；当 Si 含量大于 Fe 含量时，形成 β（$FeSiAl_5$）相。两相都是脆性化合物，后者对塑性的危害更大些。因此，一般在工业纯铝中都使 Fe 含量大于 Si 含量。当 Fe 含量大于 Si 含量时，还能缩小结晶温度区间并减小产生铸造裂纹倾向。

工业纯铝具有铝的一般特点：密度小，导电、导热性能好，抗腐蚀性能好，塑性加工性能好，可加工成板、带、箔和挤压制品等，可进行焊接加工。工业纯铝不能热处理强化，可通过冷变形提高强度，唯一的热处理形式是退火。再结晶开始温度与杂质含量和变形度有关，一般在 200℃左右。

工业纯铝的牌号主要有 1A99、1A97、1A95、1A93、1A90、1A85、1A80、1A80A、1070、1070A、1370、1060、1050、1050A、1A50、1350、1145、1035、1A30、1100、1200、1235 等。铁和硅是其主要杂质，并按牌号数字增加而递增。

电网设备中，工业纯铝多用于导体材料，图 3–3–1 为碳纤维复合材料芯导线用梯形截面纯铝绞线。

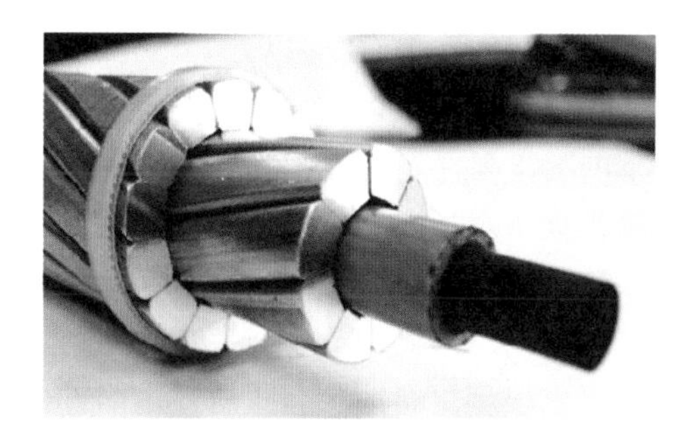

图 3–3–1 碳纤维复合材料芯导线用梯形截面纯铝绞线

3.3.3.2 变形铝合金

变形铝合金可分为两类；一类为热处理不可强化的铝及铝合金（或称为非热处理强化型铝合金）。它们只可变形强化，由于热处理强化效应很弱，故不能热处理强化。此类铝合金有 Al–Mn 系（3 系）防锈铝合金、Al–Mg 系（5 系）防锈铝合金。另一类为热处理强化铝合金，它们既可变形强化，也可热处理强化，此类铝合金有 A1–Cu（2 系）、Al–Mg–Si（6 系）、Al–Zn（7 系）、Al–Li（8 系）等系列铝合金。

变形铝合金的成分参照 GB/T 3190—2008《变形铝及铝合金化学成分》的规定。

变形铝合金的力学性能与其加工形态有关，性能参数参照 GB/T 3880—2012《一般工业用铝及铝合金板、带材》的规定。

电网设备中常用的非热处理强化铝合金主要是 5083，其主要合金元素为镁（4.0%～4.9%），具有良好的成形加工性能、抗蚀性、焊接性，中等强度，常用来制备 GIS 设备的

图 3–3–2　GIS 设备

外壳，如图 3–3–2 所示。

电网设备中常用的热处理强化铝合金主要是 6063。6063 合金是 Al–Mg–Si 系合金中的典型代表，具有特别优良的可挤压性和可焊接性，较好的耐腐蚀性能，是工业型材的首选材料。电网设备中的各种线夹、接线端子板、引流板等多采用 6063 铝合金。

6 系铝合金属于热处理可强化合金，具有良好的可成型性、可焊接性和可机加工性，同时具有中等强度，在退火后仍能维持较好的操作性。6 系铝合金中的主要合金元素是镁与硅，并形成 Mg_2Si 相。若含有一定量的锰与铬，可以中和铁的坏作用；有时还添加少量的铜或锌，以提高合金的强度，而不使其抗蚀性有明显降低；用以导电的 6 系铝合金材料中还有少量的铜，以抵销钛和铁对导电性的不良影响；加入锆或钛能细化晶粒与控制再结晶组织；为了改善可切削性能，可加入铅与铋。将 Mg_2Si 固溶于铝中，使合金有人工时效硬化功能。

6 系（Al–Mg–Si）合金是最重要的材料，目前全世界有 70%以上的铝挤压加工材是用 6 系合金生产的，其成分质量分数范围为：Si，0.3%～1.3%；Mg，0.35%～1.4%。经过几十年的实践应用和筛选，证明 6063、6082、6061、6005 这 4 种合金及其变种已经占据了 6 系合金的统治地位（80%以上）。它们的抗拉强度涵盖了 180～360MPa 的范围。

2 系铝合金为典型硬铝合金，该合金的特点是：强度高，有一定的耐热性，可用作 150°C 以下的工作零件。温度高于 125°C 时，2 系列合金的强度比 7075 合金的还高。热状态、退火和淬火状态下成形性能都比较好，热处理强化效果显著，但热处理工艺要求严格。抗蚀性较差，焊接时易产生裂纹，采用特殊工艺时可以焊接和铆接。广泛用于飞机结构、铆钉、卡车轮毂、螺旋桨元件及其他结构件。由于其耐腐蚀性能较差，在存在大气腐蚀的环境下容易出现剥层腐蚀，因此户外电网设备中不宜选用未经防腐处理的 2 系铝合金。

3 系列为 Al–Mn 系合金，是应用最广的一种防锈铝。这种铝合金的强度不高（稍高于工业纯铝），不能热处理强化，故采用冷加工方法来提高它的力学性能。在退火状态有很高的塑性、在半冷作硬化时塑性尚好、冷作硬化时塑性低，可切削性能不良。3 系列铝合金成形性、焊接性、耐蚀性均良好，主要用于加工需要有良好的成形性能、高的抗蚀性可焊性好的零件部件，或既要求有这些性能又有比 1 系合金强度高的场合，如汽油或润滑油导管、油箱，以及各类深拉制作的小负荷零件等。

3.3.4　铸造铝合金

3.3.4.1　铸造铝合金的主要特点及用途

ZL101：特点是成分简单，容易熔炼和铸造，气密性好、焊接和切削加工性能也比较好，但力学性能不高。适合铸造薄壁、大面积和形状复杂的、强度要求不高的各种零件，如泵的壳体、齿轮箱、仪表壳（框架）及家电产品的零件等。主要采用砂型铸造和金属型铸造。

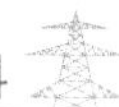

ZL101A：由于是在 ZL101 的基础上加了微量 Ti，细化了晶粒，强化了合金的组织，其综合性能高于 ZL101、ZL102，并有较好的抗蚀性能，可用作一般载荷的工程结构件和摩托车、汽车及家电、仪表产品上的各种结构件的优质铸件。其使用量目前仅次于 ZL102，多采用砂型和金属型铸造。

ZL102：这种合金的最大特点是流动性好，其他性能与 ZL101 差不多，但气密性比 ZL101 要好，可用来铸造各种形状复杂、薄壁的压铸件和强度要求不高的薄壁、大面积、形状复杂的金属或砂型铸件。不论是压铸件还是金属型、砂型铸件，都是民用产品上用得最多的一个铸造铝合金品种。

ZL104：因其共晶体量多，又加入了 Mn，抵消了材料中混入 Fe 的有害作用，有较好的铸造性能和优良的气密性、耐蚀性，焊接和切削加工性能也比较好，但耐热性能较差，适合制作形状复杂、尺寸较大的有较大负荷的动力结构件，如增压器壳体、气缸盖，气缸套等零件，主要用压铸，也多采用砂型和金属型铸造。

ZL105、ZL105A：由于加入了 Cu，降低了 Si 的含量，其铸造性能和焊接性能都比 ZL104 差，但室温和高温强度、切削加工性能都比 ZL104 要好，塑性稍低，抗蚀性能较差。适合用作形状复杂、尺寸较大、有重大负荷的动力结构件，如增压器壳体、气缸盖、气缸套等零件。Zl105A 降低了 ZL105 的杂质元素 Fe 的含量，提高了合金的强度，具有比 ZL105 更好的力学性能，多采用铸造优质铸件。

ZL106：由于提高了 Si 的含量，又加入了微量的 Ti、Mn，使合金的铸造性能和高温性能优于 ZL105，气密性、耐蚀性也较好，可用作一般负荷的结构件及要求气密性较好和在较高温度下工作的零件，主要采用砂型和金属型铸造。

ZL107：有优良的铸造性能和气密性能，力学性能也较好，焊接和切削加工性能一般，抗蚀性能稍差，适合制作承受一般动负荷或静负荷的结构件及有气密性要求的零件，多用砂型铸造。

ZL108：由于含 Si 量较高，又加入了 Mg、Cu、Mn，使合金的铸造性能优良，并且热膨胀系数小，耐磨性好，强度高，并具有较好的耐热性能，但抗蚀性稍低。适合制作内燃发动机的活塞及其他要求耐磨的零件以及要求尺寸、体积稳定的零件。主要采用压铸和金属型铸造，也可采用砂型铸造。

ZL109：复杂合金化的 Al–Si–Cu–Mg–Ni 合金，由于含 Si 量提高，并加入了 Ni，使合金具有优良的铸造性能、气密性能以及较高的高温强度，耐磨性和耐蚀性得到提高，线膨胀系数和密度也有较大的降低，适合制作内燃发动机活塞及要求耐磨且尺寸、体积稳定的零件。主要采用金属型铸造和砂型铸造。

ZL111：由于加入了 Mn、Ti，使该合金有优良的铸造性能，较好的耐蚀性、气密性，高的强度。其焊接和切削加工性能一般，适合铸制形状复杂、承受重大负荷的动力结构件（如飞机发动机的结构件、水泵、油泵、叶轮等），要求气密性较好和在较高温度下工作的零件。主要采用金属型和砂型铸造，也可采用压铸。

ZL114A：该合金是在 ZL101A 的基础上增加合金元素镁的含量而得到的，其强度要比 ZL101A 更高，而且具有优良的铸造性能。其耐蚀性和其他工艺性能均与 ZL101A 相近，可热处理强化。

ZL115：有较好的铸造性能和较高的力学性能，主要用作大负荷的工程结构件及其他零件，如阀门壳体、叶轮等。主要采用砂型和金属型铸造。

ZL116：因去除了 ZL115 合金中的 Zn、Sb，加入了 Ti、Be 两种微量元素，使合金的晶粒得到细化，杂质 Fe 的有害作用得到消减，从而使合金具有较好的铸造性能、气密性能及较高的力学性能。适合铸制承受大载荷的动力结构件，主要采用砂型和金属型铸造。

ZL117：ZL117 合金是一种复杂合金化的 Al–Cu–Mg 过共晶型耐磨合金。因其含 Si 量达 19～22%，并加了微量元素 Mn 和稀土元素，使合金成为软基体上分布着许多硬度很高的初晶 Si 质点的高级耐磨材料，并有很好的铸造性能以及很好的室温和高温强度、低的热膨胀系数，适合铸制内燃发动机活塞、刹车片及其他要求耐磨又有高强度的结构件。主要采用金属型铸造，也可用砂型铸造。

ZL201：有较好的室温和高温机械性能，塑性一般，焊接和切削加工性能一般，但流动性较差，有热裂倾向，抗蚀性较差，适合铸造较高温度（200～300℃）下工作的结构件或常温下承受较大动载荷或静载荷的零件，以及在低温（–70℃）下工作的零件。多采用砂型铸造。

ZL201A：这种合金大大降低了杂质 Fe、Si 的含量，比 ZL201 有更高的室温和高温机械性能。其切削加工和焊接性能好，但铸造性能较差。可用于在 300℃工作的零件或在常温下承受较大动或静载荷的零件。多用砂型铸造。

ZL202：有比较好的铸造性能和较高的高温强度、硬度及耐磨性能，但抗蚀性较差。适合铸制工作温度在 250℃载荷不大的零件，如气缸头等。主要用砂型铸造和金属型铸造。

ZL203：由于降低了 Si 的含量，流动性稍差，热裂倾向较大，抗蚀性也比较差，但有较好的高温强度和焊接及切削加工性能。适合铸制工作温度在 250℃以下承受载荷不大的零件以及常温下有较大载荷的零件，如仪表零件，曲轴箱体等。多用砂型铸造和低压铸造。

ZL204A：是高纯度、高强度铸造 Al–Cu 合金，也有较好的塑性和较好的焊接和切削加工性能，但铸造性能较差。适合铸制有较大载荷的结构件，如支承座、支臂等零件。多采用砂型铸造和低压铸造。

ZL205A：是目前世界上使用强度最高的铝合金。有较好的塑性和抗蚀性，切削加工和焊接性能优良，但铸造性能比较差。适合铸制承受大载荷的结构件及一些气密性要求不高的零件。主要采用砂型铸造、低压铸造，也可用金属型铸造。

ZL207：有很高的高温强度，铸造性能一般，焊接和切削加工性能也一般，室温强度不高。适合铸制温度在 400℃下工作的各种结构件。多采用砂型铸造和低压铸造。

ZL209：抗拉强度、屈服点、高温强度均比 ZL201A 高，焊接和切削加工性能也较好，但铸造性能和延伸率均较差。适合铸制在较高温度下工作要求耐磨的各种构件。多采用砂型铸造。

ZL301：是现有铝合金中抗腐蚀能力最强的一个品种，切削加工性能很好，焊接性能也比较好，强度高，阳极氧化性能好，但铸造工艺复杂，操作麻烦，且铸件易产生疏松、热裂等缺陷。适合铸造工作温度在 150℃下的海水等腐蚀介质中有较大载荷的各种零件，如海洋舰船内的各种构件、石油行业的泵壳体、叶轮、框架等零件。多采用砂型铸造。

ZL303：高温强度比 ZL301 好，抗蚀能力好（比 ZL301 稍差），切削加工性能优越，焊接性能好，铸造性能比 ZL301 要好，不能热处理，机械性能比 ZL301 低得多。常用于在海水、化工、燃气等腐蚀介质下承受中等载荷零件的制造。主要用压力铸造和砂型铸造。

ZL305：因加入了 Zn，降低了 Mg 的含量，其铸造性能和自然时效后的组织稳定性均比 ZL301 和 ZL303 合金好，形成疏松、热裂的倾向小。又因为添加了 Ti、Be 两微量元素，使得该合金的综合性能好，抗应力腐蚀能力强，但高温下的力学性能差。适合铸制承受较大载荷的在 100℃以下的海水、化工、燃气等腐蚀介质中的工作零件。主要采用砂型铸造。

ZL401：此种材料铸造性能很好，缩孔和热裂倾向小，有较高的机械性能，焊接和切削加工性能好，但密度大、塑性低，耐蚀性较差。多用作压铸和模具、模板及工作温度不超过 200℃、承受中等载荷的结构件。主要用压力铸造，也用砂型和金属型铸造。

3.3.4.2 铸造铝合金的化学成分和力学性能

铸造铝合金化学成分和常温力学性能可参照 GB/T 1173—2013《铸造铝合金》。

3.3.4.3 铸造铝合金的物理性能

铸造铝合金物理性能如表 3–3–6 所示。

表 3–3–6 铸造铝合金物理性能

合金牌号	密度 ρ (g/cm^3)	熔化温度范围（℃）	20～100℃平均线膨胀系数 α（10^{-6}/K）	100℃比热容 c [J/（kgK）]	25℃时热导率 λ（W/mK）	20℃电导率 κ（%IACS）	20℃电阻率 ρ（nΩ·m）
ZL101	2.66	577～620	23.0	879	151	36	45.7
ZL101A	2.68	557～613	21.4	963	150	36	44.2
ZL102	2.65	577～600	21.1	837	155	40	54.8
ZL104	2.65	569～601	21.7	753	147	37	46.8
ZL105	2.68	570～627	23.0	837	159	36	46.2
ZL106	2.73	—	21.4	963	100.5	—	—
ZL108	2.68	—	—	—	117.2	—	—
ZL109	2.68	—	19	963	117.2	29	59.4
ZL111	2.69	—	18.9	—	—	—	—
ZL201	2.78	547.5～650	19.5	837	113	—	59.5
ZL201A	2.83	547.5～650	22.6	833	105	—	52.2
ZL202	2.91	—	22.0	963	134	34	52.2
ZL203	2.80	—	23.0	837	154	35	43.3
ZL204A	2.81	544～650	22.03	—	—	—	—
ZL205A	2.82	544～633	21.9	888	113	—	—
ZL206	2.90	542～631	20.6	—	155	—	64.5
ZL207	2.83	603～637	23.6	—	96.3	—	53
ZL208	2.77	545～642	22.5	—	155	—	46.5
ZL301	2.55	—	24.5	1047	92.1	21	91.2
ZL303	2.60	550～650	20.0	962	125	29	64.3
ZL401	2.95	545～575	24.0	879	—	—	—
ZL402	2.81	—	24.7	963	138.2	35	—

3.3.4.4 新旧铝牌号对照表

我国变形铝合金新旧牌号对照表如表 3–3–7 所示。

表 3–3–7 我国变形铝合金新旧牌号对照表

新牌号	旧牌号	新牌号	旧牌号	新牌号	旧牌号	新牌号	旧牌号
1A99	原 LG5	2A20	曾用 LY20	4043		6A02	原 LD2
1A97	原 LG4	2A21	曾用 214	4043A		6B02	原 LD2–1
1A95		2A25	曾用 225	4047		6A51	曾用 651
1A93	原 LG3	2A49	曾用 149	4047A		6101	
1A90	原 LG2	2A50	原 LD5	5A01	2101、LF15	6101A	
1A85	原 LG1	2B50	原 LD6	5A02	原 LF2	6005	
1080		2A70	原 LD7	5A03	原 LF3	6005A	
1080A		2B70	曾用 LD7–1	5A05	原 LF5	6351	
1070		2A80	原 LD8	5B05	原 LF10	6060	
1070A	代 L1	2A90	原 LD9	5A06	原 LF6	6061	原 LD30
1370		2004		5B06	原 LF14	6063	原 LD31
1060	代 L2	2011		5A12	原 LF12	6063A	
1050		2014		5A13	原 L13	6070	原 LD2–2
1050A	代 L3	2014A		5A30	2103、LF16	6181	
1A50	原 LB2	2214		5A33	原 LF33	6082	
1350		2017		5A41	原 LT41	7A01	原 LB1
1145		2017A		5A43	原 LF43	7A03	原 LC3
1035	代 L4	2117		5A66	原 LT66	7A04	原 LC4
1A30	原 L4–1	2218		5005		7A05	曾用 705
1100	代 L5–1	2618		5019		7A09	原 LC9
1200	代 15	2219	LY19、147	5050		7A10	原 LC10
1235		2024		5251		7A15	LC15、157
2A01	原 LY1	2124		5052		7A19	919、LC19
2A02	原 LY2	3A21	原 LF21	5154		7A31	曾用 183–1
2A04	原 LY4	3003		5154A		7A33	曾用 LB733
2A06	原 LY6	3103		5454		7A52	LC52、5210
2A10	原 LY10	3004		5554		7003	原 LC12
2A11	原 LY11	3104		5754		7005	
2B11	原 LY8	3005		5056	原 LF5–1	7020	
2A12	原 LY12	3105		5356		7022	
2B12	原 LY9	4A01		5456		7050	
2A13	原 LY13	4A11	原 LT1	5082		7150	
2A14	原 LD10	4A13	原 LD11	5182		7055	
2A16	原 LY16	4A17	原 LD13	5083	原 LF4	7075	
2B16	LY16–1	4004	原 LT17	5183		7475	
2A17	原 LY17	4032		5086		8A06	原 L6
						8011	曾用 LT96
						8090	

3.4 银、锌、锡

3.4.1 银

银是过渡金属的一种，化学符号是 Ag。银在自然界中有单质存在，但绝大部分是以化合态的形式存在于银矿石中。银的理化性质均较为稳定，导热、导电性能很好，质软，富延展性。其反光率极高，可达 99%以上。由于银的导电性很好，电网设备接触面镀银的目的是为了减小接触电阻。

银极易与空气中的 H_2S 发生反应，生成黑色的硫化银，所以户外镀银部件长期运行后表面会变色发黑。化学反应方程式为 $4Ag+H_2S+O_2 \rightarrow 2Ag_2S+2H_2O$ 。

3.4.2 锌

锌也是一种过渡金属，化学符号是 Zn，原子序数是 30，在化学元素周期表中位于第 4 周期、第 IIB 族。锌外观呈银白色略带淡蓝色，密度为 7.14g/cm^3，熔点为 419.5℃。在室温下性较脆，100～150℃时变软；超过 200℃后，又变脆。

锌的化学性质活泼，在常温下的空气中，表面生成一层薄而致密的碱式碳酸锌膜，可阻止进一步氧化。当温度达到 225℃后，锌剧烈氧化。锌是第四常见的金属，仅次于铁、铝及铜。锌能与多种有色金属制成合金，其中最主要的是锌与铜、锡、铅等组成的黄铜等，还可与铝、镁、铜等制备压铸合金。由于锌的标准电极电位较低，铁基上的镀锌层在一般的腐蚀介质中为阳极镀层，对基体起到电化学保护作用，而且锌在腐蚀环境中能在表面形成耐腐蚀性良好的薄膜，不仅保护了锌层本身，还保护了钢铁基体。

3.4.3 锡

锡是银白色的软金属，化学符号是 Sn。其密度为 7.28g/cm^3，熔点较低，为 232℃。

锡在常温下富有延展性，在 100℃时，它的延展性非常好，可以展成极薄的锡箔。锡怕冷，温度下降到–13.2℃以下，锡的晶格发生变化，由常温下的正方晶系的白锡转变为无定形的灰锡。宏观上，锡会逐渐变为煤灰状松散的粉末，不再具有延展性。锡在空气中形成二氧化锡薄膜，能防止进一步氧化。锡与卤素也能形成类似作用的薄膜，因此铜导线镀锡可防腐。

金属材料成型工艺

将金属材料加工制作成设备部件的过程称为加工成型。加工成型的质量直接影响着金属部件的性能和安全。输变电设备中诸如焊缝开裂、铸件开裂、部件变形甚至断裂等很多缺陷故障均与其成型质量直接相关。常用的加工成型工艺主要包括热加工、冷加工及表面处理。热加工成型是通过加热或在加热状态下使金属材料变形或组合为部件。冷加工则主要借助工器具对材料内外表面进行去除以实现成型的目的。

输变电设备常用的热加工成型工艺为铸造、焊接和锻造。

4.1 铸　造

金属的铸造是将金属熔炼成符合一定要求的液态，然后浇注到铸型空腔内，经冷却凝固、清理整形处理后得到有预定形状、尺寸和性能的铸件的制作过程。铸造具有对铸件形状和尺寸适应性强、对材料适应性强、成本低、工艺灵活等特点。

4.1.1 铸造的分类

铸造的分类方法有很多，可以根据铸件材料分类，也可以根据浇铸工艺、铸造方法等进行分类。根据铸件的材料，一般分为黑色金属铸造（主要是铸铁、铸钢等）、有色金属铸造（主要是铝合金、铜合金、锡合金等）。根据金属液的浇铸工艺，可分为重力铸造和压力铸造。根据铸模类型，把铸造分为砂型铸造和特种铸造（或称精密铸造）。根据铸造方法，把铸造分为手工砂型、机械砂型、金属型铸造、熔模铸造、低压铸造、离心铸造等。下面介绍输变电设备部件常用的几种铸造方法：

（1）砂型铸造。

砂型铸造是以型砂（常用硅质砂）作为主要造型材料的传统制造工艺，砂型用手工方式制作时称为手工砂型铸造，砂型用机械方式制作时称为机械砂型铸造。砂型铸造的优点是适应性广，可适用于各种结构尺寸的工件，模型价格便宜，生产准备周期短，在制作小批量和大型复杂结构件时性价比较高。而且砂型所用的硅质砂比金属模型所用材料更加耐

火，因而可用于熔点较高的金属材料铸造。但是砂型铸造的缺点也很明显，砂型制作的工艺复杂，模型尺寸精度较差、表面相对粗糙，模型在浇铸后已基本损坏而不能重复使用，导致砂型铸造的生产效率低、铸件尺寸精度较低、表面缺陷较多。

（2）金属型铸造。

金属型铸造是将金属熔液浇注到由金属制成的铸型中获得铸件的铸造方法。金属铸型可以多次使用，也称永久型铸造。金属型铸造的优点是铸件尺寸精度高、表面光洁、力学性能好，而且铸型在铸造过程中不会损坏可以重复使用，因此生产效率高。缺点是由于金属铸型的导热率高，铸液在流动过程热量散失较快，铸件易产生浇不足、冷隔等缺陷。金属型铸造所用的铸型一般为钢铁材料，因此金属型铸造主要用于铸造铝合金、铜合金等有色金属，较少用于铸造钢铁件。

（3）压力铸造。

常规的铸造是依靠金属溶液自身的重力在型腔内流动实现填充的，而压力铸造是将液态或者半液态金属高速压入铸型，并在高压下凝固获得铸件的方法。较高的压力增加了金属溶液的流动性，所以能够生产形状复杂的薄壁铸件。同时较高的压力也使得铸件表面光洁、组织致密，力学性能较高。由于压力铸造需要辅助加压设备，所以铸造设备相对复杂和昂贵。特高压输电线路所用的悬垂线夹等金具就是采用了压力铸造工艺。

（4）低压铸造。

相对于重力铸造的常压、压力铸造的高压，低压铸造是在 20～70kPa 的压力下，将金属液压入铸型并在该压力下凝固获得铸件的方法。低压铸造一般为金属型，形成的铸件轮廓清晰、表面光洁、组织致密、力学性能好，气孔和夹渣等缺陷少。由于低压铸造充型能力好，特别适合大型薄壁件的生产。

（5）离心铸造。

离心铸造是将液态金属浇入高速旋转的铸型中，在离心力作用下凝固获得铸件的铸造方法。离心铸造适合流动性差的合金铸件。由于离心力的作用，铸件组织致密度好，铸液结晶时也会有一定的方向性，容易产生比重偏析等问题，此外离心铸造的铸件表面尺寸精度不高、容易产生气孔夹渣等缺陷。

（6）熔模铸造。

熔模铸造就是用易熔材料制成可熔性模型，在其上涂覆若干层特制的耐火涂料，经过干燥和硬化形成一个整体型壳后，再用蒸汽或热水从型壳中熔掉模型，然后把型壳置于砂箱中，在其四周填充干砂造型，最后将铸型放入焙烧炉中经过高温焙烧，铸型或型壳经焙烧后，于其中浇注熔融金属而得到铸件。熔模铸造的优点是：① 熔模铸件有着很高的尺寸精度和表面光洁度，可减少机械加工工作，可大量节省机床设备和加工工时，大幅度节约金属原材料；② 熔模铸造可以铸造各种合金的复杂的铸件，特别可以铸造高温合金铸件。

4.1.2 铸造工艺

4.1.2.1 铸造工艺过程

铸造生产的主要工艺过程包括模型制作、金属熔炼、浇铸凝固、脱模清理、铸件热处理（需要时）。

模型制作主要包括砂型、金属型和熔模型的制作。砂型制作一般采用型砂、芯样（模盒）等制造一定形状的型腔。型砂由原砂和粘结剂混合而成，型砂的制备包括配砂、混合、回性、松散等工序。

金属熔炼是指通过加热将固态金属炉料熔炼成具有一定成分和温度的液态合金。熔炼不仅要把固态金属熔化，还要尽量减少液态金属中的气体和夹杂物。制造铸件所采用的金属统称为铸造合金，常用的铸造合金有铸铁、铸钢、铜合金和铝合金等。

脱模是将冷却成型的工件从模型中脱离出来的过程。铸造脱模工艺设计时应考虑分型面、起（拔）模斜度、造型材料、脱模剂、模型材质及种类等因素。清理主要指清除型芯和芯铁，切除浇口、冒口、拉筋和增肉，清除铸件黏砂和表面异物，铲磨割筋、披缝和毛刺等凸出物，以及打磨和精整铸件表面等。铸铁件的浇冒口可以用敲击的方法去除，铸钢件的浇冒口要用气割去除。铸件表面的清理可以用砂轮、滚筒、喷丸等方法。

铸件热处理是指为了消除铸件中的铸造应力、防止产生变形及裂纹、提高力学性能和加工性能，而对铸件进行的热处理。灰铸铁一般进行退火处理，主要是石墨化退火，将灰铸铁转变为可锻铸铁。铸钢件有时需要进行正火和回火处理。

4.1.2.2 影响浇铸件质量的因素

（1）浇铸温度。

浇铸温度对充填状态、成型效果、铸件的强度、成型的尺寸精度、模具的热平衡状态等方面都起着重要的作用。

提高浇注温度可以提高金属液的流动性，有利于铸件表面质量的改善，但随着温度的升高，气体在金属熔液内的溶解度以及合金液体的氧化增加，反而易使铸件产生欠铸和汽泡现象、增大铸件的收缩率。同时，较高的浇注温度会促使模具加速氧化和龟裂，使模具的寿命减短，产生裂纹以及粘模等缺陷。因此，金属液温度不宜过高。

低的浇铸温度会增加金属熔液的黏度、降低金属液体的流动性，从而使排气受到限制，必须采用增大排气槽深度等办法来改善排气条件。因温度较低，能减少铸件飞边和毛刺的产生。由于低温的金属液在流动过程中产生涡流、包气的可能性减小，铸件的内在质量较高；在冷却凝固过程中收缩率减小，铸件的尺寸精度更易保证；减小了因壁厚差而在壁厚处产生缩松及气孔的可能性，同时减少了金属液对模具的溶蚀及粘模，使铸件容易脱模，从而延长了模具使用寿命。但是，过低的合金浇注温度，会降低其流动性，使铸件提前冷却凝固，影响铸件外观及完整性，产生欠铸、疏松、冷隔等缺陷，降低铸件性能。

一般而言，厚壁工件采用较低的浇铸温度，薄壁工件采用较高的浇铸温度。

（2）冷却速度。

冷却速度是指铸件的降温速度，用单位时间内下降的温度来表示，常用单位是℃/s。随着冷却速度的增加，铸件结晶速度提高，熔体中溶质元素来不及扩散，过冷度增加，晶核增多，因而所得晶粒细小。同时，过渡带尺寸缩小，铸件组织致密度提高，减小了疏松倾向。此外，提高冷却速度，还可细化晶粒尺寸，减小区域偏析的程度。

但是合金成分不同，冷却速度对铸件力学性能影响的程度是不一样的，如对变形铝合金而言，大致可分为四个基本的类型：第一类是在所有温度下（从室温到熔点）均呈单相的合金，常见有高纯铝、工业纯铝、5A66、7A01 等。这些合金的铸态力学性能同冷却速度的关系不太明显，冷却速度仅在能消除破坏金属连续性的缺陷（疏松、气孔）的极限速度之前有影响。第二类是铸态呈多相、但在固溶热处理后变成固溶体的合金，常见有 5A12、5A13 等。这种合金的铸态性能同冷却速度的关系十分明显，但在固溶热处理后这种关系变得不明显。这种合金即使在很低的冷却速度下铸造，经热处理后，亦可达到很高的力学性能。然而，当合金中存在较多的铁、硅杂质时，由于它们能生成不溶解的化合物，又使合金对冷却速度的关系变得很敏感。第三类是铸态呈多相、但任何热处理都不能使它们变成单相的合金，这种合金中，含有的第二相是可溶的，但第二相的数量超过其溶解度极限或是同时含有可溶和不可溶的第二相的合金，绝大多数工业变形铝合金都属于这一类。这些合金的铸态力学性能同冷却速度的关系很明显，随着冷却速度的增大，铸锭致密度提高，在晶粒内部和晶粒边界上分布的脆性化合物相愈细小，因而性能急剧提高。第四类是铸态呈多相、但其中基本上只有不可溶的第二相化合物存在，常见有 4004、4A17、4047 等。这些合金铸态力学性能与冷却速度也有明显的关系，但热处理后性能基本不变。

（3）铸造速度。

浇注速度太快容易出现液体紊流，导致出现氧化物夹杂，并且气体难以排出。浇注速度太慢容易出现冷隔、浇不足等铸造缺陷。如砂型铸造时，适当较快的速度有助于缩短熔液的氧化时间，减少氧化物的生成，缩短高温熔液对型腔的烘烤时间，减少型腔内壁涂层开裂、剥落几率，减少铸件中夹渣等缺陷的产生；还有助于防止出现浇不足、冷隔缺陷；使型腔内的气压增大，加速气体的排除，减少铸件产生气孔、孔洞类缺陷；缩小铸件内部的温差，减少裂纹的发生。

4.1.3 铸件常见的缺陷

铸造是一种复杂的成型过程，工艺设计和操作实施过程中的不合理，都会导致铸件产生各种缺陷，常见的铸件缺陷有以下几种：

（1）缩孔和疏松。铸件在凝固过程中，液态金属的收缩和凝固得不到金属液的补充而形成的不规则空洞叫作缩孔，微小而不连续的缩孔叫作疏松。缩孔和疏松可以在铸件内部也可以在外部，其主要原因是浇口及冒口的位置不当等设计问题导致液态金属凝固时得不到及时补缩。收缩性大的金属，如铸铁和可锻铸铁应特别注意。

（2）气孔。铸件内部或者表面大小不等的光滑孔眼叫作气孔，产生的原因是铸型透气性差，型砂含水量过多，或金属中溶解的气体过多等，使金属在凝固过程中气体来不及逸出而形成。

（3）夹杂。铸件内部或者外部由于砂粒、金属氧化物所造成的异质叫作夹杂，其中砂粒造成的称为砂眼，金属氧化物等造成的称为夹渣。由于砂粒及熔渣较液态金属密度小，所以夹杂一般聚集在铸件表面。提高砂型和型芯的紧实度、控制浇注速度、合理的操作都能避免夹杂的形成。

（4）裂纹。分为冷裂纹和热裂纹两种。冷裂纹在较低温度下形成，表面未被氧化，颜色亮白。产生的原因一般是含磷过高，或者清理及运输过程中操作不当。热裂纹在较高温度下形成，表面被氧化，颜色呈蓝色或者红色的氧化色彩。铸造裂纹形成的原因主要是由于金属冷却不均匀、收缩过大，含硫过高，或者型砂、型芯退让性差，铸件厚薄相差太大等。

（5）其他缺陷。铸件的其他缺陷，如粘砂、冷隔、尺寸和形状不合格等。

4.2 焊　　接

焊接是一种热成型工艺，GB/T 3375—1994《焊接术语》中将焊接定义为：通过加热或加压，或两者并用，并且用或者不用填充材料，使工件达到结合的一种方法。焊接一般是通过原子之间或分子之间的联系与质点的扩散作用，造成永久性连接的工艺过程，也就是说焊接与其他连接方式不同，不仅在宏观上形成了永久性的连接，而且在微观上建立了组织上的内在联系。焊接在输变电设备的生产成型过程中有大量的应用，大到变压器油箱、GIS 壳体、输变电钢管塔和构支架，小到电力金具、电力设备中的铜/铝导体及接地体等都会用到焊接成型工艺。

4.2.1　焊接方法分类

要使固体金属组织上产生内在联系，就必须在接触面上进行扩展、再结晶等物理化学过程，形成金属键。为了克服阻碍金属表面紧密接触的各种因素，一般有两种措施：① 对被焊接的材料施加压力，破坏接触表面的氧化膜，使结合处增加有效的接触面积，缩短接触距离；② 对被焊材料加热（局部或整体），使结合处达到塑性或熔化状态，降低金属变形的阻力，增加原子的振动能，促进扩散、再结晶、化学反应和结晶过程的进行。由此可见，要实现焊接，加热、加压是必须的工艺措施，因此，一般根据加热和加压的程度将焊接方法分为以下三类：

熔焊。用某种外加热源加热使被焊件表面局部受热熔化成液体，然后冷却结晶联成一体的焊接方法。

压焊。被焊件连接部分加热到塑性状态或者表面局部熔化状态，同时施加压力，使连接面上的原子相互接近到晶格距离，从而在固态条件下实现连接的方法。

钎焊。利用某些熔点低于被连接材料的熔化金属（钎料）做连接的媒介物，在连接界面上溶解和扩散形成焊接接头。

图 4–2–1 为焊接方法的基本分类。

4.2.1.1　熔焊

熔焊一般要经历加热、熔化、化学冶金反应、结晶、固态相变、形成接头等过程。加热的热源主要有电弧热、化学热、电阻热、高频感应热、摩擦热、等离子流、电子束、激光束等，其中电弧是应用最多的熔焊热源，电弧焊是熔焊中最常用的焊接方法。

电弧是一种特殊的气体放电现象，它是带电粒子通过两电极之间气体空间的一种导电过程。焊接电弧是指在电极与工件之间的气体中，产生持久、强烈的自持放电现象，其工作原理如图 4–2–2 所示。焊接电弧的特性是电压低、电流大、温度高、发光强，它实现了

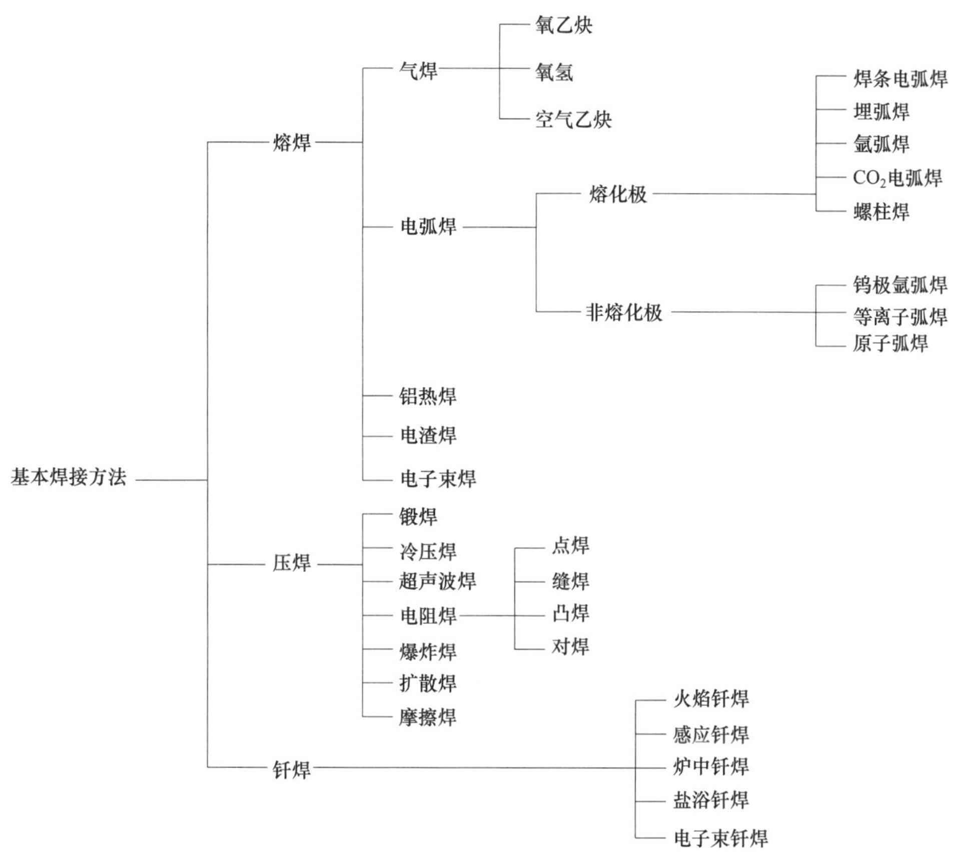

图 4–2–1　焊接方法分类

将电能转化为机械能、热能和光能的过程。阴极发射出的电子，在电场的加速下碰撞电弧空间的中性粒子使之电离，从而阴极电子发射充当了维持电弧导电之源。电子和离子在电场作用下的运动形成了电弧的燃烧。因此，阴极电子发射和电弧气体电离是电弧维持燃烧的两个条件。

焊接电弧产生的高温可以熔化被焊金属材料，如果没有保护，被熔化的金属会与周围的空气发生激烈的反应和相互作用，导致焊接接头区域金属严重氧化、合金元素烧损、气体进入形成气孔等，因此就需要对焊接的工作区域进行保护。常规的保护方式为气体保护，气体可以来源于固态物质的分解，也可以来源于外界的接入。一般将产生保护气体的固态物质称为焊剂，当焊剂预制附着在焊条表面时称为药皮，当焊剂放入焊条芯部时称为药芯。

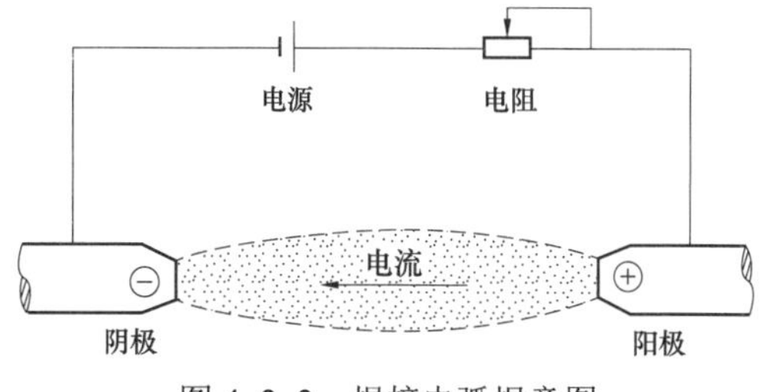

图 4–2–2　焊接电弧焊意图

根据焊接热源及保护方式的不同，熔焊可分为手工电弧焊、埋弧自动焊、气体保护焊、等离子弧焊等，这几种熔焊方法在输变电设备的制造中均常用到。

（1）手工电弧焊（shielded metal arc welding，SMAW）。

手工电弧焊又称焊条电弧焊或手弧焊，其工作原理如图 4–2–3 所示。手工电弧焊焊接时采用带有药皮的焊条和被焊件接触引燃电弧，然后提起焊条并保持一定距离，在合适的电弧电压和焊接电流下电弧稳定燃烧，熔化焊条及部分被焊件。焊条端部熔化的金属和被焊件金属融合在一起，形成熔池。药皮分解生成气体和熔渣，在气体和熔渣的共同保护下，隔绝空气，并降低焊缝冷却速度。通过高温下熔化金属与熔渣之间复杂的冶金反应，使焊缝金属获得合适的化学成分和组织。

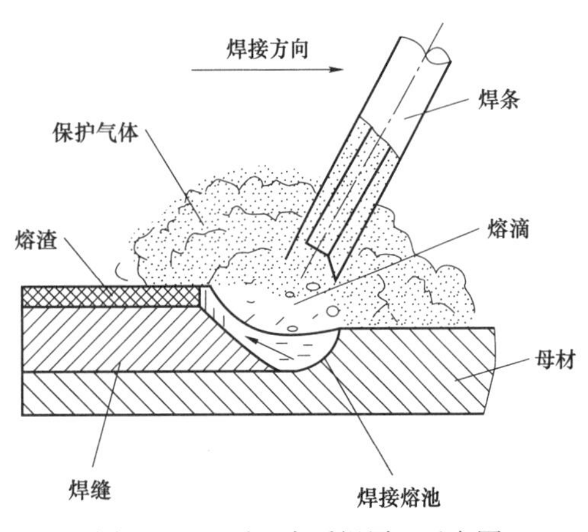

图 4–2–3　手工电弧焊原理示意图

手工电弧焊的系统连接如图 4–2–4 所示，主要设备是焊接电源（也称电焊机），其输出侧一端以焊接电缆接焊钳，另一端以接地线夹头与工件相连。常用的手工电弧焊电源有交流电弧焊电源、旋转直流电弧焊机和整流直流电弧焊机等，直流弧焊机接法分为正接（工件正极）和反接（工件负极），正接一般用于焊厚板，反接一般焊薄板。

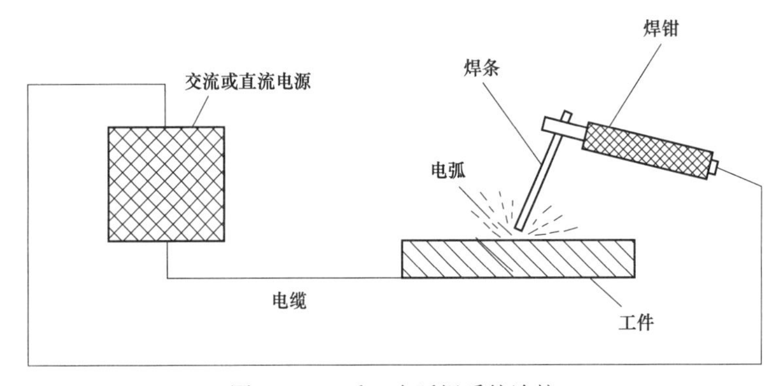

图 4–2–4　手工电弧焊系统连接

手工电弧焊使用的焊材是焊条，焊条一般根据用途分为结构钢焊条、耐热钢焊条、不锈钢焊条、铸铁焊条、有色金属焊条、特种焊条等；根据焊条药皮的类型可分为氧化钛型焊条、钛钙型焊条、钛铁矿型焊条、氧化铁型焊条、纤维素型焊条和低氢型焊条等；根据形成熔渣的碱度可分为酸性焊条和碱性焊条。

酸性焊条是药皮中含有多量酸性氧化物的焊条。这类焊条的工艺性能好，其焊缝外表成形美观、波纹细密。由于药皮中含有较多的 FeO、TiO_2、SiO_2 等成分，所以熔渣的氧化性强。酸性焊条一般可采用交、直流电源施焊。典型的酸性焊条为 E4303（J422）。

碱性焊条是药皮中含有多量碱性氧化物的焊条。由于焊条药皮中含有较多的大理石（$CaCO_3$）、萤石（CaF_2）等成分，它们在焊接冶金反应中生成 CO_2 和 HF，因此降低了焊缝中的含氢量。所以，碱性焊条又称为低氢焊条。碱性焊条的焊缝具有较高的塑性和冲击韧度值，一般承受动载的焊件或刚性较大的重要结构均采用碱性焊条施工。但是由于碱性焊条药皮中含有氟（F），F 的电子亲和度很大，能降低电弧的电离度，会导致焊接电弧不稳定，因此碱性焊条的焊缝表面质量要低于酸性焊条，操作要求也高。典型的碱性焊条为

E5015（J507）。

手工电弧焊的优点是：设备简单，便于操作，适用于室内外、野外各个位置的焊接，可焊接复杂结构件上的各种接头；可焊接电气设备所用的绝大部分金属材料；工艺成熟，方便进行质量控制。缺点是：生产效率低、劳动强度高、对焊工的操作技能要求较高。

（2）埋弧自动焊（Submerged ARC Welding，SAW）。

埋弧自动焊本质上是一种电弧在颗粒状焊剂下燃烧的熔焊方法，原理如图 4–2–5 所示。焊丝送入颗粒状的焊剂下，与焊件之间产生电弧，使焊丝和焊件熔化形成熔池，熔池金属结晶为焊缝；部分焊剂熔化形成熔渣，并在电弧区域形成一封闭空间，液态熔渣凝固后成为渣壳，覆盖在焊缝金属上面。随着电弧沿焊接方向移动，焊丝不断地送进并熔化，焊剂也不断地撒在电弧周围，使电弧埋在焊剂层下燃烧，由此进行自动的焊接过程。焊接方法如图 4–2–6 所示。

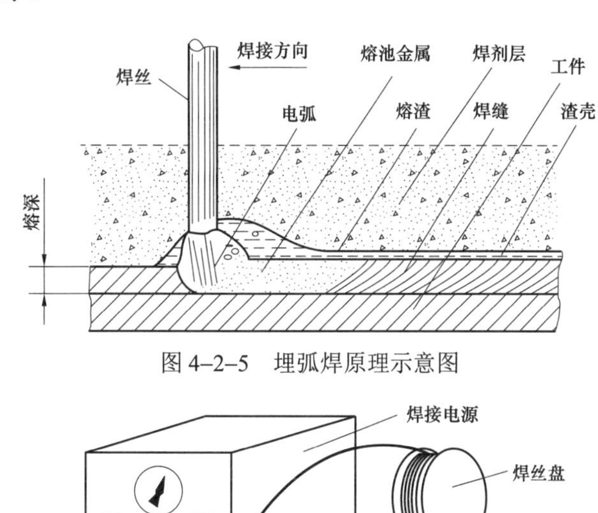

图 4–2–5　埋弧焊原理示意图

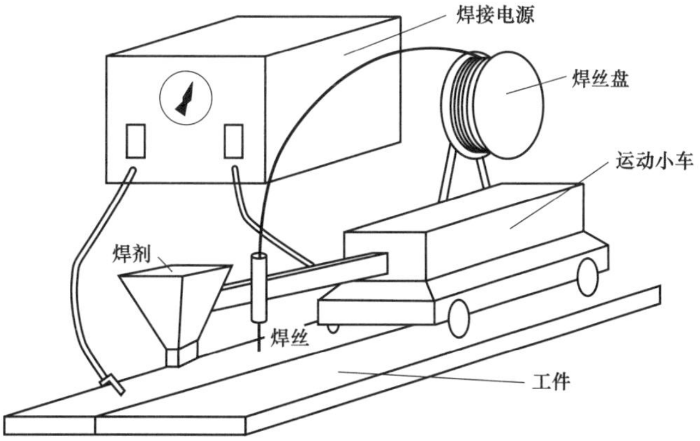

图 4–2–6　埋弧焊焊接方法示意图

与手工电弧焊相比，埋弧自动焊具有以下特点：

1）焊接生产率高。埋弧自动焊可采用较大的焊接电流，同时因电弧加热集中，使熔深增加，可一次焊透 14mm 以下不开坡口的钢板。而且埋弧自动焊不像手工电弧焊那样频繁更换焊条，焊接速度也比手工焊快，因此其生产率比手工电弧焊高 5～10 倍。

2）焊接质量好。因熔池有熔渣和焊剂的保护，空气难以进入，同时焊接速度快，缩小了热影响区宽度，有利于减小焊接变形及防止近缝区金属过热。自动操作使焊缝成分均匀，焊缝表面光洁、美观，焊缝质量良好。

3）节省材料。埋弧自动焊焊接过程中没有飞溅损失和废弃的焊条头，工件厚度小时还不用开焊接坡口，节省了金属材料。

4）改善焊工劳动条件。由于实现了焊接过程机械化，而且焊接过程中看不到焊光，焊接烟雾也很少，因此焊工的劳动条件得到了很大改善。

埋弧自动焊也具有一定的局限性：埋弧自动焊的设备比手工电弧焊的复杂昂贵，维修保养的工作量也很大；对焊接接头加工和装配要求较高；焊接位置受到一定限制，一般在平焊位置焊接，经过特殊设计后也能进行横焊。

埋弧自动焊常用于焊接电气设备中长直线焊缝及大直径圆筒容器的环焊缝，例如 GIS 筒体纵、环焊缝，钢管塔纵、环焊缝等。

（3）气体保护焊（Gas Shielded Arc Welding，GSAW）。

气体保护焊是用外加气体保护电弧和焊接区的电弧焊方法。气体保护焊按保护气体种类的不同，可以分为氩弧焊、二氧化碳气体保护焊和混合气体保护焊等；按电极材料是否熔化，分为熔化极气体保护焊和非熔化极气体保护焊。

1）氩弧焊。氩弧焊是以惰性气体氩气（Ar）作保护气体的一种电弧焊。焊接时，利用焊枪喷嘴喷出的氩气流，在电弧周围形成连续封闭的保护层，以保护电弧和熔池不受空气侵害。根据电极是否熔化，分为熔化极氩弧焊和非熔化极氩弧焊。

非熔化极氩弧焊通常称为钨极氩弧焊（Tungsten Inert Gas Welding，TIG），是用难熔金属钨或合金钨（钍钨、铈钨、锆钨、镧钨）做电极，惰性气体氩气或氩氦混合气体作为保护气体，利用电极与工件之间产生的电弧热作为热源，加或者不加填充金属的一种电弧焊方法，其工作原理如图 4–2–7 所示。

熔化极氩弧焊（Metal Inert–gas Welding，MIG）采用连续送进的焊丝作为电极，在氩气的保护下，焊丝和焊件之间产生电弧，利用电弧热熔化焊丝和焊件，冷凝形成焊缝，其工作原理如图 4–2–8 所示。

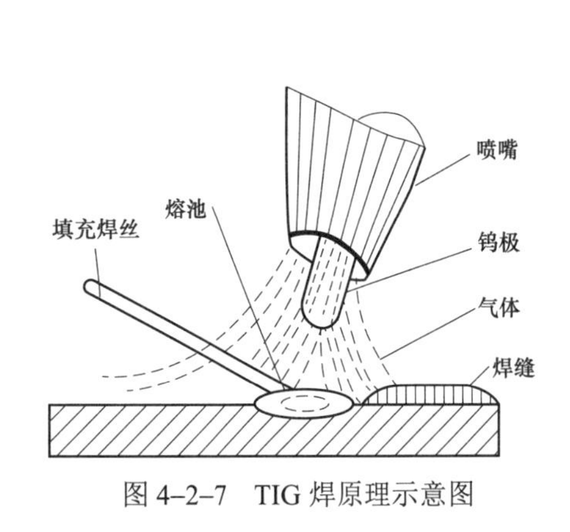

图 4–2–7　TIG 焊原理示意图

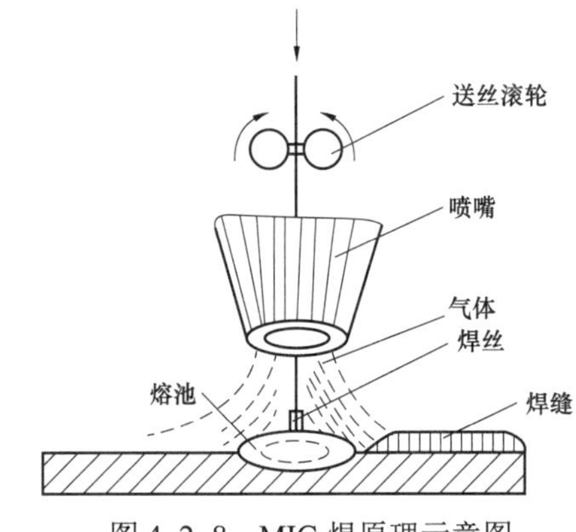

图 4–2–8　MIG 焊原理示意图

氩弧焊和其他电弧焊方法相比，具有如下优点：

① 焊缝质量高：由于氩气是一种惰性气体，不与金属起化学反应，不会使被焊金属中的合金元素烧损，且氩气也不溶于液态金属，不易形成气孔，因此可以获得较高质量的焊缝；飞溅小，焊缝成形美观。

② 热影响区小：电弧受到氩气气流的压缩和冷却，热量集中，熔池较小，因此热影响区较小，焊接速度快，焊接变形与应力均较小，尤其适用于薄板焊接。

③ 氩弧焊是明弧焊，操作及观察方法，易于实现全位置自动化焊接。

④ 适于焊接各种钢材、有色金属及合金。

氩弧焊的缺点是：氩气成本较高，氩弧焊的设备及控制系统比较复杂；钨极氩弧焊的生产效率较低，一般多用于焊接薄壁构件。

2）熔化极活性气体保护焊。

熔化极活性气体保护焊（Metal Active Gas Arc Welding，MAG）一般是指以 CO_2 作为保护气体的电弧焊，简称 CO_2 气保焊。焊接时，焊丝和焊件之间产生电弧，焊丝自动送进，被电弧熔化形成熔滴进入熔池；CO_2 气体经喷嘴喷出，保护电弧和熔池，隔绝空气进入。同时 CO_2 气体还参与熔池的冶金反应，其在高温下的氧化性有助于减少焊缝中的氢。

CO_2 保护焊的优点：

① 生产效率高：CO_2 电弧的穿透力强，厚板焊接时可增加坡口的钝边和减小坡口，焊接电流密度大，焊丝熔化快，焊后一般不须清渣，且焊丝送进自动化，所以 CO_2 焊的生产率比焊条电弧焊高约 3～5 倍。

② 可全位置焊接，适应性广。

③ 明弧焊接，易于操作与观察发现问题。

④ 焊缝质量好，焊缝含氢量低，抗锈能力强，焊接低合金高强度钢时冷裂纹的倾向小。焊接时电弧热量集中，受热面积小，焊接热影响区小。焊接速度快，且 CO_2 气流对焊件起到一定冷却作用，故可防止焊薄件时的烧穿和减少焊接变形，适用于薄壁结构的焊接。

⑤ 成本低，CO_2 气体价格便宜，焊接成本低于埋弧焊和手工电弧焊。

CO_2 保护焊的局限性：

① 焊接过程中飞溅较大，特别是当焊接工艺参数匹配不当时更为严重，且焊缝表面成形不够光滑美观。

② 电弧气氛有很强的氧化性，不能焊接易氧化的金属材料，易引起合金元素烧损和增碳。控制或者操作不当时，容易产生 CO 气孔。

③ 弧光较强，烟雾较多，尤其采用大电流焊接时辐射较强，操作人员应做好防弧光辐射工作。抗风性能差，室外作业需要有防风措施。

④ 很难用交流电源进行焊接，与手工电弧焊相比，焊接设备比较复杂。

（4）等离子弧焊。

等离子体是一种由自由电子和带电离子为主要成分的物质形态，其本质是电离了的气体，等离子体具有很高的电导率。一般电弧焊所产生的电弧，因不受外界的约束，故也称为自由电弧。当对自由电弧的弧柱进行强迫“压缩”时，可使能量更加集中，弧柱中气体就会充分电离，这样的电弧称为等离子弧，所以等离子弧又称压缩电弧。

当在钨极和工件之间加上一个较高的电压并经过高频振荡器的激发，会使气体电离形成电弧。电弧通过特殊孔型的喷嘴时，受到机械压缩，截面积减小。当电弧通过用水冷却的特种喷嘴时，因受到外部不断送来的冷气流及导热性很好的水冷喷嘴孔道壁的冷却作用，使电弧柱外围气体受到强烈冷却，温度降低，导电截面进一步缩小，产生热收缩效应，电弧进一步被压缩，造成电弧电流只能从弧柱中心通过，这时的电弧电流密度急剧增加。由于电弧内的带电粒子在弧柱内的运动产生的电磁力，使它们之间相互吸引，也就是电磁收缩效应，使电弧再进一步被压缩。这样被压缩后的电弧能量将高度集中，温度也达到极高的程度（约 10 000～20 000℃），弧柱内的气体得到了高度的电离。当压缩效应的作用与电弧内部的热扩散达到平衡后，这时的电弧便变成为稳定的等离子弧。电弧发生在钨极和工件之间，高温的阳极斑点在工件上喷嘴附近最高温度可达 30 000℃。

由此可见，等离子弧是通过以下三种压缩作用获得的：① 机械压缩，它利用喷嘴孔道限制弧柱直径，来提高弧柱的能量密度和温度。② 热收缩，由于水冷喷嘴温度较低，从而在喷嘴内壁建立起一层冷气膜，迫使弧柱导电截面进一步减小，电流密度进一步提高，弧柱这种收缩谓之“热收缩”，也可叫作“热压缩”。③ 磁收缩，弧柱电流本身产生的磁场对弧柱有压缩作用，即磁收缩效应，电流密度愈大，磁收缩作用愈强。

由于等离子弧热量非常集中，弧柱区温度远高于一般的自由电弧，因此常用来作为切割、焊接和喷涂的热源。采用等离子弧作为热源的焊接方法称为等离子弧焊（Plasma Arc Welding，PAW）。图 4-2-9 为钨极氩弧焊与等离子弧焊电弧对比。

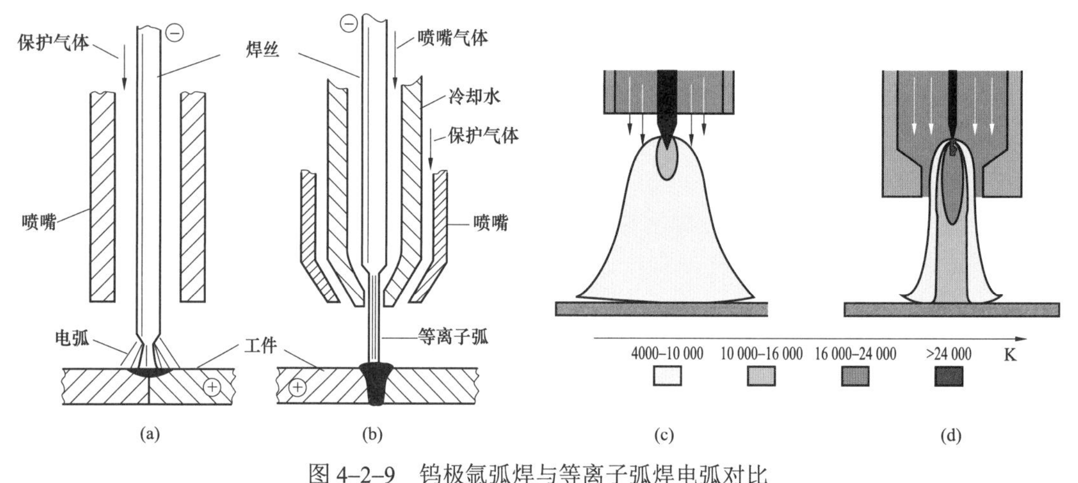

图 4-2-9 钨极氩弧焊与等离子弧焊电弧对比

（a）TIG 焊；（b）PAW 焊；（c）TIG 电弧温度分布；（d）微束等离子电弧温度分布

等离子弧具有很高的能量密度、温度及电弧力。由于受到机械压缩、热压缩和电磁压缩三种压缩力的作用，等离子弧的电离程度更高，导电截面更小，能量更加集中，温度可达 18 000～24 000K。由于等离子弧弧柱温度高，能量密度大，因此等离子弧焊具有如下优点：

1）对焊件加热集中，熔透能力强。

2）焊接速度快，在同样的熔深下其焊接速度比钨极氩弧焊快，工作效率高。

3）热影响区小，焊件变形小。

4）成形美观，无需打底。

5）薄板不用开坡口，不需要复杂的焊前准备。

变极性等离子弧焊（VPPAW）是一种针对铝合金材料开发的新型高效焊接方法，不仅具有等离子弧焊高能量密度、高射流速度等优点，还具有变极性焊的优势，焊接电流频

率、电流幅值及正负半波导通时间比例可根据工艺要求灵活、独立调节。因此在500kV及以上的GIS壳体制造过程中，变极性等离子弧焊被越来越多地应用，其区别于传统TIG+MIG的焊接方法，具有如下优点：

1）不需开坡口，可一次焊透至少16mm厚的铝合金。对于某些铝合金，采用He或He+Ar作为保护气体，可一次焊透25mm，节约材料。

2）焊接过程中同时对焊缝的正面、钝边、背面进行阴极雾化作用，清理氧化膜，提高焊缝质量。

3）可以满足GIS壳体图纸设计的焊缝宽度为母材厚度+4mm的要求。

4）焊接电流小，不会出现过烧。

5）电弧能量更加集中，热影响区小，工件变形小。

（5）其他焊接方法。

电渣焊是利用电流通过熔渣所产生的电阻热作为热源来熔化电极（焊丝或板极）和焊缝的一种焊接方法。电渣焊一般用在垂直位置的立焊，适用于大厚度工件的焊接，大多可以不开坡口，节约材料。渣池保护金属不受空气污染，还对被焊件有较好的预热作用，但是焊后一定要进行正火和回火热处理。

激光焊是使用经光学系统聚焦后具有高功率密度的激光束照射到焊接材料表面，利用材料对光能的吸收来对其进行加热、熔化，再经过冷却结晶而形成焊接接头的一种熔化焊过程。激光焊加热集中，工件变形小，热影响区窄。可不开坡口一次成型，获得深宽比大的焊缝。适用于难熔金属、热敏感性强的金属以及物理性能差异悬殊等工件以及磁性材料的焊接。但激光设备一次性投入大，且运行效率低，成本较高。

4.2.1.2 压焊

压焊焊接有以下两种形式：

（1）将被焊金属接触部分加热至塑性状态或局部熔化状态，然后施加一定的压力，以使金属原子间相互结合形成牢固的焊接接头，如电阻焊、锻焊、接触焊、摩擦焊、气压焊等就是这种类型的压力焊方法。其中，电阻焊（RW）是焊件组合后通过电极施加压力，利用电流通过接头的接触面及邻近区域产生的电阻热进行焊接的方法。电阻焊具有生产效率高、低成本、节省材料、易于自动化等特点。

（2）不进行加热，仅在被焊金属接触面上施加足够大的压力，借助于压力所引起的塑性变形，以使原子间相互接近而获得牢固的压挤接头，这种压力焊的方法有冷压焊、爆炸焊等。其中，爆炸焊是指利用炸药爆炸产生的冲击力造成工件迅速碰撞而实现焊接的方法。爆炸焊对工件表面清理要求不太严，而结合强度却比较高，适合于焊接异种金属，如铝、铜、钛、镍、钽、不锈钢与碳钢的焊接，铝与铜的焊接等。爆炸焊在导电母线过渡接头等设备上有应用。

4.2.1.3 钎焊

习惯上将钎料熔化温度大于等于450℃的称为硬钎焊，小于450℃称为软钎焊。钎焊加热温度低，焊接变形和应力小，钎料可以用多种选择，适用于异种金属和难熔金属的连接。钎焊由于只是钎料熔化，母材不熔化，连接时只是在钎料和母材之间形成了相互原子渗透的机械结合，所以焊接强度一般低于母材。

一般情况下，钎焊的钎料与母材之间并不形成共同晶粒，但是有些特殊情况，如采用铝基钎料焊铝、用铜基钎料焊铜时也能形成共同晶粒。

4.2.2 焊接接头

焊接接头指两个或两个以上零件要用焊接组合的接点，或指两个或两个以上零件用焊接方法连接的接头，包括焊缝、熔合区和热影响区。图 4–2–10 为典型的焊接接头结构示意图。

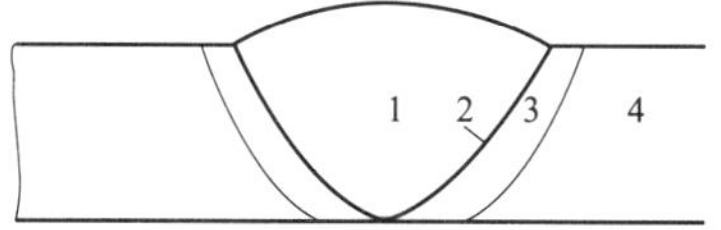

图 4–2–10 焊接接头结构示意图

1—焊缝；2—熔合区；3—热影响区；4—母材

4.2.2.1 焊接接头及坡口型式

焊接中，由于焊件的厚度、相对位置，施工及使用条件的不同，接头及坡口形式也不同，常见的焊接接头形式主要分为对接接头、搭接接头、角接接头、T 形接头四类，如图 4–2–11 所示。还有特殊的接头型式，如十字接头、端接接头、卷边接头、套管接头、斜对接接头、锁底对接接头。

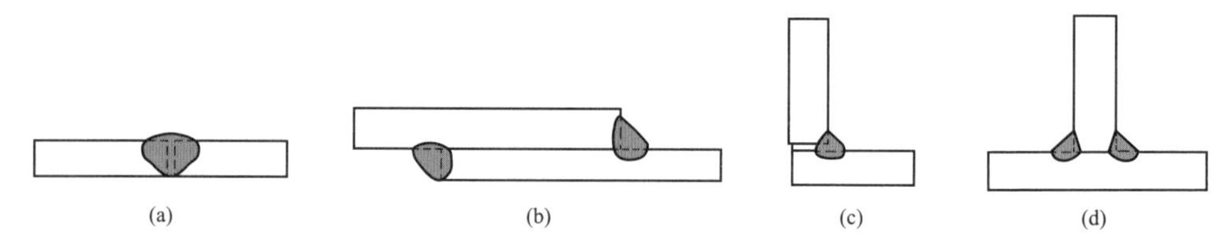

图 4–2–11 焊接接头的基本类型

（a）对接接头；（b）搭接接头；（c）角接接头；（d）T 型接头

对接接头受力均匀，在静载和动载作用下都具有很高的强度，且外形平整美观，是应用最多的接头型式，但对焊前准备和装配要求较高。搭接接头焊前准备简单，但受力时产生附加弯曲应力，降低了焊接接头强度。角接接头通常只起连接作用，不能用来传递工作载荷。T 型接头广泛应用在空间类焊件上，具有较高的强度。这四种接头型式都适用于熔焊，一般压焊（高频电阻焊除外）采用搭接接头，个别情况才采用对接接头；高频电阻焊多采用对接接头，个别情况才采用搭接接头。

当焊件较薄时，在焊件接头处只要留出一定的间隙，采用单面焊或双面焊，就可以保证焊透。而焊件较厚时，为了保证焊透，焊接前要把焊件的待焊部位加工成为所需的几何形状，即需要开坡口。坡口是根据设计或者工艺要求，在焊件的待焊部位加工成一定几何形状和尺寸的沟槽。坡口具有保证根部焊透、调整焊缝成型系数、调节母材金属与填充金属比例、便于操作和清理焊渣的作用。为获得高质量的焊接接头，应该选择适当的坡口型式。加工坡口时，通常在焊件厚度方向留有直边，称为钝边，其作用是为了防止烧穿。接头组装时，往往留有间隙，这是为了保证焊透。

图 4–2–11 为对接焊接接头的基本坡口型式。每种接头型式具有不同的坡口形式，具体可参照 GB/T 985—2008《气焊、手工电弧焊及气体保护焊焊缝坡口的基本形式与尺寸》。

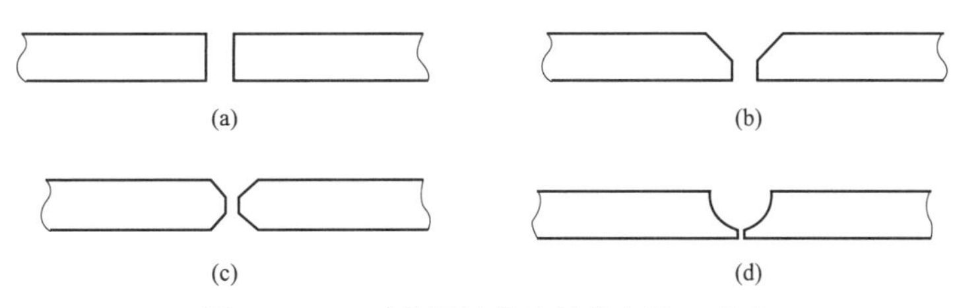

图 4–2–12　对接焊接接头的基本坡口型式

（a）不开坡口；（b）V 型坡口；（c）X 型坡口；（d）U 型坡口

4.2.2.2　焊接接头金相组织

在焊接过程中，焊缝及母材金属由室温开始加热到较高温度（甚至熔化），然后再以不同速度冷却到室温。焊接接头根据焊接时加热情况和冷却后组织的不同，分为焊缝区、熔合区和热影响区。其中热影响区根据受热温度发生组织转变的不同，分为过热区、正火区、部分相变区、再结晶区。

图 4–2–13　是低碳钢焊接接头的组织变化图，图中左上曲线表示焊接接头相应各点在焊接过程中被加热到的最高温度，对应图中右边的铁碳合金相图。

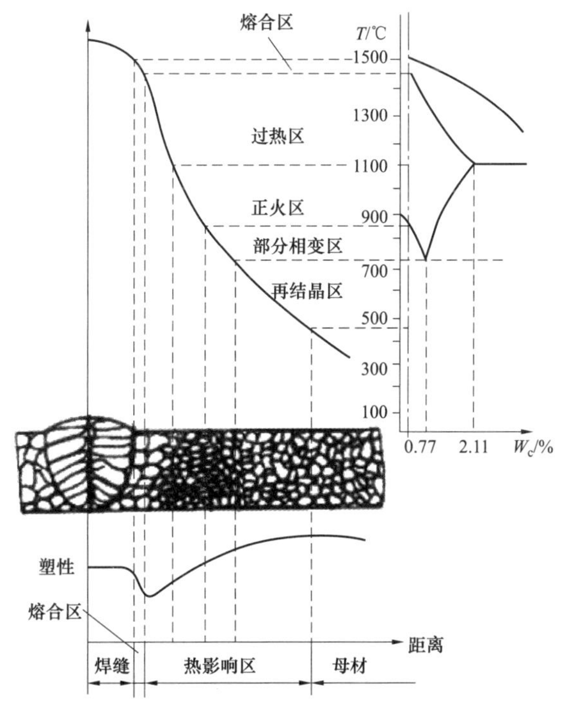

图 4–2–13　低碳钢焊接接头组织变化示意图

（1）焊缝区。

焊缝金属是直接由液态金属结晶而得到的铸造组织。焊缝金属凝固冷却的方式主要依靠母材金属热传导，因此结晶从熔池边缘开始，呈柱状晶（晶粒较粗大）成长，成长方向垂直于熔池壁，最终汇交于熔池中部形成八字柱状树枝晶。

柱状晶具有方向性且晶粒粗大，这种组织不仅对裂纹的产生具有重大影响，而且对焊缝的使用性能也具有决定性的影响。因此，焊接过程中常通过控制凝固过程中的形核及晶粒长大方式，以及打乱柱状晶的方向性来细化晶粒，以及改善化学成分不均匀性。主要方法有优化焊接工艺、变质处理和焊后热处理。

（2）熔合区。

焊接接头中，焊缝金属向热影响区过渡的区域叫作熔合区，又叫半熔化区。在熔焊条件下，这个区域的范围很窄，温度处于固液相之间，所以组织中包含了部分的铸造组织。又因为这一区域的奥氏体被加热到过热温度以上，晶粒粗大，化学成分和组织极不均匀，冷却后为过热组织，所以这一区域的塑性和冲击韧性都很差，特别是异种金属焊接时情况就更为复杂。很多情况下，熔合区是产生裂纹和局部脆性破坏的发源地。

（3）热影响区。

在焊接热源作用下，焊缝两侧发生组织性能变化的区域叫作热影响区，也称近缝区。热影响区中各点距离热源的远近不同，所以各点所经历的热循环也不同，发生的组织与性能变化也不一样。输变电设备最常用的碳素钢和低合金钢一般属于不易淬火钢，即在焊接条件下淬火倾向很小，按组织基本相同且性能接近分为以下四个小区域。

1）过热区。

过热区又叫粗晶区，该区紧贴熔合区，最高温度在固相线以下至1100～1200℃，其宽度随焊接方法不同而异，约在1～4mm之间。过热区的金属被加热到奥氏体过热温度，形成晶粒粗大的奥氏体过热组织，冷却后得到粗大的过热组织——低碳钢产物主要是魏氏体，低合金钢产物是魏氏体+贝氏体。这种过热组织的塑性和冲击韧性远低于母材，通常冲击韧性比母材低25%～30%，还容易产生裂纹，尤其当钢中含碳量和合金元素较高时，过热区的机械性能更差。因此，过热区也是削弱焊接接头性能的主要区域。

魏氏组织的形成与过热程度即金属在高温停留时间有关，在手工电弧焊、埋弧焊、电渣焊等焊接方法中，手工电弧焊的高温停留时间最短，晶粒长大相对不严重。电渣焊则相反，高温停留时间最长，焊接容易出现粗大的魏氏组织，为改善接头性能，消除严重的过热组织，一般要求焊后做正火热处理。

2）正火区。

正火区又称细晶区或重结晶区，这一区域的金属被加热到稍高于A_{C3}线以上至1100℃之间，对于低碳钢约为900～1200℃。正火区金属虽然被加热到高温，铁素体和珠光体全部转化为奥氏体，但由于加热速度快，高温停留时间短，奥氏体晶粒还未长大，冷却后得到均匀细小的铁素体和珠光体，相当于热处理的正火组织。所以该区域的力学性能比较好，甚至优于母材。

3）不完全重结晶区。

不完全重结晶区又称为部分相变区，该区域加热的最高温度在A_{C1}～A_{C3}之间，低碳钢约为750～900℃。低碳钢和某些低合金钢在加热温度稍高于A_{C1}时，珠光体首先转变成为奥氏体，温度继续升高时，部分铁素体逐渐向奥氏体中溶解，随着温度的升高，溶解的越多，直到A_{C3}时铁素体全部溶解在奥氏体中。冷却时，奥氏体中又析出细小的铁素体，一直冷却到A_1时，残余奥氏体转变成珠光体。在A_1～A_3之间，只有一部分组织发生了相变

重结晶，其余部分为始终未溶入奥氏体的原始铁素体。因此，不完全重结晶区是一个粗晶粒和细晶粒的混合区，晶粒大小不一致，组织不均匀，力学性能较差。

4）再结晶区。

这一区域的金属被加热到450℃至A_{C1}线以下的温度范围。再结晶与重结晶不同，重结晶时金属内部晶格要发生变化，即指同素异构转变时金属由一种晶格转变为另一种晶格；而再结晶时只有晶粒外形的变化，并没有内部晶体结构的变化。

对于焊接前经过加工硬化的金属，因具有晶格歪扭及晶粒破碎的现象，处于再结晶区时由于加热再结晶，使得晶格歪扭消失，破碎的晶粒重新形核生长，金属恢复到加工硬化前的力学性能。

一般的焊接件多采用热轧或退火状态下的钢板，一般没有加工硬化现象，故焊后在热影响区也没有再结晶区。又因为焊接接头的冷却速度高于钢材热轧时的冷却速度，故焊接接头的强度比热轧钢的母材金属高，但塑性及冲击韧性则在半熔化区和过热区都较低。

对于易淬火钢，例如中碳钢（35、40、45、50号钢）、低碳调质高强钢（$C≤0.25\%$）和中碳调质高强钢（$C=0.25\%～0.45\%$），焊接热影响区的组织分布与母材焊前的热处理状态有关。

如果母材焊前是正火或者退火状态，热影响区会产生完全淬火区及部分淬火区。完全淬火区焊后出现淬火组织，硬度和强度高，塑性和韧性下降，容易产生冷裂纹。部分淬火区性能不均匀，塑性和韧性下降。如果母材在焊前为调质状态时，热影响区还会出现回火软化区，此区域的硬度、强度低于母材，使焊接接头的性能更加复杂化。因此，对于易淬火钢在焊接时经常采取焊前预热、焊后缓冷的措施，防止或减少在焊缝金属或热影响区产生淬硬组织。

由上可见，焊接接头的热影响区具有晶粒粗大和局部脆化的问题，使焊接接头力学性能变差。生产实践表明，焊接接头的质量不仅仅取决于焊缝，同时还决定于热影响区，有时热影响区存在的问题比焊缝还要复杂，这一点在合金钢焊接时特别明显。因此，研究热影响区的组织与性能变化规律非常有必要。

同时，焊接接头的热影响区增宽时，出现组织不均匀的区域增大，造成焊件的变形增大，因此，焊接时热影响区越窄越好。

热影响区的尺寸主要与焊接时单位长度受到的热量有关，即主要与采用的焊接方法和焊接规范有关。

焊接热源能量越集中、焊接速度越快、热影响区就越小。在各种焊接方法中电子束焊的热影响区最小，其余依次为等离子焊、氩弧焊、电弧焊、气焊。选用不适当的焊接规范，例如焊接电流过大或焊接速度过慢，将使热影响区宽度变大。对重要焊件，必要时可在焊后采取适当的热处理以改善热影响区的组织和性能。

4.2.3 焊接工艺参数对焊缝成形的影响

焊接工艺参数是指焊接时为保证焊接质量而选定的诸物理量的总称。不同焊接方法的焊接工艺参数不同，焊条电弧焊的焊接工艺参数主要包括焊条直径、焊接电流、电弧电压、焊接速度和预热温度等。在焊接工艺参数中，焊接电流、电弧电压、焊接速度是最关键的三个，焊接电流、电压、焊接速度合理搭配才能形成一条合格的焊缝。

熔焊时，在单道焊缝横截面上焊缝宽度 B 与焊缝计算厚度 H 的比值 $\phi=B/H$，称为焊缝成形系数。由于焊缝、热影响的组织和性能整体上弱于母材，因此在设计焊接接头时希望成形系数越小越好。但是焊缝成形系数越小，表示焊缝窄而深，这样的焊缝中容易产生气孔、夹渣和裂纹，而且难以施焊，所以综合考虑焊缝成形系数应保持一定的数值。

焊缝成形的表征主要是熔深、熔宽和余高，需要注意的是焊缝宽度、焊缝厚度与焊接熔深、焊接熔宽是不同的概念，焊接熔深是指母材熔化的最深位与母材表面之间的距离，焊接熔宽是电弧热量覆盖致使母材熔化的宽度。影响焊缝成形的主要因素是焊接电流、电弧电压和焊接速度。

4.2.3.1 焊接电流对焊缝成形的影响

焊接电流增大时（其他条件不变），焊缝的熔深和余高增大，熔宽没多大变化（或略为增大）。这是因为：电流增大后，工件上的电弧力和热输入均增大，热源位置下移，熔深增大。熔深与焊接电流近于正比关系。电流增大后，焊丝融化量近于成比例地增多，由于熔宽近于不变，所以余高增大。电流增大后，弧柱直径增大，但是电弧潜入工件的深度增大，电弧斑点移动范围受到限制，因而熔宽近于不变。

4.2.3.2 电弧电压对焊缝成形的影响

电弧电压增大后，电弧功率加大，工件热输入有所增大，同时弧长拉长，分布半径增大，因而熔深略有减小而熔宽增大。余高减小，这是因为熔宽增大，焊丝熔化量却稍有减小所致。

4.2.3.3 焊接速度对焊缝成形的影响

焊接速度提高时能量减小，熔深和熔宽都减小，焊缝余高也减小。因为单位长度焊缝上焊丝金属的熔敷量与焊速成反比，熔宽则近似与焊速的平方根成反比关系。

由此可见，电流影响熔深，电压影响熔宽，电流以烧透不烧穿为宜，电压以飞溅最小为宜，两者固定其一，调另一个参数即可。图 4-2-14 为焊接电流（I）、电弧电压（U）、焊接速率（V）与焊缝熔深（S）、焊缝熔宽（c）以及焊缝余高（h）的关系。

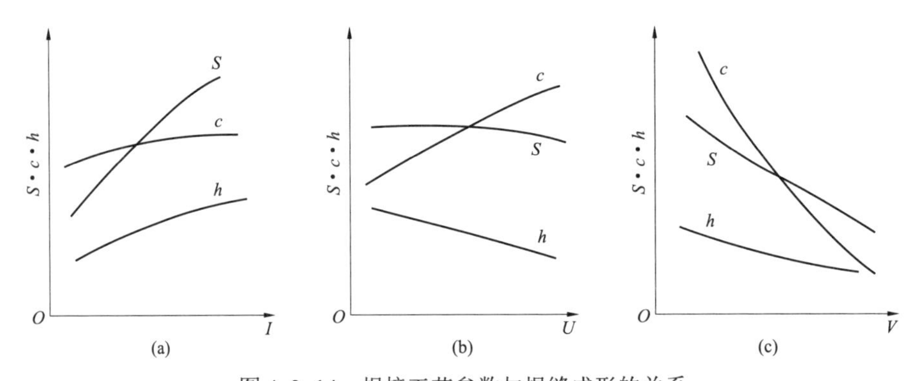

图 4-2-14　焊接工艺参数与焊缝成形的关系

（a）I 与 S、c、h 的关系；（b）U 与 S、c、h 的关系；（c）V 与 S、c、h 的关系

S—焊缝熔深、c—焊缝熔宽、h—焊缝余高、I—焊接电流、U—电弧电压、V—焊接速度

焊接电流的大小对焊接质量和焊接生产率的影响很大。焊接电流过小，电弧不稳定，熔深小，易造成未焊透和夹渣等缺陷，而且生产率低；电流过大，则焊缝容易产生咬边和烧穿等缺陷，同时引起飞溅。因此，焊接电流必须选得适当，一般可根据焊条直径按经验公式选择，再根据焊缝位置、接头形式、焊接层次、焊件厚度等适当进行调整。

电弧电压是由弧长决定的，电弧长，电弧电压高；电弧短，则电弧电压低。焊接过程中电弧不宜过长，否则，电弧燃烧不稳定，增加金属的飞溅，而且还会由于空气的侵入，使焊缝产生气孔。因此，焊接时力求使用短电弧，一般要求电弧长度不超过焊条直径。

焊接速度的大小直接关系到焊接的生产率。为了获得最大的焊接速度，应该在保证质量的前提下，采用较大的焊条直径和焊接电流，同时还应根据具体情况适当调整焊接速度，尽量保证焊缝高低和宽窄一致。

4.2.4 焊接缺陷

在 GB/T 6417.1—2005《金属熔化焊接头缺欠分类及说明》中，把焊接接头中因焊接产生的金属不连续、不致密或连接不良的现象称为缺欠，焊接缺陷为超过规定限值的缺欠。

根据缺陷在焊缝中位置的不同，将焊接缺陷分为外部缺陷和内部缺陷两大类。

4.2.4.1 外部缺陷

外部缺陷位于焊缝表面，一般用目视法或者借助放大镜就可以观察到，主要有焊缝尺寸不符合要求、咬边、弧坑、焊瘤、内凹、未填满、焊穿、错边、表面气孔、严重飞溅等，如图 4–2–15 所示。

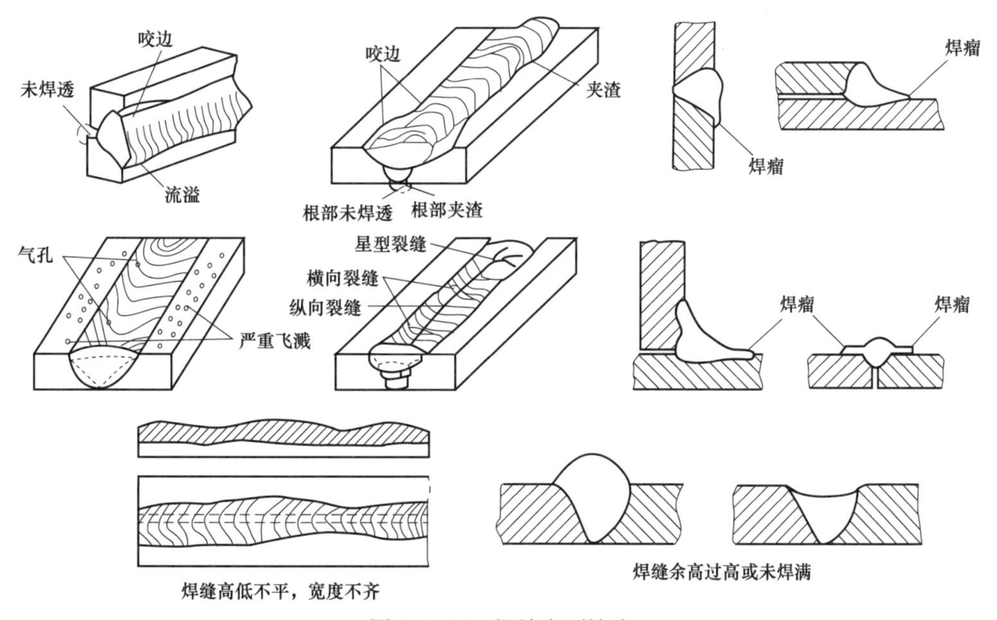

图 4–2–15 焊缝表面缺陷

4.2.4.2 内部缺陷

（1）夹渣。

夹渣是指残留在焊缝金属中的熔渣。夹渣会降低焊缝的强度，某些连续的夹渣更是危险缺陷，容易产生裂纹。

产生夹渣的根本原因是熔池中熔化金属的凝固速度大于熔池中熔渣上浮的速度，当熔化金属已经凝固时，熔渣还来不及浮出，就形成了夹渣。实际焊接过程中，主要由于焊接电流太小，焊接速度过快，多层焊时对工件边缘和焊缝清理不干净，焊缝的形状系数过小和焊条（丝）角度不当都会造成夹渣。

避免产生夹渣的方法主要包括：采用合适的焊条；选用正确的焊接电流及运条角度；设计适当的坡口角度；焊前清洁坡口及填充用焊材；多层焊时做好层间清理工作。

（2）气孔。

气孔是指在焊接时，熔池中的气泡在凝固时未能逸出而形成的空穴。熔池中的气泡一部分来自于高温，是溶解于金属中的气体。金属凝固和相变时，气体溶解度突然下降来不及逸出残留在金属中，如氢、氮。另一部分是由于冶金反应生成的不溶于金属的气体形成的气孔，如 CO、H_2O。根据分布情况不同分为单个气孔、疏散气孔、密集气孔和连续气孔等。由于产生原因不同，气孔形状也不尽相同，有球形、椭球形、长条形等。气孔会减少焊接接头有效截面面积，增加应力集中，特别是对弯曲和冲击韧性影响很大，连续气孔还会破坏焊缝致密性。

焊缝中的气孔主要是氢气孔、一氧化碳气孔，另有少量的氮气孔。在大多数情况下，氢气孔出现在焊缝表面上，气孔的纵断面形状犹如螺钉状，在焊缝表面看呈喇叭口形，气孔的内壁光滑。一氧化碳气孔主要是在碳钢焊接时，由于冶金反应产生了大量的 CO 气体，在结晶过程中来不及逸出而残留在焊缝内部形成气孔。一氧化碳气孔沿结晶方向分布，形似条虫状。氮气孔的形成机理与氢气孔相似，也多在焊缝表面，多数情况是成堆出现，呈蜂窝状。氮的来源主要是保护不好空气侵入所致，在焊接中由氮引起的气孔较少。

产生气孔的原因很多，主要有：坡口边缘不清洁，有水分、油污和锈迹；焊条或焊剂未按规定进行烘干，焊芯锈蚀或药皮变质、剥落等。此外，低氢型焊条焊接时电弧过长、焊接速度过快，埋弧自动焊电压过高等，都易在焊接过程中产生气孔。

预防气孔的措施有：焊前清除坡口两侧 20～30mm 范围内一切的油污、铁锈、水分等污物；严格按照焊条说明书规定的温度和时间烘干焊条；不使用已经变质的、偏芯度过大的焊条；焊丝表面必须清洁除锈后再使用；正确选择焊接工艺参数和进行焊接操作；尽量采用短弧焊接，焊接操作时要有防风措施；碱性焊条在引弧时应采用划擦法以避免产生引弧气孔。

（3）未熔合。

未熔合是焊缝金属和母材之间或多焊道时焊缝金属彼此之间，没有完全熔合在一起的情况，前者称为边缘未熔合，后者称为层间未熔合，如图 4–2–16 所示。未熔合是一种典型的面积型缺陷，应力集中比较严重，其危害程度仅次于裂纹。

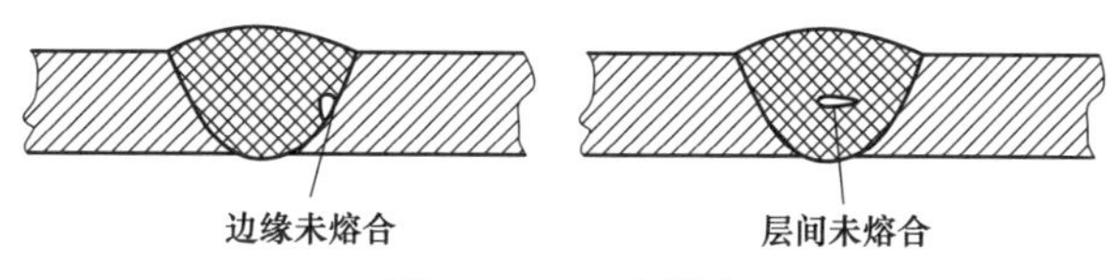

图 4–2–16　未熔合

未熔合产生的原因主要有：焊接电流太小或局部偏小，焊条或焊丝偏于坡口的一侧或因焊条偏芯使电弧偏向一侧，母材或前一道焊缝金属未得到充分熔化就被熔敷金属覆盖；焊枪没有充分摆动或者焊接速度太快；焊接时有磁偏吹现象；坡口或者前一层焊缝表面有铁锈、水、油等污物。

预防未熔合的措施主要有：采用较大的焊接电流；焊接规范正确，操作得当，焊接速度均匀，摆动到位；清除坡口表面的污物。

（4）未焊透。

未焊透是焊接时接头的根部未完全熔透的缺陷情况，按坡口形式可以分为单面焊根部未焊透和双面焊中部未焊透，如图 4–2–17 所示。未焊透减少了焊接接头有效截面面积，引起应力集中，会严重降低疲劳强度，容易产生裂纹，是一种危险性的缺陷。

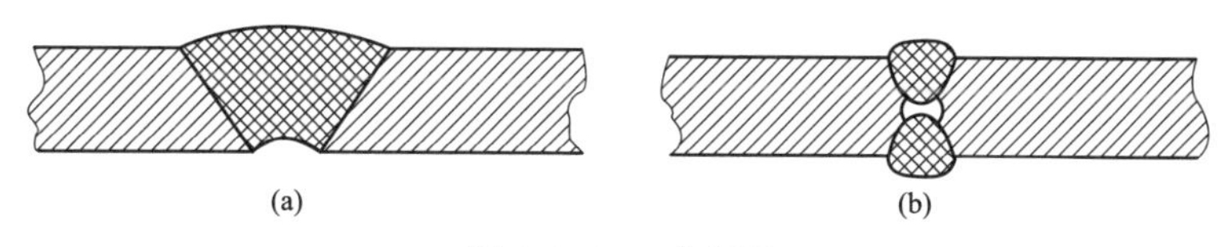

图 4–2–17　未焊透

（a）根部未焊透；（b）中部未焊透

未焊透的产生原因是焊接参数选择不当，如焊接电流太小、焊接速度太快、焊条角度不当或电弧发生偏吹以及坡口角度或对接间隙太小等，它与焊接冶金因素关系不大。操作不当也会造成未焊透，如在不开坡口的双面埋弧自动焊中中心对偏、坡口加工不良、钝边太厚等。

预防未焊透的措施有：选择合理的坡口型式；选择适当的装配间隙；采用正确的焊接工艺参数；认真操作，防止焊偏。

（5）裂纹。

焊缝中原子结合遭到破坏，形成新的界面而产生的缝隙称为裂纹。裂纹是焊接接头中最危险的缺陷，是不允许存在的。裂纹是一种面积型缺陷，它的出现将显著减少承载面积，更严重的是裂纹端部形成尖锐缺口，应力高度集中，很容易扩展以致破坏。裂纹的危害极大，尤其是冷裂纹，由于其延迟特性和快速脆断特性，产生的危害往往是灾难性的。实践经验表明，大部分电气设备焊缝的破坏都是由裂纹造成的。

裂纹按其产生的条件及时机不同，可分为热裂纹、冷裂纹、再热裂纹、层状撕裂等，因为焊接接头残留有较大的残余应力，因此因焊接残余应力导致的应力腐蚀裂纹有时也归入焊接裂纹。按产生的部位可以分纵向裂纹、横向裂纹、熔合线裂纹、根部裂纹、弧坑裂纹、热影响区裂纹等。焊接裂纹的宏观形态及其分布如图 4–2–18 所示。

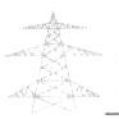

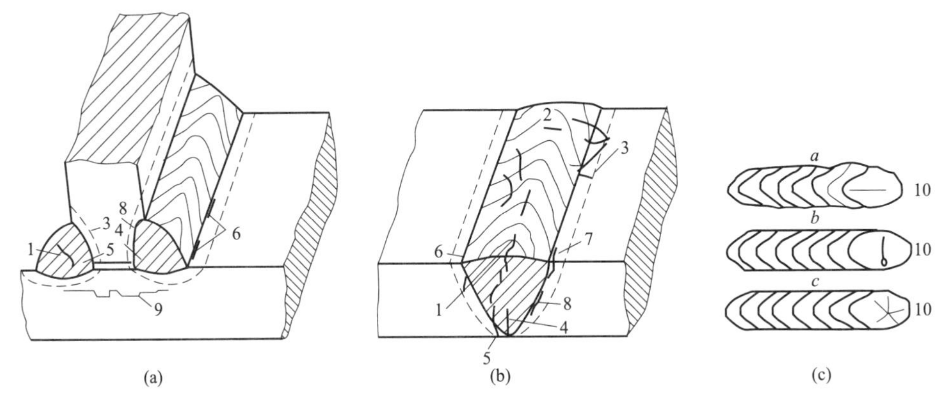

图 4–2–18 焊接裂纹的宏观形态及其分布

（a）角接接头；（b）对接接头；（c）焊缝表面

1—焊缝中纵向裂纹；2—焊缝中横向裂纹；3—熔合区裂纹；4—焊缝根部裂纹；5—HAZ 根部裂纹；6—焊趾纵向裂纹（延迟裂纹）；7—焊趾纵向裂纹（液化裂纹、再热裂纹）；8—焊道下裂纹（延迟裂纹、液化裂纹、多边化裂纹）；9—层状撕裂；10—弧坑裂纹（火口裂纹）

1）热裂纹。

热裂纹是焊接时高温下产生的，故称热裂纹。热裂纹发生于焊缝金属凝固末期（液态金属一次结晶时），敏感温度区大致在固相线附近的高温区。它的特征是沿原奥氏体晶界开裂。不同金属材料产生热裂纹的形态、温度区间和主要原因也各不相同。根据形成原因，热裂纹主要分为以下三种：

① 结晶裂纹：结晶裂纹是焊缝结晶过程中，在固相线附近由于凝固金属的收缩，残余液体金属不足而不能及时填充，在应力作用下发生沿晶开裂，故称结晶裂纹。多数情况下，在发生裂纹的焊缝断面上，可以看到有氧化的彩色，说明这种裂纹是在高温下产生的。结晶裂纹主要产生在含杂质较多的碳钢、低合金钢焊缝中（含硫、磷、碳、硅偏高）和单相奥氏体钢、镍基合金以及某些铝合金的焊缝中。个别情况下，结晶裂纹也能在热影响区产生。

② 高温液化裂纹：近缝区或多层焊的层间部位，在焊接热循环峰值温度的作用下，由于被焊金属含有较多的低熔共晶而被重新熔化，在拉应力作用下沿奥氏体晶界发生开裂。液化裂纹主要发生在含有铬镍的高强钢、奥氏体钢，以及某些镍基合金的近缝区或多层焊层间部位。母材和焊丝中的硫、磷、碳、硅偏高时，液化裂纹的倾向显著增高。

③ 多边化裂纹：焊接时焊缝或近缝区在固相线稍下的高温区间，由于刚凝固的金属中存在很多晶格缺陷（主要是位错和空位）及严重的物理和化学不均匀性，在一定的温度和应力作用下，这些晶格缺陷的迁移和聚集便形成了二次边界，即所谓的多边化边界。因边界上堆积了大量的晶格缺陷，所以它的组织性能脆弱，高温时的强度和塑性很差，只要有轻微的拉应力，就会沿着多边化的边界开裂，即所谓的多边化裂纹。多边化裂纹多发生在纯金属或单相奥氏体合金的焊缝中或近缝区，它属于热裂纹的类型。

2）冷裂纹。

冷裂纹是指焊接接头冷却至马氏体转变温度 M_s 点（200～300℃）以下产生的裂纹，一般是在焊后一段时间（几小时，几天甚至更长）才出现，故又称延迟裂纹。冷裂纹是焊

接生产中较为普遍的一种裂纹，它是焊接后冷至较低温度下产生的。对于低合金高强钢来说，大约在马氏体转变温度 M_s 附近，在拘束应力、淬硬组织和氢的共同作用下产生的。冷裂纹主要发生在低合金钢、中合金钢、中碳和高碳钢的焊接热影响区。个别情况下，如焊接超高强钢或某些钛合金时，冷裂纹也出现在焊缝金属上。根据被焊钢种和结构不同，冷裂纹可分为以下三类：

① 延迟裂纹：这种裂纹是冷裂纹中的一种普通形态，它的主要特点是不在焊后立即出现，而是有一定的孕育期，具有延迟现象，故称为延迟裂纹。产生这种裂纹主要决定于钢种的淬硬倾向、焊接接头的应力状态和熔敷金属中的扩散氢含量。

② 淬硬脆化裂纹（或称为淬火裂纹）：一些淬硬倾向很大的钢种，即使没有氢的诱发，仅在拘束应力的作用下也能导致开裂。焊接含碳较高的 Ni–Cr–Mo 钢、马氏体不锈钢、工具钢以及异种钢等有可能出现这种裂纹。它完全由冷却时马氏体相变而产生的脆性造成的，一般认为与氢的关系不大。这种裂纹没有延迟现象，焊后可以立即发现，有时出现在热影响区，有时出现在焊缝上。一般来讲采用较高的预热温度和使用高韧性焊条，基本上可以防止出现这种裂纹。

③ 低塑性脆化裂纹：某些塑性较低的材料，冷至低温时，由于收缩力而引起的应变超过了材质本身所具有的塑性储备或材质变脆而产生的裂纹，称为低塑性脆化裂纹。例如，铸铁补焊、堆焊硬质合金和焊接高铬合金时，就会出现这种裂纹。由于是在较低温度下产生的，所以也是属于冷裂纹的一种形态，但无延迟现象。

3）再热裂纹。

再热裂纹是指焊接接头冷却后再加热至一定温度时产生的裂纹。厚板焊接结构并含有某些沉淀强化合金元素的钢材，在进行消除应力热处理或在一定温度下服役的过程中，在焊接热影响区粗晶部位发生的裂纹称为再热裂纹。由于这种裂纹是在再次加热过程中产生的，故称为再热裂纹，又称消除应力处理裂纹，简称 SR 裂纹。

再热裂纹多发生在低合金高强钢、珠光体耐热钢、奥氏体不锈钢和某些镍基合金的焊接热影响区粗晶部位。再热裂纹的敏感温度，视钢种的不同约为 550～650℃。这种裂纹也是具有沿晶开裂的特征，但在本质上与结晶裂纹不同。

4）层状撕裂。

层状撕裂是在厚大构件中沿钢板的轧制方向分层出现的阶梯状裂纹。产生层状撕裂的主要原因是轧制钢材的内部存在不同程度的分层夹杂物（特别是硫化物、氧化物夹杂），在受到焊接时产生的垂直于轧制方向的应力作用时，致使热影响区附近或稍近的地方产生呈“台阶”形的层状撕裂，并沿晶或穿晶扩展。

层状撕裂属于低温开裂，一般低合金钢，撕裂的温度不超过 400℃，但它的特征与冷裂纹截然不同。层状撕裂易发生在壁厚结构的 T 型接头、十字接头和角接头，是一种难以修复的失效类型，甚至会造成灾难性事故。采用具有抗层状撕裂的 Z 向钢是避免大型结构出现层状撕裂的普遍做法。

影响产生层状撕裂的因素很多，如钢板的材质、夹杂的分布及类别、焊接接头的含氢量、接头型式和受力状态，以及焊接施工的工艺等都有关系。此外，当焊接接头中存在其他缺陷时，如微裂纹、微气孔、咬边、未焊透等缺口效应都可能在应力作用下发展成为层状撕裂。

表 4–2–1 焊 接 裂 纹

裂纹分类		基本特征	敏感温度区间	被焊材料	位置	裂纹走向
热裂纹	结晶裂纹	在结晶后期，由于低熔点共晶形成的液态薄膜削弱了晶粒间的联结，在拉伸应力作用下发生开裂	在固相线温度以上稍高的温度（固液状态）	杂质较多的碳钢、低中合金钢、奥氏体钢、镍基合金及铝	焊缝上	沿奥氏体晶界
	多边化裂纹	已凝固的结晶前沿，在高温和应力作用下，晶格缺陷发生移动和聚集，形成二次边界，它在高温下处于低塑性状态，在应力作用下产生裂纹	固相线以下再结晶温度	纯金属及单相奥氏体合金	焊缝上，少量在热影响区	沿奥氏体晶界
	液化裂纹	在焊接热循环峰值温度的作用下，在热影响区和多层焊的层间发生重熔，在应力作用下产生裂纹	固相线以下稍低温度	含 S、P、C 较多的镍铬高强钢、奥氏体钢、镍基合金	热影响区及多层焊的层间	沿晶界开裂
再热裂纹		厚板焊接结构消除应力处理过程中，在热影响区的粗晶区存在不同程度的应力集中时，由于应力松弛所产生附加变形大于该部位的蠕变塑性，则发生再热裂纹	550 ～ 650 ℃回火处理	含有沉淀强化元素的高强钢、珠光体钢、奥氏体钢、镍基合金等	热影响区的粗晶区	沿晶界开裂
冷裂纹	延迟裂纹	在淬硬组织、氢和拘束应力的共同作用下产生的具有延迟特征的裂纹	在 M_s 点以下	中、高碳钢，低、中合金钢，钛合金等	热影响区，少量在焊缝	沿晶或穿晶
	淬硬脆化裂纹	主要是由淬硬组织，在焊接应力作用下产生的裂纹	M_s 点附近	含碳的 NiCr–Mo 钢、马氏体不锈钢、工具钢	热影响区，少量在焊缝	沿晶或穿晶
	低塑性脆化裂纹	在较低温度下，由于被焊材料的收缩应变，超过了材料本身的塑性储备而产生的裂纹	在 400℃以下	铸铁、堆焊硬质合金	热影响区及焊缝	沿晶或穿晶
层状撕裂		主要原因时钢板的内部存在分层夹杂物（沿轧制方向），在焊接时产生的垂直于轧制方向上的应力作用下，致使热影响区或稍远的地方，产生“台阶”式层状开裂	约 400℃以下	含有杂质的低合金高强钢厚板结构	热影响区附近	沿晶或穿晶

裂纹产生的原因非常复杂，不同的裂纹产生的原因也不一样。裂纹产生的原因：① 与焊接时的冶金因素、母材可焊性以及化学成分有关。例如，含碳量或碳当量较高的钢材，或者采用含硫磷量很高的焊条时，就很容易产生裂纹。② 和焊接结构在焊后产生的应力与变形有关。例如焊接结构设计不合理，结构刚性过大会造成焊缝应力集中超过强度极限而产生裂纹。③ 与焊接规范是否恰当有关。例如，焊接线能量控制不当，焊前预热和焊后缓冷没有做到位，在低温下焊接某些合金钢等都会产生裂纹。

防止裂纹的主要措施有：根据母材选择合适的焊接材料；选择合适的焊接规范并严格

执行；合理设计焊接结构，避免焊缝过于集中；正确安排焊接顺序。

焊接接头如果发现裂纹，应该先用机械方法或者碳弧气刨将裂纹彻底清除，实际操作中还需要在消除裂纹后进行无损检测，以检验是否彻底清除干净，然后按照焊接规范进行补焊。

某些合金钢的焊缝裂纹会在补焊过程中发生延展，这是由于焊接变形与应力造成的，这个时候一般可在裂纹两端打止裂孔，补焊完成后再填满。

4.2.5 电网设备常用金属材料焊接工艺

焊接成型工艺在电网设备制造加工过程中有着广泛的应用，根据被焊材料的类型主要有低碳钢、低合金高强钢、不锈钢、铝及铝合金、铜及铜合金的焊接。

4.2.5.1 低碳钢的焊接

低碳钢为碳含量低于 0.25%的碳素钢，其含碳及其他合金元素少，焊接性能优良，容易施焊。低碳钢的焊接特点有：适应各种位置的施焊，焊接工艺和技术要求简单；焊前一般不需要预热，只有当工件厚度较大或气温太低时，才适当预热（100～150℃）；一般不进行焊后热处理；焊缝产生冷裂纹和气孔的倾向较小，只有当母材或焊接材料含较多的硫、磷杂质时，才可能产生热裂纹；不需要特殊的设备，对焊接电源没有特殊要求。

低碳钢适用于大多数焊接方法，如手工电弧焊、埋弧焊、二氧化碳保护焊、氩弧焊、电渣焊、等离子焊等都可适用，但是一般激光焊和电子束焊很少被用于低碳钢焊接。电网设备中的钢管杆、开放式变电站构架、变压器油箱等很大部分结构件材质为 Q235，因此其焊接都属于低碳钢焊接。

4.2.5.2 低合金高强钢的焊接

低合金高强钢由于含有少量合金元素，因而具有一定的淬硬和冷裂倾向，焊接性比低碳钢略差，且强度级别越高，焊接性越差。低合金高强钢含碳量较低，对硫元素含量的控制也较严，因此一般情况下不会出现热裂纹。低合金高强钢对焊接方法无特殊要求，焊条电弧焊、埋弧焊、气体保护焊和电渣焊均可用于此类钢的焊接。

低合金高强钢焊接时，通常按等强度原则选择焊接材料，使焊缝金属强度与母材相当。对于强度级别较高的钢材，为了提高抗裂性，尽量选用碱性焊条和碱性焊丝。对于不要求焊缝和母材等强度的焊件，亦可选择强度级别略低的焊接材料，以提高塑性，避免冷裂。

抗拉强度低于 420MPa 的低合金高强钢焊接时通常不必进行预热和焊后热处理，对于焊接热输入也无严格限制，但对于厚度较大或刚性很大的构件或在低温条件下焊接时，则可能需要进行适当的预热和焊后热处理。抗拉强度大于等于 420MPa 的低合金高强钢焊接时一般需要考虑预热和焊后热处理，并适当控制焊接热输入。预热温度一般为 100～150℃，焊后热处理温度根据材料成分不同而有所不同，一般在 550～650℃之间。

4.2.5.3 奥氏体不锈钢的焊接

一般来说，奥氏体不锈钢焊接性良好，但也存在以下问题：① 其焊接接头具有较高的晶间腐蚀敏感性。由于焊接是一个加热冷却的热处理过程，焊接接头在 450～850℃范围停留一定时间，会在晶界处析出高铬碳化物（$Cr_{23}C_6$），使晶界边界层的铬含量降低，形成贫铬区；当铬含量低于 12%时，在腐蚀介质的作用下，晶粒表层的贫铬区受到腐蚀而形成晶间腐蚀。② 奥氏体不锈钢的热导系数小（约为低碳钢的 1/3），线膨胀系数大（比低碳钢大 50%），因此在焊接局部加热和冷却条件下，在焊接接头冷却过程中形成较大的拉应力；若材料中 S、P 含量较高，则容易产生焊接热裂纹及应力腐蚀开裂。

对于奥氏体不锈钢，各种熔焊方法均能适用，常用的方法是焊条电弧焊、氩弧焊和埋弧焊。奥氏体不锈钢焊接时一般不需预热和焊后热处理，通常选用熔敷金属成分与母材接近的焊接材料。此外，奥氏体不锈钢焊接时还应注意：

（1）奥氏体不锈钢焊件下料及坡口加工不能采用氧乙炔切割方法，要用机械切割、等离子弧切割等热影响较小的方法。

（2）对于有可能产生晶间腐蚀的焊件，应严格控制焊缝金属的含碳量，采用超低碳及含有能优先与碳形成稳定化合物的元素如 Ti、Nb 等的焊接材料，同时采用较小焊接规范，严格控制较低的焊道层间温度，必要时焊后适当快速冷却。

（3）对于具有热裂纹倾向的焊件，应选用含碳量很低、含 Mo 和 Si 等铁素体形成元素的焊接材料，使焊缝形成奥氏体加少量铁素体的双相组织，减少偏析。

（4）对于焊条电弧焊，由于奥氏体不锈钢的导热系数小，熔池热量不易散失，所以焊接电流值和焊接线能量应比低碳钢要小 20%左右。

（5）需要控制焊缝成型质量，奥氏体不锈钢焊缝表面要避免可能产生应力集中的咬边、余高等，以免影响焊缝耐点蚀和晶间腐蚀的性能。

4.2.5.4 铝及铝合金的焊接

铝是面心立方体点阵结构，无同素异形体转化，无“延–脆”转变，因而具有优异的低温韧性。在纯铝中加入镁、锰、硅、铜及锌等合金元素后形成铝合金，铝合金的熔点为 482～660℃，比铝有更高的强度。输变电设备中常用于焊接的铝及铝合金有纯铝、防锈铝（Al–Mg 系）铝合金。相比钢铁材料，铝及铝合金的焊接有其独特的工艺特点。铝及铝合金焊缝中的气孔、焊接热裂纹、焊接接头软化是三个主要问题。

（1）铝及铝合金焊接工艺特点。

1）氧化膜影响铝及铝合金的焊接。铝及铝合金化学活泼性很强，在空气中极易与氧结合生成致密的 Al_2O_3 氧化物薄膜，这层薄膜厚度仅约 0.1μm。但 Al_2O_3 薄膜容易在焊接过程中产生多种缺陷，首先 Al_2O_3 的熔点高达 2050℃，MgO 的熔点约 2500℃，远远超过铝及铝合金的熔点，因此氧化膜会阻碍金属之间的良好结合，造成不熔合现象；其次氧化膜难以熔化容易形成夹渣；再次氧化膜还会吸附水分，在焊缝中形成气孔。因此，铝及铝合金在焊前必须严格清理焊件表面的氧化物，并加强焊接区域的保护。

2）较大的热导率和热膨胀系数。铝及铝合金的热导率约为钢的 2～4 倍，焊接过程中熔池热量会被迅速传导到基体金属内部，因此为了维持熔池的温度稳定，焊接铝及铝合金比钢要消耗更多的热量，焊接时要求采用能量密度大的焊接方法。而且能量密度大、热量集中的焊接方法，有利于防止形成方向性强的粗大柱状晶，因而可以提高抗裂性。而对于

大厚度焊件的焊接，焊前常需采取预热等工艺措施，减缓熔池的冷却速度。铝和铝合金的热膨胀系数约为钢的 2 倍，焊接接头容易因局部受热不均匀而发生翘曲变形，当在拘束条件下焊接时，焊接接头也容易产生较大的应力。

3）容易产生气孔。气孔是铝及铝合金焊接时容易产生的缺陷之一，氢是产生气孔的主要原因。铝和铝合金的液态熔池容易吸收氢气，但氢在铝液中的溶解度随温度的降低而骤降，铝由液态凝固时氢的溶解度从 0.69ml/100g 突降到 0.036ml/100g，下降近 20 倍。同时，铝及铝合金的密度小，气泡在熔池中的上升速度较慢，加上铝的导热性强，熔池冷凝速度快，不利于气泡浮出。因此，铝合金焊缝中容易形成气孔。焊缝中的氢主要来源于弧柱区气氛中的水分、焊接材料及母材表面氧化膜吸附的水分等。

4）较大的焊接热裂纹倾向。纯铝及大部分非热处理强化的铝合金在熔化焊时很少产生裂纹，只有在杂质含量超过规定范围，或刚性很大的情况下才会产生裂纹。但热处理强化的铝合金在熔化焊时，尤其是厚度大或刚性大的焊件焊接时，具有较大的热裂倾向。热裂纹产生的原因主要与铝及铝合金的成分和焊接应力有关，如提高焊接速度，会增加焊接接头的冷却速度和应变速度，增大热裂纹倾向。采用较小的焊接电流，可减少熔池过热，也有利于改善抗裂性。

5）无色泽变化。铝及铝合金焊接由固态转变为液态时，没有显著的颜色变化，因此不易从色泽变化来判断熔池温度，给焊接操作造成一定困难，容易造成烧穿等缺陷。

6）接头软化严重。铝及铝合金的热影响区由于受热而发生软化，导致焊接接头强度远小于母材。其中，时效强化铝合金无论是在退火状态下还是时效状态下焊接，焊后不经过热处理，其接头强度均低于母材。特别是在时效状态下焊接的硬铝，即使焊后经过了人工时效处理，其接头强度系数（即焊接接头的强度与母材强度之比的百分数）也不超过 60%。并且所有时效强化的铝合金，焊后不论是否经过时效处理，其接头塑性均低于母材的水平。非时效强化的铝合金（如 Al–Mg 合金）在退火状态下焊接时，可以认为接头同母材是等强的，在冷作硬化状态下焊接时接头强度低于母材。

（2）铝及铝合金的常用焊接方法。

铝及铝合金的常用焊接方法包括钨极氩弧焊（TIG）、熔化极氩弧焊（MIG）、埋弧焊（SAW）、等离子弧焊（VPPAW）等，其中以钨极氩弧焊的应用最为广泛。

在输变电设备中，铝及铝合金的焊接在 GIS 的制造过程中应用最多：TIG 焊常用于焊接铝壳体纵缝和导体连接焊缝；MIG 焊多用于焊接壳体环缝及壳体与支座之间的焊缝；SAW 焊可用于高电压等级、大体积的 GIS 焊缝壳体纵缝焊接；VPPAW 焊由于其突出优点也得到越来越广泛的应用。

（3）铝及铝合金的焊接工艺要点。

1）焊前清理。铝及铝合金焊接前对母材、焊丝进行认真清理，清除氧化膜和其他污物。清理后应尽快进行焊接，在气候潮湿的情况下，一般应在清理后 4h 内施焊。若清理后存放时间过长，则应重新处理。

2）保护气体。铝及铝合金氩弧焊时保护气体的含量要控制，氩气的纯度要达到 99.9% 以上。氩气中氧、氮含量增加，会减弱阴极清理作用，也会使钨极烧损加剧，若超过 0.1% 则使焊缝表面无光泽或发黑。氮含量超过 0.05%，熔池的流动性变坏，焊缝表面成型不良。

3）焊前预热。由于铝及铝合金的导热系数大，热容量也大，焊接时热量散失快，因此铝及铝合金焊前一般应进行预热，并采用热量集中的焊接方法，以保证焊缝与母材的熔合；同时降低冷却速度，有利于降低焊接应力，防止气孔和热裂纹产生。

4）焊接热输入。铝合金 TIG 焊一般选用含钍钨极，还须控制焊接电流。在直流反接焊时，电流须限制得很小，过大的电流会使钨极烧损，并可能造成焊缝夹钨，而采用直流正接时又失去阴极清理作用。因此，TIG 焊接时大多采用交流电源。但由于大厚度铝合金焊接的需要，直流正接的 TIG 焊接方法也有应用，主要是利用该种焊接方法熔深大的特点，同时焊缝截面成形好且气孔倾向相对较小，以此降低对阴极清理的要求。

铝合金 MIG 焊接时，一般采用直流反接，选用的焊接电流一般超过临界电流值，以获得稳定的喷射过渡电弧。由于临界电流的限制，焊接板厚小于 3mm 时就必须采用很细的焊丝，这在送丝上造成很大的困难。因此，MIG 焊多用于板厚大于 3mm 的构件，但电流超过 300～400A 以上时焊缝表面容易产生“皱皮”或“起皱”。

铝合金焊接时阴极清理也称为阴极雾化。当阴极材料熔点、沸点较低，并导热性很强时，即使阴极温度达到材料的沸点也不足以通过热发射产生足够数量的电子，阴极会自动缩小其导电面积，直至阴极导电面积前形成密度很大的正离子空间电荷和很大的阴极压降，足以产生较强的电场发射，以补充热发射的不足，向弧柱提供足够的电子流。此时阴极将形成面积更小，电流密度更大的斑点来导通电流，这种导电斑点称为阴极斑点。由于阴极斑点电流密度很高，又受到大量正离子的撞击，斑点上将积聚大量的热能，温度很高甚至达到材料的沸点，能使金属表面的氧化膜破除，这种称为阴极清理、阴极雾化或阴极破碎作用。阴极斑点有自动调向温度高、热发射强的物质上的性能，如果金属表面有低逸出功的氧化膜时，阴极斑点有自动寻找氧化膜的倾向。铝合金焊接中的阴极清理能显著消除 Al_2O_3 的影响。

4.2.5.5 铜及铜合金的焊接

输变电设备中用于焊接的铜主要有纯铜及黄铜两类。与铝及铝合金的焊接类似，铜及铜合金的焊接也存在难熔、易变形、气孔、热裂纹等问题。

（1）铜及铜合金的焊接特点。

1）焊缝成形能力差。由于铜的导热系数约为钢的 7～10 倍，焊接时热量迅速从加热区传导出去，使母材和填充金属难以熔合。此外，铜及铜合金在熔化状态下流动性较大，其焊缝易形成表面成形差的缺陷。因此，焊接铜及铜合金时必须采用大功率热源，必要时还要采取预热措施。铜的热膨胀系数和收缩率也比较大，其中热膨胀系数比钢大 15%，收缩率比钢大一倍以上。再加上铜导热能力强，焊接热影响区更宽，焊接时如果加工件刚度不大，又无防止变形的措施时，必然会产生较大的变形。当工件刚度很大时，由于变形受阻会产生很大的焊接应力。

2）焊接热裂纹倾向大。铜及铜合金焊接时，铜会与材料中的一些杂质（包括 O、S、Pb、Bi 等，其中以 O 的影响最大）生成 Cu_2O+Cu、Cu_2S+Cu、Cu+Bi、Cu+Pb 等低熔点共晶（铜的熔点 1083℃，Cu_2O+Cu 共晶熔点 1065℃、Cu_2S+Cu 共晶熔点 1067℃、Cu+Bi 共晶熔点 270℃、Cu+Pb 共晶熔点 955℃），这些低熔点共晶分布在晶界，严重降低了焊缝金

属的抗热裂纹能力，容易引起热裂纹。同时，铜的导热性强，焊缝易生长成粗大晶粒；热膨胀系数大，焊接应力较大。这些因素促使铜及铜合金焊接时热裂纹倾向性很大。

3）气孔倾向严重。铜及铜合金焊接时易产生气孔，主要是氢气孔。铜在液态时能溶解大量氢，在冷却凝固过程中，溶解度急剧减小，来不及逸出的氢汇集形成气孔。铜在高温时容易与氧反应生成氧化亚铜（Cu_2O），氧化亚铜随熔池温度的降低从铜中析出，与氢发生反应生成水汽，$Cu_2O + 2H \rightarrow 2Cu + H_2O\uparrow$。水汽不溶于铜，加之熔池冷却凝固速度很快，来不及逸出就形成了气孔。

（2）铜及铜合金的焊接工艺要点。

1）焊接方法。铜及铜合金常用的焊接方法有氩弧焊、气焊、埋弧焊和焊条电弧焊。氩弧焊是焊接纯（紫）铜和青铜最理想的方法，而黄铜焊接常用气焊，因为气焊时可采用微氧化焰加热，使熔池表面生成高熔点的氧化锌薄膜，以防止锌严重蒸发。

2）焊接材料。当采用气焊焊接铜及铜合金时，为了保护焊缝及热影响区金属，必须使用一定的脱氧剂。

3）焊前预处理。由于铜及铜合金焊接时具有较大热裂倾向及严重的气孔倾向，因此对焊前预处理要求比较严格。焊前预处理包括母材、焊丝的清理及焊条烘干等。

4）预热及焊接规范。由于铜的导热系数大，热容量也大，焊接时热量散失快，因此铜及铜合金焊前一般应进行预热，同时采用较大的焊接规范，以保证焊缝与母材的熔合，同时降低冷却速度，以防止气孔的产生。但当采用焊条电弧焊焊接黄铜时，为了减小锌的蒸发，应使用较小焊接规范，而通过适当提高预热温度的方式予以弥补。

此外，黄铜焊接时，锌容易氧化及蒸发，锌的蒸汽对人的健康有不利影响，必须采用有效的通风装置。为了防止锌的氧化及蒸发，可采用含硅的焊材，在焊接时形成一层氧化硅薄膜，阻碍锌的氧化及蒸发。

4.3 塑 性 加 工

塑性加工是使金属坯料（包括铸锭、粉末、半成品等）在外力作用下产生塑性变形，获得所需形状、尺寸、组织、性能制品的一种基本金属加工技术。

4.3.1 塑性加工工艺

金属的塑性加工一定是在受力作用下进行，塑性加工时坯料的受力方式有压力、拉力、弯矩、剪力的一种或两种的组合受力。将塑性加工时承受单一受力的方式称为基本塑性变形方式，承受多种受力方式组合发生的塑性变形称为组合塑性变形方式。根据基本的受力和变形方式，塑性加工工艺的分类如图 4–3–1 所示。

（1）锻造。

金属坯料在热态时，用锤连续锤击或使用压力机械施加压力，使工件发生变形获得一定形状零件的加工方法称为锻造，制作成的零件称为锻件。锻造时，不使用锻模的称为自由锻造（无型锻造）。如果使用特殊结构的锻模，称为模型锻造。自由锻靠平锤和砧板间

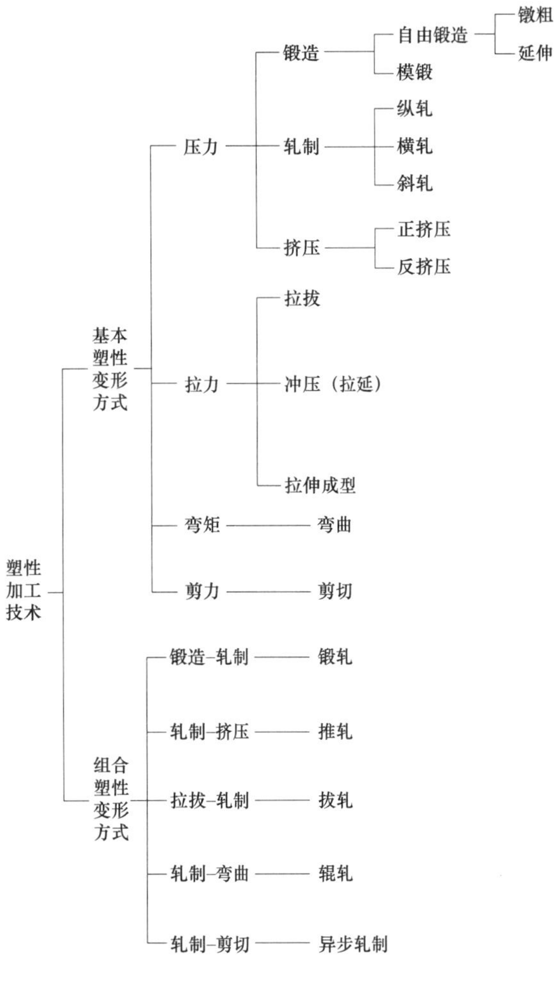

图 4–3–1　塑性加工分类

工件的压缩变形，使工件镦粗或变长，加工精度低，生产效率也较低。模锻通过上、下锻模拉制工件变形，可加工形状复杂和尺寸精度较高的零件，生产效率较高，适合大批量生产。

（2）轧制。

轧制工件通过两个或者两个以上旋转轧辊，产生压缩变形，使横截面减小、纵向长度增加的加工方法称为轧制。根据轧辊与工件运动的相对方向，可以分为横轧、纵轧和斜轧三种方式。

金属与合金在冷轧时，使晶粒形状沿最大主变形方向被拉长、拉细或压扁，在晶粒被拉长的同时，金属中的夹杂物和第二相也在被拉长或破碎，呈链状排列，这种组织称为纤维组织。冷轧过程中，当达到一定的变形程度以后，由于在晶粒内的晶格取向发生了转动，使其特定的晶面和晶向趋于排成一定方向，从而使原来位向紊乱的晶粒出现有序的变化，并有严格的位向关系，金属所形成的这种组织结构称为变形织构。纤维组织和变形织构的产生导致了金属的各向异性。在冷轧过程中，各向异性随着变形程度的增加而趋于明显，通常冷轧总加工率达到 50%～60%以上时才会出现明显的变形织构。如果已形成明显变形织构的材料，经再结晶退火后变成另一织构再结晶组织。这种变形织构对材料的成型加工，如拉伸、深冲成型，有不利影响。材料具有各向异性，在深冲时有的方向延伸较多而形成凸起，有的方向延伸较少而形成凹下，甚至破裂。凸起或凹下部分成对称分布，形成制耳。凸起部位与轧制方向可能呈 0°、45°或 90°角，冷轧总加工率达 90%的工业纯铝板，深冲时制耳率为 5%～6%，出现 45°制耳。若增加中间退火，则深冲制耳率可降低到 1%～3%。为了减少制耳，冷轧总加工率不宜过大，最好控制在 50%左右。

（3）挤压。

装入挤压筒内的坯料，在挤压筒后端挤压轴的推力作用下，使金属从挤压筒前端的模孔流出，获得与挤压模孔形状、尺寸相同的产品的加工方法称为挤压。挤压有正挤压和反挤压两种基本方式。正挤压时挤压轴的运动方向与从模孔中挤出的金属流动方向一致；反挤压时，挤压轴的运动方向与从模孔中挤出的金属流动方向相反。挤压法可加工各种复杂断面的实心型材、棒材、空心型材和管材。它是有色金属型材、管材的主要加工方法。

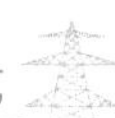

（4）拉拔。

拉拔机钳口夹住穿过模孔的金属坯料，从模孔中拉出获得与模孔形状、尺寸相同的工件的加工方法称为拉拔。拉拔一般在冷态下进行，可拉拔端面尺寸很小的线材和管材。

输电线路导线中的铝单线和钢芯线均是冷拔工艺制备的。GIS 设备壳体上的分支母线的出口管接头也多为拉拔成型。

（5）冲压。

靠冲头将金属板料顶入凹模中产生拉延变形，获得杯形件、桶形件等的加工方法称为冲压。冲压所用坯料通常是塑性较高的金属，如低碳钢、合金钢、铝合金等。有些薄壁工件的孔、剪角也使用冲压的方式生成，如输电线路铁塔角钢的螺栓孔多用冲压制成。

（6）弯曲。

在弯矩作用下，使待加工件发生弯曲变形或者得到矫直的加工方法称为弯曲。弯曲根据加工温度的不同，分为冷弯和热弯两种。输电线路金具中 U 形挂环、U 形挂板等多采用弯曲加工成型。

4.3.2 塑性加工的常见缺陷

塑性加工常见的缺陷主要有以下几种：

（1）裂纹：裂纹是锻压件主要的缺陷。钢锭内原有的气孔和缩孔，经锻压后不能焊合，就会在锻件内部形成裂纹。加热不均匀、压力不均匀、低温锻压过剧等都会形成裂纹。冷却过程中，冷却不均匀或者冷却速度过快也会产生很细的裂纹。

（2）叠层：由于锻压方法不当引起的缺陷。

4.3.3 塑性加工的特点

塑性加工技术在电气设备的制造上应用很广泛，其具有如下特点：

（1）金属材料利用率高：塑性加工是在保持金属整体性的前提下，依靠塑性变形发生物质转移来实现共键形状和尺寸变化的，不产生切屑，材料损耗少。

（2）改善金属组织：塑性加工后，金属的组织、性能得到改善和提高。尤其是对锻造胚料，塑性加工能够细化和均匀粗晶组织，焊合铸件内部缺陷（微裂纹、疏松、气孔等）。

（3）适用范围广且产品尺寸精度和表面质量高。

（4）生产效率高：塑性加工易于实现自动化，适合大批量生产，例如快速锻造、挤压、轧制等。

（5）模具、设备费用昂贵。

4.4 冷加工技术

电气设备等机械设备的制造过程一般先通过焊接、铸造、锻造等方法获得毛坯，再用切削加工的方法获得所需几何形状、尺寸精度及表面光洁度的成品。这种使用切削工具从工件上切除多余金属层的加工方法称为冷加工技术，多余金属称为加工余量。

切削过程就是刀具和工件之间的相对运动，包括主体运动和进给运动。主体运动是切削过程必需的基本运动，消耗功率较大；进给运动速度远小于主体运动，消耗功率较小。

冷加工技术主要分为机械加工和钳工加工两类。机械加工在切削机床上完成，主要形式有车、镗、铣、刨、磨、钻等；钳工加工是钳工利用手工工具进行的切削加工。

（1）车。车是在车床上利用车刀和工件的相对运动完成切削加工。车削时，工件的旋转运动是主体运动，刀具的移动是进给运动。在车床上，可以利用各种车刀（外圆粗车刀、外圆精车刀、端面车刀、切断车刀、镗刀、成型车刀、螺纹车刀等）加工回转表面、平面、螺纹等特性面。车削在冷加工技术中应用最为广泛。

（2）镗。镗是一种用刀具扩大孔或其他圆形轮廓内径的切削工艺，适用于半粗加工和精加工，所用刀具通常为单刃镗刀（称为镗杆）。

（3）铣。铣是在铣床上利用旋转的多刃刀具（铣刀）切削金属的加工过程。铣削时，铣刀的旋转为主体运动，工件做进给运动。根据铣刀旋转方法和工件进给的相对方向不同，分为顺铣和逆铣。铣可以加工平面、沟槽，也可以加工各种曲面、齿轮等。

（4）刨。刨是用刨刀对工件做水平相对直线往复运动的切削加工方法，主要用于零件的外形加工。按照切削时刀具与工件相对运动方向的不同，分为水平刨削和垂直刨削两种，水平刨削简称刨削，垂直刨削又称插削。刨削是平面加工的主要方法之一。

（5）钻。用钻头在材料上加工出孔，或将已有的孔直径扩大和提高其精确度的加工过程，称为钻。钻削运动主要包括两个部分，即刀具的旋转主体运动和沿轴线方向移动的垂直进给运动。

（6）磨。利用高速旋转的砂轮等磨具加工工件表面的切削加工称为磨。磨削用于加工各种工件的内外圆柱面、圆锥面和平面，以及螺纹、齿轮和花键等特殊、复杂的成形表面。磨削加工可以获得高精度和高光洁度的表面，一般是机械加工的最后一道工序。

4.5 表 面 处 理

表面处理是在基体材料表面上人工形成一层与基体的机械、物理和化学性能不同的表层的工艺方法。表面处理的目的是满足产品的耐蚀性、耐磨性、装饰或其他特种功能要求。常见的表面处理技术有以下几种：

（1）电化学法。这种方法是利用电极反应，在工件表面形成镀层。主要方法有：

1）电镀：在电解质溶液中，工件为阴极，在外电流作用下，使其表面形成镀层的过程，称为电镀。镀层可为金属、合金、半导体或含各类固体微粒，如镀铜、镀镍等。

2）氧化：在电解质溶液中，工件为阳极，在外电流作用下，使其表面形成氧化膜层的过程，称为阳极氧化，如铝合金的阳极氧化。

钢铁的氧化处理可用化学或电化学方法。化学方法是将工件放入氧化溶液中，依靠化学作用在工件表面形成氧化膜，如钢铁的发蓝处理。

（2）化学方法。这种方法是无电流作用，利用化学物质相互作用，在工件表面形成镀

覆层。主要方法有：

1）化学转化膜处理：在电解质溶液中，金属工件无外电流作用，由溶液中化学物质与工件相互作用从而在其表面形成镀层的过程，称为化学转化膜处理，如金属表面的发蓝、磷化、钝化、铬盐处理等。

2）化学镀：在电解质溶液中，工件表面经催化处理，无外电流作用，在溶液中由于化学物质的还原作用，将某些物质沉积于工件表面而形成镀层的过程，称为化学镀，如化学镀镍、化学镀铜等。

（3）热加工法。这种方法是在高温条件下令材料熔融或热扩散，在工件表面形成涂层。主要方法有：

1）热浸镀：金属工件放入熔融金属中，令其表面形成涂层的过程，称为热浸镀，如热镀锌、热镀铝等。

2）热喷涂：将熔融金属雾化，喷涂于工件表面，形成涂层的过程，称为热喷涂，如热喷涂锌、热喷涂铝等。

3）热烫印：将金属箔加温、加压覆盖于工件表面上，形成涂覆层的过程，称为热烫印，如热烫印铝箔等。

4）化学热处理：工件与化学物质接触、加热，在高温态下令某种元素进入工件表面的过程，称为化学热处理，如渗氮、渗碳等。

5）堆焊：以焊接方式，令熔敷金属堆集于工件表面而形成焊层的过程，称为堆焊，如堆焊耐磨合金等。

（4）真空法。这种方法是在高真空状态下令材料气化或离子化，沉积于工件表面而形成镀层的过程。主要方法有：

1）物理气相沉积（PVD）：在真空条件下，将金属气化成原子或分子，或者使其离子化成离子，直接沉积到工件表面形成涂层的过程，称为物理气相沉积。其沉积粒子束来源于非化学因素，如蒸发镀溅射镀、离子镀等。

2）离子注入：高电压下将不同离子注入工件表面令其表面改性的过程，称为离子注入，如注硼等。

3）化学气相沉积（CVD）：低压（有时也在常压）下，气态物质在工件表面因化学反应而生成固态沉积层的过程称为化学气相镀，如气相沉积氧化硅、氮化硅等。

（5）其他方法。主要是机械的、化学的、电化学的、物理的方法。主要有：

1）涂装：用喷涂或刷涂方法，将涂料（有机或无机）涂覆于工件表面而形成涂层的过程，称为涂装，如喷漆、刷漆等。

2）冲击镀：用机械冲击作用在工件表面形成涂覆层的过程，称为冲击镀，如冲击镀锌等。

3）激光表面处理：用激光对工件表面照射，令其结构改变的过程，称为激光表面处理，如激光淬火、激光重熔等。

4）超硬膜技术：以物理或化学方法在工件表面制备超硬膜的技术，称为超硬膜技术，如金刚石薄膜、立方氮化硼薄膜等。

5）电泳及静电喷涂：

① 电泳：工件作为一个电极放入导电的水溶性或水乳化的涂料中，与涂料中另一电极构成电路。在电场作用下，涂料溶液中已离解成带电的树脂离子中，阳离子向阴极移动，阴离子向阳极移动。这些带电荷的树脂离子，连同被吸附的颜料粒子一起电泳到工件表面，形成涂层。这一过程称为电泳。

② 静电喷涂：在直流高电压电场作用下，雾化的带负电的油漆粒子定向飞往接正电的工件上，从而获得漆膜的过程，称为静喷涂。

无论哪种表面处理方法，都要求工作表面干净清洁，必须要去除工件在加工、运输、存放等过程中表面带有的氧化皮、铁锈、铸造残留的型砂、焊渣、尘土以及油渍和其他污物。表面附着物的清洁效果不仅影响涂层与金属的结合力和抗腐蚀性能，还会使基体金属在即使有涂层防护下也能继续腐蚀，使涂层剥落，影响工件的机械性能和使用寿命。因此，工件涂漆前的表面处理是获得质量优良的防护层、延长产品使用寿命的重要保证措施。

5 金属材料检测试验方法

为保证电网安全稳定运行，电网设备对金属材料的耐腐蚀性、导电性、强度、塑韧性、显微组织等有较为严格的要求。例如：线路中的连接紧固件，需要相应的强度等级以保证连接的可靠性；架设线路的铁塔所用结构钢，需要有足够的强度以保证其在受到较大外部载荷（如风）时不发生断裂事故；暴露于腐蚀环境（如土壤、大气等）的一些零部件需要有超过一定含量的抗腐蚀元素或一定厚度的防腐镀层来保证其耐腐蚀性；奥氏体不锈钢制件加工成形后，需进行固溶处理获得规定组织以保证加工残余应力的消除和抗晶间腐蚀的能力。

金属材料性能的检测试验也称为理化检验。理化检验是指借助物理、化学的方法，使用某种测量工具或仪器设备，如千分尺、光谱仪、硬度计、显微镜等对产品所进行的检验。理化检验的目的是为了检验金属部件是否达到其相关技术标准要求。电网设备金属部件的常规理化检验一般包括成分检测、力学性能检测、金相分析三大类。在输变电设备失效和故障原因分析时，还需要对材料进行断口分析。金属耐腐蚀性能检测在第 7 章中专门论述。

5.1 成 分 检 测

金属材料的元素成分是金属具有其相应性能的基础。金属的力学性能（又称机械性能，如强度、硬度、塑性及韧性等）、工艺性能（如切削加工性、焊接性能、热处理性能等）、化学性能（如抗腐蚀性能）、物理性能（如磁性、导热性、膨胀率等）及其他性能（如耐热性能）均是由组织结构及化学元素成分决定的。为了验证材料的化学元素成分是否符合设计要求，就需要对其成分进行检测。

前已述及，输变电设备所用的大多数金属均为合金。尤其是钢铁材料在冶炼时，一方面需要控制 S、P 等杂质元素的含量，另一方面通常会加入一些合金元素，以达成提高性能等目的。表 5-1-1 为钢铁材料中常见元素对其性能的影响。这些合金元素的加入或杂质元素的控制都是为了金属部件在后续加工成形后，能获得相应的显微组织和使用性能。

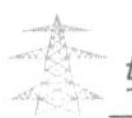

表 5–1–1　　钢中常见元素对材料性能的影响

元素	在材料性能的影响
C	随含量增加，钢的强度和硬度提高，塑韧性和焊接性能降低
Si	提高钢的淬透性和抗回火性，对钢的综合机械性能，特别是弹性极限有利；弹簧钢和低合金高强度钢的常用合金元素；含量较高时，对焊接性不利
Mn	扩大 γ 相区（奥氏体形成元素），有较强的固溶强化作用，提高钢的淬透性、耐磨性；能与 S 形成熔点较高的 MnS，可防止因 FeS 导致的热脆现象
S	改善钢的被切削性，是易切削钢的常用元素；在钢中偏析严重，恶化钢的质量；如以熔点较低的 FeS 形式存在，会导致钢的热脆性
P	固溶强化及冷作硬化作用极强；在钢中偏析严重，恶化钢的质量；增加钢的回火脆性和冷脆敏感性
N	氮化物稳定；沉淀硬化作用大；提高高温强度；新型耐热钢常用元素
Cr	较强的固溶强化作用；增加淬透性；当含量达到 1/8 的整数倍时，其抗氧化腐蚀能力会发生显著提升；抑制石墨化；含量高时，易出现 σ 相和 475℃脆性
Mo	提高淬透性；提高钢的热强性和蠕变强度；含量为 2%～3%时，提高抗有机酸及还原性介质腐蚀能力（如 316 不锈钢）
W	二次硬化效果显著，工具钢常用元素；提高蠕变断裂强度
V/Nb/Ti	极强的固溶强化作用；增加钢的回火稳定性并有强烈的二次硬化作用；细化晶粒，提高其低温冲击韧性；细小弥散的碳（氮）化物非常稳定，可以提高钢的蠕变和持久强度
Ni	扩大 γ 相区（能使奥氏体组织保持到室温），降低钢的低温脆性转变温度；对于不需调质处理的轧钢、正火或退火使用的低碳钢，一定的含镍量能提高钢的强度，而不显著降低其塑性、韧性；能降低低温脆性转变温度，低温钢常用元素
Cu	奥氏体不锈钢中含 2%～3%的铜能提高其抗酸腐蚀能力；含量高时，对热加工不利（高温铜脆）

材料成分检测分析是指采用物理或化学方法对材质中的金属或非金属元素含量进行检测，可按其主要目的分为纯度检测和合金元素含量检测。成分检测一般有化学分析法、光学分析法、电化学分析法、色谱法、质谱法等方法，如图 5–1–1 所示。

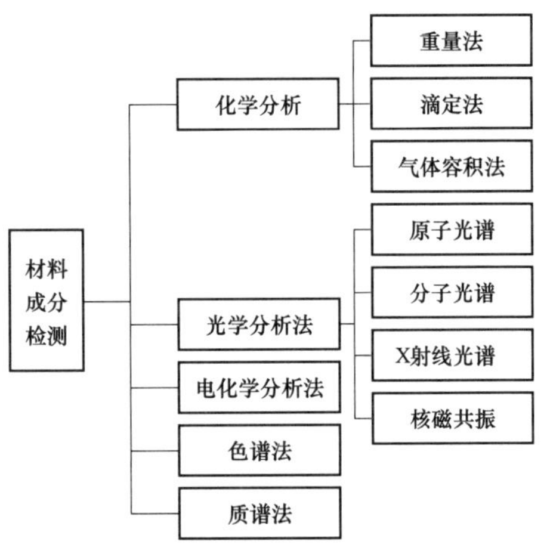

图 5–1–1　材料成分分析方法

5.1.1　化学分析

化学分析根据各种元素及其化合物的独特化学性质，利用化学反应，对金属材料进行定性或定量分析。定量化学分析按最后的测定方法可分为重量分析法、滴定分析法和气体容积法三种。重量分析法是使被测元素转化为一定的化合物或单质，使其与试样中的其他组分分离，最后用天平称重方法测定该元素的含量。滴定分析法是将已知准确浓度的标准溶液与被测元素进行完全化学反应，根据所耗用标准溶液的体积（用滴定管测量）和浓度计算被测元素的含量。气体容积法是用量气管测量待测气体被吸收的容积或将待测元素转化为气体形式发生的容积，来计算待测元素的含量。

化学分析用试样样屑，可以钻取、刨取，或用其他机加工方式制取，应具有一定的数

量。样屑应粉碎并混合均匀。制取样屑时，不能用水、油或其他润滑剂，应去除表面氧化皮和脏物。样屑应在具有代表性的部位采取，应排除脱碳层、渗碳层、涂层、镀层金属或其他外来物质的影响。各种元素（C、S、P、Mn、B、Cr、V、Ti、Cu、Ni、Mo、Si、Fe）的化学分析方法按相应的国家标准进行。

化学分析方法是一种定量分析方法，需要取样、制样、反应等，周期较长，一般用于仲裁试验。

5.1.2 光学分析法

光学分析法是根据物质与电磁波的相互关系，或者利用物质的光学性质来进行成分分析的方法。对于输变电设备金属材料的成分检测，最常用的光学分析法为光谱法。

光谱分析是根据物体的光谱来判定其化学成分的方法，是利用激发光源为分析试样提供能量，使试样中的原子受激发而发出特征光谱，然后把试样物质的光谱跟各种已知元素的线状光谱进行比较。因为每一种元素均有它特定的光谱线，且一种元素的谱线不止一条，随着元素含量的增加，会陆续出现若干条谱线。另外，含量越高，谱线的亮度也越强（谱线的强度或亮度与其含量的函数关系基本上是呈线性的）。因此，可以根据某种元素谱线的有无、谱线的多少及谱线的亮度来对此元素进行定性、半定量乃至定量分析。

应用光谱技术鉴别金属材料，在国际上已经有 100 多年的历史。随着科学技术的进步，光谱技术逐步从只能定性的看谱镜发展到可做定量（半定量）分析的摄谱仪、光量计以及可精确定量的直读光谱仪。理论不断向前推进，仪器水平的提高说明该技术在科研和工业生产中有着强大的应用需求。金属材料在生产过程中，除了要控制主要添加元素外，还要控制大量杂质元素。同样，各种重要的金属部件在使用前为避免用错材料，也要进行必要的材质检验。这些质量控制与检验都要求有较高的准确度、快速的分析方法和简单的制样过程等，而目前能满足上述要求而且比较成熟的检测技术就是光谱分析方法。

5.1.2.1 光谱分析的基本概念

光实际上是电磁辐射，光波是一种电磁波，光谱或波谱是按照频率或波长顺序排列的电磁辐射。电磁辐射包括无线电波（或射频波）、微波、紫外线、可见光、红外线、X 射线、γ 射线和宇宙射线。由电磁波按频率或波长有序排列的光带（图谱）称为光谱，光谱实际上是电磁波谱。电磁波谱可以按波长分为射频波谱、微波波谱、光学光谱、X 射线光谱和 γ 射线光谱，如图 5–1–2 所示。光学光谱又可分为紫外光谱、近紫外光谱、可见光谱、近红外光谱、红外光谱和远红外光谱等。

各种物质的辐射都直接反映物质的结构，就是说各种结构的物质都有自己的特征光谱。因此，根据物质的特征光谱，可以研究物质的结构和测定物质的化学成分。这种利用特征光谱研究物质结构和测定化学成分的方法，统称为光谱分析。

基于测量物质的光谱而建立的分析方法称为光谱分析法。根据获得光谱的方式，光谱分析方法一般可分为发射光谱法（包括荧光光谱法）、吸收光谱法和拉曼散射光谱法三种基本类型。发射光谱是物质在外能（热能、电能、光能、化学能和生物能）作用下，由低能态过渡到高能态（即激发），然后辐射能量返回低能态（辐射跃迁）所得到的光谱。如

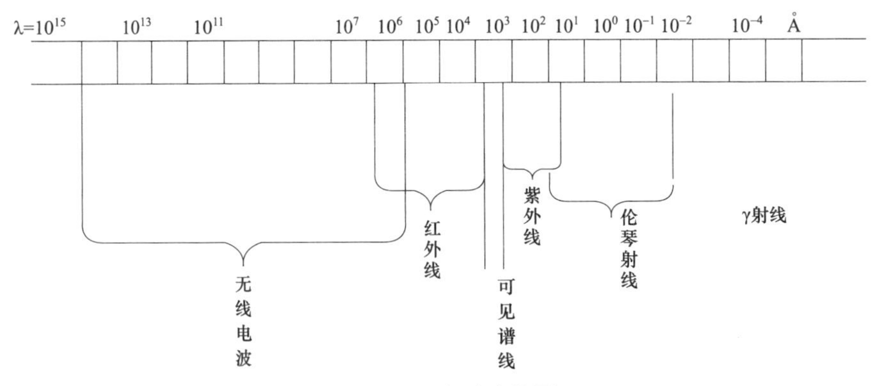

图 5–1–2 电磁波范围

果物质的激发是由于吸收光子引起的，所得到的光谱即为荧光光谱。吸收光谱则是物质吸收辐射能，由低能态过渡到高能态，使入射辐射能减小得到的光谱。拉曼光谱是物质对辐射能选择性地散射得到的，它与一般散射（只改变方向）不同，拉曼散射不仅改变传播方向，还能使辐射波长（或频率）发生变化。

习惯上将原子发射光谱分析简称为光谱分析，用这种分析方法可以确定试样中元素的种类及含量。光谱分析通常有如下过程：在试样电极和辅助电极之间通过电流（直流电弧、交流电弧、火花等），则在两电极之间的间隙中形成电弧或者火花的等离子体（蒸汽云），此等离子体中的分子、原子、离子及电子接受了光源发生器供给的能量后而被激发发光，成为光源，经过分光后形成光谱。光谱中有原子、离子产生的线状光谱，也有分子产生的带状光谱和灼热电极产生的连续光谱。经过分光镜分光而得到的光谱中，谱线按照波长的顺序分开排列，可以用不同的装置接受或者检测光谱。如果采用照相法将光谱记录在感光板上，则叫摄谱法，这种光谱仪叫摄谱仪。如果用光电倍增管接受，将光信号转换为电信号，并予以检测，则叫光电直读光谱法，这种光谱仪叫光电直读光谱仪。如果用人眼来观察辨别光谱，则叫看谱法，这种仪器叫看谱镜。由于人眼对可见光（红、橙、黄、绿、青、蓝、紫色的光）才有视觉，因此看谱分析仅限于可见光谱波段。

光谱分析所利用的光谱是原子或者离子所发射的线状光谱，各原子或离子都有自己的一系列波长的谱线所组成的特征光谱。从光谱中辨认并确定各元素的特征谱线中的一些灵敏线，这便是定性分析的基础。各元素特征谱线的强度是样品中该元素含量的函数，依据谱线的强度确定含量，这便是定量分析的基础。

5.1.2.2 光谱分析基本原理

原子的中心是一个体积不大的带正电荷的核（由质子和中子组成），称为原子核。原子核的质量几乎等于原子的全部质量，核外是绕核高速旋转着的电子。不同元素的原子核大小与核外电子数各不相同。核外电子的运动并不是自由的，原子中每个电子都具有一定的能量，并且电子在原子核外是按能量的高低分布的，如图 5–1–3 所示。各层上的电子也不都处在相同的能级上，因此它们还存在着亚层 s、p、d、f。线光谱也是这些电子运动状态改变的结果。

原子在正常状态下，不同轨道上的电子处于不同的能级，沿着距核较近的轨道旋转的电子所具有的能量最小，沿距核最远的轨道旋转的电子具有最大的能量。如想使低能级上的电子跃迁到高能级轨道上去，则需要外界向原子输送能量，这时就产生了激发。高能级上的电子跃迁到低能级轨道上去，向外界辐射能量，这时就产生了辐射。

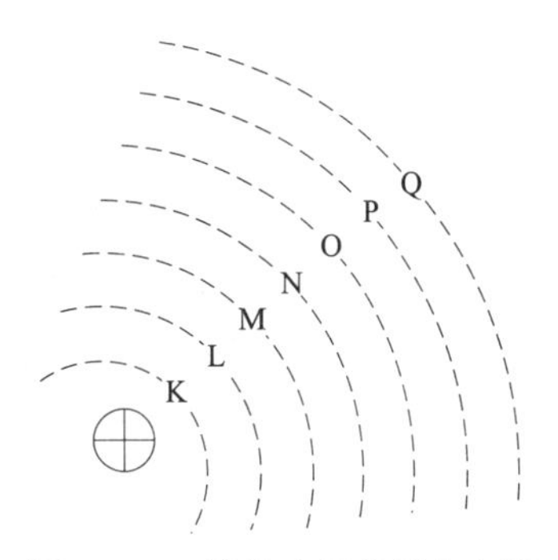

图 5–1–3 核外电子能级分布图

从严格意义上讲，光谱技术是指原子光谱分析技术中的一个分支——原子发射光谱技术。对于原子发射光谱分析，一般简称为发射光谱分析或光谱分析。其特点是物质原子化和激发过程通常是在同一光源中进行的，常见的一些热激发光源有电弧、火花、等离子体和激光等。在高温作用下，物质分解形成的原子在各能级间有不同的分布，此时由于能级跃迁而产生的光辐射，称为原子发射光谱。

原子核外的电子在不同的轨道上运动，不同的轨道具有不同的能级。当外界给原子供给能量（热能、电能、光能）时，原子中处于低能级的电子吸收了一定量的能量（即量子能量）而被激发到离核较远的轨道上去。这时受激发的电子处于不稳定状态，为了达到新的稳定状态，则要在极短的时间内（10^{-7}～10^{-8}s）跃迁到离核较近的轨道上去，这时原子内能减少，减少的内能以辐射电磁波的形式释放能量（光子）。由于电子的轨道是不连续的，因而电子跃迁时能级也是不连续的，因此得到的光谱是不连续的线状光谱，即发射光谱。电子在跳回基态的过程中，可以直接回到基态，也可以经过几次在中间轨道上停留，再回到基态，停留一次辐射出一次能量，即产生一条光谱线，如图 5–1–4 所示。

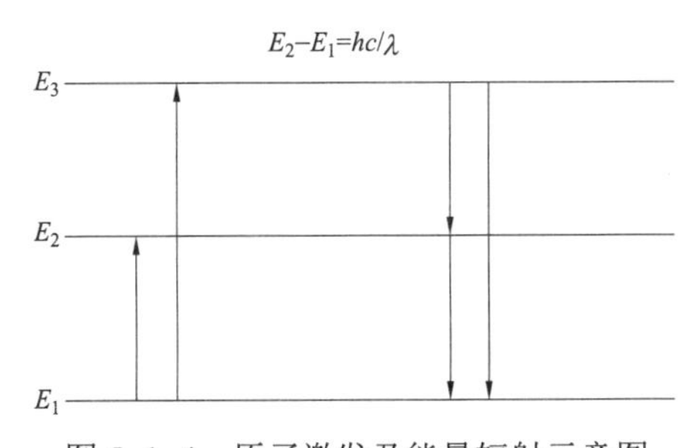

图 5–1–4 原子激发及能量辐射示意图

原子发射出的大量原子及离子光谱分布在紫外至红外很广的光谱范围内，原子发射光谱分析技术可同时做多元素测定，几乎可以测定元素周期表中的全部元素。因为原子外层电子在每一运动轨道上都具有一定的能量，所以电子在每两个相邻轨道之间跃迁的时候，释放的能量当然也是定值，即光的波长也是定值。

由于原子中外层电子可以跃迁的轨道很多，因此原子被激发的时候，可以有许多不同的跃迁，同时被激发的原子数目也是很多的。原子被激发的情况也不一定相同，其结果就是发射许多不同波长的光。这些不同波长的光经过分光器显示出来，就得到了这一元素的光谱。由于每个元素的原子结构不同，而产生不同情况的光谱，即每一元素都有自己的特征光谱（出现在特定的位置）。光谱分析就是识别这些元素的特征光谱来进行定性分析；而对这些特征谱线的强度进行评定，就是定量分析。例如，如图 5–1–5 所示，钢中 Cr 元素较高时，会在蓝色特定波长区域形成 3 条特征谱线，根据明暗对比程度可以对 Cr 元素的大致含量进行判断，即半定量分析。

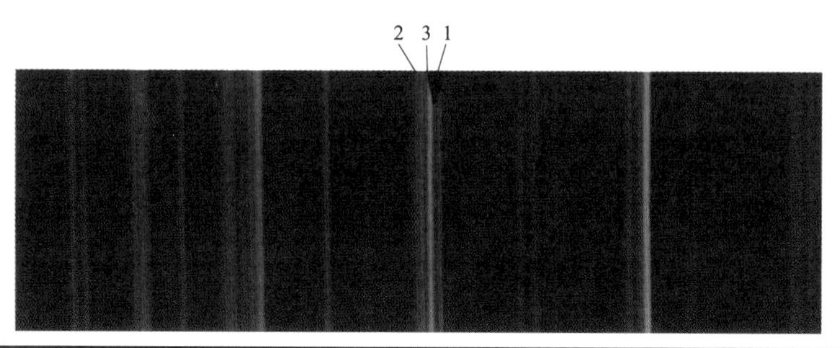

谱线明暗强度评定	Cr（%）	谱线明暗强度评定	Cr（%）
1≪2	8.00	1＞2　1＜3	19.00～21.00
1＜2	10.00～12.00	1≫2　1＜3	23.00～25.00
1=2	13.00～15.00	1=3	31.00
1≥2　1＜3	17.00～18.00		

图 5–1–5　原子激发及能量辐射示意图

5.1.2.3　光谱仪分类

光谱仪按光谱识别方式的不同可分为看谱式和直读式。看谱式只能在可见光区域内进行，可见光波长范围是 3970Å～7230Å，光的颜色随波长而变化。人的眼睛是一个极其复杂的电磁波接收器，它不但能感觉到光的强度的大小，而且感觉到色彩的不同，但人眼灵敏度最高的视觉波长为 5500Å，在黄绿色区域里，黄绿色区域波长范围为 4950Å～5810Å。看谱式是利用看谱镜观察某种元素的谱线有无及强弱，这种仪器常应用于基建时大批量材料光谱复核和已知材质的混料分选，但由于设备操作性、数据准确性等问题已逐渐淘汰。直读式是利用各种类型的直读式光谱仪直接读出各元素的含量百分比，因为这类仪器将光信号转换为电信号并自行分析并给出数据，所以避免了一些人为因素的误差，准确度比看谱式要高，但此类仪器的缺点是需要软件支持、试验前需要标样校准、非金属元素不能检测或准确度低等，一般也不用于材质鉴定时的定量分析。

直读光谱仪根据用途可分为台式和便携式。台式光谱仪由于尺寸可以做得较大，便于特征光谱的分离辨识，精度最高，可用于元素的定量检测，但对制样要求较高，不适用于现场检测。另外，由于数据漂移、真空回路易污染等原因，对仪器的维护成本较高。图 5–1–6 为台式直读光谱仪实物。

便携式（手持式）直读光谱仪按激发光源种类又可分电弧式、激光式、X 射线荧光光谱法，目前以 X 射线荧光光谱仪最为常见。X 射线荧光光谱法的原理是：照射原子核的 X 射线能量（初级 X 射线光子）激发原子核的内层电子，核的内层电子通过共振吸收射线的辐射能量后发生跃迁，而在内层电子轨道上留下一个空穴，处于高能态的外层电子跳回低能态的空穴，将过剩的能量以荧光（次级 X 射线光子）形式放出，即 X 射线荧光谱线。便携式 X 射线光谱仪由于不具破坏性（无需激发电弧或取样）、携带方便、操作简单、可对元素进行半定量等优点，已被广泛应用于电网设备中金属零部件的检测。便携式光谱仪如图 5–1–7 所示。

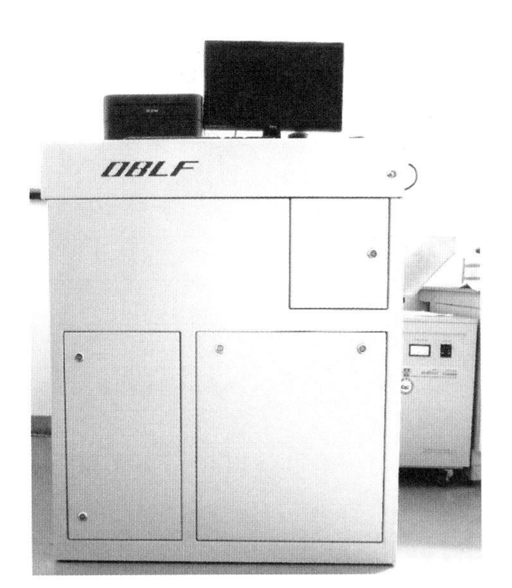

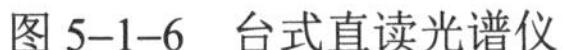
图 5–1–6　台式直读光谱仪

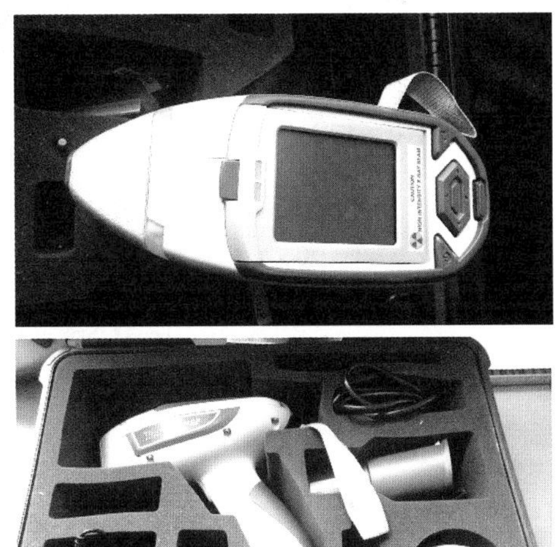

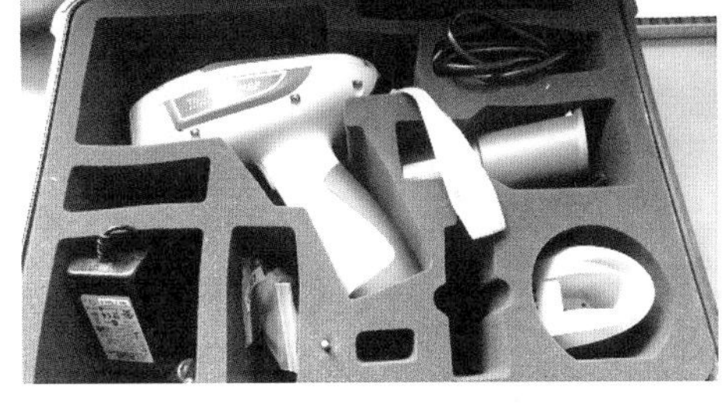
图 5–1–7　便携式 X 荧光光谱仪

光谱分析时应明确检验目的，抓住特征元素，了解主要元素含量等级，对于微量元素要激发足够长的时间。

5.1.3　微区电子探针分析

微区电子探针分析实际上亦属于发射光谱分析的一种，其激发光源为电子束，且在微小区域内进行。电镜下的微区成分分析仪器，包括能谱仪和波谱仪，可在高倍电子显微镜下对某个微小区域进行成分分析，通常在失效分析中检测腐蚀产物的成分或断口上的杂质成分。

电子探针 X 射线显微分析仪（简称电子探针）利用约 1Pm 的细焦电子束，在样品表层微区内激发元素的特征 X 射线，根据特征 X 射线的波长和强度，进行微区化学成分定性或定量分析。电子探针的光学系统、真空系统等部分与扫描电镜基本相同，通常也配有二次电子和背散射电子信号检测器，同时兼有组织形貌和微区成分分析两方面的功能。电子探针除了有与扫描电镜结构相似的主机系统以外，还包括分光系统、检测系统等部分。

电子探针有三种基本工作方式：点分析用于选定点的全谱定性分析或定量分析，以及对其中所含元素进行定量分析；线分析用于显示元素沿选定直线方向上的浓度变化；面分析用于观察元素在选定微区内的浓度分布。分析时，样品应具有良好的导电性。对于不导电的样品，表面需喷镀一层不含分析元素的导电薄膜，如金等。

能谱仪接受信号范围宽、速度快、造价低、应用较为广泛，但相比波谱仪，能谱仪分析误差较大，且对超轻元素无法检测。图 5–1–8 是配置了能谱仪和波谱仪的扫描电镜实物，左侧探测器为能谱仪，右侧探测器为波谱仪。

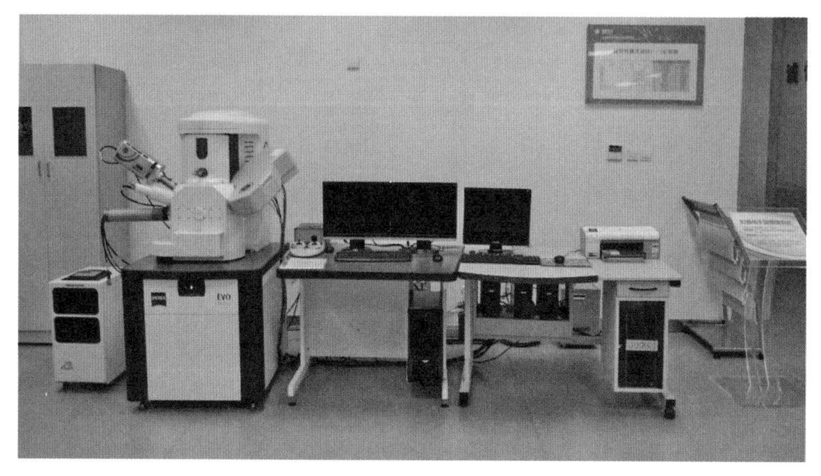

图 5-1-8　扫描电镜系统

5.2　力学性能试验

力学性能是金属材料部件设计选材的主要依据，对于承力部件，包括连接紧固件及受到外部载荷的结构支撑件，力学性能是否合格往往是产品验收的重要条件。如电网设备中的金属部件有的要求承受较大的拉伸弯曲载荷，有的需要接触面有足够的硬度以防止磨损或划伤，有的需要具有较低的韧脆转变温度（低温下不发生脆断），有的长期承受交变载荷。通过力学性能试验可以获得产品的相关性能参数，防止不合格设备部件在服役时发生失效。

力学性能试验是最直观反应材料性能优劣的试验方法，是得到材料硬度值、抗拉强度、屈服强度、持久强度、延伸率、断面收缩率、冲击功等强韧性指标唯一可行的方法，常用的力学性能指标的符号及说明见表 5-2-1。常见的力学性能试验有拉力试验、冲击试验、硬度试验，此外，还有金属疲劳、蠕变和持久试验、弯曲试验、扭转试样、压缩试验、缺口试样静载荷试验等。

表 5-2-1　　　　常见力学性能符号及说明

符号	名称	定义及说明
R_m	抗拉强度	试样在屈服阶段之后抵抗最大力时的应力
R_{eL}	下屈服强度	在屈服期间不计初始瞬时效应时的最低应力（有明显屈服现象时）
R_p	规定塑性延伸强度	规定塑性延伸强度等于规定引伸计标距百分率时的应力，常用 $Rp0.2$，表示规定非比例延伸率为 0.2%时的应力
A	断后伸长率	5 倍比例试样的断后标距的残余伸长与原始标距之比的百分率
$A_{11.3}$		10 倍比例试样的断后伸长率
A_{XXmm}		非比例试样原始标距为 XXmm 的断后伸长率
Z	断面收缩率	断裂后试样横截面积的最大缩减量与原始横截面积之比的百分率

续表

符号	名称	定义及说明
A_{KU}	冲击功	夏比 U 形缺口试样冲击试验时的材料断裂所消耗的能量
A_{KV}		夏比 V 形缺口试样冲击试验时的材料断裂所消耗的能量
α_K	冲击韧性值	冲击功除以试验前试样槽口处横截面积得到的值
HL	里氏硬度	用里氏硬度计测定的硬度值，按冲击头类型分 HLD、HLDC、HLG、HLC 四种
HBS	布氏硬度	压头为淬火钢球，适于测试布氏硬度在 450 以下的材料
HBW		压头为硬质合金球，适于测试布氏硬度在 450～650 的材料
HR	洛氏硬度	按标尺（压头类型及载荷的匹配）一般分 HRA、HRB、HRC 三种
HV	维氏硬度	压头为正四棱锥金刚石
σ_{-1}	弯曲疲劳极限	对称应力循环下的弯曲疲劳极限
$\sigma^{t}_{\delta/\tau}$	蠕变极限	在规定温度（T）下和规定时间（τ）内，以规定蠕变总伸长率（δ）表示的蠕变极限
σ^{t}_{ε}		在规定温度（T）下，以规定稳态蠕变速率（ε）表示的蠕变极限
σ^{t}_{τ}	持久强度	在规定温度（T）下，达到规定持续时间（τ）而不发生断裂的持久强度极限

5.2.1 拉伸试验

静拉伸是材料力学性能试验中最基本的试验方法，图 5–2–1 为拉伸试验机实物。用静拉伸试验可得到应力—应变曲线，以及抗拉强度、屈服强度（或比例延伸强度）、弹性极限、断后伸长率、断面收缩率等力学性能指标。

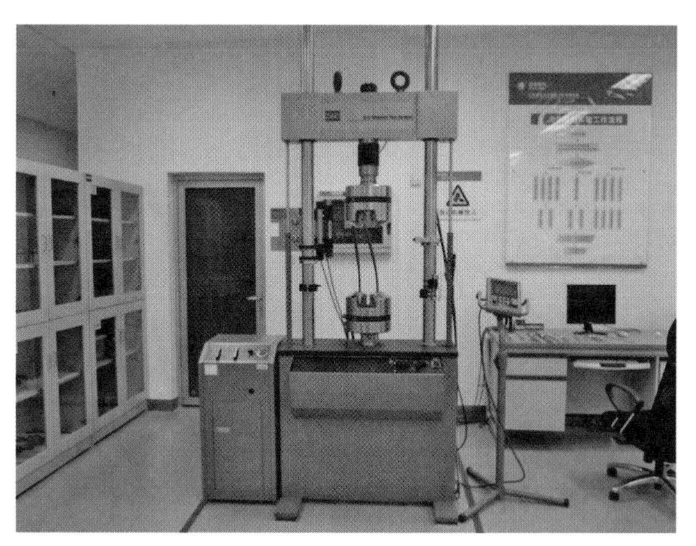

图 5–2–1　拉伸试验机

5.2.1.1 材料在静拉伸时的力学行为

材料在静拉伸时的力学行为可用拉伸应力—应变曲线来表示。图 5–2–2 表示几种类型材料的拉伸应力—应变曲线。可见，它们的差别是很大的。对退火的低碳钢，在拉伸的应力—应变曲线上出现平台，即在应力不增加的情况下材料可继续变形，这一平台称为屈服平台，平台的延伸长度随钢的含碳量增加而减少。当含碳量增至 0.6%以上，平台消失，这种类型见图 5–2–2（a）；对多数塑性金属材料，其拉伸应力—应变曲线如图 5–2–2（b）所示。该图所绘的虽是铝镁合金，但铜合金、中碳合金结构钢（经淬火及中高温回火处理）也是如此。与图 5–2–2（a）不同的是，材料由弹性变形连续过渡到塑性变形，塑性变形时没有锯齿形平台，而变形时总伴随着加工硬化；对高分子材料，如聚氯乙烯，在拉伸开始时应力和应变不成直线关系，见图 5–2–2（c），即不服从虎克定律，而且变形表现为粘弹性。图 5–2–2（d）为苏打石灰玻璃的应力—应变曲线，只显示弹性变形，没有塑性变形而立即断裂，这是完全脆断的情形。工程结构陶瓷材料，例如 Al_2O_3、SiC 等，均属这种情况，淬火态的高碳钢、普通灰铸铁也属这种情况。

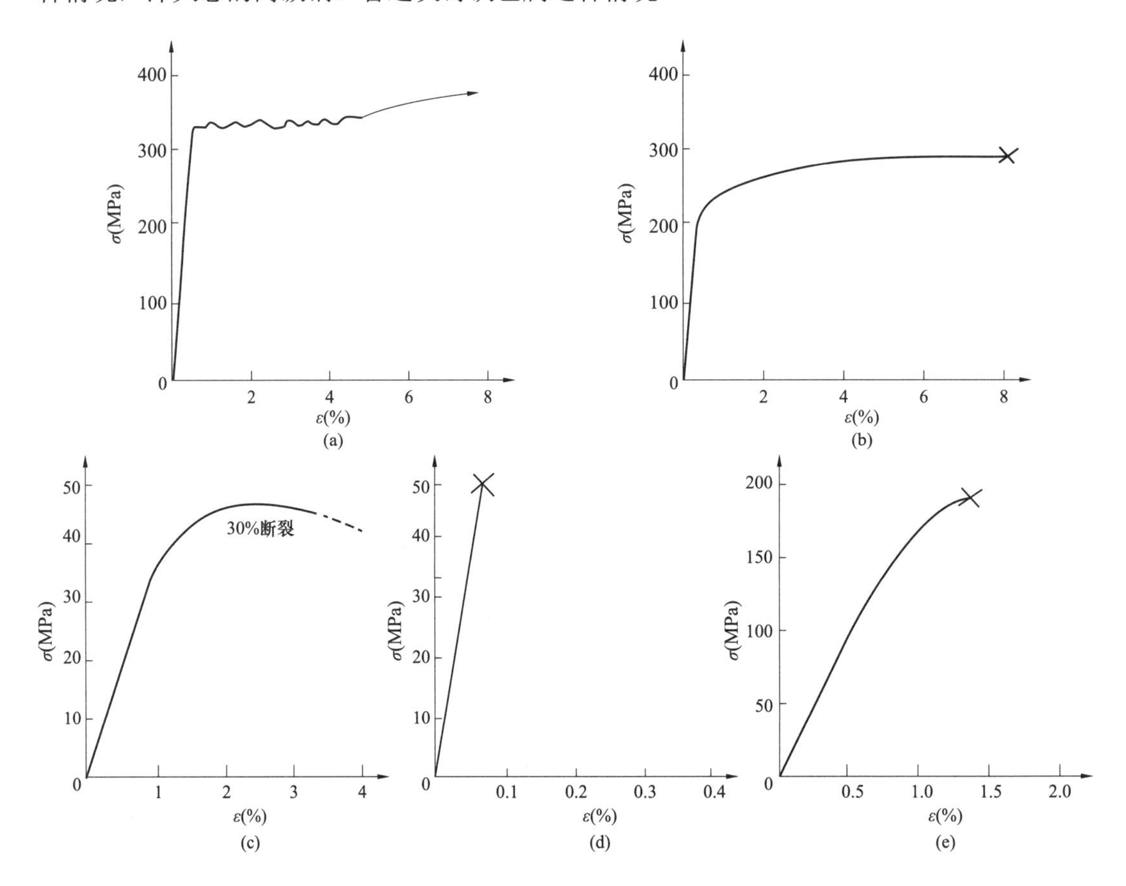

图 5–2–2　几种典型材料在室温下拉伸的应力—应变曲线

（a）低碳钢；（b）铝合金（5454–H34）；（c）聚氯乙烯；（d）苏打石灰玻璃；（e）含 3%玻璃纤维的聚酯

以某低碳钢拉伸曲线为例（见图 5–2–3），从拉伸至断裂共分 6 个阶段，其中：比例变形阶段为弹性变形阶段的一部分，该阶段符合虎克定律；弹性变形阶段结束时如果卸载，其造成的弹性变形是可以恢复的（回到未变形状态）；如果继续加载，材料开始产生塑性变形，该变形卸载后不能恢复，又称永久变形。永久变形阶段包括均匀变形阶段和局部变

形阶段，均匀变形阶段又包括微塑性变形阶段、屈服变形阶段及应变硬化阶段，局部变形阶段也称颈缩断裂阶段。

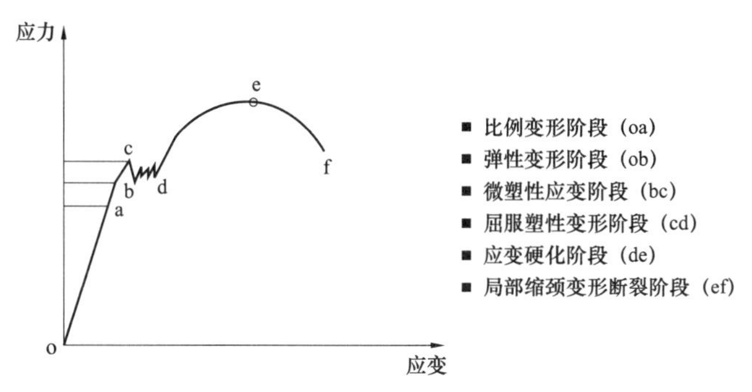

图 5–2–3 某低碳钢拉伸曲线各段分解

5.2.1.2 拉伸曲线及性能指标的工程意义

（1）弹性模量。

工程上把弹性模量 E 称做材料的刚度，它表示材料在外载荷下抵抗弹性变形的能力，对应图 5–2–3 的 *oa* 阶段直线的斜率。在机械结构设计中，有时刚度比强度更重要。如精密机床的主轴如果不具有足够的刚度，就不能保证零件的加工精度。若汽车发动机中的曲轴弯曲刚度不足，就会影响活塞、连杆及轴承等重要零件的正常工作；若扭转刚度不足，则可能会产生强烈的扭转振动。曲轴的结构和尺寸常常由刚度决定，然后进行强度校核。通常由刚度决定的尺寸远大于按强度计算的尺寸。

不同类型材料的弹性模量可以差别很大，因而在给定载荷下，产生的弹性挠曲变形也会相差悬殊。材料的弹性模量主要取决于结合键的本性和原子间的结合力，而材料的成分和组织对它的影响不大，所以说它是一个对组织不敏感的性能指标，这是弹性模量在性能上的主要特点（金属的弹性模量是一个结构不敏感的性能指标，而高分子和陶瓷材料的弹性模量则对结构与组织很敏感）。改变材料的成分和组织会对材料的强度（如屈服强度、抗拉强度）有显著影响，但对材料的刚度影响不大。从大的范围说，材料的弹性模量首先决定于结合键。共价键结合的材料弹性模量最高，所以像 SiC、Si_3N_4 陶瓷材料和碳纤维的复合材料有很高的弹性模量。而主要依靠分子键结合的高分子，由于键力弱，其弹性模量最低。金属键有较强的键力，材料容易塑性变形，其弹性模量适中，但由于各种金属原子结合力的不同，也会有很大的差别。例如，铁（钢）的弹性模量为 210GPa，是铝（铝合金）的 3 倍（$E_{Al}\approx$70GPa），而钨的弹性模量又是铁的两倍。弹性模量是和材料的熔点成正比的，越是难熔的材料弹性模量越高。

（2）弹性极限和弹性比功。

对于弹簧零件来说，不管弹簧的形状如何（是螺旋弹簧还是板弹簧），也不管弹簧的受力方式如何（是拉压还是弯扭），都要求其在弹性范围内（弹性极限以下）有尽可能高的弹性比功。弹性比功为应力—应变曲线下弹性范围内所吸收的变形功（图 5–2–3 中 *ob* 线段下所包围的面积），即

$$弹性比功=\frac{1\sigma_e^2}{2E}$$

式中：σ_e 为材料的弹性极限，它表示材料发生弹性变性的极限抗力，对应于图 5-2-3 的 b 点。

理论上弹性极限的测定应该是通过不断加载与卸载，直到能使变形完全恢复的极限载荷。实际上在测定弹性极限时是以规定某一少量的残留变形（如 0.01%）为标准，对应此残留变形的应力即为弹性极限，以 $R_{P0.01}$ 表示。

弹性极限是材料的强度性能，改变材料的成分与热处理能显著提高材料的弹性极限。需要说明的是，材料的弹性极限规定的残留变形量比一般的屈服强度更小，是对组织更敏感的性能指标，它能灵敏地反映出材料内部组织，如钢中残留奥氏体、自由铁素体和贝氏体等，以及内应力的变化。

（3）屈服强度。

影响屈服强度的内在因素有结合键、组织、结构、原子本性。如将金属的屈服强度与陶瓷、高分子材料比较可看出结合键的影响是根本性的。从组织结构的影响来看，以有四种强化机制影响金属材料的屈服强度，这就是固溶强化、形变强化、沉淀强化和弥散强化、晶界和亚晶强化。

沉淀强化和细晶强化是工业合金中提高材料屈服强度的最常用的手段。在这几种强化机制中，前三种机制在提高材料强度的同时，也降低了塑性。只有细化晶粒和亚晶，既能提高强度又能增加塑性。

影响屈服强度的外在因素有温度、应变速率、应力状态。随着温度的降低与应变速率的增高，材料的屈服强度升高，尤其是体心立方金属对温度和应变速率特别敏感。应力状态的影响也很重要，虽然屈服强度是反映材料的内在性能的一个本质指标，但应力状态不同，屈服强度值也不同。通常所说的材料屈服强度一般是指在单向拉伸时的屈服强度。

随着温度降低金属材料强度升高、塑性和韧性下降的现象叫作低温脆化。金属的低温脆性跟晶体中位错运动的阻力有关，体心立方金属位错阻力对温度变化非常敏感，在低温状态下位错阻力急剧增加导致金属塑性快速降低，表现出脆性。某些密排六方金属同理。而面心立方金属由于位错宽度较大，故位错阻力对温度变化不是很敏感，故一般不表现出低温脆性。

传统的强度设计方法，对塑性材料以屈服强度作为依据，其许用应力等于屈服强度除以一个安全系数。屈服强度不仅有直接的使用意义，在工程上也是材料的某些力学行为和工艺性能的大致度量。例如：材料屈服强度增高，对应力腐蚀和氢脆就敏感；材料屈服强度低，冷加工成型性能和焊接性能就好等。因此，屈服强度是材料性能中不可缺少的重要指标。

（4）加工硬化指数。

如果以双对数坐标来显示真应力—真应变曲线，应变硬化阶段（*de* 段）会变成一条直线，加工硬化指数 n 即为该直线的斜率。加工硬化指数 n 反映了材料开始屈服以后，继续变形时材料的应变硬化情况，它决定了材料开始发生颈缩时的最大应力。n 还决定了材料能够产生的最大均匀应变量，这一数值在冷加工成型工艺中是很重要的。

对于工作中的零件，也要求材料有一定的加工硬化能力。否则，在偶然过载的情况下，会产生过量的塑性变形，甚至有局部的不均匀变形或断裂，因此材料的加工硬化能力是零件安全使用的可靠保证。

形变硬化还是提高材料强度的重要手段。不锈钢有很大的加工硬化指数（n=0.5），因而也有很高的均匀变形量。不锈钢的屈服强度不高，但如用冷变形可以成倍地提高。高碳钢丝经过铅浴等温处理后拉拔，强度可以达到2000MPa以上。但是，传统的形变强化方法只能使强度提高，而塑性损失了很多。

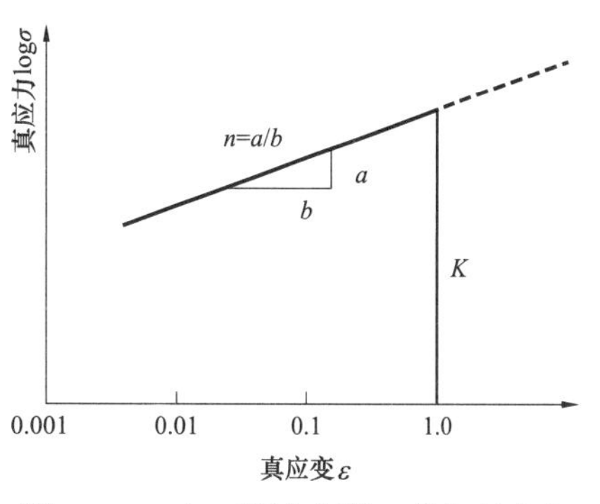

图 5–2–4　加工硬化指数 n 的物理意义

（5）抗拉强度 R_m。

对于脆性材料，传统的强度设计方法以抗拉强度为依据来确定其许用应力。对于塑性材料，抗拉强度代表产生最大均匀塑性变形抗力，也表示了材料在静拉伸条件下的极限承载能力。对应于抗拉强度的外载荷，是试样所能承受的最大载荷，尽管此后颈缩在不断发展，实际应力在不断增加，但外载荷却在快速下降。

（6）延伸率 A 及断面收缩率 Z。

延伸率 A 反映材料均匀变形的能力，而断面收缩率 Z 反映了材料局部变形的能力。如果 $A>Z$，说明材料拉断时，材料不产生颈缩；反之发生颈缩的试样，其 $Z>A$。

（7）静力韧度。

材料在静拉伸时单位体积材料从变形到断裂所消耗的功叫作静力韧度。严格的说，它应该是真应力—应变曲线下所包围的面积，如图 5–2–5 所示。静力韧度是一个强度与塑性的综合指标。单纯的高强度材料如弹簧钢，其静力韧度不高，而只具有很好塑性的低碳钢也没有高的静力韧度，只有经淬火高温回火的中碳（合金）结构钢才具有最高的静力韧度。

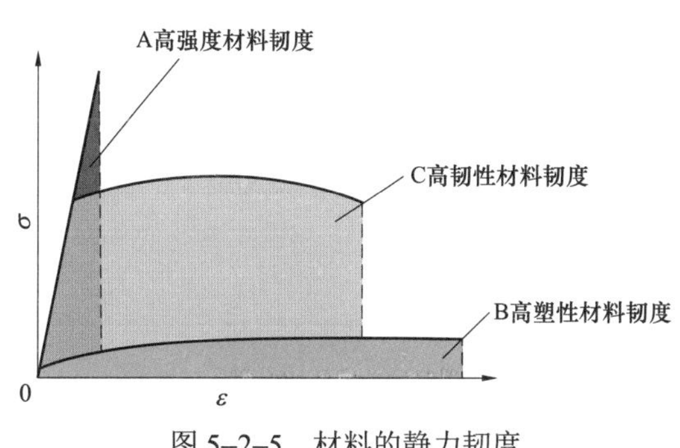

图 5–2–5　材料的静力韧度

5.2.1.3　试验流程

金属材料的室温拉伸试验按 GB/T 228.0—2010《金属材料　拉伸试验　第 1 部分：室温试验方法》进行，试验流程见图 5–2–6，具体步骤如下：

（1）试样加工。

试样的主要类型分为线材、棒材和型材。试样横截面通常为圆形、矩形、异形（如圆弧状）以及不经机加工的全截面形状。

同样材料的屈服强度、断后延伸率等性能指标会随拉伸试样的尺寸形状而改变，因此需要将部件加工为标准试样，以便于比较。拉伸试样含夹持部分和平行拉伸部分，标准试样的平行长度与横截面等效直径呈一定的比例关系，可以实现不同形状试样之间塑性的可

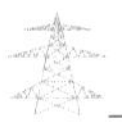

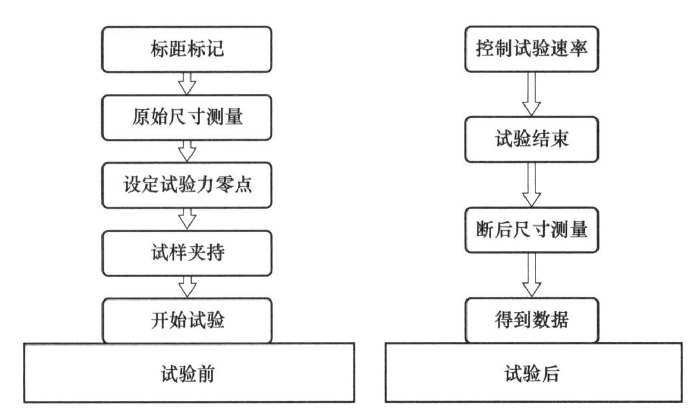

图 5–2–6　拉伸试验流程

比性。标准比例试样一般为 5 倍试样和 10 倍试样，表 5–2–2 为圆形横截面比例试样加工尺寸要求，图 5–2–7 为不同材料圆形横截面试样实物图。

表 5–2–2　　圆形横截面比例试样加工尺寸要求

d_0（mm）	r（mm）	K=5.65			K=11.3		
		L_0（mm）	L_C（mm）	试样编号	L_0（mm）	L_C（mm）	试样类型编号
25	$\geqslant 0.75d_0$	$5d_0$	$\geqslant L_0+d_0/2$ 仲裁试验：L_0+2d_0	R1	$10d_0$	$\geqslant L_0+d_0/2$ 仲裁试验：L_0+2d_0	R01
20				R2			R02
15				R3			R03
10				R4			R04
8				R5			R05
6				R6			R06
5				R7			R07
3				R8			R08

注　1. 如相关产品标准无具体规定，优先采用 R2、R4 或 R7 试样。
2. 试样总长度取决于夹持方法，原则上 $L_t > L_c+4d_0$

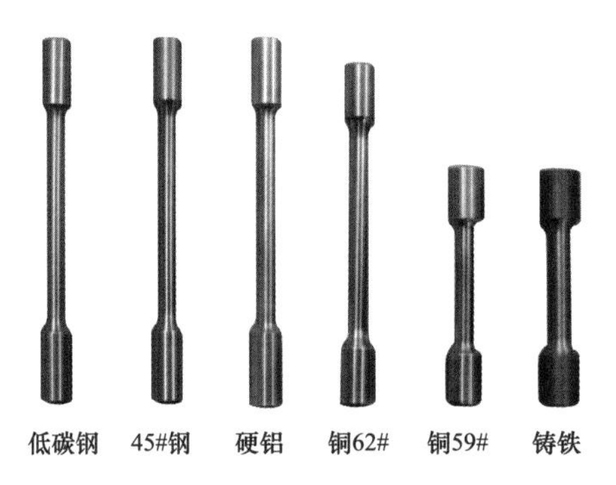

图 5–2–7　棒状加工试样实物

在管材或其他锻件上取样，切取的方向及部位按要求或协议的规定执行，例如要测试管材的纵向力学性能，则应轴向切取条状试样。样坯取出后，按照要求的形状、尺寸机加工试样。在取样和制样过程中，应注意以下几点：

1）切取样坯时，应严防因冷加工或受热而影响金属的力学性能。一般在切削机床上进行，必要时允许用烧割、冷剪或其他方法切取样坯，但必须将受影响区计入加工余量之内，通常采用线切割的方式机加工试样，减少加工变形和受影响区域。

2）试验前，应清除试样表面毛刺、飞边等加工痕迹。

3）为了反应材料的真实状况，有些试样需保留表面层，不可随意机加工。

4）试样的夹持端与平行长度的尺寸一般不同，它们之间应以过渡圆弧连接。过渡圆弧的尺寸应严格符合相关规定。

5）试样夹持端的形状应适合试验机夹头的形状，试样轴线应与力的作用线重合。

6）试样应做好清晰标志。

对于线材、丝材可以不用加工而按标准直接进行拉伸试验，如单根的钢丝、铝线等。

（2）标距标记及尺寸测量。

试样加工完成后，应按比例在试样平行长度上标记标距，并精确测量标距长度及横截面尺寸。标记时，应用小标记、细墨线或细划线标记原始标距，但不得用引起过早断裂的缺口作标记。当平行长度比原始标距长很多时，可以标记一系列套叠的原始标距。

为了计算横截面积、延伸率等，试验前应对试样进行尺寸测量。测量装置应达到一定的精度标准和分辨力，测量时应多个部位、多次测量，尤其是横截面积的微小变化会导致强度计算值有较大的变化，所以测量横截面尺寸时更应力求准确。

圆形或矩形等规则的横截面面积的计算可采用简单公式计算，但对于其他异形横截面（剖管纵向条状圆弧试样），应采用绘图法准确计算其横截面积（或相关标准提供的简化公式）；对于等截面不加工整拉试样的横截面积，可采用重量法计算。

（3）试样夹持。

图 5-2-8 为拉伸机示意图，将试样上下的夹持端夹紧，通过下横梁向下移动使试样伸长直至断裂，拉伸过程中应按标准控制试验速率。夹具类型一般有楔形接头、螺纹夹头及套环夹头等，对于一些特殊试验（如螺栓楔负载、螺母保载），则需要设计一些专用夹具。夹具应具有一定的强度和韧性，夹持试样时，夹紧力应适中，太小则拉伸时试样容易滑脱，太大则容易使试样夹持端受到损伤而导致拉伸时在夹持端断裂。应努力确保夹持的试样仅受轴向拉力的作用，防止试样受到弯曲、扭转等力的作用。

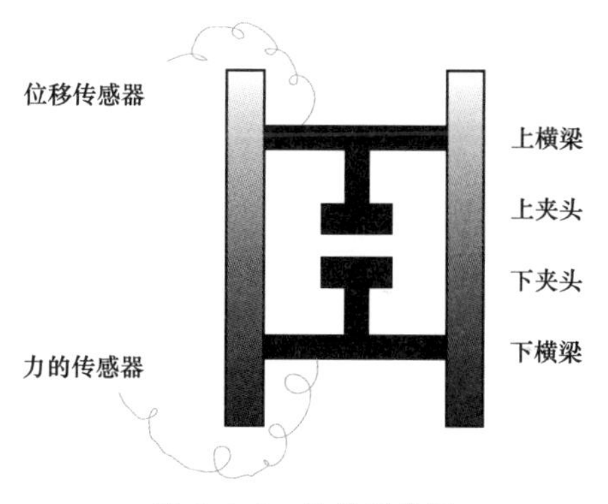

图 5-2-8 拉伸示意图

如果需要测量试样的规定塑性延伸强度（无屈服现象的材料），例如 $R_{P0.2}$，则需加装引伸计（见图 5-2-9），将引伸计两端卡在原始标距的两侧标记处，就可以通过记录应变0.2%时对应的力值了。

试样拉伸时，试验速率（加载速率、应力、应变速率）会影响试验结果，一般应力速率为 6～60MPa/s。若仅测定下屈服强度，试样平行长度屈服期间的应变速率应为0.000 25/s～0.002 5/s；若测定抗拉强度，平行长度塑性范围内的应变速率不应超过 0.008/s。

常温拉伸时，应在室温 10～35℃进行，对温度要求严格的试验，温度应为 23℃±5℃。

图 5-2-9　夹持及引伸计示意图

（4）断后尺寸测量。

图 5-2-10 为不同典型材料圆形横截面试样拉断后的实物图，此时再次测量标距长度及颈缩处横截面尺寸，如图 5-2-11 所示。

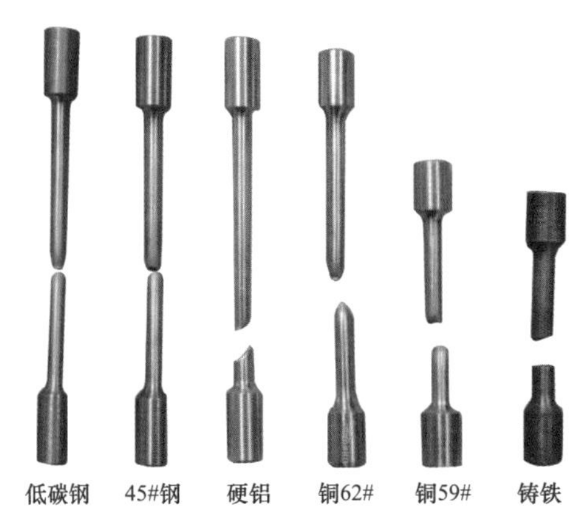

图 5-2-10　拉断后实物图

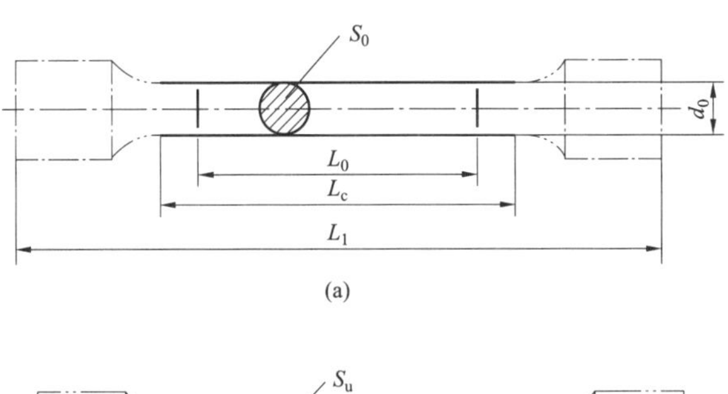

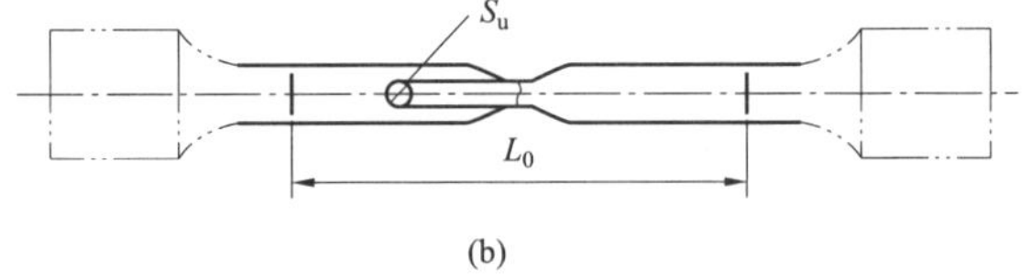

图 5-2-11　圆形横截面试样断裂前后示意图

（a）试验前；（b）试验后

（5）数据处理。

依据尺寸测量结果得到断后伸长率（标距伸长与原始标距之比）和断面收缩率（横截面积最大缩减量与原横截面积之比）。

仪器在屈服和最大载荷时记录的力值与原始横截面积之比为对应的屈服强度和抗拉强度。抗拉强度与屈服强度（上屈服 R_{eH}、下屈服 R_{el} 及规定塑性延伸强度 $R_{P0.2}$）的定义如图 5–2–12 和图 5–2–13 所示。

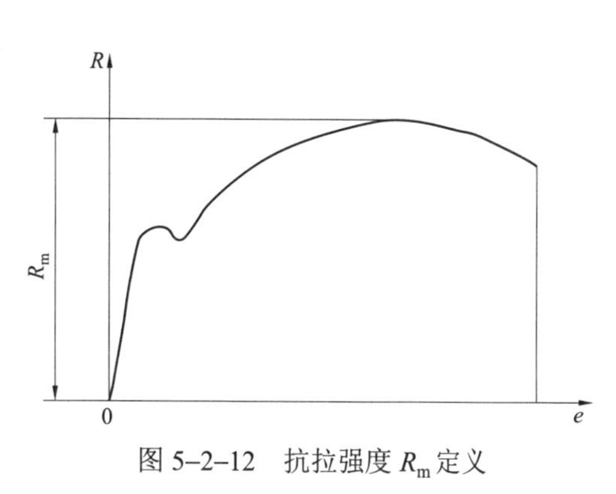

图 5–2–12　抗拉强度 R_m 定义

（6）试验结果有效条件。

试验出现下列情况之一时，试验结果作废，应补做试验：

1）试样在标距上或标距外断裂时；

2）试验由于操作不当，如把试样夹偏而造成性能不符合规定要求时；

3）试验之后，试样出现两个或两个以上的颈缩时；

4）试验结果记录有误或测试设备发生故障影响准确性时。

需要测定材料的延伸率时，原则上试样断裂处与最接近的标距不小于原始标距的 1/3 方为有效，但断后伸长率大于或等于规定值，不管断裂位置处于何处测量均为有效；如断后伸长率小于规定值，可用移位方法测定断后伸长率。

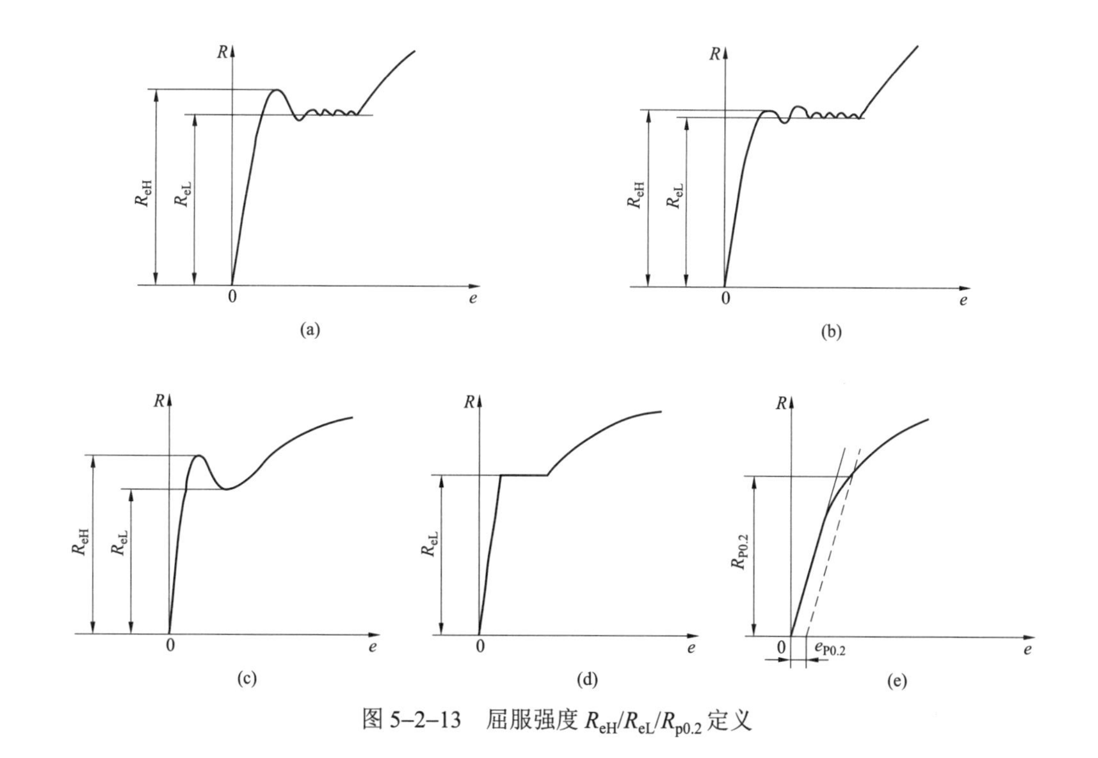

图 5–2–13　屈服强度 $R_{eH}/R_{eL}/R_{p0.2}$ 定义

5.2.2 冲击试验

5.2.2.1 材料脆性的影响因素

（1）缺口。

生产上绝大多数机件或构件都是含有缺口的，如键槽、油孔、台阶、螺纹等，必须考虑缺口对材料的性能影响。缺口产生的影响，最显而易见的是应力集中，如图 5–2–14 所示。由于缺口部分不能承受外力，这一部分外力要由缺口前方的部分材料来承担，因而缺口根部的应力最大。离开缺口根部，应力逐渐减小，一直减小到某一恒定数值，这时缺口的影响便消失了。

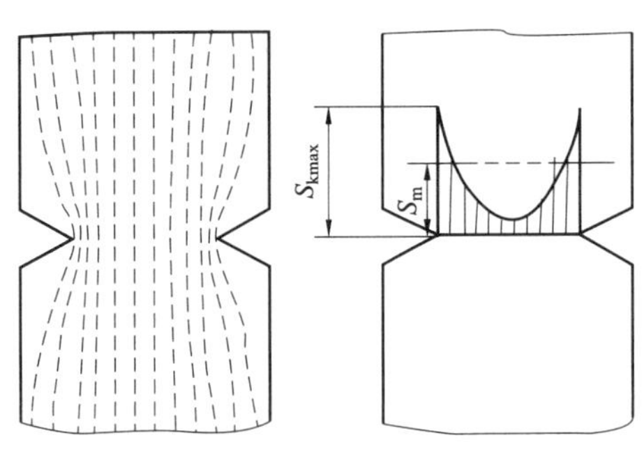

图 5–2–14 缺口处的应力集中现象

缺口的主要影响是在缺口根部产生三向应力状态，使材料的屈服变形更困难，因而导致了材料的脆化。缺口的另一个重要效应是产生应变集中，缺口处很陡的应力梯度必然导致很陡的应变梯度。

总的来说，缺口对材料的力学性能影响可归结为四个方面：产生应力集中；引起三向应力状态，使材料脆化；由应力集中带来应变集中；使缺口附近的应变速率增高。

（2）温度。

对于体心立方金属，由于形变硬化指数对温度不敏感，所以随着温度不断下降，屈服强度大幅提高，抗拉强度随之提高，延伸率越来越低。温度下降至屈服强度和其解理断裂抗力相等的温度时，材料发生脆断，因为材料刚开始屈服，就立即伴随着解理断裂。材料因温度的降低而导致脆性破坏的现象，谓之冷脆。体心立方金属特别是钢铁材料的低温脆性，是生产中极为关注的问题。

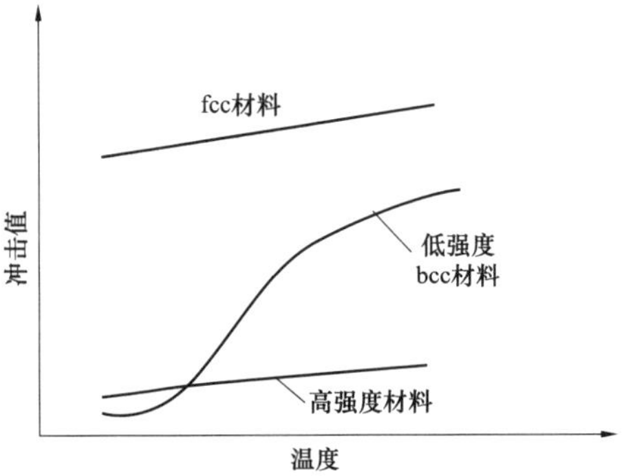

由于面心立方金属的屈服强度随温度降低升高不多，而形变硬度指数显著上升，屈服强度和解理断裂强度即使在极低温度下也难以相交，故面心立方金属没有冷脆现象。

fcc材料
低强度bcc材料
高强度材料
冲击值
温度

图 5–2–15 温度对材料冲击韧性的影响

（3）应变速率。

应变速率可以理解为加载速度，应变速率增加会导致材料抗拉强度的增加，同时加工形变硬化指数亦会大幅增加，导致塑性降低，脆性倾向增大。

5.2.2.2 冲击试验原理及方法

缺口冲击试验是综合运用了缺口、低温及高应变速率这三个因素对材料脆化的影响，使材料能由韧性状态变为脆性状态，这样可用来显示和比较材料因成分和组织的改变所产生的脆断倾向。在影响材料脆化的这三个因素中，缺口所造成的脆化是最主要的。

缺口冲击试验的原理为：把一定形状、尺寸和中间带有一定几何形状和深度的缺口试样摆在试验机支座上（图 5–2–16），两端不加紧而对正缺口处用具有规定动能和速度的摆锤将其击断。摆锤自一定高度落下打击试样之后，一部分能量消耗于试样的变形和吸收，另一部分能量使摆锤落下后扬起到一定高度（图 5–2–17），通过摆锤落下时的高度及扬起后的高度计算出能量减少值，就是冲断试样所消耗的冲击功的值，此冲击功（A_K）除以试验前试样槽口处横截面积便可以得到该试样的冲击韧性值（α_K）。冲击试验按 GB/T 229—2007《金属材料夏比摆锤冲击试验方法》进行，图 5–2–18 为冲击试验机实物。

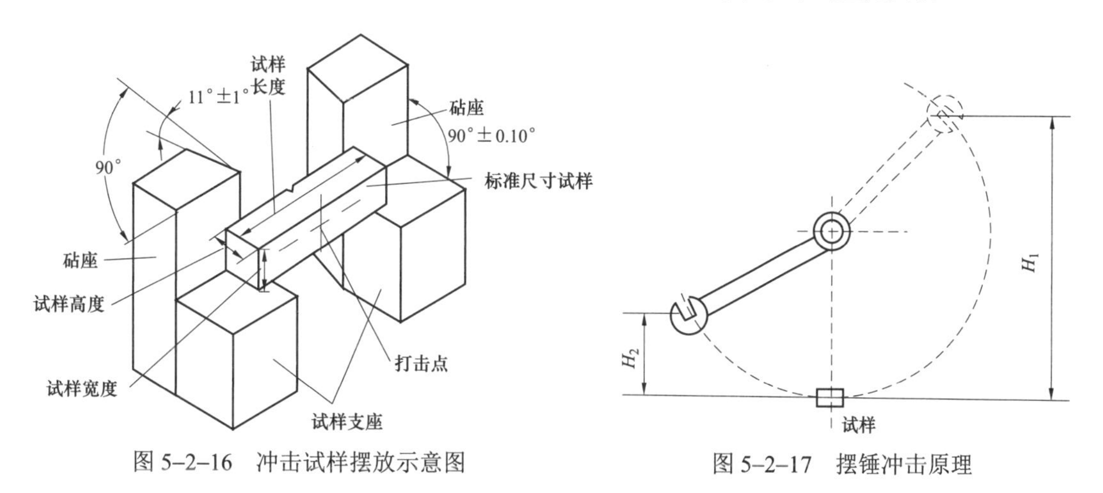

图 5–2–16　冲击试样摆放示意图

图 5–2–17　摆锤冲击原理

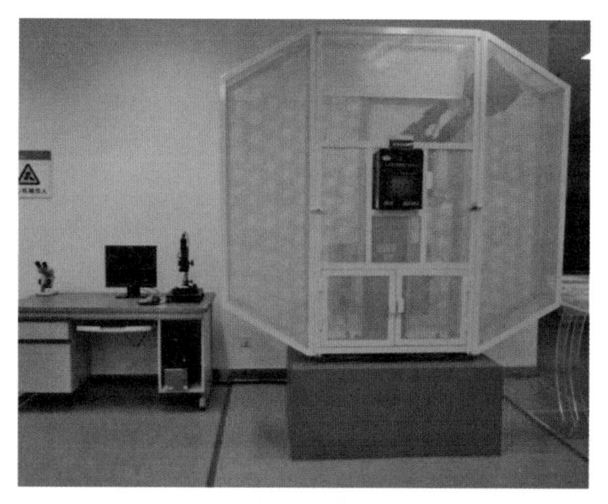

图 5–2–18　冲击试验机

冲击试验对冲击试样的加工要求较高，缺口尺寸、开口方位等对冲击吸收功的大小影响很大。冲击试验一般采用夏比 U 形缺口试样和夏比 V 形缺口试样，习惯上前者也称为梅氏试样，另外还有夏比钥孔形试样等，对硬质合金采用无缺口试样。标准尺寸冲击试样长度为 55mm，横截面为 10mm×10mm 的方形截面（当样品尺寸不足 10mm 时，也可以取宽度为 5mm 或 7.5mm 的试样），在试样长度中间有 V 形或 U 形缺口，图 5–2–19 为夏比冲击试样的加工示意图。

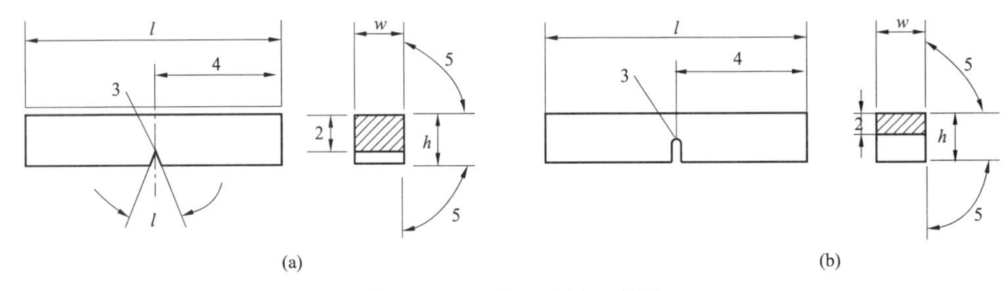

图 5–2–19 缺口试样示意图

（a）V 型缺口；（b）U 型缺口

低温冲击试验时，还需注意试验温度、冷却方式及转移方式，应确保试验时试样温度保持在允许的温度范围之内。

5.2.2.3 缺口冲击试验的应用

缺口冲击韧性试验用于控制材料的冶金质量和铸造、锻造、焊接及热处理等热加工工艺的质量，也可以用来评定材料的冷脆倾向，例如确定其冷脆转变温度。

工程上希望确定一个材料的冷脆转化温度，在此温度以上只要名义应力还处于弹性范围，材料就不会发生脆性破坏。在冷脆转化温度的确定标准一旦建立之后，实际上是按照冷脆转化温度的高低来选择材料。冷脆转变温度使用得最多的称为断口形貌转化温度法（FATT），是以断口上出现 50%纤维状的韧性断口和 50%结晶状的脆性断口作标准的。

冲击吸收功 A_K 的大小并不能完全准确地反映材料的韧脆程度，因为缺口试样冲击吸收的功并非完全用于试样变形和破裂，其中一部分消耗于试样掷出、机身振动、空气阻力以及轴承与测量机构中的摩擦消耗等。特别是当摆锤轴线与缺口中心线不一致时，上述功消耗比较大。虽然如此，但由于冲击吸收功对材料内部组织变化十分敏感，而且冲击试验方法简便易行，所以仍被广泛采用。

5.2.3 硬度试验

硬度是表征金属材料软硬程度的一种性能，其物理意义随试验方法的不同而不同。例如：划痕法硬度值主要表征金属切断强度；回跳法硬度值主要表征金属弹性变形功的大小；压入法硬度值则表征金属塑性变形抗力及应变硬化能力。硬度从一定程度上可以反映材料的其强度，各种硬度试验方法得到的硬度值对应的强度如图 5–2–20 所示。硬度检测制样、操作过程简单，因此工程上衡量材料强度时，常用硬度检测来代替拉伸试验。

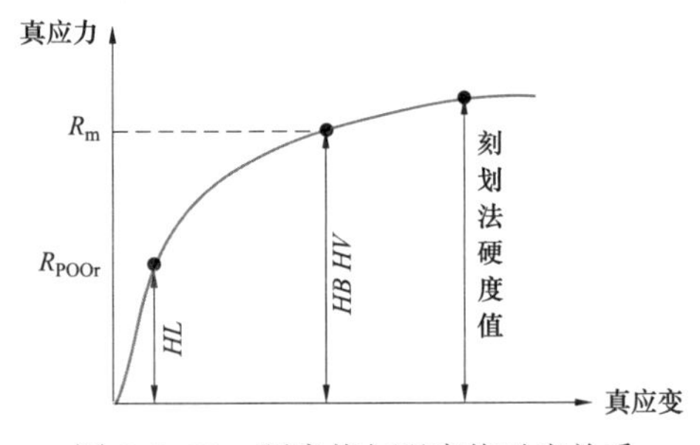

图 5–2–20 硬度值与强度值对应关系

5.2.3.1 压入式硬度检测

压入式硬度分为布氏、洛氏、维氏硬度三种，其原理均为：将压头压入试样表面，经规定保持时间后卸载试验力，通过测量压痕尺寸来衡量材料的硬度。三种硬度方式的测量范围、压头材质规格、试验力等异同情况及优缺点如表 5–2–3 所示。

表 5–2–3　　压入式硬度检测方法对比

	布氏硬度	洛氏硬度	维氏硬度
范围	≤650HBW 的金属材料	11 个标尺，涵盖范围广	任意金属材料
压头	直径 1/2.5/5/10mm 的硬质合金球	120° 金刚石圆锥；直径 1.587 5/3.175mm 的硬质合金球	顶部向对面具有规定角度（136°）的四棱锥金刚石压头
试验力	1~3000kgf	60、100、150kgf	0.01～3000kgf
测量对象	测量表面压痕直径	测量残余压痕深度	测量压痕对角线长度
优点	压痕面积较大，能反应金属表面较大体积范围内各组成相的平均性能，试验数据稳定、重复性好	操作简便迅速，可直接从表盘上读出硬度值，压痕小；由于金刚石的运用可以测量高硬度材料，工作效率高	当载荷改变时，压力角恒定不变，不存在布氏硬度试验中载荷 *F* 与球体直径 *D* 关系的约束，可以进行显微区域的硬度测量
缺点	压痕直径测量较麻烦，有破坏性，对不同材料需更换钢球直径和载荷	数据重复性差，需多次测量取平均值	压痕尺寸的测量较麻烦，工作效率较低，不能用于自动检测
试验标准	GB/T 230.1—2009《金属材料 洛氏硬度试验第 1 部分：试验方法》	GB/T 231.1—2009《金属材料布氏硬度试验第 1 部分：试验方法》	GB/T 4340.1—2009《金属材料 维氏硬度试验第 1 部分：试验方法》
互换关系	*HB*≈10*HRC*≈*HV*（这个关系仅为经验公式，不代表三种硬度值可以换算）		

在进行压入式硬度试验时，一般需要在工件上制取硬度试样，并将其稳定置于刚性试台；利用仪器加载装置将压头压入试样的光滑平面，试验过程中避免冲击和振动，加载时间及保持时间均要达到标准要求，压痕与试样边缘的距离、压痕间的距离亦要符合相应标准的要求。压入式硬度计通常为台式硬度计（见图 5–2–21）。近年来，也出现了一些现场便携式的布氏、维氏硬度计，现场如何固定支撑是准确检测的关键，按固定支撑方式有链条式、磁吸式、卡钳式等。

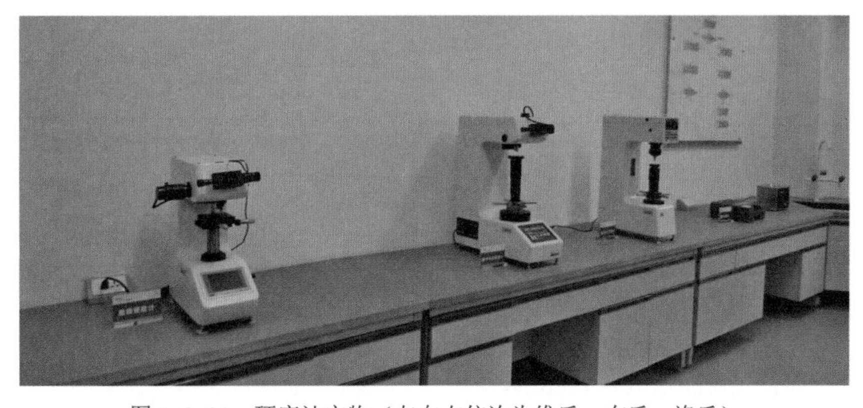

图 5–2–21　硬度计实物（左向右依次为维氏、布氏、洛氏）

为了便于理解三种压入式硬度检测方法的差异及优缺点，现逐一描述各自的检测原理。

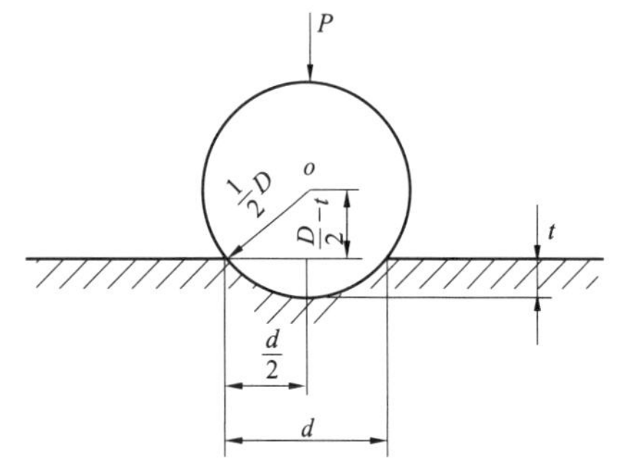

图 5-2-22　压痕深度 t 与压痕直径 d 的关系

（1）布氏硬度检测。

布氏硬度的测定原理是：在直径 D 的钢球（硬质合金球）上，加一定负荷 P，压入被试金属的表面（图 5-2-22）。根据金属表面压痕的陷凹面积 $F_{凹}$ 计算出应力值，以此值作为硬度值大小的计量指标。布氏硬度的符号以 HB 标记。

$$HB=\frac{P}{F_{凹}}=\frac{P}{\pi Dt}(\text{kgf/ mm}^2)$$

式中：t 为压痕陷凹深度；πDt 为压痕陷凹面积，这可以从压痕陷凹面积和整个球面积之比等于压痕陷凹深度 t 和球直径 D 之比的关系中求得。

由上式可知，在 P 和 D 一定时，HB 的高低取决于 t 的大小，二者呈反比。t 大，说明金属形变抗力低，故硬度值 HB 小，反之则 HB 大。

在实际测定时，由于测定 t 较困难，而测定陷凹直径 d 却较容易，因此，要将上式中的 t 换成 d。则有

$$t=\frac{D}{2}-\frac{1}{2}(D^2-d^2)^{1/2}$$

$$HB=\frac{2P}{\pi[D-(D^2-d^2)^{1/2}]}$$

布氏硬度试验的基本条件是必须先确定负荷 P 和钢球直径 D，这样所得数据才能进行比较。但由于金属有硬有软，所试工件有厚有薄，如果只采用一个标准的负荷 P（如 3000kgf）和钢球直径 D（如 10mm）时，则对于硬合金（如钢）虽然适合，对于软合金（如铅、锡）就不适合，这时整个钢球都会陷入金属中；同样，这个值对厚的工件虽然适合，但对于薄的工件（如厚度小于 2mm）就不适合，这时工件可能被压透。此外，压痕直径 d 和钢球直径 D 的比值也不能太大或太小，否则所得 HB 值失真，只有二者的比值在一定范围（$0.24D<d<0.6D$）才能得到可靠的数据。因此，在生产上应用这一试验时，要求采用不同的 P 和 D 搭配。如果采用不同的 P 和 D 搭配进行试验时，对 P 和 D 应该采取什么样的规定条件才能保证同一材料得到同样的 HB 值。为了解决这个问题，需要运用相似原理。

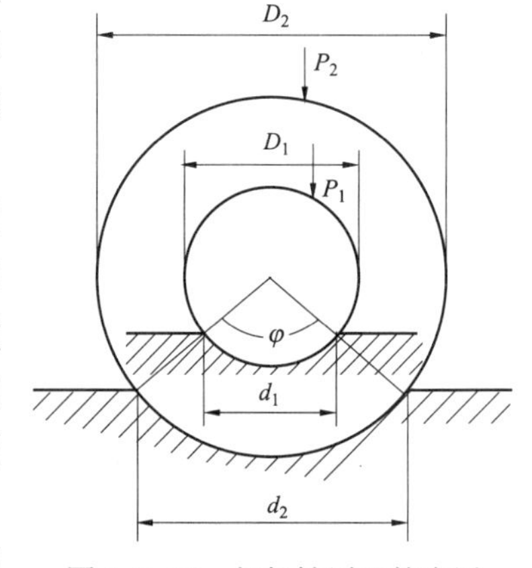

图 5-2-23　相似性原理的应用

图 5-2-23 表示两个不同直径的钢球 D_1 和 D_2 在不同负荷 $P1$ 和 $P2$ 下压入金属表面的情况。如果要得到相等的 HB 值，就必须使二者的压入角 φ 相等。

$$HB=\frac{P}{D^2}\left\{\frac{2}{\pi\left[1-\left(1-\sin\frac{\varphi}{2}\right)^{1/2}\right]}\right\}$$

由上式可知，要保证所得压入角 φ 相等，必须使 P/D^2 为一常数，只有这样才能保证对同一材料得到相同的 HB 值。

不同材料硬度试验力与压头直径平方的比率（P/D^2）见 GB/T 231.1—2009《金属材料 布氏硬度试验第 1 部分：试验方法》。

（2）洛氏硬度。

洛氏硬度的压头分硬质和软质两种。硬质的由顶角为 120°的金刚石圆锥体制成，适于测定淬火钢材等较硬的金属材料；软质的为直径 1/16″（1.587 5mm）或 1/8″（3.175mm）的钢球，适于退火钢、有色金属等较软材料硬度值的测定。洛氏硬度所加负荷根据被试金属本身硬软不等作不同的规定，随不同压头和所加不同负荷的搭配出现了不同的洛氏硬度级。

生产上用得最多的是 A 级、B 级和 C 级，即 HRA（金刚石圆锥压头、60kgf 负荷），HRB（1/16″钢球压头、100kgf 负荷）和 HRC（金刚石圆锥压头、150kgf 负荷），而其中又以 HRC 用得最普遍。

因为洛氏硬度是以压痕陷凹深度 t 作为计量硬度值的指标。在同一硬度级下，金属愈硬则压痕深度 t 愈小，愈软则 t 愈大。如果直接以 t 的大小作为指标，将出现硬金属 t 值小而硬度值小，软金属的 t 值大而硬度值大的现象，这和布氏硬度值所表示的硬度大小的概念相矛盾，也和人们的习惯不一致。为此，只能采取一个不得已的措施，即用选定的常数来减去所得 t 值，以其差值来标志洛氏硬度值。此常数规定为 0.2mm（用于 HRA、HRC）和 0.26mm（用于 HRB）。

$$HRC=0.2-t=100-\frac{t}{0.002}$$

$$HRB=0.26-t=130-\frac{t}{0.002}$$

（3）维氏硬度。

维氏硬度的测定原理和布氏硬度相同，也是根据单位压痕陷凹面积上承受的负荷，即应力值作为硬度值的计量指标。所不同的是维氏硬度采用锥面夹角 α 为 136°的四方角锥体，由金刚石制成。

之所以采用四方角锥，是针对布氏硬度的负荷 P 和钢球直径 D 之间必须遵循 P/D^2 为定值的这一制约关系的缺点而提出来的。采用了四方角锥，当负荷改变时压入角不变，因此负荷可以任意选择，这是维氏硬度试验最主要的特点，也是最大的优点。四方角锥之所以选取 136°，是为了所测数据与 HB 值能得到最好的配合。因为一般布氏硬度试验时，压痕直径 d 多半在 $0.25D$ 到 $0.5D$ 之间，当 $d=(0.25D+0.5D)/2=0.375D$ 时通过此压痕直径作钢球的切线，切线的夹角正好等于 136°。所以，通过维氏硬度试验得到的硬度值和通过布氏硬度试验得到的硬度值能完全相等，这是维氏硬度试验的第二个特点。

此外，采用四方角锥后，压痕为一具有清晰轮廓的正方形（见图 5–2–24），由于测量正方形压痕对角线的长度 d 时误差小（图 5–2–24），比用布氏硬度测量圆形的压痕直径 d 要方便得多，因此测量重复性较好。还有，采用金刚石的压头可用于试验任何硬质的材料。

和布氏、洛氏硬度试验比较起来，维氏硬度试验具有许多优点。它不存在布氏硬度中负荷 P 和压头直径 D 之间规定条件的约束，以及压头变形问题；也不存在洛氏硬度那种硬度值无法统一的问题。而它和洛氏一样可以试验任何软硬的材料，并且比洛氏能更好地测试极薄件（或薄层）的硬度。此外，洛氏由于是以压痕深度为计量指标，而压痕深度总比压痕宽度要小些，故其相对误差也越大些。因此，洛氏硬度数据不如布氏、维氏稳定，当然更不如维氏精确。

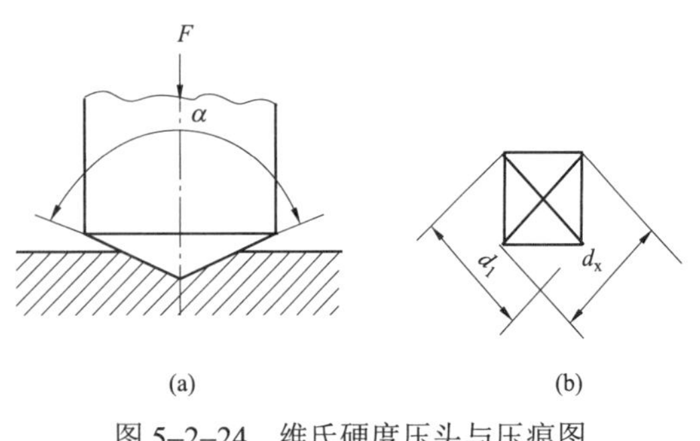

图 5–2–24　维氏硬度压头与压痕图

（a）压头（金钢石锥体）；（b）锥氏硬度压痕

总的来说，维氏硬度试验具有另外两种试验的优点而摒弃了它们的缺点，此外还有它本身突出的特点——负荷大小可任意选择。唯一缺点是硬度值需通过测量对角线后才能计算（或查表）出来，因此检测效率没有洛氏硬度高。

5.2.3.2　显微硬度检测

显微硬度所用的载荷很小，大致为 100～500gf，所用的压头有两种：一种是维氏压头，和宏观的维氏硬度压头一样，只是在金刚石四方锥的制造上和测量上要更加严格；另一种是努氏压头，它是一菱形的金刚锥体，其形貌如图 5–2–25 所示。在纵向上锥体的顶角为 172° 30′，横向上锥体的顶角为 130°，压痕的长短对角线长度之比约 7:1，压痕的深度约为其长度的 1/30。

显微维氏硬度检测属于维氏硬度检测方法，此时试验力较小（一般小于 200g），最小仅 10g 力，压痕深度及压痕对角线长度为 10μm 级别，可以用于进行微区的硬度测试。例如，焊接接头中热影响区的硬度趋势检测、钢表面脱碳层硬度的检测、电网设备金属零件表面镀层硬度的检测等。

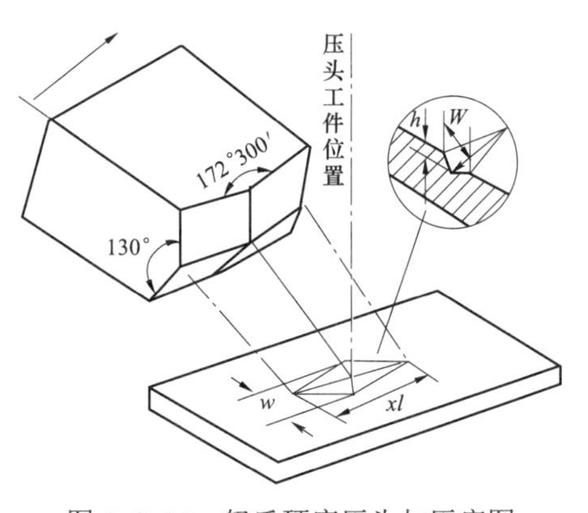

图 5–2–25　努氏硬度压头与压痕图

5.2.3.3　纳米压痕法硬度检测

在检测较薄的涂镀层硬度时，常采用纳米压痕法进行检测。纳米压痕法目前国内没有相应的标准，国际标准为 ISO 14577–1—2002*Metallic materials–Instrumented indentation test for hardness and materials parameters–Part 1：Test method*。其原理简述为：首先采用微力学探针对涂层/基体复合体施加足以使压头前端变形区扩展到基材的载荷，进行第一步压入检测，记录压入过程中载荷与压头压入涂层深度的变化关系，计算出涂层/基材复合体在受载条件下的硬度，并得出涂层/基材复合体受载硬度随压入载荷的变化曲线，从以上曲线中选取高硬度平台区，压入载荷进行小载荷第二步压入检测，进而得到不受基体变形影响的涂层硬度值。

纳米压痕法因为采用的是微力探针和精确的深度感应测量装置，对于微薄的电镀层不仅可以测量硬度，还可以测量材料的弹性模量等基础力学数据，是一种较为先进的测量方式。根据 ISO 14577–1—2002，纳米压痕法测量的压头有正四棱锥和三棱锥两种。

5.2.3.4 回跳式硬度检测

由于压入式硬度检测对固定支撑、稳定加载要求较高，常用于实验室制样检测，不适用于现场金属部件的非破坏性硬度检测。回跳式硬度检测方法则可以实现现场不同尺寸部件的非破坏硬度检测，是一种动载荷试验方法。

回跳式硬度检测包括肖氏硬度试验及里氏硬度试验，里氏硬度试验方法应用较为广泛。其原理是通过加载弹簧将一定质量和直径的碳化钨球弹出并撞击工件表面，通过电传感器测量离试样表面 1mm 处球的回弹速度与冲击速度的比值来表征硬度的高低，如图 5–2–26 所示。

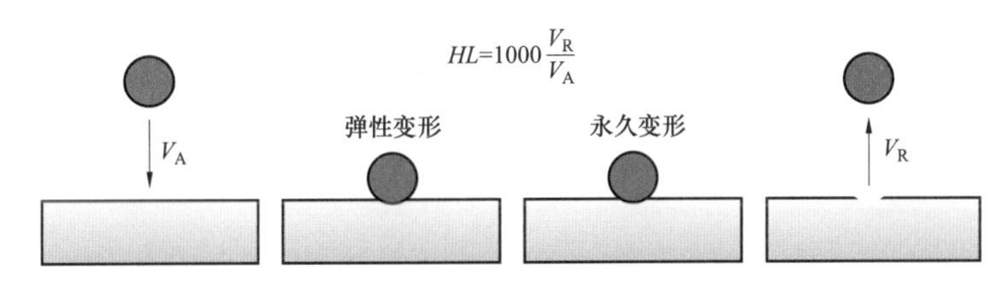

图 5–2–26 里氏硬度检测原理示意图

现场常用的里氏硬度计按冲击头类型又分 D、DC、G、C 四种类型，它们对表面粗糙度、试样质量、试样最小厚度、表面硬化层深度及表面曲率半径的要求各不相同，检测时应依照 GB/T 17394.1—2014《金属材料里氏硬度试验第 1 部分：试验方法》的规定进行。

里氏硬度适用于大型金属产品及部件的硬度检测。应尽量避免将里氏硬度换算为其他硬度。必须换算时，常用金属材料按 GB/T 17394.4—2014《金属材料里氏硬度试验第 4 部分：硬度值换算表》换算为其他硬度。对于特定材料，欲将里氏硬度转换为其他硬度，必须做对比试验以得到相应换算关系。

5.2.4 压扁试验

压扁试验的原理是垂直于金属管轴线的方向对规定长度的管子施加力进行压扁，一般金属管的压扁试验分延展性试验及完整性试验两个阶段。延展性试验是在力的作用下两压板之间的距离达到相关产品标准所规定的值，试样上不允许存在裂缝和缺口；完整性试验是继续施加力，直至试样破裂或试样相对两壁相碰。在整个压扁试验期间，试样不允许出现目视可见的分层、白点、夹杂。试验过程示意图如图 5–2–27 所示。

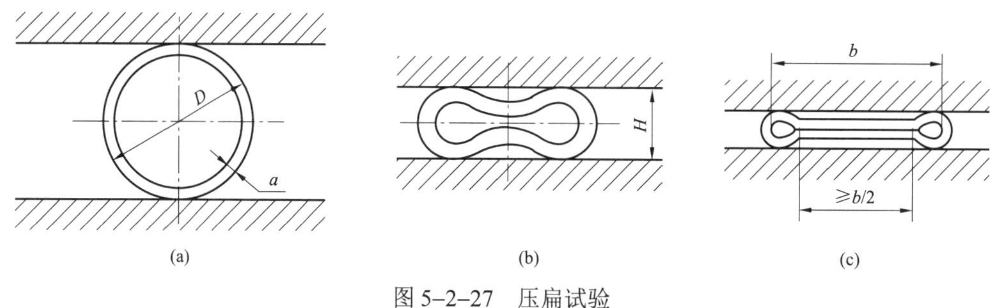

图 5–2–27　压扁试验

（a）试验前；（b）试验中；（c）试验结束

5.2.5　弯曲试验

弯曲试验是测定材料承受弯曲载荷时的力学特性的实验，是材料力学性能试验的基本方法之一。弯曲试验装置有支辊式（图 5–2–28）、V 型模具式（图 5–2–29）、虎钳式（图 5–2–30）、翻板式（图 5–2–31），各种装置对压头、辊间距、模具角度、圆弧倒角等的具体规定要求见 GB/T 232—2010《金属材料弯曲试验方法》。

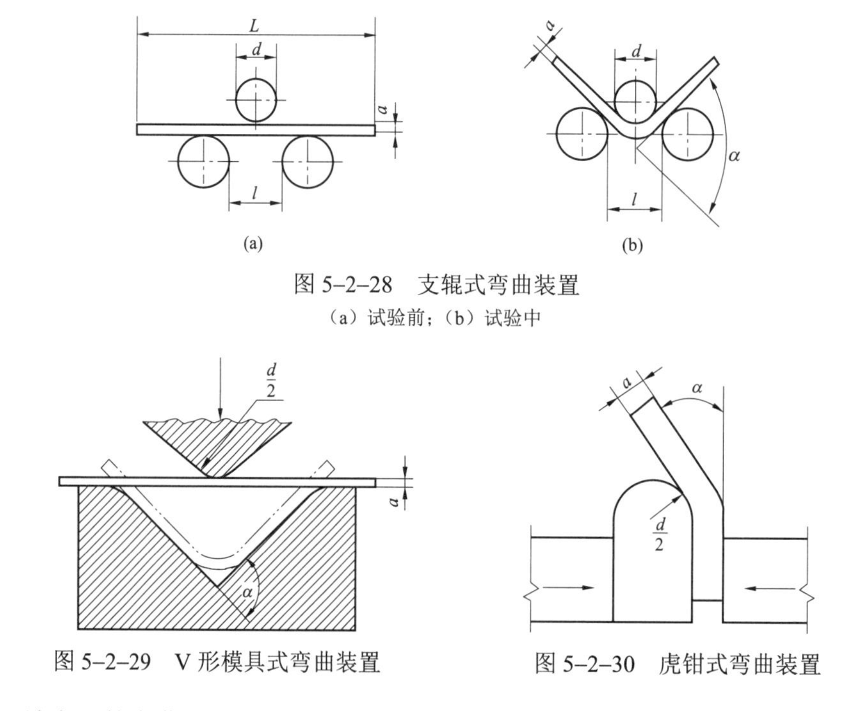

图 5–2–28　支辊式弯曲装置

（a）试验前；（b）试验中

图 5–2–29　V 形模具式弯曲装置

图 5–2–30　虎钳式弯曲装置

闭口销支腿的弯曲试验即为虎钳式，其弯曲试验装置如图 5–2–32 所示，试验时用木槌把试品弯曲到贴着钢衬垫斜表面，弯曲后试品不产生开裂。

对于脆性材料弯曲试验一般只产生少量的塑性变形即可破坏，而对于塑性材料则不能测出弯曲断裂强度，但可检验其延展性和均匀性。塑性材料的弯曲试验称为冷弯试验。试验时将试样加载，使其弯曲到一定程度，观察试样表面有无裂缝。

弯曲试验主要用于测定脆性和低塑性材料（如铸铁、高碳钢、工具钢等）的抗弯强度，并能反映塑性指标的挠度。还可以考核试样的多项性能，包括焊缝和热影响区的塑性、焊接接头内部缺陷、焊缝致密性、焊接接头不同区域协调变形的能力等。

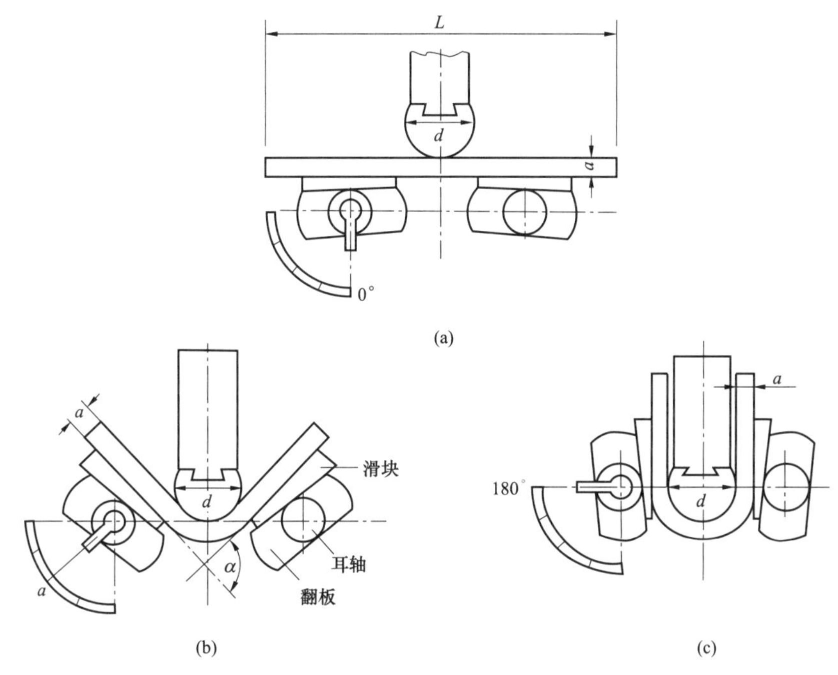

图 5-2-31 翻板式弯曲装置

（a）试验前；（b）试验中；（c）试验后

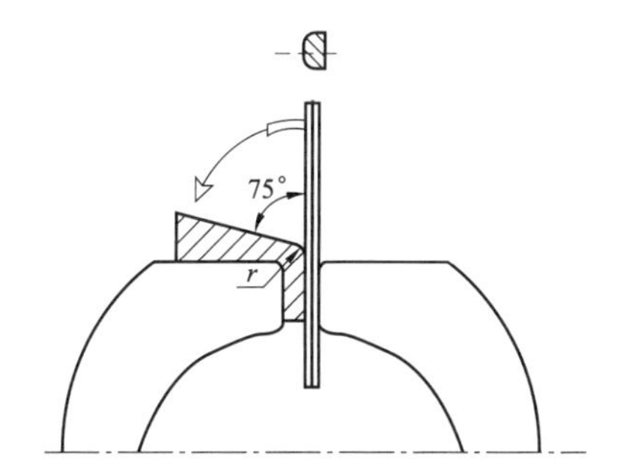

图 5-2-32 R 形销直腿部分弯曲试验装置

5.2.6 螺栓楔负载试验

输变电工程中用到的紧固件一般为 4.8～8.8 强度等级的螺栓、螺钉，按照 GB/T 3098.1—2010《紧固件机械性能螺栓、螺钉和螺柱》的规定，需对其进行楔负载试验。楔负载试验既可以测量螺栓的抗拉强度，也可以测定螺栓头部与无螺纹杆部或螺纹部分交接处的牢固性。紧固件服役时，头部与杆部或螺纹部分交接处可能会受到较大的弯曲载荷和剪切应力，且由于该处形状突变存在较大的应力集中，容易发生交接处的断裂失效。为了模拟这个剪切应力，楔负载试验时在头部下方增加了一个一定角度的楔形垫片（图 5-2-33），使螺栓头部受到一个弯曲载荷，测试头部与杆部或螺纹连接处的牢固性。

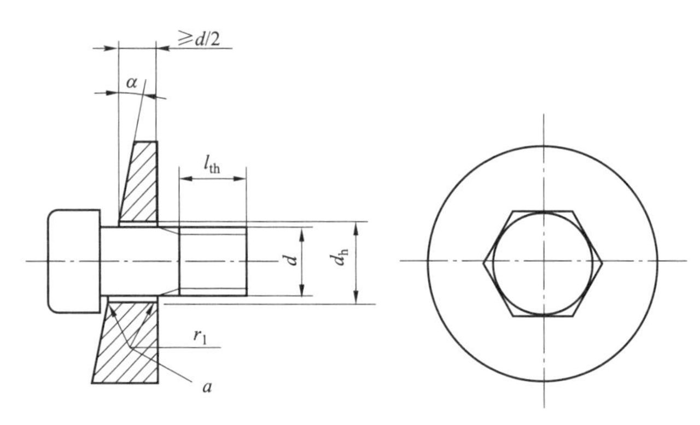

图 5–2–33　螺栓和螺钉成品楔负载试验用楔垫

螺栓楔负载试验的试验装置包括拉力机、夹具、楔垫和螺纹夹具。拉力试验机准确度须大于 1 级，不能使用自动定心装置。夹具、楔垫和螺纹夹具的硬度需大于等于 45HRC；楔垫孔径和圆角半径需符合 GB/T 3098.1—2010 的规定；试验用楔垫角度与无螺纹杆部长度、强度等级、螺栓直径等有关，如表 5–2–4 所示。

表 5–2–4　楔负载试验用楔垫角度 α

螺纹公称直径 d/（mm）	性能等级			
	螺栓或螺钉的无螺纹杆部长度 $l_s \geqslant 2d$		全螺纹螺钉、螺栓或螺钉无螺纹杆部长度 $l_s < 2d$	
	4.6、4.8、5.6、5.8、6.8、8.8、9.8、10.9	12.9/$\underline{12.9}$	4.6、4.8、5.6、5.8、6.8、8.8、9.8、10.9	12.9/$\underline{12.9}$
	$\alpha \pm 30'$			
$3 \leqslant d \leqslant 20$	10°	6°	6°	4°
$20 < d \leqslant 39$	6°	4°	4°	4°

注　$\underline{12.9}$ 表示采用添加元素的碳钢并经较低温度回火处理，具有与 12.9 级相同机械性能的螺栓。

楔负载试验时，将螺栓头部置于上夹头夹具卡槽内，在螺栓头部和夹具之间放置一楔形垫片，另一端螺纹部分旋入内螺纹夹具（未旋合螺纹长度大于 1d），按 GB/T 228.1—2010 进行拉力试验。试验机夹头的分离速率不应超过 25mm/min，拉力试验应持续进行，直至断裂。

试验结束后，读取极限拉力载荷 F_m，根据公称应力截面积（查表）计算抗拉强度，拉断载荷和抗拉强度均应符合 GB/T 3098.1—2010 的规定。检查螺栓断裂位置，螺栓应断裂在未旋合螺纹长度内或无螺纹杆部，不应断裂在头部或头与杆部交接处；对于全螺纹的螺钉，如断裂始于未旋合螺纹的长度内，允许在拉断前已延伸或扩展到头部与螺纹交接处，或进入头部。

头部支撑面直径超过 1.7d，而未通过楔负载试验的螺栓和螺钉成品，可将头部加工到 1.7d，按照规定的楔垫角度再次进行试验。头部支撑面直径超过 1.9d 的螺栓和螺钉成品，可将楔垫角度 10° 减小到 6°。

5.2.7　螺母保证载荷试验

由于超拧，螺纹组合件可能产生三种失效形式：螺杆断裂、螺杆的螺纹脱扣、螺母的

螺纹脱扣。螺杆的断裂是突然发生的，比较容易发现。而脱扣是逐渐发生的，很难发现，并增加了因紧固件失效而造成事故的危险性。所以对螺纹连接的设计，总希望失效形式是螺杆断裂。但由于各种因素（螺母和螺栓的材料强度、螺纹间隙和对边宽度等）影响脱扣强度，故不能在所有的情况下都能保证获得这种失效形式，因此螺母的保载试验显得非常必要。

螺母保载试验可以观察螺母在受到保证载荷并维持一段时间后，是否会发生螺纹断裂、脱扣或咬死，该试验在考量螺母及强度的同时，也可以检查螺母内螺纹加工尺寸是否规范。如果正偏差过大，则可能发生脱扣；如果负偏差过大，则可能发生咬死。

螺母保载试验的试验装置包括拉力试验机、平垫片夹具和试验芯棒。拉力试验机准确度应为 1 级或更高（如 0.5 级），可使用自动定心装置。夹具和试验芯棒的硬度需大于等于 45*HRC*，垫片厚度需大于 1*D*（*D* 为螺母螺纹公称直径），垫片孔径需符合 GB/T 3098.2—2015《紧固件机械性能　螺母》的规定。

保载试验按 GB/T 3098.2—2015《紧固件机械性能　螺母》执行。将螺母安装在如图 5–2–34 所示的淬硬螺纹芯棒上，芯棒拧出螺母的长度应超过 2 倍螺距；然后按 GB/T 228.1—2010 进行轴向拉力试验或压缩试验，试验机夹头的分离速率不应超过 3mm/min。螺母的保证载荷试验仲裁时，应以拉伸试验为准。沿螺母轴线方向施加与螺母规格型号对应的保证载荷（参见 GB/T 3098.2—2015），并持续 15s。螺母应能承受该载荷而不得脱扣或断裂。当卸载后，应能用手将螺母旋出，或借助扳手松开螺母，但不得超过半扣。在试验中，如果螺纹芯棒损坏，则试验作废。

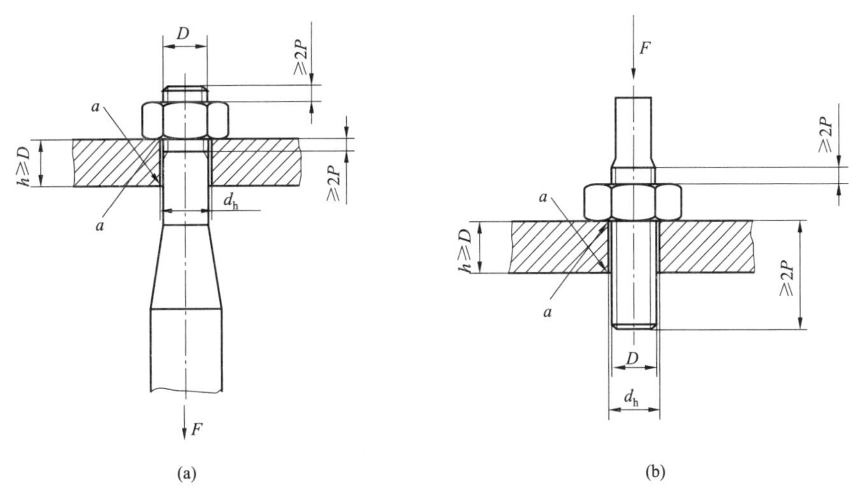

图 5–2–34　螺母保证载荷试验–轴向拉伸和轴向压缩

（a）拉伸试验；（b）压缩试验

5.2.8　闭口销拔出载荷试验

电力金具闭口销用于金具固定螺栓的锁紧，闭口销的结构形式见图 5–3–35，安装见图 5–2–36。闭口销一般为不锈钢材料，工作原理就是插入螺栓销孔后两脚张开，利用头部直径为 *D* 的圆和长支脚上的 *R* 圆弧来卡紧螺栓，其卡紧力需要保证螺栓在使用过程中闭口销不脱落，以保证螺栓的紧固作用。这个卡紧力与闭口销的规格尺寸（如R圆弧的凸起程度、两脚张开角度等）及其与螺栓销孔的配合有关。闭口销应可重复使用，即拔出后可再次插入销孔工作。

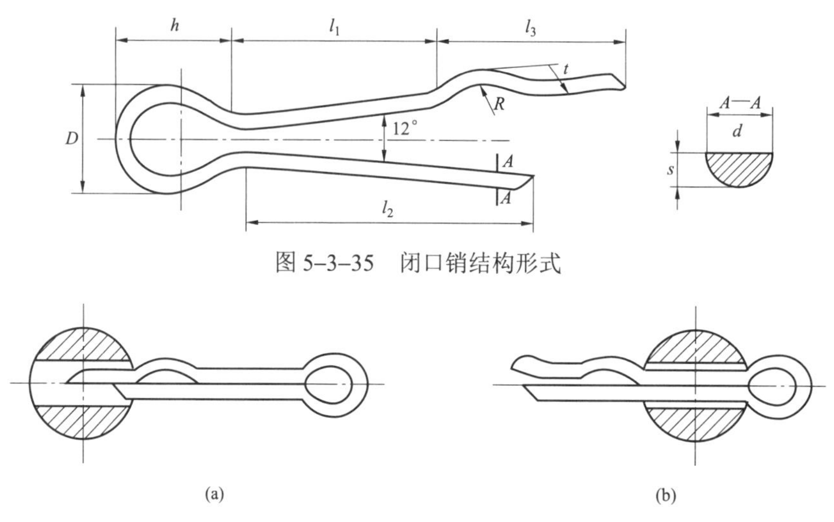

图 5-3-35　闭口销结构形式

图 5-3-36　闭口销安装示意图

（a）两脚并紧插入销孔；（b）插入孔后，两脚张开

基于以上闭口销的工作原理，DL/T 1343—2014《电力金具用闭口销》规定闭口销必须进行拔出载荷试验，其拔出载荷根据闭口销的规格要求大于10～25N。

图5-2-37为闭口销实物与试验时安装图。试验时，将闭口销正确安装在其对应的螺栓销孔内；将拉钩置于上部圆弧孔内，并在松弛状态下力值清零；然后沿其轴线方向将拉伸载荷施加在闭口销的圆弧形端头上，载荷逐渐增大，直至闭口销被拔出。试验应连续进行三次，记录每次被拔出过程中的最大载荷，三次试验的载荷值均应符合标准要求。

图 5-2-37　闭口销拔出载荷试验

5.3　金　相　分　析

金属的组织结构除了与化学元素成分有关外，还和冶炼条件、冷加工条件、热处理状况及使用工况等密切相关，如冶炼过程中导致的夹杂物超标组织、冷加工过程中导致的严重带状组织、热处理过程中导致的马氏体淬硬组织、运行中造成的过热组织等。通过金相分析可以了解金属的组织结构状态及缺陷，从而推断金属在冶炼、加工、使用时存在的一些问题。

金相分析是指采用适当的金相检验方法，对金属材料状态进行检验并评估的技术。材料的状态一般包括材料老化状态、蠕变损伤状态、腐蚀氧化状态、脆化状态、表面状态、

开裂状态等。

金相分析分宏观检验及微观分析两大类。宏观检验又称低倍检验，它是用肉眼或10倍以下放大镜观察，来判断钢材的纵、横断面或断口上各种宏观缺陷的方法。宏观检验主要包括低倍组织检验、发纹检验和硫印检验。显微分析是借助金相显微镜（见图5–3–1）、扫描电子显微镜、体视显微镜等设备，从微观尺度对金属材料的相结构和组织进行分析的过程。显微分析能检查金属材料的微观组织，但检验范围很小，而宏观检验则能检查金属材料组织的不均匀性以及宏观缺陷的形式和分布。宏观检验与微观分析相配合，就能对金属材料的质量进行全面的判断。

图5–3–1　倒置式金相显微镜

对于电网设备中的金属部件，金相分析除了能观察材料显微组织外，还可以用于腐蚀形态的观察、表面镀层的测厚、镀层与基体结合状况的分析等。

金相分析的一般流程包括试样制备、显微组织观察、显微组织分析评定等过程。

5.3.1　试样的制备

显微组织检验试样的制备分现场制备和取样制备两类，现场制备是在不破坏部件的前提下对部件表面进行研磨、抛光、浸蚀、复型（必要时），而取样制备是在金属部件上利用机械切割的方法破坏性地取出较为规则的金相分析试样，或直接或镶嵌后对观察表面进行研磨、抛光、浸蚀。

5.3.1.1　研磨

研磨常使用机械研磨的方式，在去除表面的加工硬化层后，直接用干砂纸或水砂纸按磨粒尺寸在磨抛机上从大到小依次磨削，一般磨削至20～14μm磨粒尺寸即可。磨粒尺寸与粒度标号、砂纸编号的对应关系见表5–3–1、表5–3–2。

表5–3–1　　干砂纸编号与磨粒尺寸关系

序号	编　号	粒度标号	磨粒尺寸（μm）	备注
1	—	280	50～40	一般钢铁材料用280、W40、W28、W20 4个粒度标号干砂纸磨光
2	0	W40	40～28	
3	01	W28	28～20	
4	02	W20	20～14	
5	03	W14	14～10	
6	04	W10	7～10	
7	05	W7	5～7	
8	06	W5	3.5～5	
9	—	W3.5	2.5～3.5	

表 5-3-2　　水砂纸编号与粒度尺寸关系

序　号	编　号	粒度标号	磨粒尺寸（μm）	备注
1	320	—	—	一般钢铁材料用240、360、400、600 4 个粒度标号水砂纸磨光
2	360	220	50～63	
3	380	240	40～50	
4	400	280	28～40	
5	500	320	—	
6	600	360	20～28	
7	700	400	—	
8	800	600	14～20	
9	900	700		
10	1000	800	—	

5.3.1.2　抛光

抛光是把细磨好的平面用抛光方法制成镜面，常用的抛光方法有机械抛光、化学抛光和电解抛光三种。对于钢铁材料，常使用机械抛光方式；对于较软的铝、铜材料，常使用化学或电解抛光方式。

机械抛光是采用比细磨时磨粒尺寸更小的研磨膏（根据施加方式分为针式或喷雾式两种）继续对观察表面进行磨削，达到肉眼看不见划痕的镜面效果。机械抛光时，由塑性流变而引起抛光剂材料的滚动，滚动的抛光剂被牢固地压入刮痕缝隙中，形成黑色的抹糊层。实验室金相中，一般在抛光底盘上蒙上绒布，然后将研磨膏（或喷雾剂）涂（喷）在绒布上；现场金相则是将涂有研磨膏的绒布固定在特制磨光头上进行。机械抛光多用于实验室金相试样的制备。金刚石粉颗粒尖锐、锋利，切削作用极佳，寿命长，变形层少，是最理想的抛光材料。另外，也常用氧化铝（刚玉）、金刚砂等抛光材料。

化学抛光是用特定配置的化学溶液对观察表面进行相对均匀的溶解，去除表面的划痕、粗糙处，得到一个平而未变形的表面。化学抛光简单、经济，试样制备容易，事后处理简单，不像在机械研磨时可能出现变形层和抹糊层。但缺点是试样边缘侵蚀重（对实验室小样而言），粗晶粒材料出现桔皮表面，因反应产物而附着一层薄的表面薄膜。化学抛光多用于现场金相试样的制备。例如，碳钢和低、中合金钢的化学抛光液配方为：60～80ml 双氧水、5g 草酸、100ml 蒸馏水及 2.5～5.0ml 的氢氟酸。

电解抛光是在盛有特定电解质的电解池中，在设定的电流密度、电压、电极距离、阴阳级的尺寸比例、抛光时间、电解质温度的条件下，通过试样的阳极溶解使试样表面平整。电解抛光可立即消除机械研磨时出现的变形层及抹糊层，可立即进行侵蚀。但缺点是受到抛光剂配方的限值（特别是多相合金），不能满足组织边缘高清晰度的要求，不能磨平大面积的不平整处，在表面附着一层覆盖层，不适应于粗晶粒材料等。

电解抛光多用于实验室金相试样的制备，常用电解抛光液及规范见表 5-3-3。

表 5-3-3　　常用电解抛光液及规范

序号	抛光液成分	抛光规范	适用材料	备　注
1	高氯酸 15%～20%，酒精 80%～85%（可加 10%甘油或水）	电流密度 0.1～0.3A/cm²，小于 50℃，时间 15～90min	钢铁	配制时缓慢加入，要求较高的槽压，抛光温度不能太高
2	磷酸 38%，甘油 53%，铬酐 6%，水 14%	电流密度 0.5～1.5A/cm²，时间 3～7min，温度 50～100℃	不锈钢	
3	磷酸 65%，硫酸 15%，铬酐 6%，水 14%	电流密度 1A/cm²，时间 2～10min，温度 70～80℃	合金钢	
4	醋酸 700mL，铬酸 200mL，水 100mL	电流密度 0.1～0.2A/cm²	钢及铸铁	
5	磷酸 88mL，硫酸 12mL，铬酐 6g	电流密度 1～2A/cm²，时间 1～105min，温度 70～90℃	铝	

5.3.1.3 浸蚀

浸蚀是利用晶界或相界具有较高的表面能被浸蚀剂优先溶解的原理，显露出金相抛光面上组织的特征。典型的低合金钢浸蚀剂是 4%的硝酸酒精溶液；一般的马氏体或奥氏体不锈钢组织浸蚀剂是 $FeCl_3$ 盐酸溶液（5g 的 $FeCl_3$+50ml 盐酸+100ml 的水）；而有些镍基（或钴基等）合金的奥氏体不锈钢组织则需用王水浸蚀；铜合金常用的浸蚀剂为氯化铁氨水溶液；铝及铸造铝合金常用的浸蚀剂为氢氟酸水溶液或苛性钠水溶液。浸蚀方式一般为擦拭式，有时为了择优观察特定的组织形态，需要用特定的浸蚀剂进行选择性腐蚀。

浸蚀时间的长短，依基材的组织状态和观察倍数决定，一般组织中耐蚀相（如碳化物）析出越多越易受浸蚀，观察倍数越高，浸蚀应浅一些。

5.3.2 显微组织观察

显微组织观察包括浸蚀前的观察及浸蚀后的观察。浸蚀前主要观察试样中的夹杂物、石墨形态、裂纹、孔隙、腐蚀坑、表面覆盖层（氧化皮或镀层）等，并测量相关尺寸（如夹杂物长度、覆盖层厚度、裂纹尺寸、腐蚀坑深度等）；浸蚀后主要观察试样的显微组织。

钢铁材料包括碳钢、低合金钢、中合金钢、高合金钢、奥氏体不锈钢、铸铁、合金铸铁等，其显微组织与成分、热处理状态、运行温度及运行时间有关。钢铁材料的显微组织有石墨、莱氏体、铁素体、珠光体、贝氏体、马氏体、奥氏体，其中贝氏体又分为上贝、下贝、粒贝，马氏体又分为板条马氏体、针状马氏体，回火后还会产生回火马氏体、回火索氏体等。

图 5-3-2 为铁素体的几种形态（块状、网状、针状），图 5-3-3 为珠光体形貌，图 5-3-4 为贝氏体的几种形态，图 5-3-5 列举了钢铁材料的几种典型组织，图 5-3-6 列举了几种典型铸铁材料的组织。

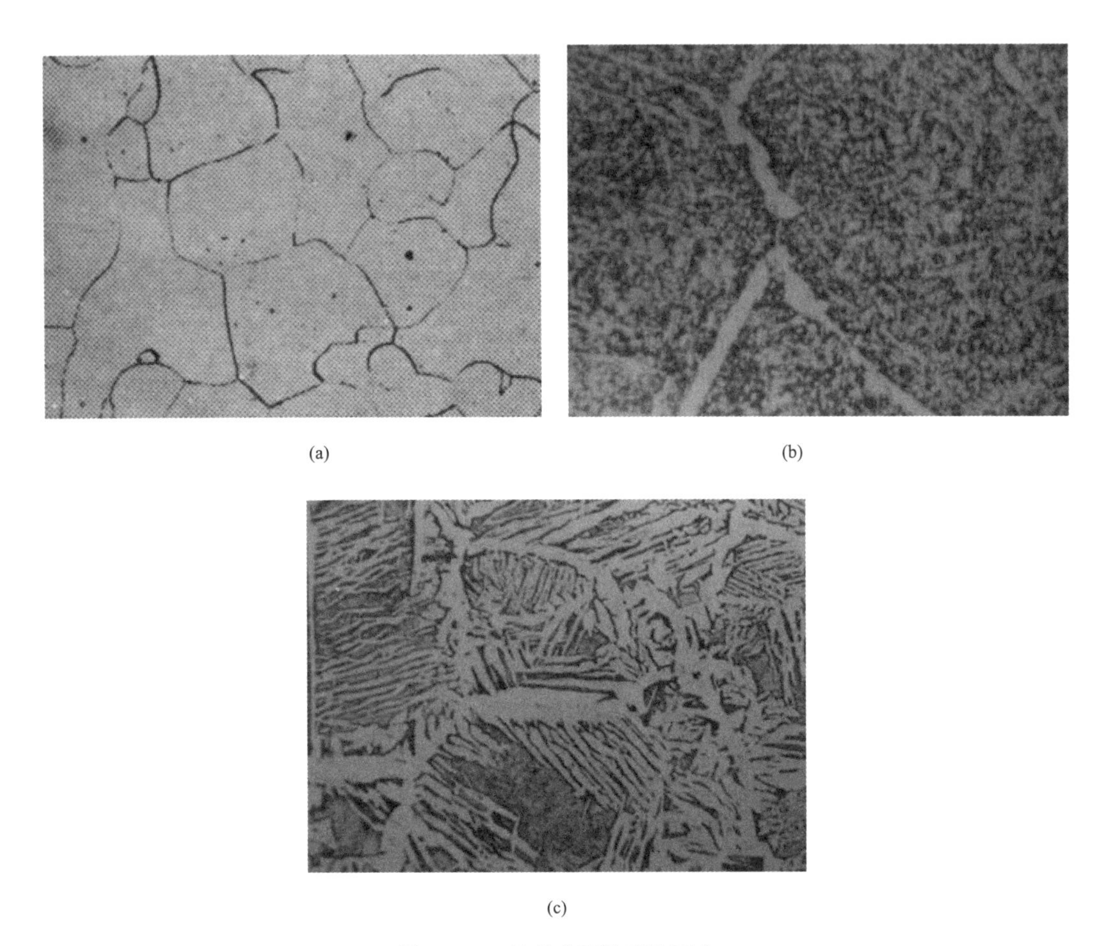

(a) (b) (c)

图 5-3-2　几种典型铁素体形态

（a）块状铁素体；（b）网状铁素体；（c）魏氏体（针状）

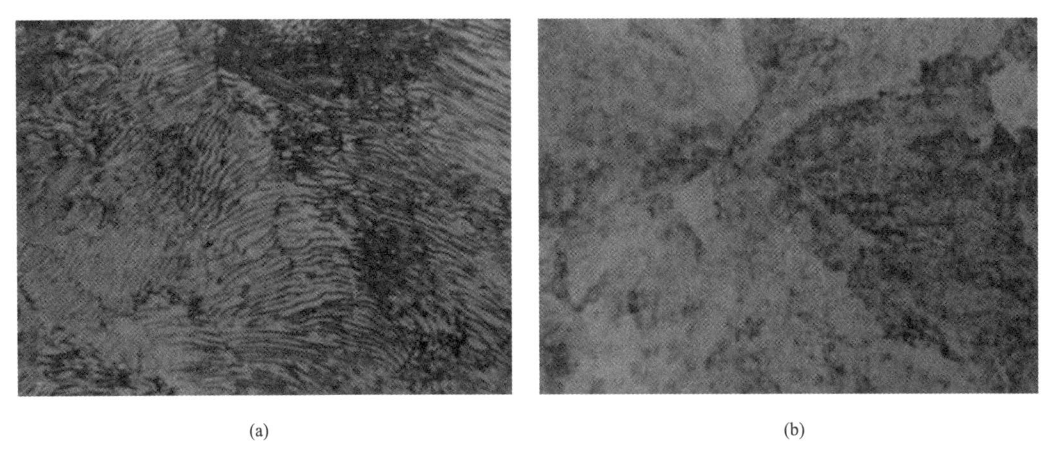

(a) (b)

图 5-3-3　珠光体形态

（a）可分辨珠光体（500 倍）；（b）极细珠光体（500 倍）

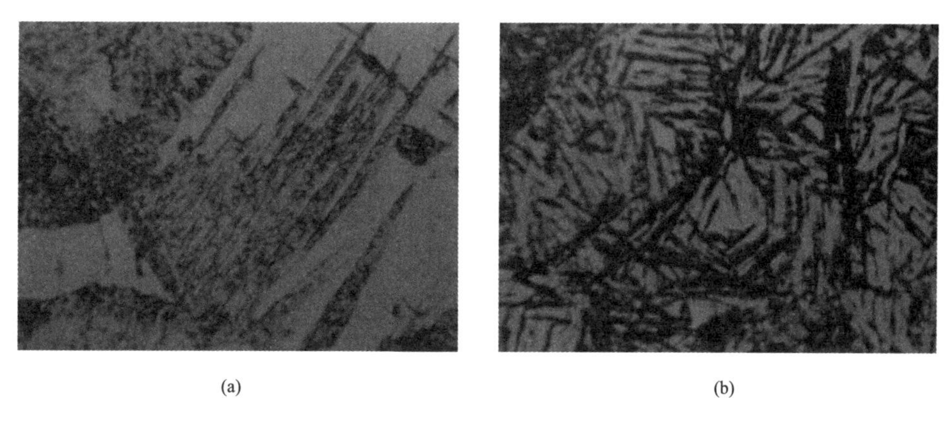

(a) (b)

图 5-3-4 贝氏体形态

（a）羽毛状上贝氏体（500 倍）；（b）针状下贝氏体（500 倍）

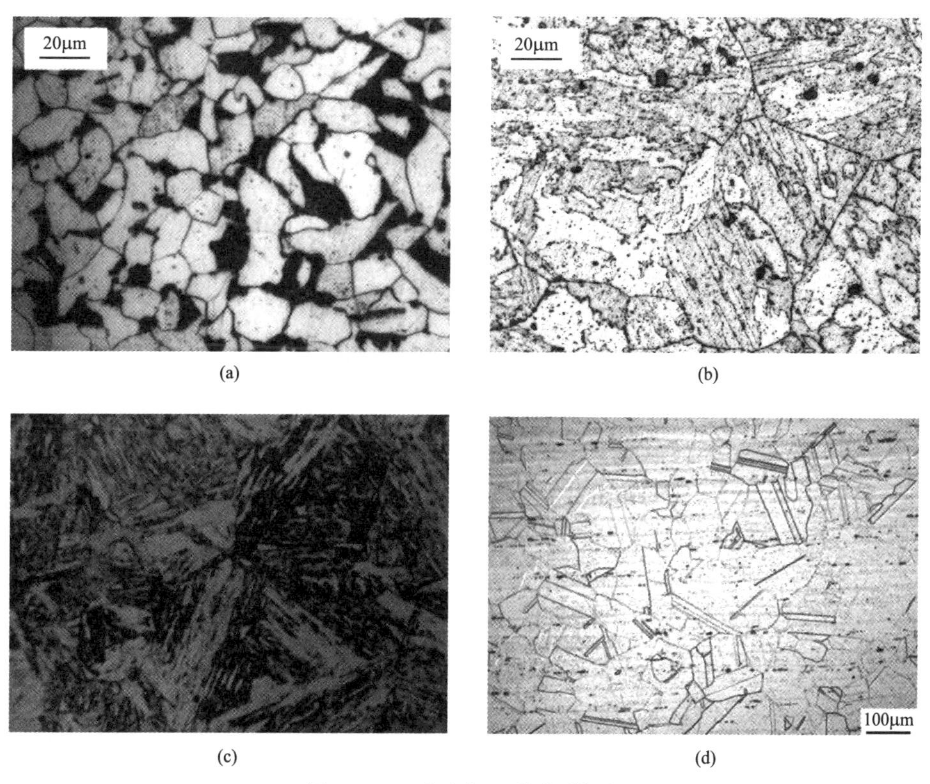

(a) (b) (c) (d)

图 5-3-5 合金钢几种典型组织

（a）铁素体+珠光体；（b）贝氏体；（c）低碳马氏体；（d）孪晶奥氏体

5.3.3 显微组织的分析评定

除了对显微组织进行定性分析外，还应对原材料冶炼、加工、热处理质量（如夹杂物级别、带状组织级别、晶粒度级别、魏氏组织级别等）及运行后组织的老化程度（如石墨化级别、球化级别、老化级别、蠕变损伤程度、脆化级别等）进行分析评定。由于电网设备中的金属材料较少在高温下服役，不存在长期高温运行导致的老化，因此应重点对材料

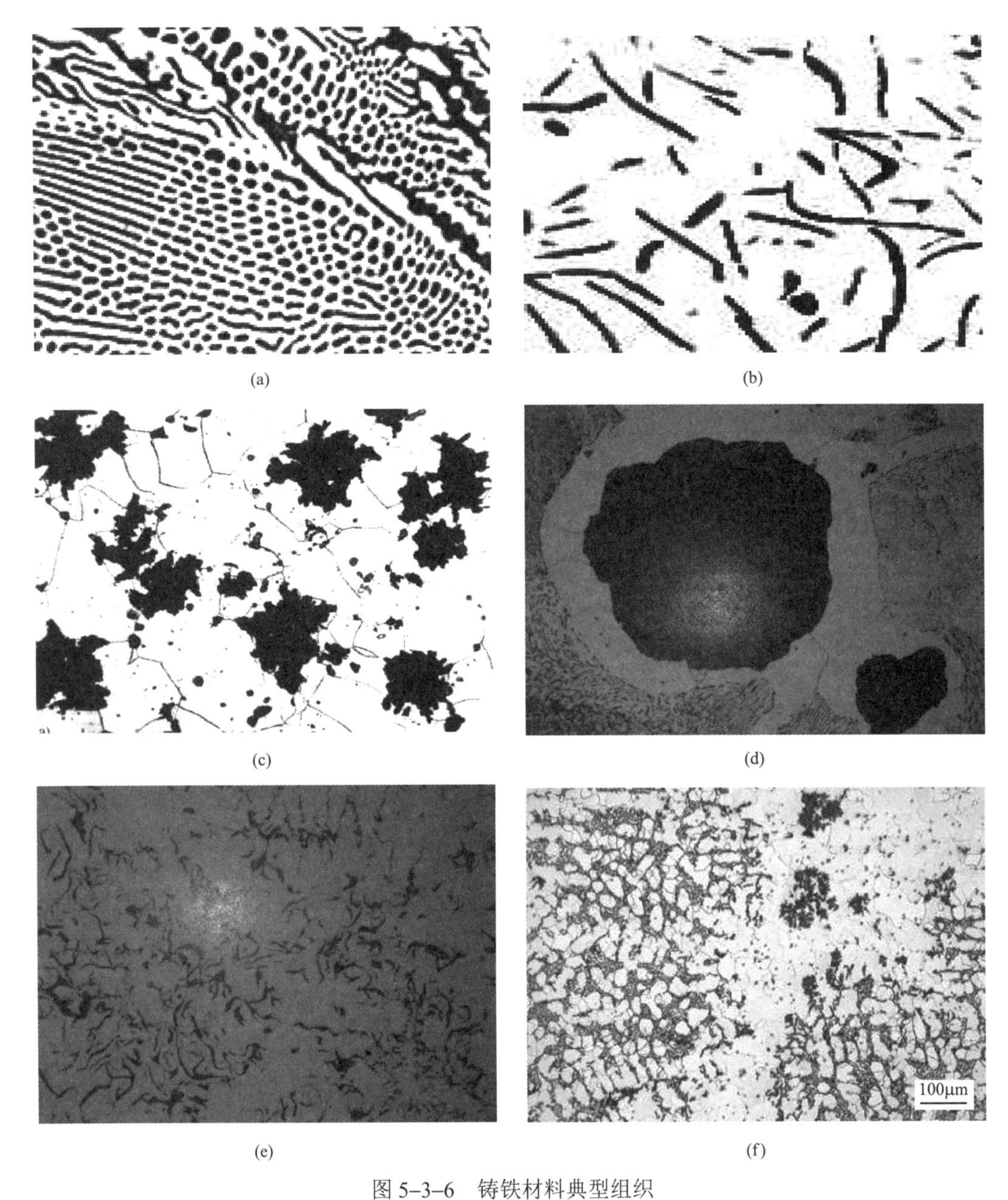

图 5-3-6 铸铁材料典型组织
（a）白口铸铁；（b）灰口铸铁；（c）可锻铸铁；（d）球墨铸铁；（e）合金铸铁（菊花状）；（f）枝晶状（异常组织）

的原材料质量进行检验，如非金属夹杂物、晶粒大小、带状组织、铸铁的珠光体比例、石墨形态级别等。

5.3.3.1 晶粒度评定

晶粒大小对材料冲击韧性影响较大，图 5-3-7 为某断裂螺栓的显微组织，其晶粒极其粗大（1 级以下），冲击吸收功不足 10J，这是导致其断裂的主要原因，因此晶粒度评定是组织评定的一种重要方法。

图 5–3–7　某断裂螺栓晶粒极其粗大

依据 GB/T 6394—2002《金属平均晶粒度测定方法》，晶粒度测定主要有三种方法：比较法、面积法和截点法。比较法最简便，将晶粒边界清晰的组织照片与标准中各晶粒级别的照片相比较，找出晶粒大小最接近的晶粒级别照片，即为该试样的晶粒度。非等轴晶粒不能使用比较法。

如要求高的精确度，应使用面积法和截点法。有争议时，截点法是仲裁方法。面积法是通过计算给定面积（放大后通常为 5000mm^2）网格内的晶粒数 N 来测定晶粒度；截点法是通过测量给定长度的测量线段（推荐总长 500mm）与晶粒边界相交截点数 P 来测定晶粒度。对于非均匀等轴晶粒的各种组织应用截点法；对于非等轴晶粒度，截点法可用于分别测定三个相互垂直方向的晶粒度，也可计算总体平均晶粒度。

检验面视场的选取应遵照以下原则：选择适当的放大倍数及测量面积使视场内至少包含 50 个晶粒；在每个检验面上选择 3 个或 3 个以上有代表性的视场。

测定晶粒度的试样不允许重复热处理，渗碳处理用的钢材试样应去除脱碳层及氧化层。晶粒显示的方法有很多种，通常测定的为铁素体钢的奥氏体晶粒度，有渗碳法、网状铁素体法、氧化法、直接淬火马氏体法、网状渗碳体法、网状珠光体法等，都是用特殊的热处理方法和对应的腐蚀液来显示出原奥氏体晶界，从而测定奥氏体晶粒度。

5.3.3.2　钢中非金属夹杂物评定

钢在冶炼过程中，不可避免地在其内部会残留一些杂质元素（如 O、Al、S、Si 等），这些元素以氧化物或其他化合物形式存在，在随后的锻造变形过程中，有些夹杂物被拉长，甚至割裂基体，对材料的力学性能有很大影响。在断裂失效时，夹杂物处更容易成为裂纹源，因此非金属夹杂物分布状态的评定是金相分析的一项重要内容，是评判材质优劣的一项重要指标。

非金属夹杂物分五大类：硫化物类（A 类）、氧化铝类（B 类）、硅酸盐类（C 类）、球状氧化物类（D 类）、单颗粒球状类（DS 类），其中 A 类和 C 类呈条状，有较宽范围的形态比（长/宽）和形态比较高的割裂基体，相当于基体中的微裂纹。

测定非金属夹杂物级别时，将试样抛光（不浸蚀），在显微镜下放大 100 倍，选取夹杂物最多的、实际面积为 0.5mm^2 的视场，测量视场内夹杂物的总长度，或计算视场内球状氧化物个数，或测量大球状颗粒直径。对于 A、B、C 类条（串）状夹杂物，在计算总长时，需遵守图 5–3–8 的原则，将横向间距≤10μm 与纵向间距≤40μm 的两条（串）夹杂物视为一条再测量总长。

评定夹杂物级别前，首先要判断夹杂物的类别，B 类为串状，没有延展性。A 类和 C 类有时难以区分，都具有高的延展性，A 类呈灰色，一般端部呈圆角；C 类呈黑色或深灰色，一般端部呈锐角。计算出各类夹杂物长度、数量或直径后，按表 5–3–4 来分别评定夹杂物级别。对于超过视场长度的夹杂物测量长度后应单独注明。

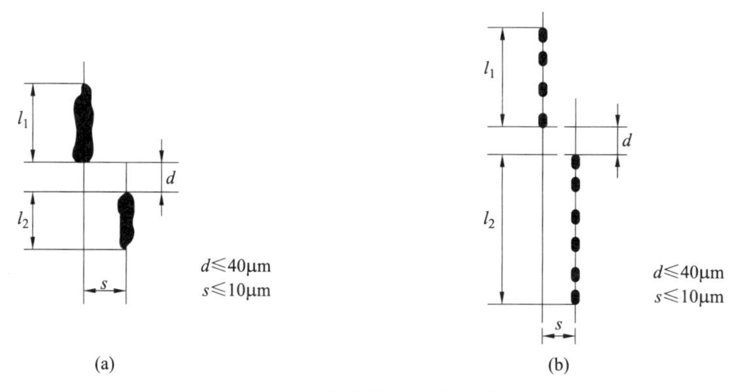

图 5–3–8　夹杂物长度测量原则

（a）A 类和 C 类夹杂物；（b）B 类夹杂物

表 5–3–4　　　　夹杂物级别确定（最小值）

评级图级别 i	夹杂物类别				
	A（总长度 μm）	B（总长度 μm）	C（总长度 μm）	D（数量个）	DS（直径 mm）
0.5	37	17	18	1	13
1	127	77	76	4	19
1.5	261	184	176	9	27
2	436	343	320	16	38
2.5	649	555	510	25	53
3	898（<1181）	822（<1147）	746（<1029）	36（<49）	76（<107）

注　以上A、B和C类夹杂物的总长度是按GB/T 10561—2005《钢中非金属夹杂物含量的测定标准评级图显微检验法》附录D给出的公式计算，并取最接近的整数。

5.3.3.3　金属表面异质层厚度测量

有时为了使金属部件达到某种性能，需要进行表面处理，例如：采用渗碳、渗氮、渗铬、喷丸等技术以增加耐磨性和表面硬度；采用镀锌、镀银等技术以防腐或增加导电性。在检测渗层或镀层质量时，金相法测量其厚度是最主要、最精确的一种方法。

此外，表面异质层还包括脱碳层、表面覆盖的氧化物等。脱碳层深度包括完全脱碳层和不完全脱碳层。脱碳一般是由于加工热处理过程中过热造成的，脱碳后钢铁表面强度下降、材质劣化，因此对脱碳层深度的测量也是钢材质量的重要控制手段。图 5–3–9 为某铸铁材料脱碳层深度的测量示意图，白色区域为完全脱碳区。图 5–3–10 为铜制件表面镀银层厚度测量照片。

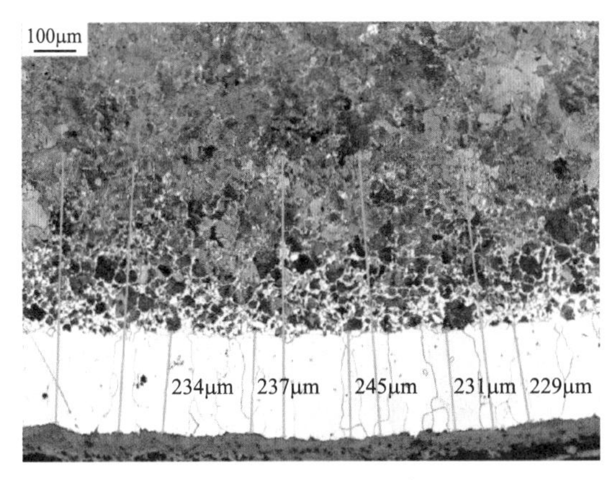

图 5-3-9　脱碳层深度测量

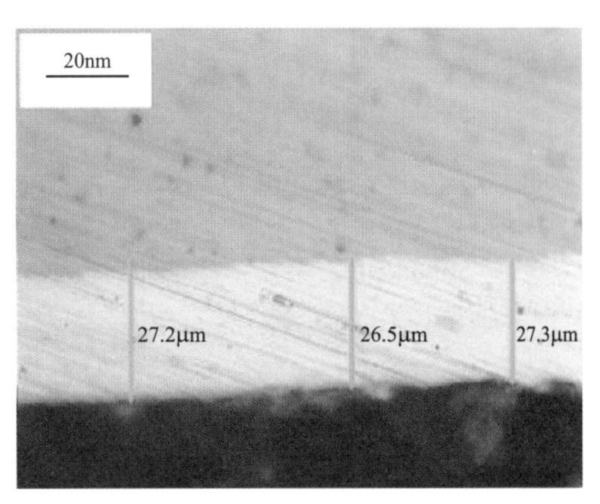

图 5-3-10　铜镀银层厚度测量

5.4 断　口　分　析

5.4.1 扫描电镜的基本结构和工作原理

扫描电子显微镜（简称扫描电镜，SEM）利用细聚焦电子束在样品表面逐点扫描，与样品相互作用产生各种物理信号，这些信号经检测器接收、放大并转换成调制信号，最后在荧光屏上显示反映样品表面各种特征的图像。扫描电镜具有景深大、图像立体感强、放大倍数范围大、连续可调、分辨率高、样品室空间大且样品制备简单等特点，是进行样品表面研究的有效分析工具。

扫描电镜所需的加速电压比透射电镜要低得多，一般为 1～30kV。实验时可根据被分析样品的性质适当地选择，分析导电良好的金属材料时常用的加速电压约 20kV，分析导电性较差的材料时，加速电压应适当降低。扫描电镜的图像放大倍数在一定范围内（几十倍到几十万倍）可以实现连续调整，放大倍数等于荧光屏上显示的图像横向长度与电子束在样品上横向扫描的实际长度之比。扫描电镜的电子光学系统与透射电镜有所不同，其作用仅仅是为了提供扫描电子束，作为使样品产生各种物理信号的激发源。扫描电镜最常使用的是二次电子信号和背散射电子信号，前者用于显示表面形貌衬度，后者用于显示原子序数衬度。

扫描电镜的基本结构分为电子光学系统、扫描系统、信号检测放大系统、图像显示和记录系统、真空系统和电源及控制系统六大部分。图 5-4-1 为扫描电子显微镜的基本结构示意图。从结构示意图可见，左面为镜筒和样品室，右面是成像和记录系统，两部分是由同步扫描发生器和信号探测器连接在一起。

（1）镜筒：由电子枪、两个聚光镜和一个物镜组成，包括扫描线圈和消像散器。电子枪产生电子束，通过三个透镜把电子束聚焦在样品表面，聚焦的电子束斑直径可以小到几个纳米，在扫描线圈作用下，在样品表面做光栅扫描，与样品逐点发生相互作用，产生信号。

（2）样品室：将样品放在样品台上，可以调整在 X、Y、Z 三个方向上移动，也可以倾斜或自转，使样品的每个部位都可以移动到电子束下，将产生的信号送入探测器。

（3）探测器：装在样品室，通常有检测二次电子探测器（SED）和背散射电子探测器（BED），还有能谱探测器（SDD）。各类探测器分别收集不同信号，其中二次电子探测器用来扫描电镜成像。

（4）成像和记录系统：在控制计算机荧光屏上显示扫描图像，可以拍照或输出到计算机，转存为电子文档。

（5）真空系统：镜筒和样品室都是在高真空状态下工作，由涡轮分子泵抽高真空。外接的机械泵与分子泵串连，是前级泵，抽低真空。高、低真空度分别由潘宁规和皮拉尼规测量。有的电镜有低真空操作功能，样品室可以通入适量气体（VP 模式）或水蒸气（EP 模式），直接观察不导电或含水样品。

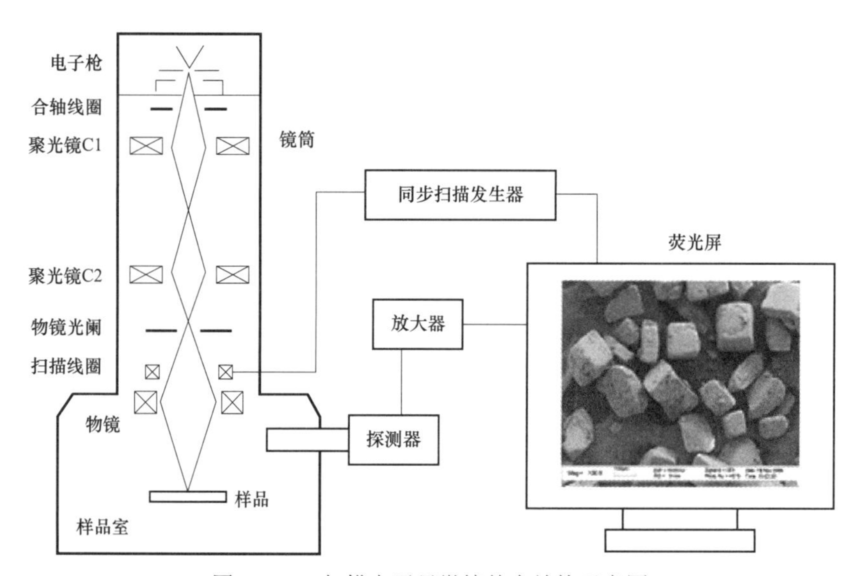

图 5-4-1　扫描电子显微镜基本结构示意图

扫描电镜的放大倍率 M 定义为

$$M=A/a$$

式中：A 为荧光屏宽度；a 为电子束在样品上的扫描宽度。

由于荧光屏宽度是常数，所以调节扫描发生器改变电子束在样品上的扫描面积，可以改变图像的放大倍率。低倍像意味着样品上的扫描面积大，适于大范围观察；高倍像意味着扫描面积小，适于观察局部细节。

5.4.2　样品制备

扫描电镜的优点是样品制备简单，对于新鲜的金属断口样品不需要做任何处理，可以直接进行观察。但在以下情况需对样品进行必要的处理。

（1）样品表面附着有灰尘和油污，可用有机溶剂（乙醇或丙酮）在超声波清洗器

中清洗。

（2）样品表面锈蚀或严重氧化，采用化学清洗或电解的方法处理。清洗时可能会失去一些表面形貌（特征的细节，操作过程中应该注意）。

（3）对于不导电的样品，观察前需在表面喷镀一层导电金属或碳，镀膜厚度应控制在5～10nm。

5.4.3 表面形貌衬度观察

二次电子信号来自于样品表面层5～10nm，信号的强度对样品微区表面相对于入射束的取向非常敏感。随着样品表面相对于入射束的倾角增大，二次电子的产额增多。因此，二次电子像适于显示表面形貌衬度。

二次电子像的分辨率较高，约3～6nm。其分辨率的高低主要取决于束斑直径，而实际上真正达到的分辨率与样品本身的性质、制备方法，以及电镜的操作条件如高匝、扫描速度、光强度、工作距离、样品的倾斜角等因素有关。在最理想的状态下，目前可达到的最佳分辨率为1nm。

扫描电镜图像表面形貌衬度几乎可以显示任何样品表面的超微信息，其应用已渗透到许多科学研究领域，在失效分析、刑事案件侦破、病理诊断等领域也得到广泛应用。在材料科学研究领域，表面形貌衬度在断口分析等方面有突出的优越性。

利用试样或构件断口的二次电子像所显示的表面形貌特征，可以获得裂纹的起源、裂纹扩展的途径以及断裂方式等信息。根据断口的微观形貌特征可以分析裂纹产生的原因、裂纹的扩展途径以及断裂机制。图5-4-2是比较常见的几种金属材料断口形貌二次电子像。

根据裂纹扩展途径分类，断口可分为解理断口、准解理断口、沿晶断口、韧窝断口、疲劳断口等，其中解理、准解理和韧窝型属于穿晶断裂，而沿晶断口的裂纹扩展是沿晶粒表面进行的。

解理断口上有许多台阶，在解理裂纹扩展过程中，台阶相互汇合形成河流花样，这是解理断裂的重要特征。准解理断口与解理断口有所不同，其断口中有许多弯曲的撕裂棱，河流花样由点状裂纹源向四周放射。沿晶断口特征是晶粒表面形貌组成的冰糖状花样。韧窝断口上分布着许多微坑，在一些微坑的底部可以观察到夹杂物或第二相粒子。疲劳裂纹扩展区断口存在一系列大致相互平行、略有弯曲的条纹，称为疲劳条纹，这是疲劳断口在扩展区的主要形貌特征。

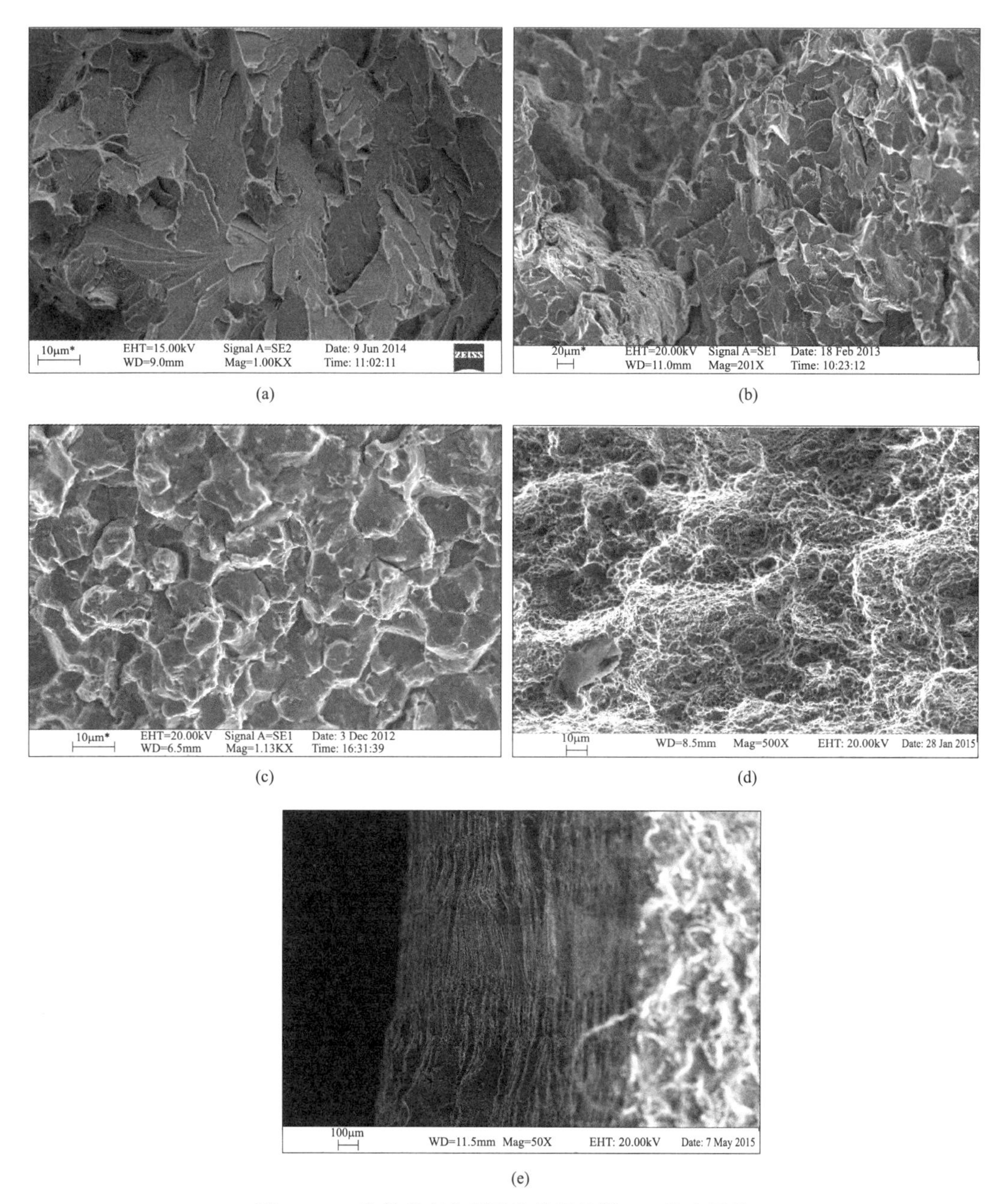

图 5–4–2 几种具有典型形貌特征的断口二次电子像

（a）解理断口；（b）准解理断口；（c）沿晶断口；（d）韧窝断口；（e）疲劳断口

6 金属材料无损检测

6.1 概　　述

无损检测是指在不损害或不影响被检测对象使用性能，不改变被检测对象内部组织的前提下，利用材料内部结构异常或缺陷存在引起的热、声、光、电、磁等反应的变化，以物理或化学方法为手段，借助一定技术和设备器材，对试件内部及表面的结构、性质、状态及缺陷的类型、性质、数量、形状、位置、尺寸、分布及其变化进行检查和测试。不同标准中对于无损检测的定义略有差异，如 GB/T 20737—2006《无损检测　通用术语和定义》中对无损检测的定义为：以不损害预期实用性和可用性的方式来检查材料或零部件的技术方法的开发和应用，其目的是为了探测、定位、测量和评定伤，评价完整性、性质和构成，测量几何特性。NB/T 47013—2015《承压设备无损检测》中对无损检测的定义为：在不损坏检测对象的前提下，以物理或化学方法为手段，借助相应的设备器材，按照规定的技术要求，对检测对象的内部及表面的结构、性质或状态进行检查和测试，并对结果进行分析和评价。因此，广义上，凡是在不破坏检测对象的前提下，以物理或化学方法为手段，对检测对象进行检查和测试的方法都属于无损检测方法，包括对检测对象是否存在缺陷及缺陷的形状、大小、位置、取向、分布等的检测，以及对检测对象的组织结构、应力状态、物理性能等的检测。在实际应用中，金属材料的无损检测通常指对金属材料（或构件）的表面或内部宏观缺陷的检测。

无损检测的目的是定量掌握缺陷的情况，以便改进制造工艺、提高产品质量，及时发现故障隐患，保证设备安全可靠地运行。其目的是保证产品质量、保障使用安全、改进生产工艺、降低生产成本。应用无损检测技术，可以探测到肉眼无法看到的试件内部缺陷及表面微小缺陷，而且相对破坏性检验，无损检测不会破坏产品，尤其是许多重要的材料、结构或产品，必须保证万无一失，只有采用无损检测手段才能为质量提供有效保证。即使是严格按照规范设计和制造的产品，在经过一段时间的使用后也有可能失效从而引发事故。因为在使用过程中，运行条件会使设备状态发生变化，如高温和应力的作用会导致材料蠕变，温度和压力的波动产生的交变应力会使设备的应力集中部位产生疲劳裂纹，腐蚀作用造成材料的减薄或材质劣化等。这些状态的变化最终都会造成设备失效。所以在设备运行过程中，定期进行无损检测，可以及时有效的发现缺陷，消除隐患，保证设备安全运行。在生产中，为了解制造工艺是否适宜，必须进行工艺试验。在工艺试验中就需要对工艺试样进行无损检测，并根据检测结果改进制造工艺，最终确定理想的制造工艺。例如，为了确定焊接工艺规范，在焊接试验时对焊接试样进行射线检测，随后根据检测结果修正焊接工艺参数，最终得到能够达到质量要求的焊接工艺。在制造过程中的适当环节进行正确的无损检测，可以防止有缺陷的半成品流入后续工序，减少浪费，降低废品率，从而降低生产成本。

无损检测是通过检测对象与热、声、光、电、磁等的相互作用引起的物理化学现象实现的，根据所采用的物理原理或发生的化学现象的不同，无损检测可分为射线检测、声学检测、电学检测、磁学检测等，每一类又可能有一种或几种具体检测方法，如图 6-1-1 所示。

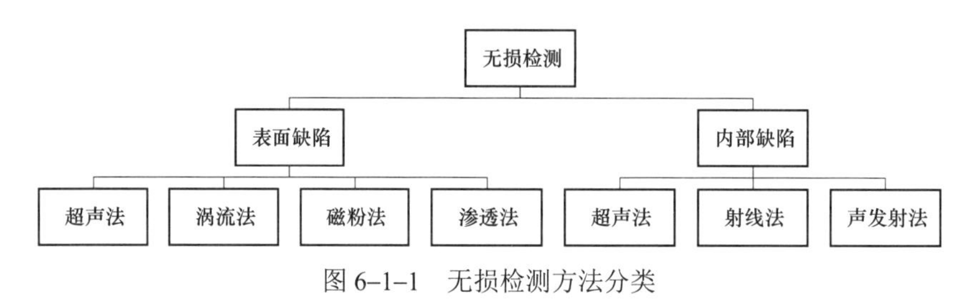

图 6-1-1　无损检测方法分类

目前，射线检测、超声检测、磁粉检测、渗透检测和涡流检测是五种最常用、最成熟的检测方法，通常称为常规无损检测方法。不同的无损检测方法有不同的优点、局限性和适用范围，在实际应用中，应根据检测对象的具体情况，如材质、结构、尺寸、表面状态、可能存在的缺陷等，选择合适的检测方法。必要时，可能需要综合应用多种检测方法，以达到检测目的。

6.2　磁粉检测技术

磁粉检测是利用磁现象来检测铁磁性工件表面和近表面缺陷的一种无损检测技术。

6.2.1　磁粉检测基础理论

6.2.1.1　磁现象

自然界有些物质具有吸引铁、钴、镍等物质的性质，这种性质称为磁性。通常把这种具有磁性的物体叫做磁体，磁体具有建立外加磁场的能力。使原来不带有磁性的物体变得具有磁性叫做磁化，能够被磁化的材料称为磁性材料。

磁铁上磁性最强的区域称为磁极。磁极具有方向性，将一根能绕轴旋转的条形小磁铁放在空间，它的两个磁极将指向地球的南北方向，相应的两个磁极称为南、北极，分别用 S 和 N 表示。

每个磁体上的磁极总是成对出现的，在自然界中没有单独的 N 极或 S 极存在。如果把条形磁铁分成几个部分，每一部分仍有相应的 S 极和 N 极，如图 6–2–1 所示。即使把磁铁捣成粉末，S 极和 N 极仍在每个颗粒上成对出现。

6.2.1.2 磁场与磁感应线

磁体间的相互作用是通过磁场来实现的，磁场是具有磁力作用的空间。磁场存在于被磁化物体或通电导体的内部和周围空间，它是由于运动电荷形成的。磁场的特征是对运动电荷（或电流）具有作用力，在磁场变化的同时也产生电场。为了形象地表示磁场的强弱、方向和分布的情况，可以在磁场内画出若干条假想的连续曲线。这些曲线不会中断，它以连续回路的方式，自行穿过某个行程。曲线的疏密程度表示了磁场的强弱，曲线上任一点的切线方向都表示了该点的磁场方向。这些假想的曲线叫做磁感应线，如图 6–2–2 所示。

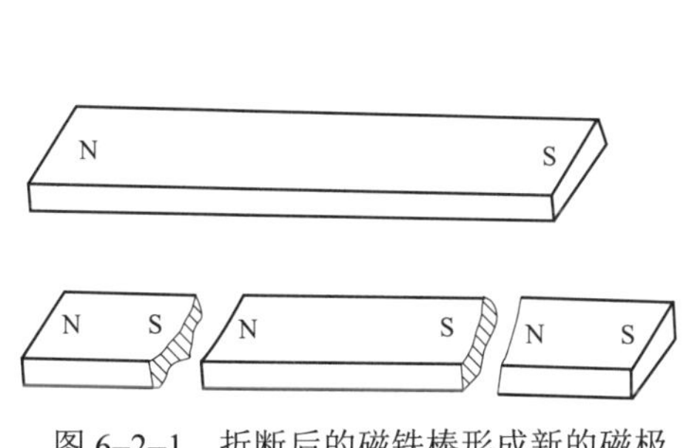

图 6–2–1 折断后的磁铁棒形成新的磁极

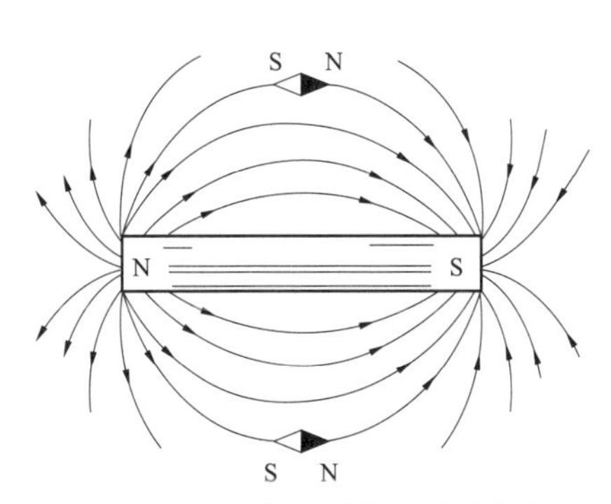

图 6–2–2 条形磁铁的磁感应线

6.2.1.3 通电导体产生的磁场

电流通过的导体内部及其周围也都存在着磁场，这种现象叫做电流的磁效应。

通电导体产生的磁场方向与电流方向之间存在着一定的关系，这种关系可以用右手螺旋法则来描述，如图 6–2–3 所示。对于通电直导体，用右手握住导体并把拇指伸直，以拇指所指方向为电流方向，则环绕导体的四指就指示出磁场的方向。而对于通电螺管线圈，用右手握住线圈，使弯曲的四指指向线圈电流的方向，则大拇指所指的方向即为磁场的方向。

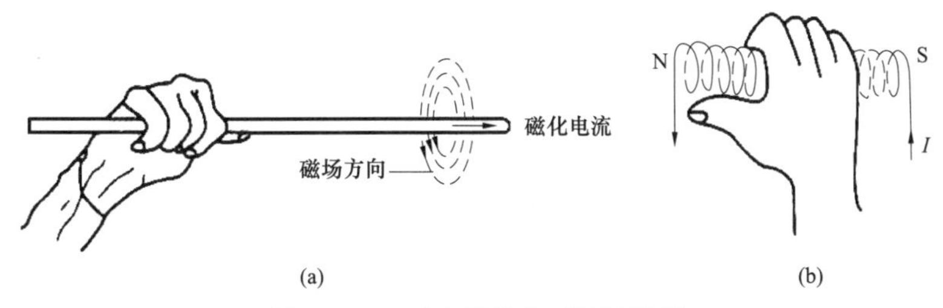

图 6–2–3 通电导体右手螺旋法则

（a）直导体；（b）螺管线圈

通电导体产生磁场强度 H 的大小取决于电流 I，I 越大，H 值也越大。

6.2.1.4 磁化及磁感应强度

将原来不具有磁性的物体放入磁场内，物体变得有磁性的现象叫磁化。物体在磁场中被磁化后，本身也产生一个磁场，称为感应磁场。感应磁场与外加磁场叠加起来的总磁场的强度称为磁感应强度，用符号 B 表示。

磁感应强度与磁场强度一样，也有大小和方向。磁感应强度的大小不仅与外加磁场有关，还与被磁化的物体的材料磁特性有关：$B=\mu H$ 。式中，μ 为材料的磁导率，是反映材料被磁化难易程度的物理量。材料磁导率与其磁特性有关，不同材料具有不同磁导率；同时，材料磁导率还随外加磁场大小不同而改变，有最大值和最小值。

在真空中，磁导率是常数，称为真空磁导率，用 μ_0 表示，$\mu_0=4\pi\times10^{-7}\text{H/m}$ 。

材料的磁导率与真空磁导率的比值称为相对磁导率，用符号 μ_r 表示，$\mu_r=\dfrac{\mu}{\mu_0}$ 。

因此磁感应强度与磁场强度的关系也可表示为：$B=\mu_0\mu_r H$ 。

不同材料的 μ_r 值不同，非铁磁材料的 μ_r 值约等于 1，而铁磁材料的 μ_r 值在几十到几千之间。因此在外加磁场强度一定的情况下，不同材料中的磁感应强度 B 各不相同，铁磁性材料中的 B 值可能比非铁磁性材料大几百甚至几千倍。

6.2.1.5 磁化曲线

当把没有磁性的铁磁性材料直接通电或置于外加磁场 H 中时，其磁感应强度 B 将明显地增大，产生比原来磁场大得多（如超过 10^5 倍）的磁场，对外显示出磁性。铁磁性材料磁感应强度 B 随磁场强度 H 的变化存在一定的规律，通过实验将对应的磁感应强度 B 和磁场强度 H 描绘成一条曲线，称为该材料的磁化曲线，又叫做 B–H 曲线，如图 6–2–4 所示。它反映了铁磁材料的磁化程度随外磁场变化的规律，铁磁材料的磁化曲线是非线性的，各类铁磁材料的磁化曲线都具有类似的形状。

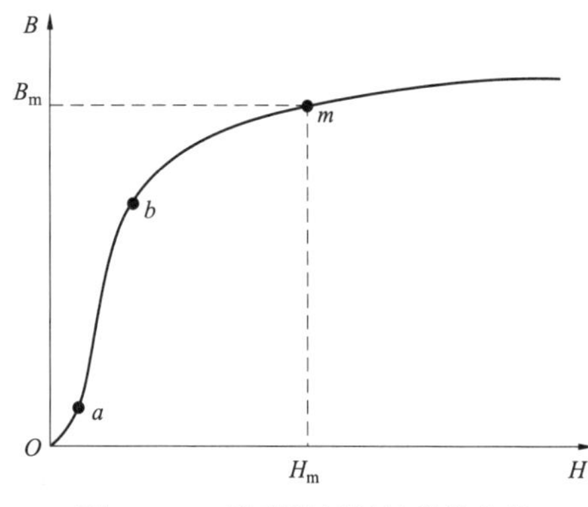

图 6–2–4 铁磁性材料的磁化曲线

从曲线中可以看出，铁磁材料磁化过程可分成初始磁化阶段、急剧磁化阶段、近饱和磁化阶段和饱和磁化阶段四个部分。在初始磁化阶段（OA 段），B 随 H 的增加缓慢增加，并且磁化是可逆的，即磁化到 a 点，如磁化场度 H 降为零，磁感应强度 B 会回到零；第二阶段（ab 段），H 增加时 B 增加得很快，材料得到急剧磁化，此时若去掉磁化场，磁感应强度不再回到零，而保留相当大的剩磁；第三阶段（bm 段），H 增加时 B 的增加又缓慢下来，产生了一个转折；过了 m 点以后，H 增加时 B 几乎不再增加，这时铁磁质的磁化已经达到饱和，m 点的磁感应强度称饱和磁感应强度 B_m，相应的磁场强度为 H_m。

6.2.1.6　磁滞回线

磁滞是铁磁质的另一重要性质。磁化曲线是铁磁质在初始时 H 由零逐渐增加的情况下得到的。如果从磁化曲线上饱和点 m 开始减小 H 值，这时的 B–H 关系并非按原曲线 MO 退回，而是沿着在它上面的另一曲线 mr 变化，如图 6–2–5 所示。当 H=0 时，B 并不为零，而等于 B_r，即铁磁质仍保留一定的磁性。B_r 称为剩磁感应强度，简称剩磁。这说明当铁磁质被磁化后再去除外磁场时，内部磁畴不会完全恢复到原来未被磁化前的状态。要消除剩磁，必须外加反向磁场，当反向外磁场 H=H_c 时，B=0，称为矫顽力，从剩磁状态到完全退磁状态的一段曲线 rc 称为退剩磁曲线（简称退磁曲线）；继续再增大反向磁场，则铁磁质反向磁化，同样达到饱和点 m'。如这时不断减小反向磁场到 H 为正值并增加至 H_m，则曲线将沿曲线 $m'r'c'm$ 变动，完成一个循环。由此可见，B 的变化总是滞后于 H 的变化，这种现象称为磁滞现象，又称磁滞。铁磁质在交变磁场内反复磁化的过程中，其磁化曲线是一个具有方向性的闭合曲线，称磁滞回线。只有交流电才能产生这种磁滞回线。

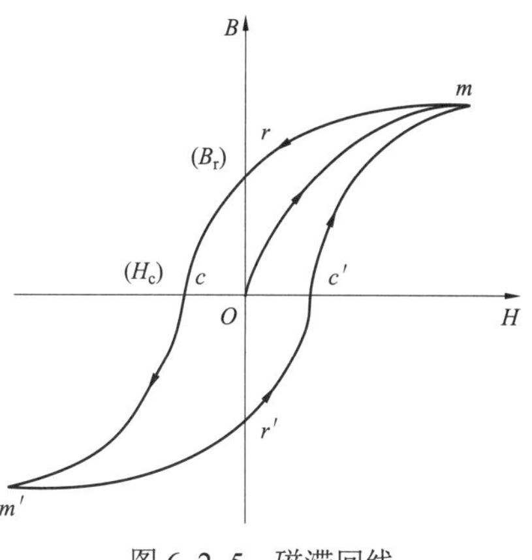

图 6–2–5　磁滞回线

6.2.1.7　漏磁场

漏磁场是指铁磁性材料磁化后，在不连续性处或磁路的截面变化处，磁感应线离开和进入表面时形成的磁场，如图 6–2–6 所示。

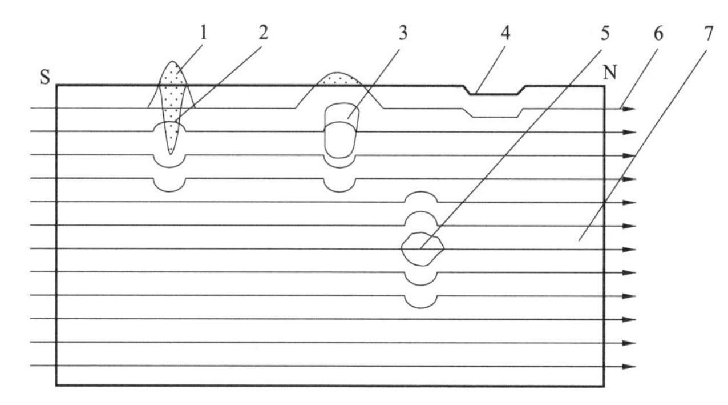

图 6–2–6　不连续性处漏磁场分布

1—漏磁场；2—裂纹；3—近表面气孔；4—划伤；5—内部气孔；6—磁感应线；7—工件

6.2.2　磁粉检测基本原理

磁粉检测的基础是缺陷处的漏磁场与磁粉的相互作用。它利用了钢铁制品表面和近表面缺陷（如裂纹、夹渣、发纹等）磁导率与钢铁磁导率的差异，磁化后这些材料不连续处的磁场将发生畸变，使部分磁通泄漏出工件表面产生了漏磁场，从而吸引磁粉在缺陷处形成磁粉堆积——磁痕。磁痕在适当的光照条件下，显现出缺陷的位置和形状。对这些磁粉的堆积加以观察和解释，就实现了磁粉检测。影响漏磁场的因素主要有：

（1）外加磁场强度越大，形成的漏磁场强度也越大。

（2）在一定外加磁场强度下，材料的磁导率越高，工件越易被磁化，感应强度越大，漏磁场强度也越大。

（3）当缺陷的延伸方向与磁力线的方向成 90° 时，由于缺陷阻挡磁力线穿过的面积最大，形成的漏磁场强度也最大。随着缺陷的方向与磁力线的方向从 90° 逐渐减小（或增大），漏磁场强度明显下降。因此，磁粉检测时，通常需要在两个（两次磁力线的方向互相垂直）或多个方向上进行磁化。

（4）随着缺陷的埋藏深度增加，溢出工件表面的磁力线迅速减少。缺陷的埋藏深度越大，漏磁场就越小。因此，磁粉检测只能检测出铁磁性材料制成的工件表面或近表面的裂纹及其他缺陷。

6.2.3 磁粉检测设备与器材

6.2.3.1 磁粉检测仪

按设备体积和重量，磁力探伤机可分为固定式、移动式、携带式三类。

固定式检测仪——最常见的固定式检测仪为卧式湿法检测仪，设有放置工件的床身，可进行包括通电法、中心导体法、线圈法多种磁化，配置了退磁装置、磁悬液搅拌喷洒装置和紫外线灯，最大磁化电流可达 12kA，主要用于中小型工件探伤。

移动式检测仪——体积重量中等，配有滚轮，可运至检验现场作业，能进行多种方式磁化，输出电流为 3～6kA。检验对象为不易搬运的大型工件。

图 6–2–7　便携式电磁轭检测仪

便携式检测仪——体积小、重量轻，适合野外和高空作业，多用于大型构件的局部检测。最常使用的是电磁轭检测仪，其外形如图 6–2–7 所示。

电磁轭检测仪是一个绕有线圈的 U 形铁心，当线圈中通过电流时，铁心中产生大量磁力线。轭铁放在工件上，两极之间的工件局部被磁化。轭铁两极可做成活动式的，极间距和角度可调。磁化强度指标是磁轭能吸起的铁块重量，称为提升力，NB/T 47013.4—2015《承压设备无损检测　第 4 部分：磁粉检测》要求交流电磁轭至少要有 45N 的提升力，直流电（包括整流电）磁轭或永久性磁轭至少应有 177N 的提升力，交叉磁轭至少应有 118N 的提升力（磁极与试件表面间隙不大于 0.5mm 时）。

6.2.3.2 标准试片

磁粉检测标准试片是带有标准人工缺陷的试片，分为 A1 型、C 型、D 型和 M1 型。标准试片主要用于检验磁粉检测设备、磁粉和磁悬液的综合性能（系统综合灵敏度），显

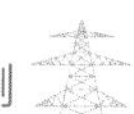

示被检工件表面具有足够的有效磁场强度和方向、有效检测区以及磁化方法是否正确。当无法计算复杂工件的磁化规范时，用小而柔软的试片贴在复杂工件的不同部位可确定大致较理想的磁化规范。

磁粉检测时一般应选用 Al：30/100 型标准试片。当检测焊缝坡口等狭小部位，由于尺寸关系，Al 型标准试片使用不便时，一般可选用 C：15/50 型标准试片。为了更准确地推断出被检工件表面的磁化状态，当用户需要或技术文件有规定时，可选用 D 型或 Ml 型标准试片。磁粉检测标准片的类型、规格和图样如表 6–2–1 所示。

表 6–2–1　　磁粉检测标准片的类型、规格和图样

类型	规格：缺陷槽深/试片厚度（μm）		图形和尺寸（mm）
A1 型	A1：7/50		6　φ10　A1　20　6　7/50　20
	A1：15/50		
	A1：30/50		
	A1：15/100		
	A1：30/100		
	A1：60/100		
C 型	C：8/50		C　10　8/50　分割线　人工缺陷　5　5×5
	C：15/50		
D 型	D：7/50		3　10　3　φ5　10　7/50　D　10　10　7/50
	D：15/50		
M1 型	φ12mm	7/50	M1　20　7/50　20
	φ9mm	15/50	
	φ6mm	30/50	

注：C 型标准试片可剪成 5 个小试片分别使用。

6.2.3.3　磁粉与磁悬液

磁粉是具有高磁导率和低剩磁的 Fe_3O_4 或 Fe_2O_3 粉末。湿法磁粉平均粒度为 2～10μm，干法磁粉平均粒度不大于 90μm。按加入的染料不同可将磁粉分为荧光磁粉和非荧光磁粉，非荧光磁粉有黑、红、白等颜色供选用。由于荧光磁粉的显示对比度比非荧光磁粉高得多，所以采用荧光磁粉进行检测具有磁痕观察容易、检测速度快、灵敏度高的优点。但荧光磁粉检测需一些附加条件：暗环境和黑光灯。

磁悬液是以水或煤油为分散介质，加入磁粉配成的悬浮液。目前市面上有罐装的成品磁悬液，由配好的磁悬液压力灌装，使用较为简便。

6.2.4 磁粉检测方法

6.2.4.1 磁化方法

常用的磁化方法可分为线圈法、磁轭法、轴向通电法、触头法、导体法和旋转磁场磁化法，如图 6–2–8 所示。按磁力线方向分类，图 6–2–8 中的（a）、（b）称为纵向磁化；（c）～（e）称为周向磁化；（f）称为两相交流复合磁化。实际工作中，可根据试件的情况选择适当的磁化方法。

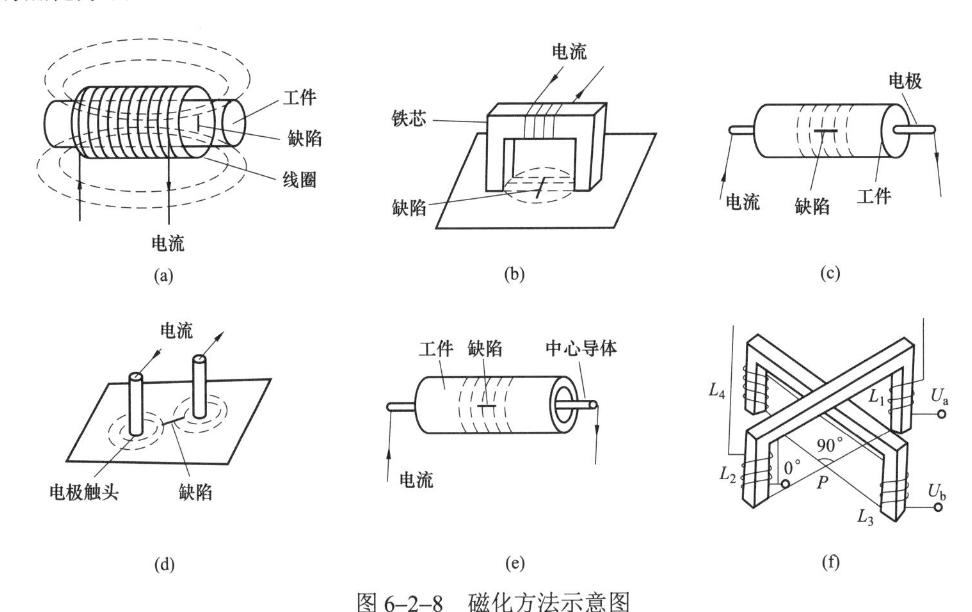

图 6–2–8 磁化方法示意图

（a）线圈法；（b）磁轭法；（c）轴向通电法；（d）触头法；（e）中心导体法；（f）交叉磁轭

6.2.4.2 磁粉检测方法分类

（1）按检验时机可分为连续法和剩磁法。磁化、施加磁粉和观察同时进行的方法称为连续法。先磁化、后施加磁粉检验的方法称为剩磁法。后者只适用于剩磁很大的硬磁材料。

（2）按使用的电流种类可分为交流法、直流法两大类。交流电因有集肤效应，对表面缺陷检测灵敏度较高。

（3）按施加磁粉的方法分类可分为湿法和干法，其中湿法采用磁悬液，干法则直接喷洒干粉。前者适宜检测表面光滑的工件上的细小缺陷，后者多用于粗糙表面。

6.2.4.3 磁粉检测的操作程序

磁粉检测的操作主要由以下几部分组成预处理、磁化、施加磁粉或磁悬液、磁痕的观察与判断、磁痕记录、缺陷评级、后处理（包括退磁）等环节组成。

（1）预处理。也称为表面处理，其目的是把试件表面的油脂、涂料以及铁锈等可能影响检测灵敏度的外来物去掉。用干磁粉时还应使试件表面干燥，组装的部件要一件一件地

拆开后进行探伤。

（2）磁化。选定适当的磁化方法和磁化电流值，然后接通电源，对试件进行磁化操作。

（3）施加磁粉或磁悬液。按所选的干法或湿法施加干粉或磁悬液。磁粉或磁悬液的喷撒时间，按连续法和剩磁法两种施加方式。连续法是在磁化工件的同时喷撒，磁化一直延续到磁粉或磁悬液施加完成。而剩磁法则是在磁化工件之后才施加磁粉或磁悬液。

（4）磁痕的观察与判断。磁痕即磁粉在磁场畸变处堆积形成的痕迹。采用非荧光磁粉检测时，磁痕的观察应在光线明亮的地方进行；而用荧光磁粉检测时，则应在环境白光照度不大于 20lx 的暗室或等暗处用紫外线灯进行观察。由于工件的截面变化、不同磁特性的交界面和划伤等原因都会引起磁场畸变形成磁痕，因此检测人员应对磁痕的形成原因进行分析以判断是否是缺陷。

（5）磁痕记录。记录磁粉痕迹，可采用照相或用透明胶带把磁痕粘下备查。

（6）缺陷评级。依据执行标准，对磁痕进行缺陷评级。

（7）后处理。探伤完后，应根据需要对工件进行退磁、除去磁粉和防锈的处理。进行退磁处理的原因是，剩磁可能造成工件运行受阻和加大零件的磨损。尤其是转动部件经磁粉检测后，更应进行退磁处理。退磁时，要一边使磁场反向，一边降低磁场强度。

6.2.5　磁粉检测的特点

磁粉检测适用于检测铁磁性材料，不能用于非铁磁材料检验。常见的铁磁材料的有各种碳钢、低合金钢、马氏体不锈钢、铁素体不锈钢、镍及镍合金等。非铁磁性材料有奥氏体不锈钢、钛及钛合金、铝及铝合金、铜及铜合金。磁粉检测可以检出的缺陷埋藏深度与工件状况、缺陷状况及工艺条件有关。对光洁表面，一般可以检出深度为 1～2mm 的近表面缺陷，采用强直流磁场可以检出深度达 3～5mm 的近表面缺陷。但对于焊缝检测而言，因为表面粗糙不平、背景噪声高、弱信号难以识别，近表面缺陷漏检的几率很高。图 6–2–9 为变压器外壳焊缝上的裂纹磁痕显示。

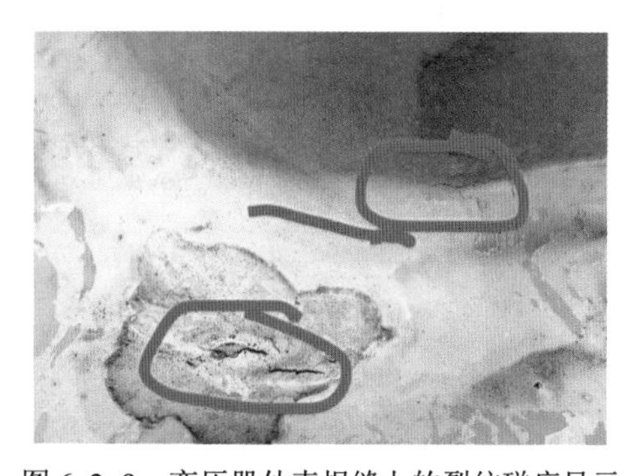

图 6–2–9　变压器外壳焊缝上的裂纹磁痕显示

磁粉检测操作简便、检测速度快、检测灵敏度高，能检出铁磁性材料表面和近表面尺寸很小、间隙极窄、肉眼难以分辨的不连续性且不能检测埋藏深度较深的内部缺陷。

由于磁场畸变的形成原因很多，因而经常出现伪缺陷磁痕显示，这就需要检测人员对其进行分析及判断，必要时应采用其他无损检测手段予以配合。

磁粉检测的磁化方法种类很多，应根据工件的形状、尺寸和磁化方向的要求等条件选取合适的磁化方法。若磁化方法选择不当，有可能导致缺陷漏检。对不利于磁化的某些结构，可通过连接辅助块加长或形成闭合回路来改善磁化条件，对没有合适的磁化方法且无法改善磁化条件的结构，应考虑采用其他检测方法。

6.3 超声波检测技术

6.3.1 超声波检测基础理论

6.3.1.1 机械振动与机械波

（1）机械振动。

物体（或质点）在某一平衡位置附近做周期性的往复运动称为机械振动。物体在振动过程中，从平衡位置离开向某一方向运动，产生一定位移，而后在回复力作用下向平衡位置运动，并因惯性越过平衡位置向相反方向产生一定位移，然后同样因回复力作用再次回到平衡位置，物体的这样一次运动过程称为一次全振动。物体完成一次全振动所需时间称为振动周期，用 T 表示，单位为秒（s）；而物体单位时间内完成的全振动次数称为振动频率，用 f 表示，单位为赫兹（Hz）。此外，物体离开平衡位置的最大距离称为振动振幅，用 A 表示。周期、频率和振幅是表征机械振动的基本参数。根据周期和频率的定义可知，两者之间的关系为 $T=1/f$。

（2）机械波。

一般物体都可以视为由以弹性力保持平衡的各个质点所构成的弹性介质。当某一质点受到外力的作用后，该质点就在其平衡位置附近振动。由于一切质点都是彼此联系着的，振动质点的能量将传递给临近的质点而引起临近质点的振动，振动就在介质中传播开来，我们将机械振动在介质中的传播称为机械波。

机械波与机械振动是相互关联的，机械振动是产生机械波的根源，机械波是振动状态的传播。应当注意的是，振动传播过程中介质的各质点并不随着迁移，而是在各自平衡位置上振动。因此，机械波是振动及能量的传播而非物质的传播。

常用于描述机械波的物理量包括周期、频率、波长、波速。

周期是波动经过的介质质点的振动周期，用 T 表示，单位为秒（s）。而频率为任一给定点单位时间内通过的完整波的个数（在数值上等于介质质点的振动频率），用 f 表示，单位为赫兹（Hz）。波的周期与频率只与振源有关，与传播介质无关。

波长是指振动相位相同的质点之间的最小距离，也是波在一个周期内传播的距离，用 λ 表示，常用单位为米（m）或毫米（mm）。波在单位时间内所传播的距离称为波速，用 c 表示，常用单位为米/秒（m/s）。波速与波长及周期（或频率）之间的关系为 $\lambda = cT = \dfrac{c}{f}$。

6.3.1.2 超声波及其类型

（1）声波、次声波和超声波。

在日常生活中，人们听到的声音是各种声源产生的机械振动通过弹性介质传播到耳膜引起耳膜振动而产生听觉。但并不是任何频率的机械振动都能引起听觉，只有频率在一定的范围内（20～20 000Hz）的振动才能引起听觉。因此，将频率在 20～20 000Hz 范围内的机械波称为声波，而频率低于 20Hz 的机械波称为次声波，频率高于 20 000Hz 的机械波则称为超声波。

通常应用于宏观缺陷检测的超声波的频率为 0.5～25MHz，而对于钢铁等金属材料的检测，常用频率为 0.5～10MHz 的超声波。

（2）超声波类型（波形）。

根据波传播时介质质点的振动方向相对于波的传播方向的不同关系，超声波可分为不同类型（波形），其中纵波和横波是两种最基本的波形。介质质点振动方向与波传播方向平行的波称为纵波，用 *L* 表示，如图 6–3–1 所示。纵波在介质中传播时，介质质点受到交变的拉压应力作用产生拉伸或压缩变形，使质点的分布形成一种疏密相间的状态，故又称压缩波或疏密波。

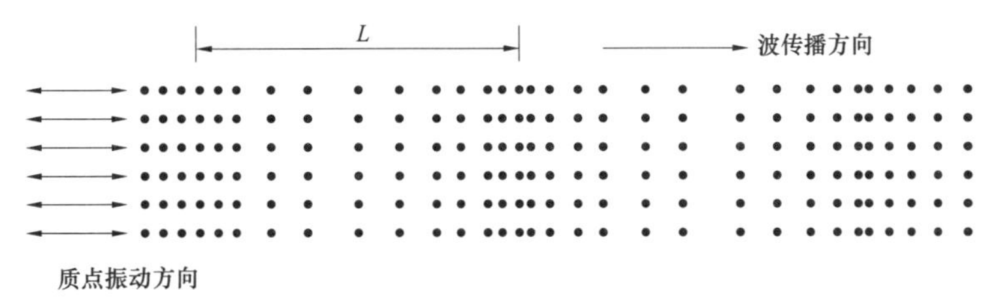

图 6–3–1　纵波

介质中质点的振动方向与波的传播方向互相垂直的波称为横波，用 *S* 或 *T* 表示，如图 6–3–2 所示。横波传播过程中，介质质点在与波的传播方向互相垂直的方向上振动，使介质产生交变剪切变形，故横波又称切变波。

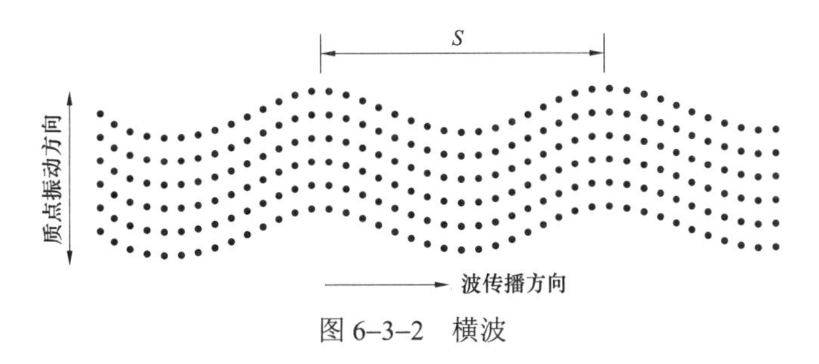

图 6–3–2　横波

由于液体和气体介质只能承受压缩变形，因此只能传播纵波。而固体介质能承受拉压变形和剪切变形，因此既能传播纵波，也能传播横波。

此外，还有在固体介质的表面传播的表面波、沿固体介质的表面下传播的爬波和在薄板中传播的板波等，这些波都能用于超声波检测。

6.3.1.3　超声波在介质中的传播特性

（1）超声场及其特征量。

介质中有超声波存在的区域叫做超声场，描述超声场的特征量有声压 *P*、声强 *I* 和声阻抗 *Z*。

声压 P 为超声场内某一点在瞬时所具有的压强与没有超声波存在时同一点的静态压强之差，单位为帕（Pa）。声压与声速（c）、介质密度（ρ）及其介质质点振动速度（v）有关，即 $P=\rho cv$ 。

由于质点振动速度随着时间变化而周期性变化，因此声压也随时间周期性变化。由以上关系可知，声压恒定时，ρc 越大，质点振动速度 v 越小，二者呈反比。所以把 ρc 称为声阻抗，以符号 Z_a 表示，单位为 Pa·s/m³，即 $Z_a=\dfrac{P}{v}=\rho c$

声强 I 是指在垂直于超声波传播方向上单位面积、单位时间内通过的超声能量总和，声强和声压的关系为

$$I=\frac{P_m^2}{2\rho c}$$

式中 P_m——声压最大值。

超声波检测中，从缺陷反射回的超声波的强弱是评定缺陷的一个重要指标，通常表述为缺陷回波幅度，或简称波幅。缺陷回波幅度在物理本质上反映的是缺陷反射超声波的声压或声强，而在实际检测中，则表现为仪器示波屏上显示的回波高度。

在现实生活中，声压（声强）的变化范围是很大的，如正常人的耳朵能够听到最微弱声音的声压为 20μPa，而一架喷气式飞机起飞时能产生声压大约 2×10^8μPa 的噪声，超声波检测中的情况也类似。为了方便数据表示与处理，在声学中常用声压（声强）与参考声压（声强）之比的对数值来表示声压（声强）$\Delta=10\lg(I/I_r)=20\lg(P/P_r)$，$\Delta$ 的单位为分贝（dB），其意义为某一声强 I（声压 P）比参考声强 I_r（参考声压 P_r）高 Δ 分贝（Δ 为正时）或低 Δ 分贝（Δ 为负时），Δ 也可称为声强 I（声压 P）与参考声强 I_r（参考声压 P_r）的分贝差。

由于超声波信号在示波屏上的波高 H 与声压成正比，所以不同波高的分贝差计算公式为 $\Delta=20\lg(H_2/H_1)$

（2）圆盘波源辐射的纵波声场。

圆盘波源辐射的纵波声场声压分布情况见图 6–3–3，图中横坐标 D 为声场中任一点的声压与波源轴线上同距离处声压的比值，纵坐标 y 表示声场中任一点偏离波源轴线角度 θ 的正弦函数。

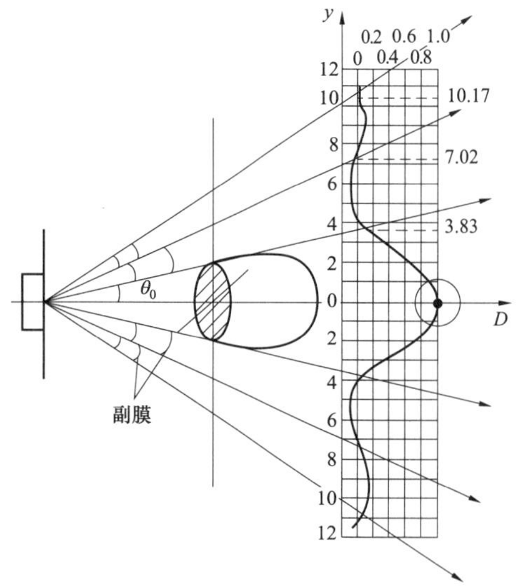

图 6–3–3　圆盘波源纵波声场声压

由图 6–3–3 可以看出，圆盘波源辐射的纵波声场中，波源轴线上的声压最大，随着偏离波源轴线，声压逐步降低，当偏离角度达到定值（θ_0）时，声压降低为 0；偏离角度大于该值的区域，声压均很低（在波源轴线声压的 15%以下）。

可见，圆盘波源辐射的纵波声场主要集中于偏离波源轴线角度不超过 θ_0 的区域内，通常将该

区域内的超声波称为主声束，θ_0 称为声束半扩散角。主声束以外区域虽然也存在超声波，但其能量很低，而且由于介质的作用很快衰减掉，在实际检测中通常予以忽略。因此，可以认为波源以确定的扩散角向固定方向辐射超声波，我们将这种特性称为超声波的指向性，扩散角越小，指向性越好。

在实际检测中，主要利用超声场的主声束，并尽量使声束轴线垂直于缺陷以获得最高缺陷回波。

（3）超声波在介质中的传播速度。

超声波在介质中的传播速度（声速）与波形有关，波形不同，声速也不同。在固体介质中，纵波声速大于横波声速。超声波在介质中的传播速度还与介质的密度及其弹性模量有关，必须注意的是，除了介质本身，一些影响介质密度及弹性模量的外部因素（如温度、应力等）也会影响超声波在介质中的传播速度。

（4）超声波在界面的反射、透射和折射。

超声波从一种介质传播到与另一种介质的界面时，会发生反射、透射和折射现象。垂直入射超声波的反射和透射如图 6–3–4 所示，倾斜入射超声波的反射和折射如图 6–3–5 所示。

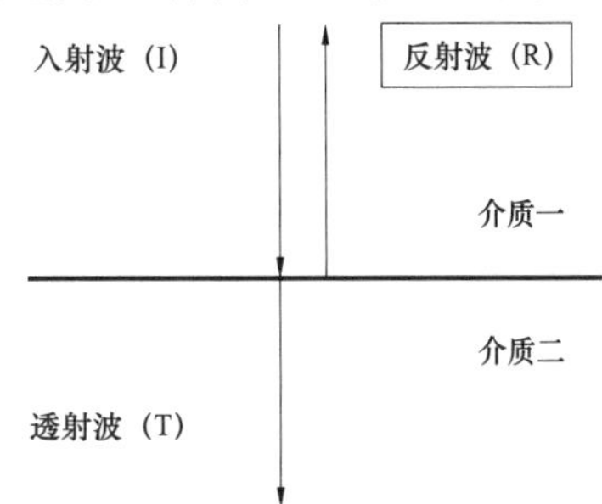

图 6–3–4　垂直入射超声波的反射和透射

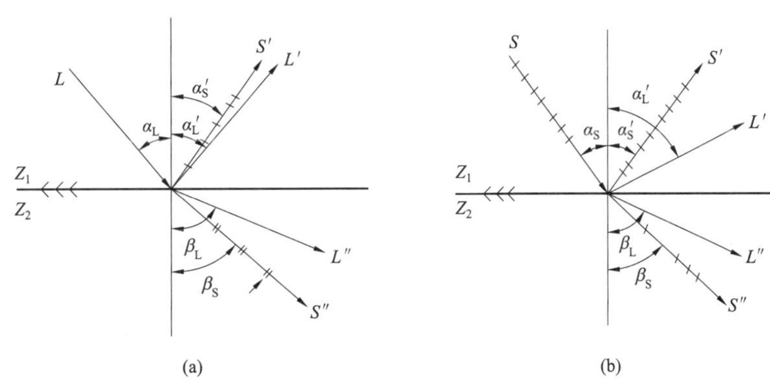

图 6–3–5　倾斜入射超声波的反射和折射

（a）纵波入射；（b）横波入射

当超声波垂直入射到界面上时，一部分超声波被反射，在原来介质中沿相反方向传播，称为反射波；而另一部分穿透界面进入另一介质，传播方向不变，称为透射波。

当超声波倾斜入射到界面时，同样也会产生反射和透射。与垂直入射不同的是，此时除产生相同波形的反射波和透射波外，还产生不同波形的反射波和透射波，这种现象称为波形转换。此外，透过界面的波的传播方向也发生改变，因此也称为折射，相应地透过界面的波称为折射波。

各反射波和折射波的方向符合反射、折射定律：

纵波入射：

$$\frac{\sin\alpha_L}{c_{L1}}=\frac{\sin\alpha_S'}{c_{S1}}=\frac{\sin\alpha_L'}{c_{L1}}=\frac{\sin\beta_S}{c_{S2}}=\frac{\sin\beta_L}{c_{L2}}$$

横波入射：

$$\frac{\sin\alpha_S}{c_{S1}}=\frac{\sin\alpha'_S}{c_{S1}}=\frac{\sin\alpha'_L}{c_{L1}}=\frac{\sin\beta_S}{c_{S2}}=\frac{\sin\beta_L}{c_{L2}}$$

式中　α_L、α_S ——入射纵波、横波的入射角；

α'_L、α'_S ——反射纵波、横波的反射角；

β_L、β_S ——折射纵波、横波的折射角；

c_{L1}、c_{S1} ——第一介质的纵波、横波声速；

c_{L2}、c_{L2} ——第二介质的纵波、横波声速。

用横波斜探头时，从晶片发出的纵波斜射到探伤面上，如果传入第二介质（钢）中同时存在纵波和横波时，对判别会发生困难。为了便于探伤检测，要适当调节探头的入射角，使入射角的角度大于第一临界角（就是使纵波折射角为 90°，不进入第二介质），使被检物中只有横波射入。但入射的角度也不能太大，当入射角大于第二临界角（使横波折射角为 90°，不进入第二介质）时，第二介质中的折射横波也将不存在，波将沿工件表面传播。为了在被检材料中获得单的横波，就要求纵波的入射角必须在第一临界角与第二临界角之间。如超声波探头斜楔采用有机玻璃（纵波声速为 2.73×10^3m/s），被检材料为钢（纵波声速为5.9×10^3m/s），则第一临界角为27.6°，第二临界角为57.7°。实用的折射角范围为38°～80°。折射角大小也可用其正切值表示，称为 K 值，例如折射角 45° 的探头 K 值为 1，K2 探头就是折射角为 63.4° 的探头。

（5）超声波传播过程中的衰减。

超声波在传播过程中能量随距离的增大而逐渐减小的现象称为衰减，引起衰减的原因包括波束扩散、介质内界面散射及介质吸收。

传播中，由于声束的扩散，使单位面积上的声能随距离的增大而减小，称为扩散衰减。扩散衰减仅取决于波的几何形状（波阵面形状），与介质性质无关。

介质由于材料不均匀性造成声阻抗的不均匀性，不同声阻抗区域间的界面引起超声波散乱反射，导致声能衰减，称为散射衰减。材料不均匀性包括杂质、第二相、多晶体等，其中多晶体的晶粒界面是造成散射衰减的主要原因。当介质晶粒较粗大时，若采用较高的频率，将会引起严重衰减，示波器出现大量草波，使信噪比明显下降，超声波穿透能力显著降低。这就是晶粒较大的奥氏体钢和一些铸件超声波检测的困难所在。

超声波在介质中传播时，由于介质中质点之间的内摩擦（黏滞性）和热传导导致声能的损耗从而引起的衰减称为吸收衰减。

散射衰减和吸收衰减都是由介质引起的，两者合称介质衰减。介质衰减与介质的性质密切相关，因此在实际工作中，有时可根据底波的次数和幅度来衡量材料衰减情况，从而判定材料晶粒度大小、缺陷密集程度、石墨含量以及水中泥沙含量等。

6.3.2　超声波检测原理及特性

超声波检测可以分为超声波探伤和超声波测厚，以及超声波测晶粒度、测应力等。在

把超声波射入被检物的一面，然后在同一面接收从缺陷处反射回来的回波，根据回波情况来判断缺陷的情况称为超声波探伤。在超声探伤中，有根据缺陷的回波和底面的回波进行判断的脉冲反射法；有根据缺陷的阴影来判断缺陷情况的穿透法；还有根据由被检物产生驻波来判断缺陷情况或者判断板厚的共振法。目前用得最多的方法是脉冲反射法。脉冲反射法在垂直探伤时用纵波，在斜入射探伤时大多用横波。纵波垂直探伤和横波倾斜入射探伤是超声波探伤中主要的探伤方法。两种方法各有用途，互为补充，纵波探伤容易发现与探测面平行或稍有倾斜的缺陷，主要用于钢板、锻件、铸件的探伤；而斜射的横波探伤，容易发现垂直于探测面或倾斜较多的缺陷，主要用于焊缝的探伤。脉冲反射法的纵波和横波探伤原理如下。

6.3.2.1 垂直探伤法

垂直检测法原理如图 6–3–6 所示。当把脉冲振荡器发生的电压加到晶片上时，晶片振动，产生超声波脉冲。如果被检物是钢工件，超声波以 5900m/s 的固定速度在钢工件内传播，超声波碰到缺陷时，一部分从缺陷反射回到晶片，而另一部分未碰到缺陷的超声波继续前进，一直到被检物底面才反射回来。因此，缺陷处反射的超声波先回到晶片，底面反射的超声波后回到晶片。回到晶片上的超声波又反过来被转换成高频电压信号。

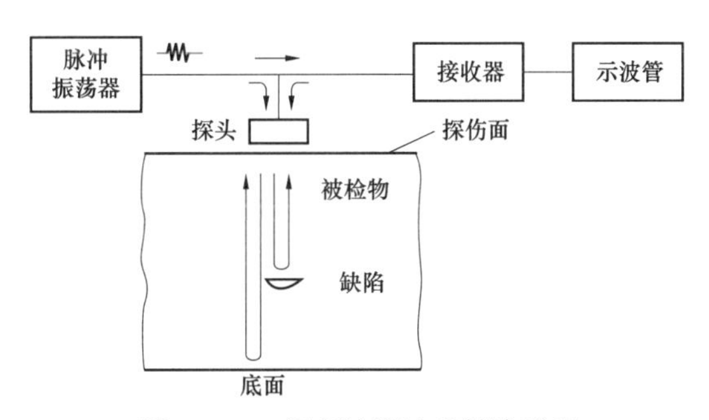

图 6–3–6　超声波脉冲反射法原理

电信号被接收和放大后进入示波器。示波器将缺陷回波和底面回波显示在示波器上。因此，在示波器上可以得到如图 6–3–7 所示的图形。从这个图形上可以看出有没有缺陷、缺陷的位置及其大小。

对于脉冲反射式超声波探伤仪，荧光屏的时基线和激励脉冲是被同时触发的，即处于同步状态下工作。当探头被激励而向工件发射超声波时，激励脉冲也会触发时基电路开始扫描，在时基线的始端出现一个很强的脉冲波，这个波称为始波，用 T 表示。当探头接收到底面反射回来的声波时，时基线上右边相应呈现一个表示底面反射的脉冲波，称为底波，用 B 表示。时基线由 T 扫描到 B 的时间等于超声波脉冲从探头到底面又返回探头的传播时间。因此，可以说从 T 到 B 之间的距离代表了工件的厚度。如果工件中有缺陷，探头接收到缺陷反射回来的声波时，时基线上相应呈现出一个代表缺陷的脉冲波，称为缺陷波，用 F 表示。显然，缺陷波所经时间短于底波所经时间，故缺陷波 F 应处于 T、B 之间。如果探伤仪的时基线精确，就可以利用 T、F、B 之间的距离关系，对缺陷进行定位。

另外，因缺陷回波高度 h_f 随缺陷尺寸的增大而增高，所以可由缺陷回波高度来估计缺陷大小。当缺陷很大时，可以移动探头，按显示缺陷的范围来求出缺陷的延伸尺寸。

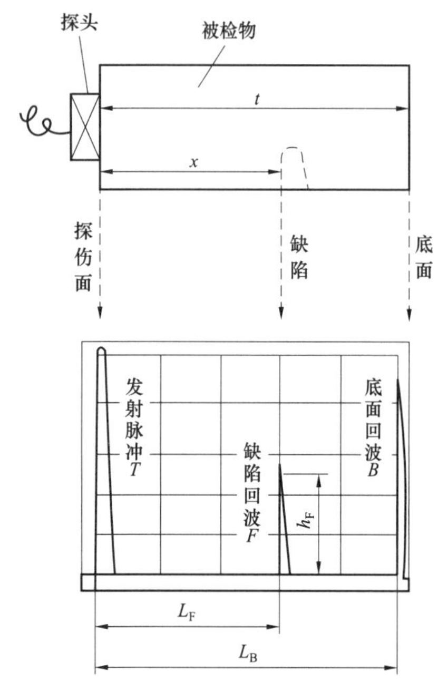

图 6–3–7　超声波垂直探伤法原理

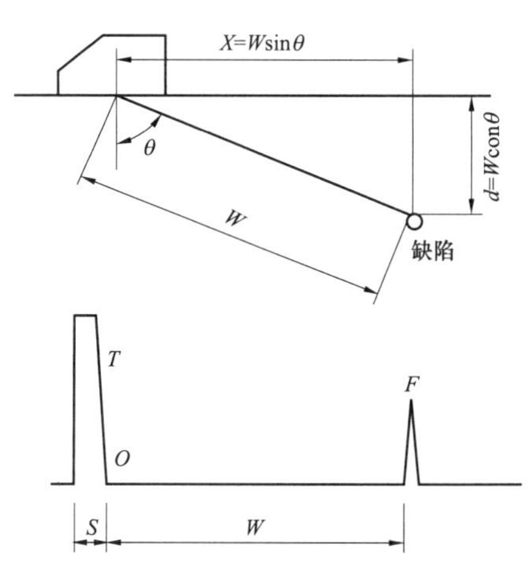

图 6–3–8　超声波斜射法探伤原理

S—斜楔中的延迟；W—缺陷的声程；θ—折射角；
X—缺陷的水平距离；d—缺陷的垂直距离；
F—缺陷反射波；T—始波

6.3.2.2　斜射探伤法

斜射法原理如图 6–3–8 所示。在斜射法探伤中，由于超声波在被检物中是斜向传播的，超声波是斜向射到底面，所以不会有底面回波。因此，不能再用底面回波调节来对缺陷进行定位。而要知道缺陷位置，需要用适当的标准试块来把示波管横坐标调整到适当状态。在测定范围做了适当调整后，探测到缺陷时，从示波管上显示的探头到缺陷的距离 W 与缺陷位置的关系。通过声程和折射角的关系可以计算处缺陷的水平距离 X 和缺陷深度（垂直距离）d。

6.3.2.3　超声波检测的特点

由于超声波的物理特性，超声波检测具有以下特点：

（1）超声检测频率远高于声波，因为声强与频率的平方成正比，因此，超声波的能量远大于声波的能量。如 1MHz 的超声波所传播的能量相当于振幅相同频率为 1kHz 的声波传播能量的 100 万倍。超声波的能量大，传播距离长，穿透能力强，因此可检测厚度大的工件。

（2）检测灵敏度高，定位准确，对面积型缺陷的检出率较高，但缺陷的位置、取向和形状对检测结果有一定影响。

（3）应用范围广、检测速度快、成本低，设备轻便，对人体及环境无影响，现场应用较方便。

（4）常规超声检测方法检测时结果显示不直观，判定缺陷性质比较困难，定量精度不高。

（5）材质、晶粒度、表面粗糙状态对检测结果有影响，复杂形状或不规则外形的试件进行超声波检测比较困难。

6.3.3 超声波检测设备与器材

6.3.3.1 超声波检测仪

超声波检测的主体设备是超声波检测仪，其作用是产生电振荡并加于探头上，以激励探头的晶片发射超声波，同时将探头接收到的信号进行放大处理，通过一定的方式显示出来，从而得到被检测工件中有关缺陷的信息。

为了满足不同的检测需要，有各种不同类型的超声波检测仪，其显示方式、信号处理方式、功能等可能有所不同，但其工作原理都是类似的。目前，在各种不同类型的超声波检测仪中，以 A 型脉冲超声波检测仪应用最为普遍。

A 型脉冲超声波检测仪的基本组成包括发射模块、信号处理模块和显示模块等部分。发射模块的作用是产生高压电脉冲以激励探头产生超声波，而信号处理模块接收来自探头的电信号并对其进行检波、放大等处理，然后显示模块进行显示。

A 型脉冲超声波检测仪的显示方式为 A 型显示，是一种波形显示，即将超声波信号的强度与时间的关系在直角坐标系中显示出来。坐标系中的纵坐标代表超声波信号的幅度（强度），横坐标代表超声波的传播时间。

根据信号处理方式不同，A 型脉冲超声波检测又可分为模拟式和数字式两种。超声波检测中，检测仪接收的来自探头的电信号是模拟信号。模拟式检测仪将接收的模拟信号直接进行处理与显示，而数字式检测仪则先将接收的模拟信号转换为数字信号，然后进行处理和显示。由于对信号进行了数字化，因此数字式检测仪可应用计算机技术进行信号分析处理，从而实现检测结果的数据测量、存储及再现等模拟式检测仪不具备的功能。

6.3.3.2 探头

将一种能量转换成另一种能量的器件叫做换能器，而超声换能器是实现超声能与其他能量相互转换的器件。目前，超声检测中最普遍使用的换能器为压电晶片，它能实现电能与声能的相互转换。压电晶片产生的超声波一般为纵波，但通过改变探头结构、利用超声波在探头与工件界面的透射或折射和波形转换，可以根据检测需要在工件中产生所需波形和方向的超声波。

以换能器件为主要元件构成的具有一定特性、用于发射和接收超声波的组件通常称为超声波探头，是超声波检测系统的重要组成部分，其性能直接影响超声波检测的能力和效果。

按在工件中产生的超声波的波形不同，超声波探头可分为纵波探头、横波探头、表面波探头、板波探头等。根据检测时入射波（即由压电晶片入射到探头与工件界面的波）方向不同，超声波探头可分为直探头和斜探头两种。直探头压电晶片发出的超声波垂直入射至工件表面（探头与工件界面）并透过界面进入工件内，因此直探头为纵波探头。直探头主要用于检测与检测面平行或接近平行的缺陷。斜探头压电晶片发出的超声波倾斜入射至工件表面（探头与工件界面）并折射进入工件内，并可能发生波形转换，因此斜探头有纵波斜探头和横波斜探头两种。斜探头主要检测与检测面成一定角度的缺陷。

超声波探头一般由压电晶片、阻尼块、电缆线、保护膜、外壳和接头等组成，而斜探头中还包括楔块和吸收材料。常用的直探头和斜探头结构如图 6–3–9 所示。

在大多数情况下，超声波探头兼起发射和接收超声波的作用。当探头的压电晶片受电脉冲作用产生脉冲振动而激发超声波时，其振动会持续一定时间，在这段时间内从工件返回的超声波将无法分辨而可能造成缺陷漏检。因此，压电晶片脉冲振动的持续时间越短越好。超声波探头中阻尼块的作用就是使压电晶片起振后尽快停止振动，减小压电晶片脉冲振动的持续时间。此外，阻尼块还起到吸收压电晶片向背面辐射的超声波及支承压电晶片的作用。

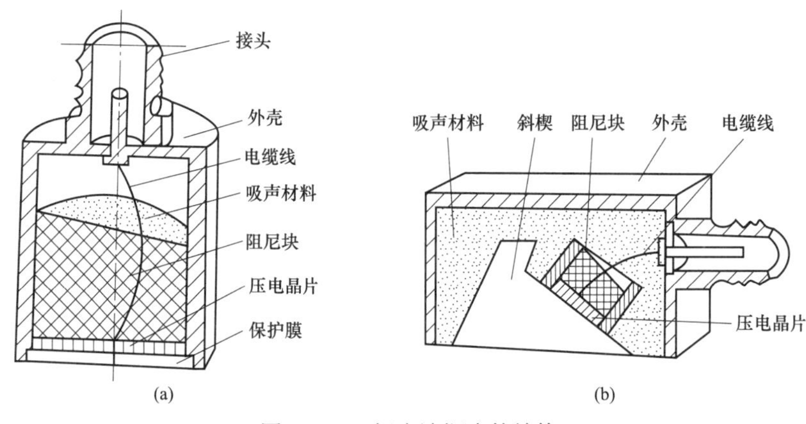

图 6–3–9　超声波探头的结构

（a）直探头；（b）斜探头

斜探头中楔块的作用是调节超声波的入射角，以便在工件中获得所需波形和方向的超声波。但楔块表面会使超声波产生多次反射而形成紊乱信号，因此必须在楔块周围加上吸收材料，减小噪声。

6.3.3.3　试块

按一定用途设计制作的具有简单几何形状人工反射体或模拟缺陷的试样，称为试块。试块也是超声波检测中的重要器材。超声波检测用试块通常分为标准试块和对比试块两大类。

标准试块通常是由权威机构制定的，其特性及制作要求有专门的标准规定，通常具有规定的材质、形状、尺寸及表面状态。标准试块主要用于仪器和探头及其组成的系统的性能测试、探头参数（透射角等）的测试，也用于检测仪器标定（时基线标定）。

对比试块是以特定方法检测特定工件时采用的试块，含有特定的人工反射体（一般为孔、槽等），其材质应与被检工件材料具有相似声学特性，外形尺寸应与被检工件尺寸相适应。对比试块的主要用途是检测仪器校准（设定探伤灵敏度）和缺陷的定量。

6.3.4 超声波检测方法

6.3.4.1 超声波检测方法的分类

在实践中，超声波检测有各种方法，以适应不同检测对象及检测目的。对于各种检测方法，可根据不同分类原则进行分类，比较常用的分类原则有检测原理、显示方式、波形等。

（1）按检测原理分类。

超声波检测方法按检测原理不同可分为脉冲反射法、穿透法和共振法等。目前用得最多的是脉冲反射法。

脉冲反射法是通过接收从工件返回的超声波（包括工件内缺陷及工件底面反射的波）并予以显示，根据是否存在缺陷反射波及反射波的特征或工件底面反射波的波幅变化，对工件是否存在缺陷及缺陷的位置、大小等进行判断的方法。脉冲反射法是目前应用最为广泛的超声波检测方法。脉冲反射法示意图如图 6–3–10 所示，图中 B、F 分别代表工件底面反射波和缺陷反射波。

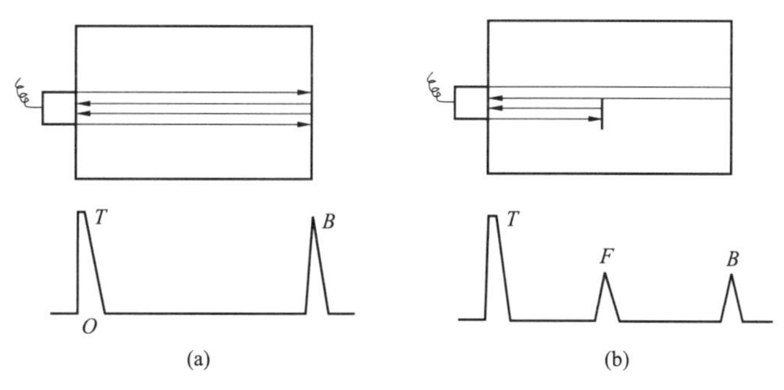

图 6–3–10 脉冲反射法示意图

（a）工件无缺陷时的波形；（b）工件有缺陷时的波形

穿透法是根据超声波透过工件后的强度变化来判断工件内部缺陷的检测方法，穿透法示意图如图 6–3–11 所示。

共振法是根据工件的共振特性来判断工件缺陷及其厚度变化的方法，目前已很少使用。

（2）按显示方式分类。

根据检测结果显示方法不同，超声波检测方法可分为 A 型显示、B 型显示、C 型显示等。

A 型显示是一种波形显示，即将超声波信号的强度与时间的关系在直角坐标系中显示出来。坐标系中的纵坐标代表超声波信号的幅度（强度），横坐标代表超声波的传播时间。

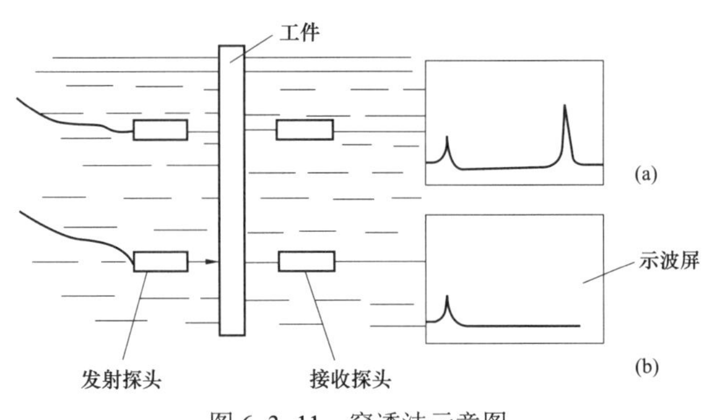

图 6–3–11　穿透法示意图

（a）无缺陷时的波形；（b）有缺陷时的波形

B 型显示和 C 型显示是图像显示，是用显示屏的每个点代表被检测工件某一截面上的一个点，而用该点的亮度（或灰度）表示从工件内对应点反射回来的超声波的幅度（强度）。B 型显示显示的是与声束传播平行且与工件检测面垂直的截面，而 C 型显示显示的则是工件的横断面。

（3）按波形分类。

根据检测所使用的超声波的波形，超声波检测方法可分为纵波法、横波法、表面波法、板波法等。

（4）按探头数量分类。

按探伤时使用的探头数量分为单探头法、双探头法、多探头法。

（5）按接触方式分类。

按接触方式分类有直接接触法和水浸法两种。直接接触法的操作时在探头和工件表面施加耦合剂，消除空隙，让超声波顺利进入工件。耦合剂可以是机油、水、甘油、化学浆糊、水玻璃等。

用浸入法时，探头和工件之间有一层水，超声波通过水层传播，探头不接触试件，因而受工件表面状态影响较少。

6.3.4.2　A 型脉冲反射法超声波检测技术

（1）检测系统的校准。

与其他测量方法一样，为了保证超声波检测结果的准确性、可重复性和可比性，检测前必须对检测仪器和探头进行校准。对于 A 型脉冲反射法超声波检测，检测系统的校准主要包括时基线标定和检测灵敏度设定两方面。

A 型脉冲超声显示的横坐标轴（也称为时基线）反映的是超声波的传播时间，其包含了超声波在探头中和工件中的传播时间。而在实际检测中，人们关心的是在工件中的位置即缺陷离工件表面的距离，该距离可通过被缺陷反射的超声波在工件中的传播距离来确定。因此，必须对检测仪时基线按距离进行标定，通常是利用标准试块的两个不同距离的反射体产生的反射波来进行标定。检测仪时基线标定也称为扫描速度调节。

检测灵敏度是指在确定的声程范围内检出规定大小缺陷的能力。对于一定的检测仪器和探头，检测灵敏度主要由检测仪的发射强度和信号放大倍数决定。检测灵敏度一般由产品技术条件或有关标准规定，通常用一定距离的特定人工反射体产生的反射波所应达到的高度表

示。在实际检测中，为了达到规定的检测灵敏度，检测前必须对检测仪器的发射强度和信号放大倍数进行调节，使对比试块上规定距离的特定人工反射体产生的反射波达到规定的高度。

（2）扫查。

由探头激发并进入工件的超声波是以确定的扩散角向固定方向辐射的，其覆盖的区域是有限的，因此一定位置上探头发射的超声波所能检测的区域也是有限的。为了使超声波覆盖整个被检验区域，从而实现对工件被检验区域的全面检测，必须使探头在被检工件的检测面上以一定方式移动，这样的过程称为扫查。

扫查时必须控制探头移动速度并保证有一定的重叠区域，以避免造成缺陷漏检。

（3）缺陷的定位。

超声波检测中，缺陷位置的确定是指确定缺陷在工件中的位置，简称定位。一般根据发现缺陷时探头位置及仪器显示的缺陷位置参数（声程、深度和水平距离）来进行缺陷定位。

纵波直探头检测时，若探头波束轴线无偏离，则发现缺陷时缺陷位于中心轴线上。可根据缺陷反射波最高时探头位置及仪器显示的缺陷反射波声程 x_f，按图 6–3–12 所示确定缺陷位置。表面波及爬波检测时缺陷定位方法与纵波检测基本相同，只是缺陷位于工件表面，并正对探头中心轴线，如图 6–3–13 所示。

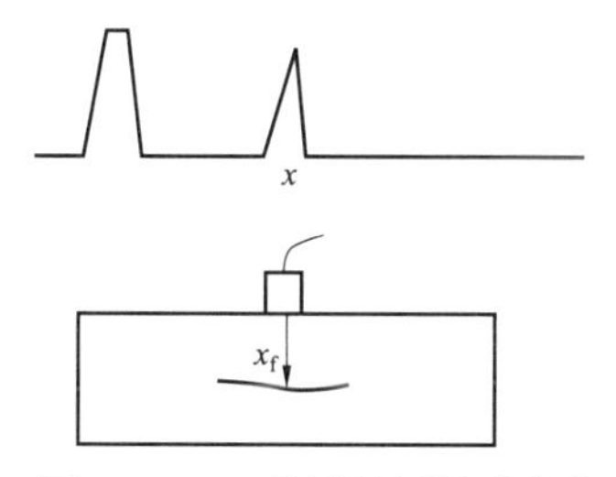

图 6–3–12　纵波检测缺陷定位

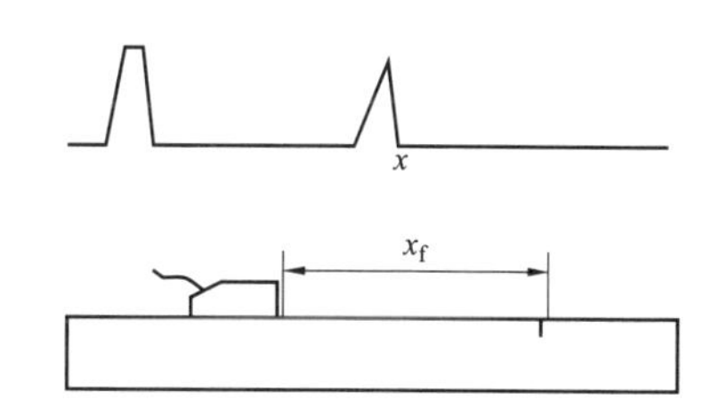

图 6–3–13　表面波及爬波检测缺陷定位

横波斜探头检测平面时，缺陷的位置一般根据发现缺陷时探头位置、缺陷与入射点的水平距离 l_f（简称水平距离）及缺陷埋藏深度 d_f（即缺陷至检测面的距离）来确定，如图 6–3–14 所示。

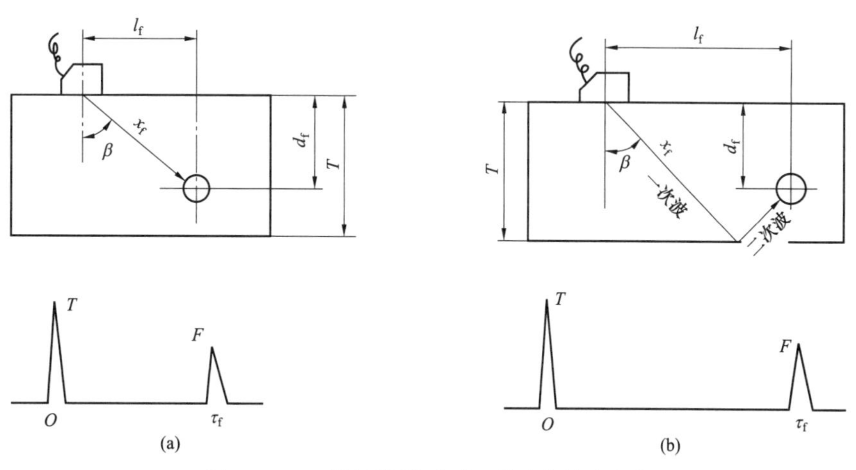

图 6–3–14　横波检测平面工件时的缺陷定位

（a）一次波；（b）二次波

对于数字式超声波探伤仪，仪器可同时显示缺陷反射波的声程 x_f、水平距离 l_f 和深度 h_f 三个参数。仪器显示的水平距离即缺陷与入射点的水平距离，缺陷埋藏深度与仪器显示的缺陷反射波深度关系如下：

$$\begin{cases} d_f = h_f & \text{（一次波检测）} \\ d_f = 2T - h_f & \text{（二次波检测）} \end{cases}$$

对于模拟式探伤仪，由于从仪器示波屏水平刻度只能读出一个参数，必须根据以下关系计算出其他参数，再按上述方法进行缺陷定位。

$$\begin{cases} l_f = x_f \sin\beta \\ h_f = x_f \cos\beta \\ l_f = h_f \tan\beta \end{cases}$$

（4）缺陷的定量。

A 型脉冲反射法超声波检测中，缺陷定量是指确定缺陷反射波的幅度及缺陷的大小（尺寸）。

在超声波检测中，检测仪器显示的缺陷反射波高度除了与缺陷有关外，还受到仪器的发射强度和信号放大倍数、探头的能量转换效率等很多因素影响。因此，单纯的检测仪器显示的反射波高度对于缺陷定量是没有实际意义的。在实际应用中，通常将缺陷反射波高度与对比试块同声程特定人工反射体的反射波高度进行比较，以相对值表示缺陷反射波幅度。例如，某一缺陷的反射波与同声程 ϕ_3 横通孔反射波比较高或低 N 分贝（dB），则该缺陷的反射波幅度表示为 $\phi3+N$ 或 ϕ_3-N。

对于尺寸较小的缺陷，通常用对比试块的人工反射体尺寸来衡量缺陷大小，称为缺陷当量。如果某一缺陷的反射波与同声程 ϕ_3 横通孔反射波幅度相同，则称该缺陷的当量为 ϕ_3 横通孔。

而对于尺寸较大的缺陷，检测探头在一定范围内移动时都能接收到缺陷反射波，如图 6–3–15 所示。随着探头的移动，当超声束逐渐偏离缺陷时，示波屏上缺陷反射波逐渐降低并最终消失。通常将缺陷反射波降低到某一规定高度时探头对应位置作为缺陷边缘，当检测中发现缺陷反射波时，将探头向各方向移动，按上述方法确定出缺陷边缘，进而可以确定缺陷的尺寸。

当量尺寸是相对于人工反射体而言，通常情况下实际尺寸大于当量尺寸，所以当量大的缺陷实际尺寸一定大，当量小的缺陷实际尺寸不一定小。

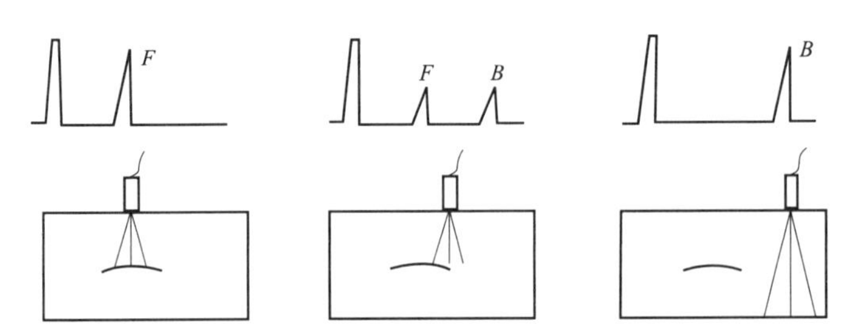

图 6–3–15　缺陷反射波高随探头位置变化示意图

6.3.4.3 超声检测缺陷大小的评定

在实际检测中，由于自然缺陷的形状、性质等是多种多样的，要通过超声回波信号确定缺陷的真实尺寸是比较困难的。目前主要是利用来自缺陷的反射波高、沿工件表面测出的缺陷延伸范围以及存在缺陷时底面回波的变化等信息，对缺陷的尺寸进行评定。评定的方法包括回波高度法、当量评定法和长度测量法。当缺陷尺寸小于声束截面时，可用缺陷回波幅度当量直接表示缺陷的大小；当缺陷大于声束截面时，幅度当量不能表示出缺陷的尺寸，则需用缺陷指示长度测定方法来确定缺陷的延伸长度。

（1）回波高度法。

根据回波高度给缺陷定量的方法称为回波高度法。回波高度法有缺陷回波高度法和底面回波高度法两种。常把回波高度法称为波高法。

1）缺陷回波高度法。

在确定的检测条件下，缺陷的尺寸越大，反射声压越大。对于垂直线性好的仪器，声压与回波高度成正比，因此，缺陷的大小可以用缺陷回波高度来表示。

缺陷回波的高度的一种表示方法是，在调定的灵敏度下，缺陷回波峰值相对于荧光屏垂直满刻度的百分比，时基线位于垂直零位时，可由垂直刻度线直接读出。另一种表示方法是用回波峰值下降或上升至基准高度所需衰减（或增益）的分贝数来表示缺陷回波的高度，在调定的灵敏度下，回波高于基准高度记为正分贝，回波低于基准高度记为负分贝。

缺陷回波高度法在自动化或半自动化检测时十分方便。在实际检测时，用规定的反射体调好检测灵敏度后，以缺陷回波高度是否高于基准回波高度，作为判定工件是否合格的依据，通过闸门高度的设定可以进行自动报警与记录。

2）底面回波高度法。

当工件上、下面与入射声束垂直且缺陷反射面小于入射声束截面时，可用底面回波高度法。

当工件中有缺陷时，由于部分声能被缺陷反射，使传到底面的声能减小，从而底面回波高度比无缺陷时降低。底面回波高度降低的多少与缺陷的大小有关，缺陷越大，底面回波高度下降得越多；反之，缺陷越小，底面回波高度下降的越少。因此，可用底面回波高度来表示缺陷大小。

底面回波高度法表示缺陷相对大小可有以下三种方法：

① B/B_F 法。B/B_F 法就是在一定的检测灵敏度条件下，用无缺陷时的工件底面回波高度 B 与有缺陷时的工件底面回波高度 B_F 相比较来确定缺陷相对大小的方法。检测时，观察工件底面回波的降低情况，缺陷的大小用 B/B_F 值来表示。无缺陷时，B/B_F 值为 1；有缺陷时，B/B_F 值大于 1，B/B_F 值越大，表示缺陷越大。

② F/B_F 法。F/B_F 法就是用缺陷回波的高度 F 与缺陷处工件底面回波的高度 B_F 相比较来确定缺陷相对大小的方法。缺陷的存在使得底波降低，缺陷越大，则 F 越高，B_F 越低。缺陷的大小用 F/B_F 值来表示，F/B_F 值越大，缺陷越大。与 B/B_F 值相比，F/B_F 值不仅和缺陷面积有关，还和缺陷的反射情况有关。

③ F/B 法。F/B 法是用缺陷回波的高度 F 与无缺陷处工件底面回波的高度 B 相比较来

确定缺陷相对大小的方法。这种方法中底波高度 B 是一个不变的量，同样的工件，F/B 值仅与缺陷回波高度有关。底面回波高度法的优点是不需要对比试块和复杂的计算，而且可利用缺陷的阴影对缺陷大小进行评价，有助于检测因缺陷形状、反射率等原因使反射信号较弱的大缺陷。底波高度的降低主要与缺陷的大小有关。

底面回波高度法的缺点是不能明确地给出缺陷的尺寸，未考虑缺陷深度、声束直径等对检测结果的影响。因此，底波高度法常用于对缺陷定量要求不严格的工件或粗略评定工件质量的情况。底面回波高度法不适用于对形状复杂而无底面回波的工件进行检测。

（2）当量评定法。

当量评定法是将缺陷的回波幅度与规则形状的人工反射体的回波幅度进行比较的方法。如果两者的埋深相同，反射波高相等，则称该人工反射体的反射面尺寸为缺陷的当量尺寸，典型表述为缺陷当量平底孔尺寸为ϕ2mm，或缺陷尺寸为ϕ2mm 平底孔当量。当量评定法适用于面积小于声束截面的缺陷的尺寸评定。

当量评定法的理论基础是规则反射体回波声压规律。但是由于影响缺陷反射回波幅度的因素很多，所以当量法确定的当量尺寸并不是缺陷的真实尺寸。因为人工反射体是一个规则形状缺陷，且界面反射率较大，通常情况下缺陷的实际尺寸要大于当量尺寸。

当量评定的方法有试块对比法、当量计算法和 *AVG* 曲线法。

1）试块对比法。

试块对比法是将缺陷波幅度直接与对比试块中同声程的人工反射体回波幅度相比较，两者相等时以该人工反射体尺寸作为缺陷当量。如人工反射体为ϕ2mm 平底孔时，称缺陷当量尺寸为ϕ2mm 平底孔当量。若缺陷波高与人工反射体的反射波高不相等，则以人工反射体尺寸和缺陷波幅度高于或低于人工反射体回波幅度的分贝数表示，如ϕ2mm+3dB 平底孔当量，表示缺陷幅度比ϕ2mm 平底孔反射幅度高 3dB。

采用试块对比法给缺陷定量时，要保持检测条件相同，即所用试块的材质、表面粗糙度和形状等都要与被检工件相同或相近，试块中平底孔的埋深应与缺陷的埋深相同，并且所用的仪器、探头和对探头施加的压力等也要相同。仪器应调整使回波易于比较，如波高可为荧光屏满刻度的 50%～80%。如果缺陷的埋深与所用对比试块中平底孔的埋深不同，则可用两个埋深与之相近的平底孔，用插值法进行评定。

试块对比法的优点是明确直观，结果可靠，又不受近场区的限制，对仪器的水平线性和垂直线性要求也不高，因此，对于要求给缺陷回波幅度准确定量的重要工件或要在 3 倍近场区情况下对缺陷定量时常采用对比试块法。

试块对比法的缺点是要制作一系列含不同声程、不同直径人工缺陷的试块，现场检测时携带和使用都很不方便。解决的办法是：采用与实际检测相同的探头与检测条件，预先将检测用对比试块测定好实用 *AVG* 曲线（*AVG* 曲线是描述规则反射体的距离 *A*、回波高度 *V* 及当量尺寸 *G* 之间关系的曲线），现场检测时则可以仅携带少量试块调整仪器灵敏度，再根据曲线评定缺陷当量。这种方法可以解决现场操作的不便，但制作对比试块的工作不能省略。

2）当量计算法。

当量计算法是根据缺陷回波与基准波高（或底波）的分贝差值，利用各种规则反射体

的理论回波声压公式进行计算，求出缺陷当量尺寸的定量方法。当量计算法的依据是各种反射体反射回波声压与反射体尺寸、距晶片距离的理论关系，以及大平底面反射与距离之间的理论关系。计算法应用的前提是缺陷位于 3 倍近场区长度以外。

3）*AVG* 曲线法。

纵波直探头检测时，可用平底孔 *AVG* 曲线确定缺陷当量。*AVG* 曲线法的优点是不需要大量的试块，也不需要烦琐的计算。用 *AVG* 曲线法评定缺陷当量时，既可以用通用 *AVG* 曲线，也可以用实用 *AVG* 曲线。

用 *AVG* 曲线给缺陷定量的原理与当量计算法相同，首先要测出缺陷回波幅度相对于某基准反射体回波幅度的分贝差，基准可以是工件的底面回波，也可以是试块上的规则反射体回波。根据测得的分贝差，在曲线图上查出缺陷的当量尺寸。

用通用 *AVG* 曲线确定缺陷当量时，根据缺陷回波与基准回波的分贝差值以及缺陷的归一化距离 A 和基准反射体的归一化距离 A_j，从通用 *AVG* 曲线上就可以查到归一化的缺陷当量尺寸 G，则缺陷的当量尺寸 d 为

$$d=GD$$

式中　D——探头的晶片直径，mm。

（3）缺陷延伸长度的测定。

对于面积大于声束截面或长度大于声束截面直径的缺陷，根据可检测到缺陷的探头移动范围来确定缺陷的大小，通常称为缺陷指示长度的测定。缺陷指示长度测定的原理是当声束整个宽度全部入射到大于声束截面的缺陷上时，缺陷的反射幅度为其最大值，而当声束的一部分离开缺陷时，缺陷反射面积减小，回波幅度降低，完全离开时缺陷回波不再显现。这样，就可以根据缺陷最大回波高度降低的情况和探头移动的距离来确定缺陷的边缘范围或长度。实际检测时，缺陷的回波高度完全消失的临界位置是难以界定的，所以按规定的方法测定的缺陷长度称为缺陷的指示长度。由于实际工件中缺陷的取向、性质、表面状态等都会影响缺陷回波高度，因此缺陷的指示长度总是与缺陷的实际长度有一定的差别。

根据测定缺陷长度时的灵敏度基准的不同，可以将测长法分为相对灵敏度法、绝对灵敏度法和端点峰值法。

1）相对灵敏度测长法。

相对灵敏度测长法是以缺陷最高回波为相对基准，沿缺陷的长度方向移动探头，降低一定的分贝值来测定缺陷的长度。降低的分贝值有 3dB、6dB、10dB、12dB、20dB 等。

相对灵敏度测长法的操作过程是：发现缺陷回波时，找到缺陷最大回波高度，以此为基准，沿缺陷长度方向的一侧移动探头，使缺陷回波下降到相对于最大高度的某一确定值，记下此时的探头位置；再沿着相反方向移动探头，使缺陷回波在另一侧下降到同样高度时，记下探头的位置；量出两个位置间探头移动的距离，即为缺陷的指示长度。

根据缺陷回波相对于其最大高度降低的分贝值，相对灵敏度测长法使用较多的是 6dB 法和端点 6dB 法。

① 6dB 法（半波高度法）。由于波高降低 6dB 后正好为原来的一半，因此 6dB 法又称为半波高度法。6dB 法的具体做法是：移动探头找到缺陷的最大反射波（调节增益或衰

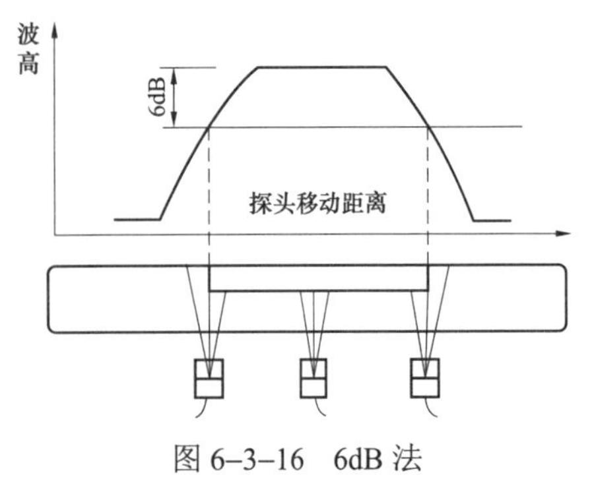

图 6–3–16　6dB 法

减使其低于 100%，如设为屏幕的 80%），然后沿缺陷方向左右移动探头；当缺陷波高降低一半时，探头中心线之间距离就是缺陷的指示长度，如图 6–3–16 所示。

6dB 法是测量缺陷长度常用的一种方法，适用于测长扫查过程中缺陷波只有一个高点的情况。

② 端点 6dB 法（端点半波高度法）。当扫查过程中缺陷反射波有多个高点时，测长采用端点 6dB 法。端点 6dB 法的具体做法是：当发现缺陷后，探头沿着缺陷方向左右移动，找到缺陷两端的最大反射波；分别以这两个端点反射波高为基准，继续向左、向右移动探头，当端点反射波高降低一半时（即 6dB 时），探头中心线之间的距离即为缺陷的指示长度，如图 6–3–17 所示。

6dB 法和端点 6dB 法都属于相对灵敏度法，因为它们是以被测缺陷本身的最大反射波或以缺陷本身两端最大反射波为基准来测定缺陷长度的。

2）绝对灵敏度测长法。

绝对灵敏度测长法是在仪器灵敏度一定的条件下，探头沿缺陷长度方向平行移动，当缺陷波高降到规定位置时（见图 6–3–18 中的 *B* 线），将探头移动的距离作为缺陷的指示长度。

绝对灵敏度测长法测得的缺陷指示长度与测长灵敏度有关。测长灵敏度高，缺陷大。在自动检测中常用绝对灵敏度法测长。

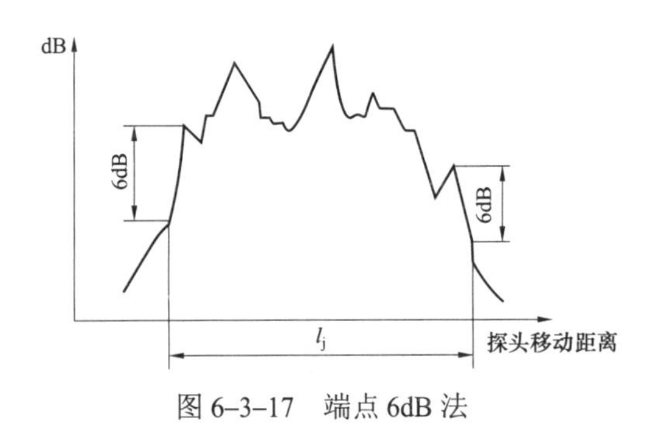

图 6–3–17　端点 6dB 法

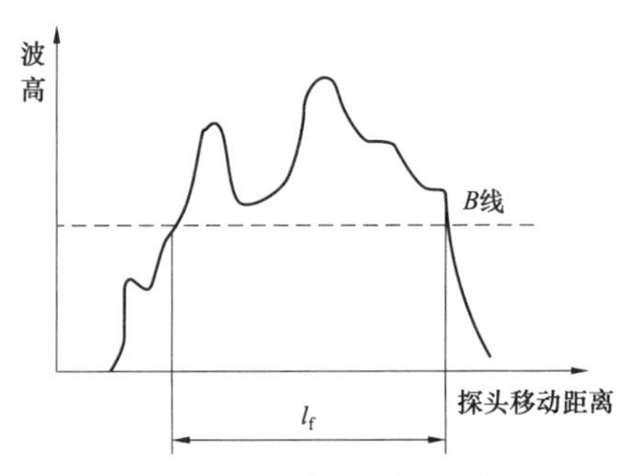

图 6–3–18　绝对灵敏度法

3）端点峰值法。

探头在测长扫查过程中，如发现缺陷反射波峰值起伏变化，有多个高点时，则可以将缺陷两端反射波极大值之间探头的移动长度作为缺陷指示长度，如图 6–3–19 所示。这种

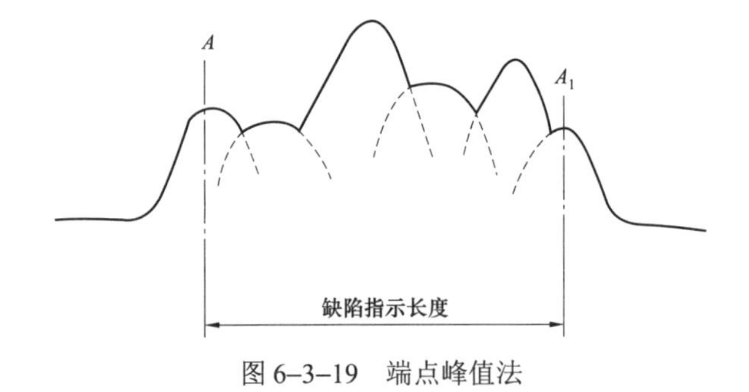

图 6–3–19　端点峰值法

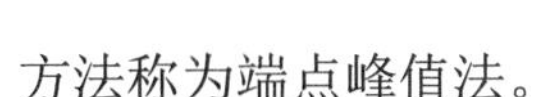

方法称为端点峰值法。

端点峰值法测得的缺陷长度比端点 6dB 法测得的指示长度要小一些。同样，端点峰值法适用于测长扫查过程中，缺陷反射波有多个高点的情况。

6.4 射线检测技术

6.4.1 射线检测基础知识

物理学上的射线也称为辐射，是指高速运动的微观粒子流或电磁波。常见的射线包括 X 射线、γ 射线、电子射线、β 射线、质子射线、α 射线等。电子射线和 β 射线都是电子流，质子射线为质子流，而 α 射线是 α 粒子（氦的原子核）流。它们都是带电粒子组成的射线，对物质的穿透能力很弱，不能用于检测材料内部缺陷。目前射线检测主要使用 X 射线和 γ 射线。

（1）X 射线和 γ 射线的本质和特征。

X 射线和 γ 射线与无线电波、可见光、紫外线等一样，其本质都是电磁波（也称电磁辐射），其区别只在于波长不同。X 射线和 γ 射线既具有电磁波共有的特性，又具有不同于可见光等其他电磁波的特性，主要包括：在真空中以光速直线传播；本身不带电，不受电场和磁场影响；在物质界面也发生反射和折射，但只发生漫反射而不像可见光发生镜面反射，而且其折射系数非常接近于 1，因此近似于透射；不可见，能够穿透可见光不能穿透的物质；在穿透物质的过程中，会与物质发生复杂的物理和化学作用，如电离作用、荧光作用、热作用及光化学作用；具有辐射生物效应，会杀伤生物细胞、破坏生物组织。

（2）射线的产生。

X 射线的产生有两种情况：① 当高速运动的带电粒子骤然停止，其部分能量转换为电磁辐射，即 X 射线，由此产生的 X 射线的能量是连续分布的，因此也称为连续 X 射线；② 当原子从外界吸收一定能量时，电子由低能级跃迁到较高能级，处于较高能级的电子会自发向低能级跃迁，其能量差以光能的形式辐射出来，由此产生的 X 射线的能量是不连续的、只含有某些特定能量的成分，因此也称为标识 X 射线或特征 X 射线。

γ 射线是放射性同位素发生 γ 衰变时产生的，其能量也是不连续的，只含有某些特定能量的成分。这些特定的能量与同位素的种类有关，通常取所有能量的平均值作为 γ 射线的能量。

（3）射线的衰减。

射线与物质的相互作用主要有三种过程：光电效应、康普顿效应和电子对的产生。这三种过程的共同点是都产生电子，然后电离或激发物质中的其他原子。此外，还有少量的汤姆逊效应。光电效应和康普顿效应随射线能量的增加而减少，电子对的产生则随射线能量的增加而增加，四种效应的共同结果是使射线在透过物质时产生能量衰减。所以，衰减是射线通过物质时，由于与物质相互作用而使其能量减弱的过程和现象。

导致射线衰减的原因主要有吸收和散射两类。发生吸收时，光子的能量全部转换为其他形式的能量，光子消失。而发生散射时，光子的部分能量转换为其他形式的能量，光子的能量降低，同时其运动方向改变，相当于在射线束中移去部分光子。上述两种现象均使透过物质的射线束的能量减弱，即发生衰减。

射线通过物质时的衰减符合以下规律

$$I = I_0 e^{-\mu T}$$

式中 I_0——通过物质前的射线强度；

I——通过物质后的射线强度；

μ——衰减系数；

T——射线穿透的物质厚度。

衰减系数与射线能量、物质的原子序数和密度相关。一般来讲，射线的波长越小，衰减越小；物质的密度和原子序数越大，衰减也越大。

6.4.2 射线检测方法

（1）射线检测基本原理。

射线穿透物体时发生强度衰减，衰减的程度取决于物质的衰减系数和射线穿透的物体厚度。如果被检工件中局部存在缺陷，且构成缺陷的物质的衰减系数不同于物质本身，则穿透该局部区域射线的强度将与其他区域不同（$I_p \neq I'_p$），如图 6–4–1 所示。因此，通过适当的方式接收穿透被检工件的射线并对其进行处理、显示，就可以对被检测工件中是否存在缺陷以及缺陷的位置、形状尺寸、性质等进行分析判断。

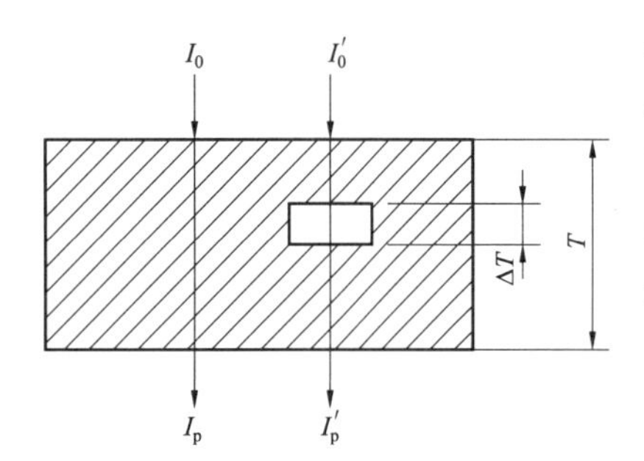

图 6–4–1 射线检测基本原理

（2）射线检测的特点。

射线检测结果直观，可直接获得缺陷的投影图像且可以长期保存，便于判断缺陷的性质、位置、数量、形状和尺寸，但对缺陷在工件中沿射线方向的位置和尺寸较难判断。

射线检测对缺陷的检出能力取决于缺陷沿射线方向的尺寸及射线穿透工件的厚度（也称透照厚度），因此对体积型缺陷（如气孔、夹渣等）有很高的检出能力。而对于裂纹等面状缺陷，其检出能力受透照角度影响，只有当射线方向与缺陷面平行或成较小角度时才有可能检出。它不能检出垂直照射方向的薄层缺陷，如钢板的分层，也很少用于钎焊、摩擦焊等焊接方法的质量检测。

射线检测适用的工件厚度几乎没有下限，但其上限受射线穿透能力（主要取决于射线能量）的限制，而且厚度还影响缺陷的检出能力。因此，射线检测不太适合于大厚度工件的检测。一般 420kV 的 X 射线机能穿透的钢厚度约 80mm，Co60γ 射线穿透钢厚度约为 150mm，更大厚度的试件检测需要特殊的加速器来进行检测。

射线检测适用于几乎所有材料，在钢、铜、铝等金属上使用均能获得良好的效果，对被检工件的形状、表面粗糙度没有严格要求，也不受材料晶粒度的影响。但因为射线检测是穿透法检验，检测时需要接近工件的表面，因此结构和现场条件有时会限制检测的进行。

射线检测常用于熔化焊对接头的检测，有时也用于铸钢件的检测，而像板材、棒材、

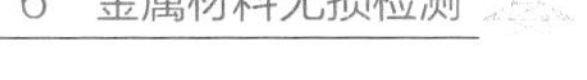

管材和锻件等工件中的大部分缺陷是与射线束垂直的，因此不宜用射线检测方法检测。

射线检测的检测成本较高、检测效率相对较低，射线辐射对人体有伤害，需要采取防护措施。

（3）射线检测方法分类。

根据接收、处理及显示穿透被检工件射线的方法不同，射线检测方法可分为射线照相检测、射线成像检测两大类，而射线照相是目前使用最为普遍的射线检测方法。

射线照相检测是利用射线对感光材料的感光作用，用胶片记录、显示检测结果的方法。

射线成像检测是利用射线与物质相互作用的光电效应，将穿透被检工件的射线转换为光电信号并予以显示的方法。根据显示方式不同，成像可分为直接成像和数字成像两种。直接成像直接将光、电信号进行处理显示成像，而数字成像则先将电信号转换为数字信号，然后由计算机进行处理和显示。射线成像检测也叫射线实时成像检测。

（4）射线实时成像检测技术。

射线实时成像技术包括计算机射线照相技术（CR）、数字平板直接成像技术（DR）、线阵列扫描成像技术（LDA），其中 CR 和 DR 应用较为广泛。除此之外，还有 X 射线层析照相（X–CT）检测技术。

1）计算机射线照相技术。

计算机射线照相（Computed Radiography，CR）是指将 X 射线透过工件后的信息记录在成像板（Image Plate，IP）上，经扫描装置读取，再由计算机生出数字化图像的技术。整个系统由成像板、激光扫描读出器、数字图像处理和储存系统组成。

计算机射线照相的工作过程如下：用普通 X 射线机对装于暗盒内的成像板曝光，射线穿过工件到达成像板，成像板上的荧光发射物质具有保留潜在图像信息的能力，即形成潜影。

成像板上的潜影是由荧光物质在较高能带俘获的电子形成光激发射荧光中心构成，在激光照射下，光激发射荧光中心的电子将返回它们的初始能级，并以发射可见光的形式输出能量。所发射的可见光强度与原来接收的射线剂量成比例。因此，可用激光扫描仪逐点逐行扫描，将存储在成像板上的射线影像转换为可见光信号，通过具有光电倍增和模数转换功能的读出器将其转换成数字信号存入到计算机中。对于 100mm×420mm 的成像板，激光扫描完成扫描读出过程不超过 1min。读出器有多槽自动排列读出和单槽读出两种，前者可在相同时间内处理更多成像板。数字信号被计算机重建为可视影像并在显示器上显示，根据需要对图像进行数字处理。在完成对影像的读取后，可对成像板上的残留信号进行消影处理，为下次使用做好准备，成像板的寿命可达数千次。

CR 技术的优点和局限性如下：

① 原有的 X 射线设备不需要更换或改造，可以直接使用。

② 宽容度大，曝光条件易选择。对曝光不足或过度的胶片可通过影像处理进行补救。

③ 可减小照相曝光量。CR 技术可对成像板获取的信息进行放大增益，从而可大幅度

减少 X 射线曝光量。

④ CR 技术产生的数字图像存储、传输、提取、观察方便。

⑤ 成像板与胶片一样，有不同的规格，能够分割和弯曲，成像板可重复使用几千次，其寿命决定于机械磨损程度。虽然单板的价格昂贵，但长期使用成本比胶片更经济。

⑥ CR 成像的空间分辨率可达到 5 线对/毫米（即 100μm），稍低于胶片水平。

⑦ 虽然比胶片照相速度快一些，但是不能直接获得图像，必须将 CR 屏放入读取器中才能得到图像。

⑧ CR 成像板与胶片一样，对使用条件有一定要求，不能在潮湿的环境中和极端的温度条件下使用。

2）数字平板直接成像技术。

数字平板直接成像（Director digital panel Radigraphy，DR）与胶片或 CR 的处理过程不同，在两次照射期间，不必更换胶片和存储荧光板，仅仅需要几秒钟的数据采集，就可以观察到图像，检测速度和效率大大高于胶片和 CR 技术。除了不能进行分割外和弯曲外，数字平板与胶片和 CR 具有几乎相同的适应性和应用范围。数字平板的成像质量比图像增强器射线实时成像系统好很多，不仅成像区均匀，没有边缘几何变形，而且空间分辨率和灵敏度要高得多，其图像质量已接近或达到胶片照相水平。与 LDA 线阵列扫描相比，数字平板可做成大面积平板一次曝光形成图像，而不需要通过移动或旋转工件，经过多次线扫描才获得图像。

图 6–4–2　数字平板直接成像系统

数字平板技术有非晶硅（a–Si）和非晶硒（a–Se）和 CMOS 三种。数字平板直接成像系统如图 6–4–2 所示。

6.4.3　射线照相技术

6.4.3.1　射线照相成像原理

将胶片放置于适当位置使其在穿透被检工件射线的作用下感光，感光程度与射线强度及照射时间有关。射线照相成像原理，如图 6–4–3 所示。把经过感光的胶片进行显影、

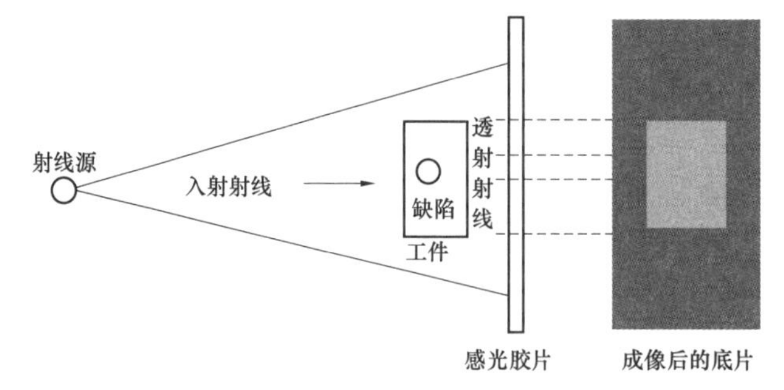

图 6–4–3　射线照相成像原理

定影等处理，得到底片，底片上各点的黑度（*D*）取决于该点所受的射线照射量（射线强度与照射时间的乘积）。由于穿透有缺陷部位和完好部位的射线强度存在差异，使底片上相应部位的黑度产生差异，从而形成缺陷影像。底片上相邻区域的的黑度差称为“对比度”。

6.4.3.2 射线照相检测器材

（1）X 射线机。

1）X 射线机的结构。

X 射线机通常由射线发生装置和控制系统两大部分组成，射线发生装置主要由 X 射线管、高压发生器、冷却系统和保护系统四个部分构成。

X 射线管是产生 X 射线的核心部件，是由阴极、阳极和外壳构成的内部抽真空的二极管，如图 6–4–4 所示。X 射线管工作时，阴极灯丝通电加热而发射的电子被阴极头上的电场聚集成束，在阴极和阳极间所加高压形成的强电场作用下高速飞向阳极（一般为钨靶），轰击阳极靶面。高速运动电子的能量大部分转换为热能，少部分以 X 射线的形式辐射。X 射线管产生的 X 射线的能量与阴极和阳极间的电压（也称管电压）有关，电压越高，射线的能量越高；而射线的强度取决于通过灯丝的电流（即管电流），电流越大，射线的强度越大。

高压发生器的作用是为 X 射线管提供电源（包括加热灯丝的电源、加速电子的高压电源等）。管电压是 X 射线管的重要技术指标，管电压越高，发射的 X 射线波长越短，穿透能力越强。冷却系统的作用是保证射线管的冷却，而保护系统则起短路保护、过载保护等保护作用。控制系统的作用是进行各种操作控制，如高压通电开、关，电流、电压、时间调节设定等，同时对系统的工作状态及各种参数进行显示。控制系统一般和保护系统一起集成在控制箱内。

2）X 射线机分类。

X 射线机可分为移动式和携带式两类。

移动式 X 射线机是在固定或相对固定场所使用的 X 射线机，其高压发生装置、冷却系统与 X 射线管分别独立安装。X 射线管安装在机头内，由冷却系统提供强制循环的冷却介质进行冷却，机头可固定在支架上，也可置于移动小车在小范围内移动。由于在固定或相对固定场所使用，对设备的体积和重量的限制较小，而且采用强制循环冷却保证了良好的冷却效果，因此移动式 X 射线机可具有较高的管电压和管电流。管电压可达 450kV，管电流可达 20mA，相应地可产生较高能量和强度的 X 射线，可以透照较大厚度的工件（最大穿透厚度可达 100mm）。

携带式 X 射线机是一种体积小、重量轻、便于携带的适用于现场射线照相的 X 射线机，其高压发生装置、冷却系统与 X 射线管都集成在机头内。为了保证便携性，携带式 X 射线对体积和重量有较严格的限制，而且其冷却效果也不如移动式 X 射线机，因此其最高管电压较小，一般小于 320kV，管电流一般固定为 5mA，最大透照厚度约为 50mm。携带式 X 射线机及其控制箱如图 6–4–5 所示。

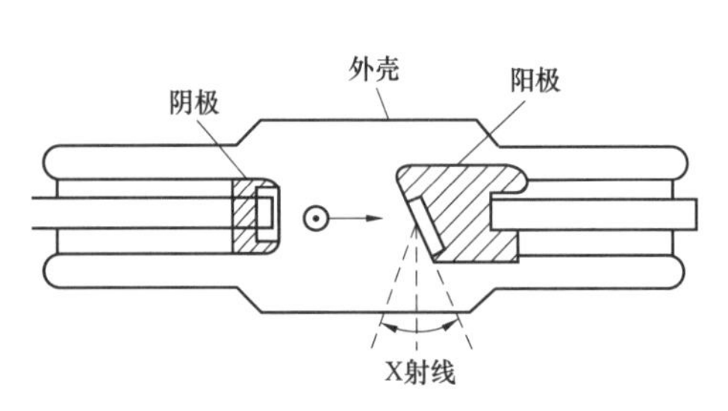

图 6–4–4　X 射线管示意图

图 6–4–5　便携式 X 射线机及其控制箱

（2）γ 射线机。

γ 射线机一般由源组件、机体、驱动机构和输源管四部分组成。源组件是将放射性物质制成的放射性源封装在源包壳内，并通过源辫子与驱动机构和输源管连接的组件。常用的放射性物质包括 Co60、Ir192、Se75 等。机体除储存源组件外，还起屏蔽射线的作用。此外，机体上还设有安全连锁装置，其作用是保证只有当输源管与源辫连接好的情况下才能将源输出，以及将源收回时使其处于机体内最佳屏蔽位置。驱动机构和输源管的作用是将源输送到进行射线照相的位置，或将源收回到机体内。

（3）射线照相胶片。

射线照相用胶片由片基、结合层（底膜）、感光乳剂层和保护层组成，如图 6–4–7 所示。不同于普通照相胶卷，射线用胶片在胶片片基的两面均涂有乳剂层，其作用是增加卤化银含量以吸收更多的 X 射线和 γ 射线，从而提高胶片的感光速度，同时增加底片的黑度。

片基起骨架作用，是感光乳剂层的支持体，厚度约 0.175～0.2mm，一般采用醋酸纤维或聚酯材料（涤纶）制作；结合层由明胶、水、表面活性剂和树脂组成，其作用是使感光乳剂层和片基牢固地粘结在一起；感光乳剂层通常由溴化银和少量的碘化银微粒在明胶中的混合体构成，厚度为 10～20μm；保护层是由明胶、坚膜剂、防腐剂和防静电剂等组成的透明胶质，厚度约 1～2μm，用以防止感光乳剂层受到污损或摩擦。

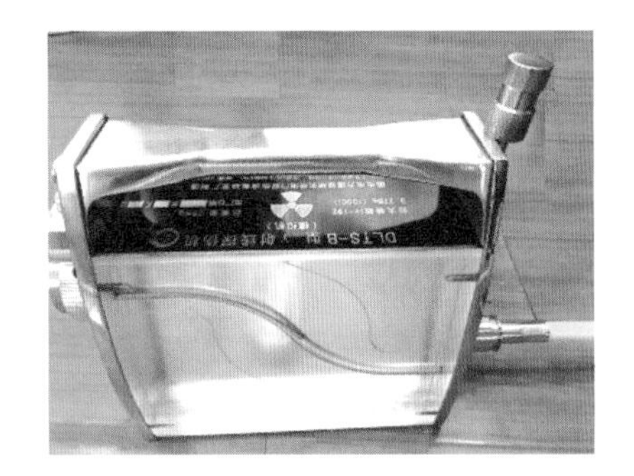

图 6–4–6　γ 射线机（模型）

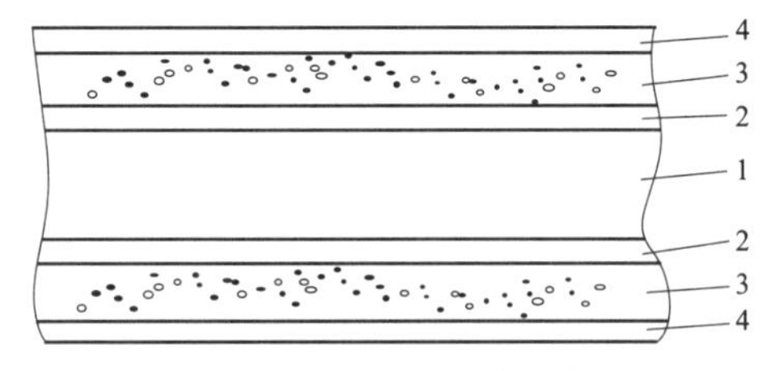

图 6–4–7　射线照相胶片的构造

1—片基；2—结合层；3—感光乳剂层；4—保护膜

（4）射线照相辅助器材。

射线照相辅助器材主要有黑度计（光学密度计）、增感屏、像质计、暗袋等。黑度计

的主要作用是测量射线照相底片的照度；增感屏能增强射线对胶片的感光作用，缩短曝光时间；像质计一般用被检工件材质相同或对射线吸收性能相似的材料制作，设有一些人为的具有厚度差的结构（如槽、孔、金属丝等），用来检查和定量评价射线底片影像质量；暗袋用来包装胶片，一般采用对射线吸收少而遮光性好的黑色塑料或合成革制作。

6.4.3.3　射线照相检测程序

射线照相检测程序一般包括透照布置、曝光、胶片处理以及底片观察与评定（常称为评片）等过程。

（1）透照布置。

透照布置是指将射线源（射线机机头或 γ 源）、工件、射线胶片以及像质计等按一定的相互位置进行布置的过程，一般把被检的工件安置于距射线源一定距离处，将装有胶片的暗袋紧贴在工件背后。透照布置时最重要的是确定透照方向和焦距。透照方向即射线照射方向，透照布置时应使射线束对准工件被检测区域，并尽量使射线束垂直于工件中可能存在的面状缺陷的缺陷面，以提高面状缺陷的检出率。焦距 F 是指射线源与射线胶片之间的距离。焦距影响影像的几何不清晰度，从而影响影像的质量。此外，焦距还对透照范围及透照所需曝光量产生影响。

由于射线源都有一定尺寸，因此透照工件时，工件表面轮廓或工件中缺陷在底片上的影像边缘会有一定宽度的半影，如 6–4–8 所示。该半影宽度 U_g 称为几何不清晰度，其计算公式为 $U_g = d_f \times b / (F - b)$，式中：$d_f$ 为焦点尺寸，F 为焦距，b 为缺陷至胶片的距离。几何不清晰度随焦距增大而减小。

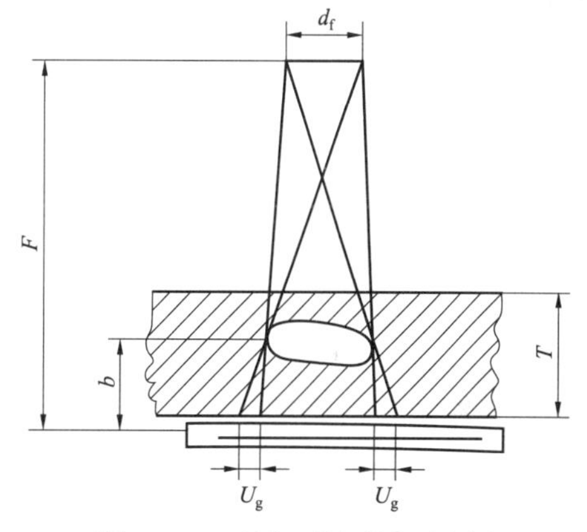

图 6–4–8　几何不清晰度示意图

由于射线源辐射的射线是以一定角度扩散的，因此，随着离射线源的距离增大，射线束的覆盖范围增大即透照范围增大，而射线的强度降低。

综上所述，随着焦距增大，影像几何不清晰度减小，影像质量提高，同时透照范围增大。但由于射线的强度降低，在其他条件相同的情况下为了使胶片产生足够感光，就必须增大曝光量，通常通过延长曝光时间实现。而延长曝光时间一方面降低检测效率，另一方面增加射线对工作人员危害的风险。因此，应综合考虑以上各方面因素，选择合适的焦距。

（2）曝光。

曝光是指启动 X 射线机或将放射源从 γ 射线机机体输送到透射位置，使射线源发出的射线穿透工件照射胶片的过程。曝光过程主要控制射线能量和曝光量。射线能量根据透照厚度确定，通过调节 X 射线机管电压或选择放射源种类加以控制。而曝光量则根据射线能量、透照厚度、焦距等确定，主要通过调整曝光时间加以控制。

曝光是胶片产生潜影的过程。胶片感光乳剂中的溴化银晶体受到射线照射后，溴化银晶体点阵将释放电子。这些电子可以在乳剂中移动，在感光中心处被俘获，与银离子中和形成银原子。感光中心是卤化银晶体的角、棱边等处形成的中性银原子或硫化银等的聚集处。按照能带理论，当溴化银点阵中嵌入了银、硫化银等杂质质点时，由于它们的导带（自由电子形成的能量空间）位置比溴化银的导带稍低，并可能在溴化银的禁带（能带结构中能态密度为零的能量区间）中产生新的能级。因此，在射线照射激发下，进入溴化银导带的电子可以自发地转移至银或硫化银的导带，即被感光中心俘获。感光中心俘获电子以后带负电荷，对溴化银点阵格间的银离子（Ag^+）具有吸引作用，使银离子向感光中心移动，与电子中和形成银原子（Ag），扩大了感光中心的尺寸。在感光过程中上述过程不断重复，直至曝光结束。这样产生的银原子团称为显影中心（潜影中心），显影中心的总和就是潜影。

（3）胶片处理。

被射线曝光的胶片必须经过显影、定影等一系列处理后才成为可观察的底片，该处理须在暗室内进行，因此也称为暗室处理。胶片的暗室处理过程一般包括显影、停显、定影、水洗、干燥五个步骤。

显影是将胶片放入显影液中，使胶片中已感光的卤化银还原为金属银的过程。由于微小的银颗粒是黑色的，所以形成的曝光的地方呈现黑色，曝光量越大，黑色越深。

当显影结束将胶片从显影液中取出后，由于胶片上还残留显影液，显影还将继续进行。而且，胶片上残留的显影液还会污染定影液，使其使用寿命缩短。因此，显影后的胶片应先进行停显处理，利用酸性的停显液中和胶片上残留的显影液。在实际工作特别是现场作业时，由于条件限制，也常采用将显影后的胶片放入水中清洗的方法。

经过显影的胶片的乳剂层中还有大量（约 70%）的卤化银未被还原为金属银，必须通过定影处理将其除去。在定影过程中，卤化银与定影剂反应生成溶于水的络合物进入定影液，而已还原的金属银则不受影响。胶片定影后，应在流动的清水中冲洗，以清除其吸附的定影液及络合物。清洗后，可将胶片悬挂在通风的空间晾干，或悬挂在烘箱内用热风烘干。

（4）评片。

将底片置于观片灯上进行观察，根据底片的黑度和图像来判断是否存在缺陷及缺陷的性质、大小和数量，并按相关标准，对缺陷进行评定和分级。

6.4.3.4 射线照相的质量影响因素

评价射线照相影像质量最重要的指标是射线照相灵敏度。所谓射线照相灵敏度，从定量方面来说，是指在射线底片上可以观察到的最小缺陷尺寸或最小细节尺寸；从定性方面来说，是指发现和识别细小影像的难易程度。

灵敏度有绝对与相对之分，在射线照相底片上所能发现的沿射线穿透方向上的最小缺陷尺寸称为绝对灵敏度。此最小缺陷尺寸与射线透照厚度的百分比称为相对灵敏度。显然，用自然缺陷尺寸来评价射线照相灵敏度是不现实的。为便于定量评价射线照相灵敏度，常用与被检工件或焊缝的厚度有一定百分比关系的人工结构，如金属丝、孔、槽等组成所谓透度计（又称像质计），作为底片影像质量的监测工具，由此得到的灵敏度称为像质计灵敏度。需要注意的是，底片上显示的像质计最小金属丝直径、或孔径、或槽深，并不等于

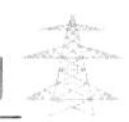

工件中所能发现的最小缺陷尺寸，即像质计灵敏度并不等于自然缺陷灵敏度。但像质计灵敏度提高，表示底片像质水平也相应提高，因而也能间接地反映出射线照相对最小自然缺陷检出能力的提高。

对于裂纹之类方向性很强的面积型缺陷，即使底片上显示的像质计灵敏度很高，黑度、不清晰度符合标准要求，有时也有难以检出甚至完全不能检出的情况。尤其是面积型缺陷，其检出灵敏度和像质计灵敏度存在很大差异，造成这种差异的影响因素很多，例如：焦点尺寸等几何因素的影响，射线透照方向与缺陷平面有一定的夹角而造成透照厚度差减小的影响等。要提高此类缺陷的检出率，就必须很好考虑透照方向及其他有助于提高缺陷检出灵敏度的工艺措施。

射线照相灵敏度是射线照相对比度（缺陷影像与其周围背景的黑度差）、不清晰度（影像轮廓边缘黑度过渡区的宽度）和颗粒度（影像黑度的不均匀程度）三大要素的综合结果，而此三大要素又分别受到不同工艺的影响。三大要素的定义如图 6–4–9 所示。

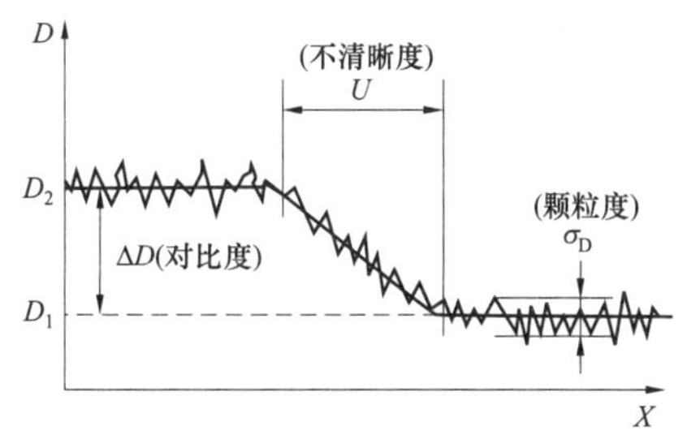

图 6–4–9　射线照相灵敏度影响因素

D_1—无缺陷处的本底黑度；D_2—缺陷处底片黑度

6.4.4　射线检测安全防护

由于射线具有生物效应，超剂量的射线辐射会引起放射性损伤，导致人体的正常组织出现病理反应。因此，射线检测时必须做好辐射防护工作，主要的防护手段为屏蔽防护、距离防护和时间防护三种。

屏蔽防护就是在射线源和操作人员及其他邻近人员之间加上有效合理的屏蔽物来吸收射线能量从而降低辐射，如射线探伤机体衬铅、曝光室用厚实的混凝土墙体、检测现场的现成物体如建筑物的墙、柱等。

距离防护是基于射线的强度和距离平方成反比的关系，通过增大与射线源的距离来降低射线辐射量实现防护。这一方法在检测现场无足够的屏蔽物，尤其是在户外进行射线检测作业时是一种简便易行的防护方法。

时间防护主要是减少操作人员接触射线的时间，以减少射线对操作人员的伤害。

以上三种方法各有优缺点，在实际应用中应根据现场条件合理选择，综合运用。

6.5　渗透检测技术

6.5.1　渗透检测基本原理

6.5.1.1　界面与界面张力

物质的相与相之间的分界面称为界面。物质有气、液、固三种状态，可以组成气–液、液–液、气–固与液–固四种界面。一般把有气相组成的界面也称为表面，因此气–液、气–

固界面也分别称为液体表面、固体表面。

物质的界面（表面）都有自动收缩减小表面积的趋势，即界面（表面）上存在力的作用。将这种存在于物质的界面（表面）使界面（表面）收缩的力称为界面（表面）张力。

6.5.1.2 液体的润湿现象

润湿现象是一种界面（表面）现象，液体的润湿现象是指固体表面上的气体被液体取代的现象。将一滴液体滴在固体表面，液体将在固体表面上铺展开，部分固体表面（气–固界面）被液–固界面取代，形成气–固、液–固、气–液三种界面，相应地存在三种界面张力，如图 6–5–1 所示。

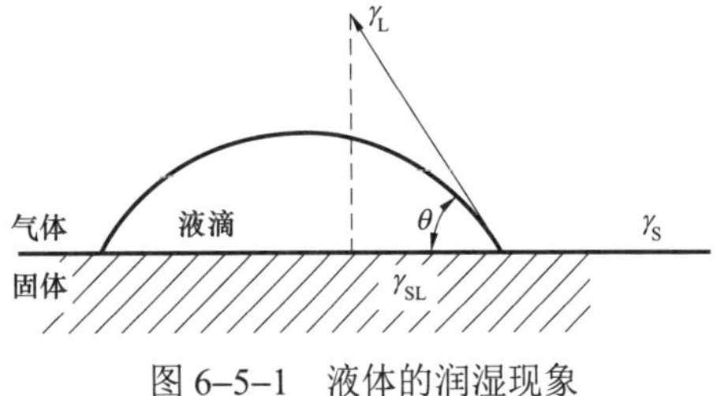

图 6–5–1 液体的润湿现象

当界面张力之间达到平衡时，液体将停止铺展而以一定形状停留在固体表面上，此时界面张力及接触角之间存在如下关系

$$\cos\theta = \frac{\gamma_S - \gamma_{SL}}{\gamma_L}$$

式中 γ_S ——固体与气体的界面张力；

γ_{SL} ——固体与液体的界面张力；

γ_L ——液体的表面张力；

θ ——接触角。

接触角反映了液体对固体表面的润湿性能，接触角越小，润湿能力越强。按照接触角大小不同，可以将液体的润湿性能分为完全润湿、润湿、不完全润湿和完全不润湿四种，如图 6–5–2 所示。

当接触角 θ 为 0° 时，液体在固体表面呈薄膜状态，称为完全润湿；当 θ 在 0° ～90° 之间时，液体在固体表面呈小于半球形的球冠，称为润湿；当 θ 在 90° ～180° 之间时，液体在固体表面呈大于半球形的球冠，称为不完全润湿；当 θ 为 180° 时，液体在固体表面呈球形，称为完全不润湿。

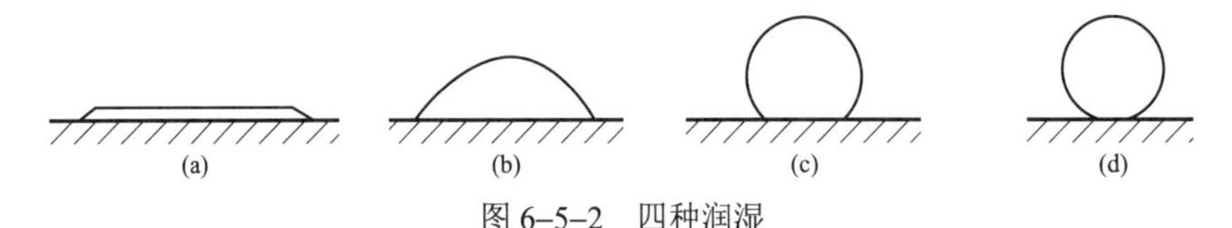

图 6–5–2 四种润湿

（a）完全润湿；（b）润湿；（c）不完全润湿；（d）完全不润湿

6.5.1.3 液体的毛细现象

若将直径很小的玻璃管（称毛细管）插入盛有能润湿玻璃的液体（如水）的容器中，由于液体的润湿作用，靠近管壁的液面将会上升，使管内液面呈凹形，对内部液体产生拉力，使液体沿管内上升，液面高出容器液面，如图 6–5–3 所示。这种在毛细管内的润湿称为毛细现象。

液体在毛细管内的上升高度与毛细管的直径及液体的润湿能力有关，毛细管直径越小，液体的润湿能力越强，上升高度越大。

毛细现象并不仅限于一般意义上的毛细管。各种细小的缝隙，如两平板间的夹缝、颗粒堆积物间的空隙等，都可以看成特殊形式的毛细管，也会产生毛细现象。

6.5.1.4 渗透检测工作原理

对被检测工件表面施涂含有荧光染料或着色染料的渗透液，在毛细作用下，经过一定时间的渗透，渗透液能够渗进表面开口缺陷中；经去除工件表面多余的渗透液后，再在被检测工件表面施涂吸附介质——显像剂。同样，在毛细管作用下，显像剂将吸引缺陷中保留的渗透液回渗到显像剂中。在一定的光照条件下（白光或者紫外光），缺陷处回渗的渗透液痕迹显示在覆盖有显像剂的工件表面，从而检测出缺陷的形貌及分布状态。

6.5.2 渗透检测器材

渗透检测器材主要包括渗透检测剂、照明器具、测量器具、试块。

6.5.2.1 渗透检测剂

渗透检测剂是渗透剂、乳化剂、去除剂和显像剂组合的通称。渗透剂、乳化剂、去除剂和显像剂有各种不同类型，因此，可以组成不同组合。但应注意的是，它们之间必须相互适应，不能随意组合。例如，溶剂去除型渗透剂只能与有机溶剂去除剂组合。

对于现场检测，最普遍使用的是由溶剂去除型着色渗透剂、有机溶剂去除剂和溶剂悬浮型显像剂构成的组合，称为溶剂去除型着色渗透检测剂。通常分别将渗透剂、去除剂（也称清洗剂）和显像剂装在压力喷罐内，便于携带和使用。

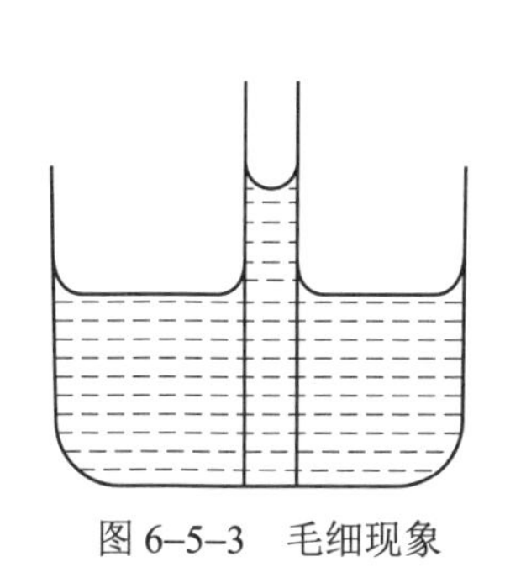

图 6–5–3 毛细现象

图 6–5–4 常用渗透检测剂

（1）渗透剂。

渗透剂是一种将染料及其他附加成分溶解于特定溶剂（一般为水或油）形成的溶液，该溶剂称为基体。渗透剂具有很强的渗透能力，能渗入工件表面开口缺陷并以适当方式显示缺陷痕迹。

根据渗透剂所含染料不同，可以将渗透剂分为着色渗透剂和荧光渗透剂两类。着色渗透剂含有红色染料，缺陷显示痕迹为红色，可在白光或自然光下直接观察；荧光渗透剂含有荧光染料，在波长为 200～400nm 的紫外线（黑光）照射下会发出黄绿色荧光，因此缺陷显示痕迹必须在暗室内黑光灯下观察。

根据多余渗透剂去除方法不同，渗透剂可分为水洗型、后乳化型和溶剂去除型三大类。

水洗型渗透剂可以直接用水去除，后乳化型渗透剂必须先用乳化剂进行乳化后才能用水去除，而溶剂去除型渗透剂是用有机溶剂去除的。

（2）乳化剂。

对于以油为基体的渗透剂，由于油不溶解于水而且不能与水很好混合，因此必须对渗透剂施加少量表面活性物质，使渗透剂能够与水很好混合，才能直接用水去除。由于表面活性物质的作用使本来不能混合的两种液体能够混合在一起的现象称为乳化，具有乳化作用的表面活性物质称为乳化剂。

（3）去除剂。

用于去除多余渗透剂的溶剂称为去除剂。对于水洗型和后乳化型渗透剂，去除剂为水，而溶剂去除型渗透剂的去除剂为有机溶剂。

（4）显像剂。

显像剂的作用是通过毛细作用将缺陷中的渗透剂吸附到工件表面形成缺陷显示，并提供与缺陷显示反差较大的背景。显像剂可分为干式显像剂和湿式显像剂两类。干式显像剂为白色无机物（氧化镁、氧化钛、碳酸钠等）粉末，湿式显像剂则是将白色无机物分散于水或有机溶剂中而形成的悬浮液。

6.5.2.2 照明器具

渗透检测用照明器具包括白光灯和黑光灯。白光灯用于采用着色渗透剂检测时缺陷显示的观察，在自然光亮度足够的情况下，也可直接在自然光下观察。黑光灯产生的中心波长为 365nm 的紫外线（黑光）能使荧光染料发出黄绿色荧光，用于采用荧光渗透剂检测时缺陷显示的观察。

6.5.2.3 测量器具

测量器具是渗透检测中用于测量工件表面光（白光或黑光）强弱的器具，包括白光照度计、黑光照度计等。

照度计（或称勒克斯计）是一种专门测量光度、亮度的仪器仪表。光照强度（照度）是物体被照明的程度，也即物体表面所得到的光通量与被照面积之比。照度计通常是由硒光电池或硅光电池和微安表组成。其实物及工作原理示意图如图 6–5–5 所示。

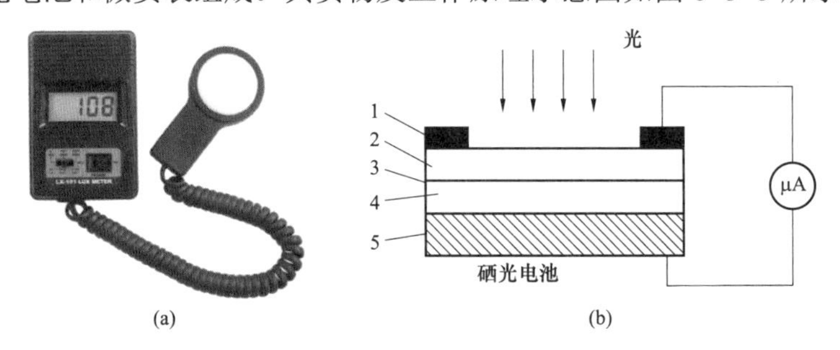

图 6–5–5　照度计及其原理

（a）实物；（b）原理图

1—金属底板；2—硒层；3—分界面；4—金属薄膜；5—集电环

6.5.2.4 试块

试块是指带有人工缺陷的试件，用于衡量渗透检测灵敏度，因此也称灵敏度试块。常用试块包括铝合金淬火试块（A 型试块）和不锈钢镀铬试块（B 型试块）两种。

A 型试块为厚度 8～10mm、大小 50mm×80mm 的铝合金板，通过不均匀加热淬火使其表面产生大小深度不一的裂纹，并在长度的中心沿宽度方向开一槽将表面分为两个区域，如图 6–5–6（a）所示。

A 型试块用来在正常使用情况下，检验渗透检测剂能否满足要求，以及比较两种渗透检测剂性能的优劣；对用于非标准温度下的渗透检测方法作出鉴定。

B 型试块为单面镀铬的不锈钢板，通过一定方法使镀铬表面产生三处大小各不相同的辐射状裂纹，如图 6–5–6（b）所示。B 型试块用来检验渗透检测剂系统灵敏度及操作工艺正确性。

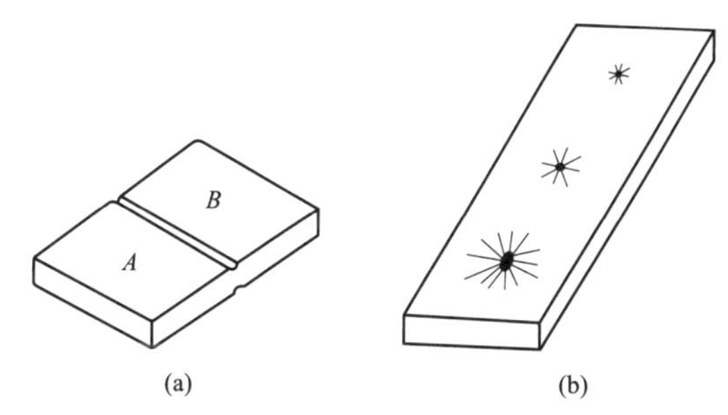

图 6–5–6　灵敏度试块

（a）A 型试块；（b）B 型试块

着色渗透检测用的试块不能用于荧光渗透检测，反之亦然。发现试块有阻塞或灵敏度有所下降时，应及时修复或更换。试块使用后要用丙酮进行彻底清洗，清除试块上的残留渗透检测剂。清洗后，再将试块放入装有丙酮或者丙酮和无水酒精的混合液体（体积混合比为 1:1）密闭容器中浸渍 30min，干燥后保存，或用其他有效方法保存。

6.5.3 渗透检测方法

（1）渗透检测方法的分类。

根据渗透液所含染料成分，渗透检测方法可分为荧光法、着色法两大类。渗透液内含有有色染料，缺陷图像在日光或灯光下显色的为着色法，而渗透液内含有荧光物质，缺陷图像在紫外线下能激发荧光的为荧光法。根据渗透剂种类、渗透剂的去除方法和显像剂种类的不同，渗透检测的分类如表 6–5–1 所示。

表 6–5–1　渗透检测方法分类

渗透剂		渗透剂的去除		显像剂	
分类	名称	方法	名称	分类	名称
Ⅰ Ⅱ Ⅲ	荧光渗透检测 着色渗透检测 荧光、着色渗透检测	A B C D	水洗型渗透检测 亲油型后乳化渗透检测 溶剂去除型渗透检测 亲水型后乳化渗透检测	a b c d e	干粉显像剂 水溶解显像剂 水悬浮显像剂 溶剂悬浮显像剂 自显像

（2）渗透检测基本操作步骤。渗透检测的基本过程如图 6–5–7 所示。

1）渗透：将试件浸渍于渗透液中，或用喷雾器或刷子把渗透液喷涂在试件表面，并保持渗透液对试件表面润湿一定时间，使渗透液充分渗入缺陷中。

2）去除：待渗透液充分地渗透到缺陷内之后，用水或清洗剂去除试件表面多余的渗透液。

3）显像：将显像剂喷撒或涂敷在试件表面上，使残留在缺陷中的渗透液回渗至工件表面的显像剂层上，形成放大的缺陷显示痕迹。

4）观察：着色渗透检测时缺陷显示可在白光或自然光下直接观察，而荧光渗透检测的缺陷显示痕迹必须在暗室内黑光灯下观察。在进行缺陷显示的观察时，为了能发现细微缺陷，必须保证工件表面有足够强度的光照。

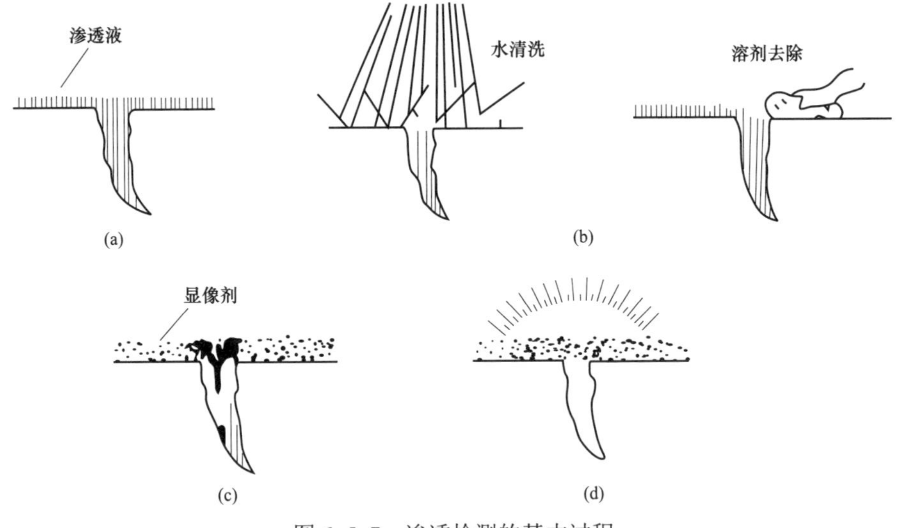

图 6–5–7　渗透检测的基本过程

（a）渗透；（b）清洗；（c）显像；（d）观察

在渗透检测中，除上述的基本步骤外，还有可能增加另外一些工序。例如，有时必须对工件表面进行预处理，以清除表面上影响渗透液渗入缺陷的杂物；使用某些种类显像剂前，要进行干燥处理；为了使渗透剂容易去除，对某些渗透液要做乳化处理。

6.5.4　渗透检测的特点

（1）可广泛应用于检测大部分非吸收性物料的表面开口缺陷，如钢铁、有色金属及塑料等，对于形状复杂的工件也可一次性全面检测。不适于检查用多孔性疏松材料制成的工件和表面粗糙的工件。

（2）可以检出表面开口的缺陷，但对埋藏缺陷或闭合型的表面缺陷无法检出。由渗透检测原理可知，渗透液渗入缺陷并在清洗后能保留下来，才能产生缺陷显示。缺陷空间越大，保留的渗透液越多，检出率越高。埋藏缺陷渗透液无法渗入、闭合型的表面缺陷没有容纳渗透液的空间，所以均无法检出。

（3）检测工序多，速度慢。渗透检测至少包括预清洗、渗透、去除、显像、观察步骤，

即使很小的工件，完成全部工序也要20～30min，大型工件和形状复杂的工件渗透检测耗时更长。

（4）渗透检测只能检出缺陷的表面分布，难以确定缺陷的实际深度，因而很难对缺陷做出定量评价。检出结果受操作者的影响也较大。渗透检测的灵敏度低于磁粉检测。

（5）现场使用简便，不需要大型的设备，可不用水、电。尤其是携带式喷罐着色渗透探伤剂，在无水源、电源或高空作业的现场使用起来十分方便。

（6）渗透检测所用的检测剂大多易燃，必须采取有效措施以保证安全。为确保操作安全必须充分注意工作场所通风，以及对眼睛和皮肤的保护。

6.6 涂镀层厚度检测技术

电网设备中采用的涂镀层主要有镀银、镀锡、镀锌及非金属油漆涂层等。其中，镀银、镀锡属于电镀，而镀锌大多采用热浸镀工艺生产。

涂镀覆层厚度的测量方法主要有楔切法、电解法、厚度差测量法、称重法、X射线荧光法、β射线反向散射法、电容法、磁性测量法、涡流测量法、高倍显微镜法等。其中前四种是有损检测，测量手段繁琐，速度慢，多适用于抽样检验。

X射线和β射线法是非接触无损测量，但装置复杂昂贵，量程范围较小。因有放射源，使用者必须遵守射线防护规范。X射线法可测极薄镀层、双镀层、合金镀层。β射线法适合镀层和底材原子序号大于3的镀层测量。电容法仅在薄导电体的绝缘覆层测厚时采用并进行材料分析。

高倍显微镜法测量镀层厚度是将被检测试件横截面切开，制成便于观察的金相样品，在高倍显微镜下直接观察和测量厚度的方法，也常叫金相法。由于对试件做了切割，因此是一种有损的检测技术。

输变电设备中常见的镀银、镀锡、镀锌等涂镀层厚度，其测量方法一般有磁性法、X射线法、金相法。

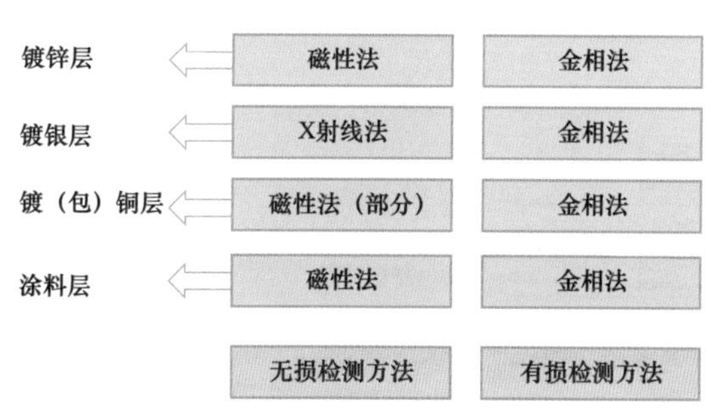

图6-6-1 涂镀层的厚度测量方法

6.6.1 镀锌层厚度的磁性法测量

锌是无磁性金属，钢铁材料是属于铁磁性材料，因此钢铁材料表面镀锌层的厚度多采用磁性法进行检测。磁性法测量镀锌层厚度主要有两种方法——磁力法和磁感应法。

6.6.1.1 磁力法测厚原理

永久磁铁（测头）与导磁钢材之间的吸力 F 与两者之间的距离 r 成一定比例关系，这个距离 r 就是覆层的厚度。

永磁体与被测物吸合后，将测量簧在其后逐渐拉长，拉力逐渐增大。当拉力刚好大于吸力，磁钢脱离的一瞬间记录下拉力的大小即可获得覆层厚度。利用这一原理，只要覆层与基材的磁导率之差足够大，就可进行测量。但机械式磁力法测厚仪的精度较低，目前已很少使用。

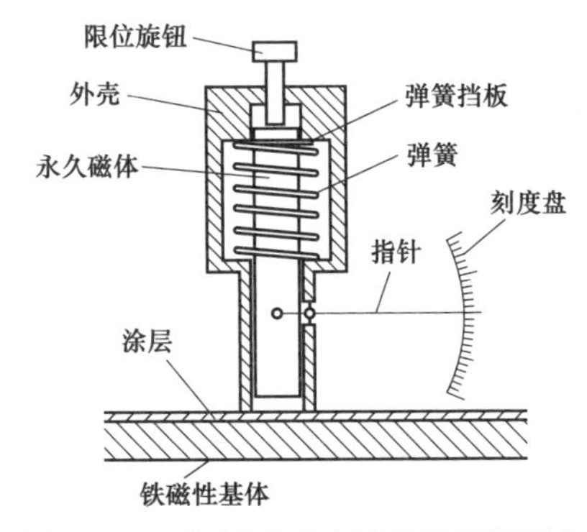

图 6–6–2　机械式磁力法涂镀层测厚仪

6.6.1.2 磁感应法测厚原理

磁感应法是利用测头测量经过非铁磁覆层而流入铁基材的磁通大小来测定覆层厚度的，覆层越厚，磁通越小。当软铁芯上绕着感应线圈的测头放在被测物上后，仪器自动输出测试电流，磁通的大小影响到感应电动势的大小，仪器将该信号放大后来指示覆层厚度。磁感应法镀层测厚原理如图 6–6–3 所示。

磁感应测厚仪的测头多采用软钢做导磁铁芯，线圈电流的频率不高，以降低涡流效应的影响，测头具有温度补偿功能。一般要求基材磁导率在 500 以上。如果覆层材料也有磁性，则要求与基材的磁导率之差足够大（如钢上镀镍）。

利用磁感应原理的测厚仪可以测量导磁基体上的非导磁覆层厚度。早期的产品采用指针式表头测量感应电动势的大小，仪器将该信号放大后来指示覆层厚度。近年来仪器的电路设计引入稳频、锁相、温度补偿等新技术，利用磁阻来调制测量信号，使测量精度和重现性有了大幅度的提高。目前磁感应测厚仪的分辨率可达到 0.1μm，允许误差达 1%，量程达 10mm，其实物照片如图 6–6–4 所示。

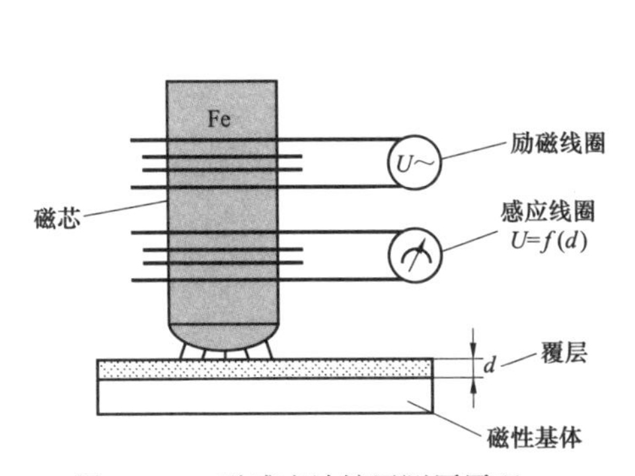

图 6–6–3　磁感应法镀层测厚原理

图 6–6–4　磁感应法镀层测厚仪

6.6.1.3 电涡流法测厚原理

根据法拉第电磁感应定律，闭合导体置于变化的磁场中时，导体中就会有感应电流产生。金属的体积较大时，可以将金属等效认为是许多闭合的导体电路，将金属置于变化的磁场中时，这些闭合的导体中就会产生感应电流。这种由电磁感应原理产生的旋涡状感应电流称为电涡流，这种现象称为电涡流效应。

涡流涂镀层测厚仪的基本工作原理是：当测头与被测试样接触时，测头内部的线圈产生高频电磁场，使置于测头下面的金属导体产生涡流。该涡流也会产生一个交变磁场并反作用于线圈上，其方向与线圈原磁场方向相反。这两个磁场叠加，就改变了原来线圈的阻抗，线圈的阻抗变化与金属导体的电阻率、磁导率、激励电流值、频率、线圈的几何形状以及线圈与金属导体之间的距离有关。当被测对象材料一定时，其电阻率和磁导率是常数，线圈几何形状、仪器的励磁电流值及其频率也是定值，所以线圈阻抗的变化就成为探头至金属导体的距离——涂覆层厚度的单变量函数。相对磁感应法测厚仪，二者的主要区别是测头不同，信号的频率不同，信号的大小、标度关系不同。

与磁感应测厚仪一样，涡流测厚仪也达到了分辨率 0.1μm、允许误差 1%、量程 10mm 的高水平。采用电涡流原理的测厚仪，原则上对所有导电体上的非导电体覆层均可测量，如航天航空器表面、车辆、家电、铝合金门窗及其他铝制品表面的漆，塑料涂层及阳极氧化膜。覆层材料有一定的导电性，通过校准同样也可测量，但要求两者的导电率之比至少相差 3～5 倍（如铜上镀铬）。虽然钢铁基体亦为导电体，但钢铁材料表面的非导电涂覆层还是采用磁性原理测量较为合适。

电涡流测厚法适用导电金属上的非导电涂层厚度测量，此种方法较磁性测厚法精度低。

6.6.2 镀银、镀锡层厚度的 X 射线法检测

原子经 X 射线或粒子射线照射后，由于吸收多余的能量会变成不稳定的状态。从不稳定状态回到稳定状态，此原子必须将多余的能量释放出来。能量释放的形式是荧光或光子。图 6–6–5 为原子的能级跃迁与特征 X 荧光产生的示意图。

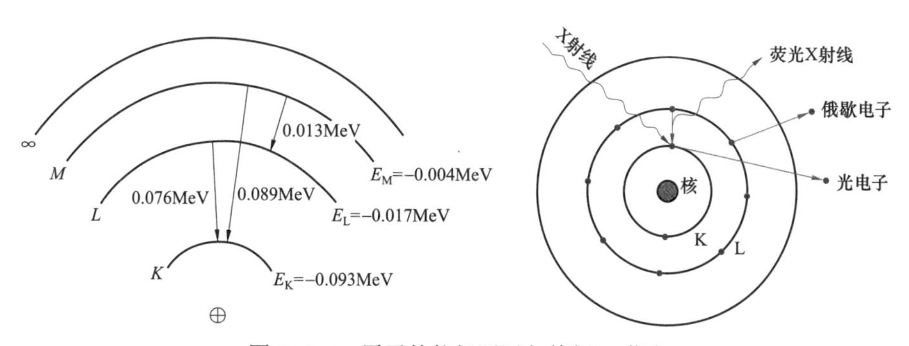

图 6–6–5 原子的能级跃迁与特征 X 荧光

X 射线荧光是原子内产生变化所致的现象。一个稳定的原子结构由原子核及核外电子组成，这些核外电子围绕着原子核按不同轨道运转，它们按不同的能量分布在不

同的电子壳层，分布在同一壳层的电子具有相同的能量。当具有高能量的照射（一次）X 射线与原子发生碰撞时，会打破原子结构的稳定性。处于低能量电子壳层（如 K 层）的电子更容易被激发而从原子中逐放出来，电子的逐放会导致该电子壳层出现相应的电子空位。这时处于高能量电子壳层的电子（如 L 层）会跃迁到该低能量电子壳层来补充相应的电子空位。由于不同电子壳层之间存在着能量差距，这些能量上的差以二次 X 射线（荧光）的形式释放出来，不同的元素所释放出来的二次 X 射线具有特定的能量特性。

荧光 X 射线镀层厚度测量仪就是测量不同元素的镀层和底材被释放出来的荧光的能量及强度，来进行镀层定性和定量分析。图 6–6–6 为镀层 X 荧光分析的原理图。

镀层厚度的测量方法可分为标准曲线法和 FP 法（理论演算方法）两种。标准曲线法是测量已知厚度或组成的标准样品，根据荧光 X 射线的能量和强度及相应镀层厚度的对应关系，来得到标准曲线，如图 6–6–7 所示。之后以此标准曲线来测量未知样品，以得到镀层厚度或组成比率。

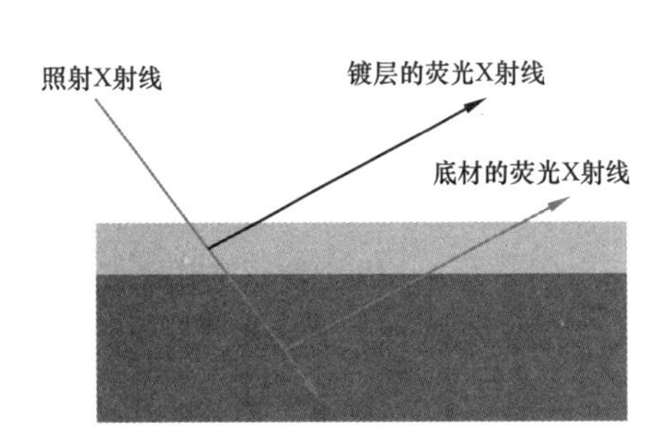

图 6–6–6　镀层的 X 荧光分析

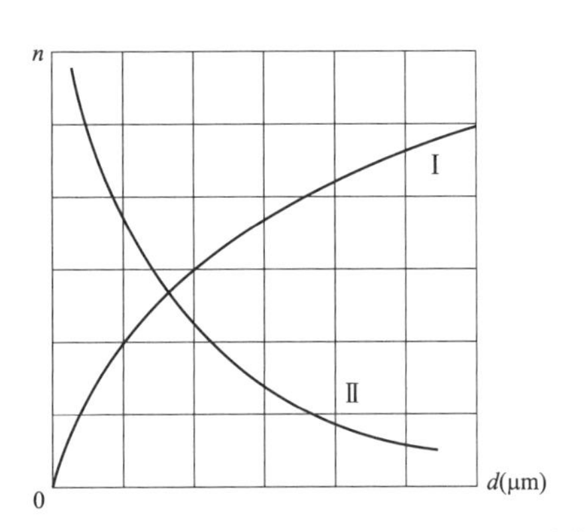

图 6–6–7　镀层厚度 d 与 X 荧光强度 n 的关系曲线

Ⅰ—覆层 X 荧光强度 n 与覆层厚度 d 的关系曲线；

Ⅱ—底层 X 荧光强度 n 与覆层厚度 d 的关系曲线

测量镀层厚度时，测量已知厚度的标准样品而得到其厚度及产生的荧光 X 射线强度之间的关系，并做出标准曲线。然后再测量未知样品的荧光 X 射线强度，得到其镀层厚度。但是需注意的是，荧光 X 射线法是从得到的荧光 X 射线的强度来求得单位面积的元素附着量，再除以元素的密度来算出其厚度。所以，对于含有杂质或与纯物质不同密度的样品，需要进行修正。

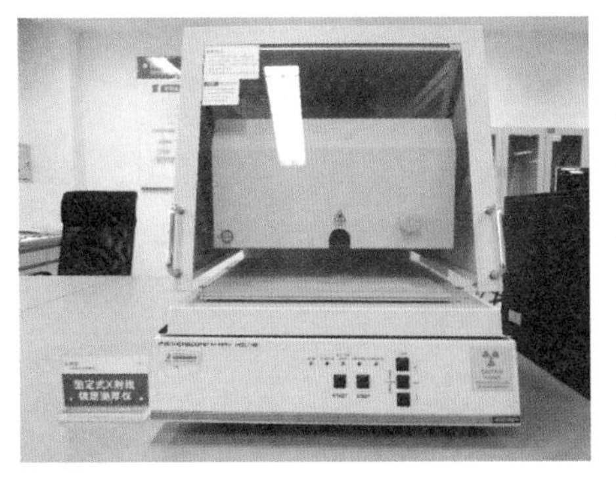

图 6–6–8　固定式 X 射线镀层测厚仪

由于受 X 射线能量的限制，X 射线法镀层厚度的测量有一定的限制，某型号固定式 X 射线镀层测厚仪（见图 6–6–8）的检测范围如表 6–6–1 所示。

表 6–6–1 X 射线法镀层厚度测量范围

镀层/基材类型	厚度测量范围
Ag/Cu Ag 镀层	0.6～50μm
Sn/Cu Sn 镀层	1.0～100μm
Zn/Fe Zn 镀层	0.5～45μm
测量精度：第 1 覆盖层厚度大于 0.5μm，有标准片校正的情况下误差≤±5%。	

注 X 射线检测准直器的直径与仪器性能有关，图 6–6–8 所示仪器为ϕ0.3mm。

6.6.3 镀层厚度的高倍显微镜法检测

高倍显微镜法是对镀层厚度检测的一种破坏性方法，对镀层样品取截面，镶嵌、抛光后通过带有测量标尺的金相显微镜进行测量，如图 6–6–9 所示。因为显微镜法测量涂镀层的厚度需要在样品的横截面上测量，在样品制备时为了保护镀层不在制样时被破坏，样品需要按金相分析试样的要求制备，所以也称为横截面显微镜法或金相法。由于不同镀层在显微镜下的色泽不同，所以很容易识别边界。

采用显微镜法可测量电网设备的铜镀银、铜镀锡、钢铁材料镀锌、铝包钢、铜包钢等各种覆盖层，测量放大倍数根据涂镀层厚度选择，常用 100X、200X、500X。

金相显微镜测量用载物台标尺（或校准标尺）作为标准物质，需要定期校准。

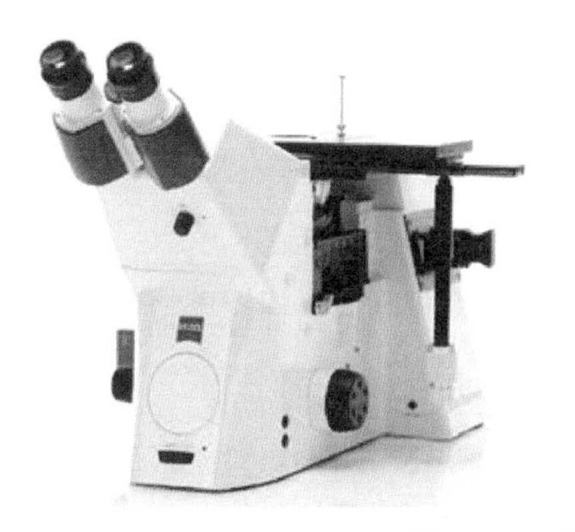

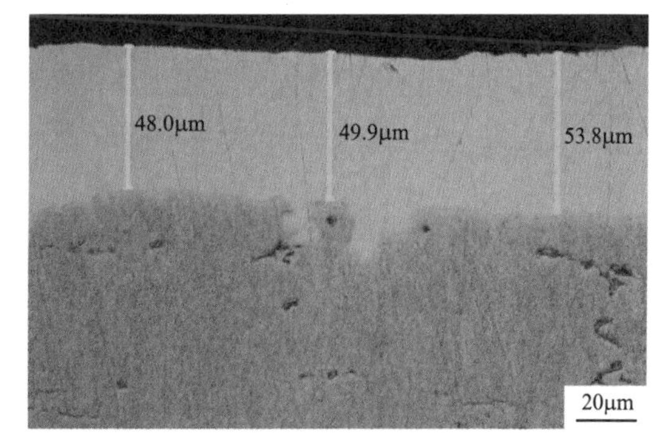

图 6–6–9 镀层厚度的金相法测量

6.6.4 涂镀层测厚测量的影响因素

（1）基体金属磁性质。

磁性法测厚受基体金属磁性变化的影响（在实际应用中，低碳钢磁性的变化可以认为是轻微的），为了避免热处理和冷加工因素的影响，应使用与试件基体金属具有相同性质的标准片对仪器进行校准，亦可用待涂覆试件进行校准。

（2）基体金属电性质。

基体金属的电导率对测量有影响，而基体金属的电导率与其材料成分及热处理方法有关。使用与试件基体金属具有相同性质的标准片对仪器进行校准。

（3）基体金属厚度。

每一种仪器都有一个基体金属的临界厚度。大于这个厚度，测量就不受基体金属厚度的影响。

（4）边缘效应。

仪器对试件表面形状的陡变敏感，因此在靠近试件边缘或内转角处进行测量是不可靠的。

（5）试件曲率。

试件的曲率对测量有影响，这种影响总是随着曲率半径的减少明显地增大。因此，在弯曲试件的表面上测量是不可靠的。

（6）试件的变形。

测头会使软覆盖层试件变形，因此在这些试件上测量不应施加过大的压力。

（7）表面粗糙度。

基体金属和覆盖层的表面粗糙程度对测量有影响。粗糙程度增大，影响增大。粗糙表面会引起系统误差和偶然误差，每次测量时，在不同位置上应增加测量次数，以克服这种偶然误差。如果基体金属粗糙，还必须在未涂覆的粗糙度相类似的基体金属试件上取几个位置校对仪器的零点，或用对基体金属没有腐蚀的溶液溶解除去覆盖层后，再校对仪器的零点。

（8）磁场。

周围各种电气设备所产生的强磁场，会严重地干扰磁性法测厚工作。

（9）附着物质。

仪器对那些妨碍测头与覆盖层表面紧密接触的附着物敏感，因此，必须清除附着物，以保证仪器测头和被测试件表面直接接触。

（10）测头压力。

测头置于试件上所施加的压力大小会影响测量的读数，因此要保持压力恒定。

（11）测头的取向。

测头的放置方式对测量有影响，在测量中应当使测头与试样表面保持垂直。

7 金属材料腐蚀与防护

7.1 金属腐蚀基础知识

金属材料受到周围介质的作用而发生状态的变化，转变成新相，从而遭受破坏，称为金属腐蚀。强调“发生状态的变化，转变成新相”是为了将腐蚀与介质冲刷、磨损区别开。

根据热力学第二定律，一个体系在恒温恒压下从状态“甲”到状态“乙”，如果吉布斯能是减小的（$\Delta G<0$），那么这个状态变化过程就能自发地进行，并对外界做“功”（广义的概念）。

以铁为例，铁的主要存在状态有两类：一类是金属状态，铁以原子状态组成金属晶体，化合价为 0；另一类状态为带正电荷的铁离子状态，化合价为+2 或+3。价数为 0 的状态为金属元素的还原态，价数为正的状态称为金属的化合态。铁变为铁离子，就是金属被氧化腐蚀的过程，这个化学反应过程使系统的吉布斯能降低，因此铁的腐蚀是一种自发的过程，铁在空气中必然会生锈就是这个道理。

实际情况是，除了像金、铂等少数贵重金属外，绝大部分的常用金属，特别是作为结构材料的金属都会自发地与空气中的氧通过化学反应生成金属氧化物。只是由于吉布斯能降低值（ΔG）的不同，不同金属元素被氧化的难易程度不同。例如，铁氧化为 Fe_2O_3 的 $\Delta G\approx-741$kJ/mol，铜氧化为 Cu_2O 的 $\Delta G\approx-142$kJ/mol，而银氧化为 Ag_2O 的 $\Delta G\approx-10.2$kJ/mol，这就使得这三种金属中，铁最容易生锈氧化，铜次之，银最不易被氧化。这也是为什么古代金属制品中，金银器保存完好，铜器锈迹斑斑，而铁器遗存极少的原因。

常用的金属电负性从高到低排列如下：K、Ca、Na、Mg、Ti、Al、Zn、Cr、Fe、Sn、Pb、（H）、Cu、Hg、Ag、Pt、Au，位置越在前面的金属越容易失去价电子而与氧生成离子键的氧化物，在空气中越不稳定。

7.1.1 金属腐蚀的概念和特点

（1）金属腐蚀的概念。

金属腐蚀是金属材料在腐蚀介质和外界因素的作用下发生化学或电化学反应而导致

材料发生变质或失效的现象。金属材料发生腐蚀应具备的条件是金属材料、腐蚀介质及两者相互作用。

金属腐蚀时，在金属表面上发生了化学或电化学反应，使金属转化为氧化物（离子）状态。这会显著降低金属材料的强度、塑性、韧性等力学性能，破坏金属构件的几何形状，增加零件间的磨损，恶化力学、电学和光学等物理性能，缩短设备的使用寿命。

（2）金属腐蚀的特点。

1）金属材料腐蚀过程是循序渐进缓慢的，而且腐蚀均是从表面开始。

2）金属材料腐蚀过程是冶金的逆过程，即金属由单质转变为化合态（氧化态）的过程。

3）金属材料腐蚀是自发进行的，即腐蚀是系统自由能降低到稳态的过程。

4）金属材料腐蚀最终均对设备的使用性能产生影响，使其失效、破坏。

（3）金属腐蚀的分类。

由于金属腐蚀是一个复杂的过程，当金属材料在不同的腐蚀环境、介质、使用条件和受力状态下，金属材料的腐蚀形态和特征也各不相同，故腐蚀分类也各不相同，常见的金属腐蚀方法分类见表 7–1–1。

表 7–1–1　　金属腐蚀分类

分类方法		腐蚀类别
按腐蚀机理		化学腐蚀和电化学腐蚀
按腐蚀形态		全面腐蚀（均匀腐蚀）和局部腐蚀
按腐蚀环境	种类	大气腐蚀、海水腐蚀、土壤腐蚀、微生物腐蚀等
	温度	高温腐蚀和常温腐蚀
	湿度	干腐蚀和和湿腐蚀

（4）影响金属腐蚀的因素。

影响金属腐蚀的因素极为复杂，而且影响机制各不相同，但主要的影响因素如下：

1）腐蚀介质的影响。

常见的腐蚀介质如含有 Cl 或溶解有 SO_2、CO_2 等的腐蚀性介质，介质的 pH 值也会对材料的腐蚀产生不同影响。如：304 不锈钢在一般应用环境中具有优良的耐蚀性和耐热性，但在含 Cl^-的介质中极易产生点蚀或晶间腐蚀。

2）材料种类的影响。

不同的材料在某种腐蚀性环境中的耐蚀性相差很大，如碳钢在一般应用环境中极易生锈，304 不锈钢在一般应用环境中具有优良的耐蚀性和耐热性，但在含 Cl^-的介质中极易产生点蚀或晶间腐蚀，而含 Mo 的 316 不锈钢在此环境中耐蚀性相对较好。

3）环境温度的影响。

环境温度及其变化过程对金属的腐蚀有较大的影响。一般情况下，较高的温度下腐蚀速度较高。而温差变化则会使大气中的水蒸气在金属表面凝结形成水膜，为金属腐蚀提供必要的条件。

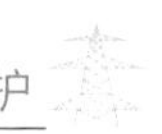

4）环境湿度和金属腐蚀临界相对湿度的影响。

大气湿度对金属腐蚀有较大的影响，如果达到或超过某一相对湿度时，腐蚀便很快发生并快速发展，如钢铁在大气中发生锈蚀的临界相对湿度一般为75%。

5）受力状态的影响。

金属材料处于应力状态时会对其腐蚀速度产生较大的影响，如焊接件经热处理消除应力后其耐蚀性能会得到很大的改善。

7.1.2 金属腐蚀反应途径

有些金属虽然活泼，但在一定条件下反应速率可能很小。仍以铁的氧化为例，实际上，常温常压下氧分子直接与铁块反应生成Fe_2O_3是很不容易的（$4Fe+3O_2 \rightarrow 2Fe_2O_3$），反应过程中要克服一个很高的能量位垒。在碰撞到铁块表面的氧分子中，只有很小一部分能量特别高的氧分子才能完成这个过程，所以发生反应的概率很小。此外，当铁块的表面形成氧化膜后，氧分子不能直接碰撞铁块表面，必须经过氧化膜中的物质传运过程才能继续进行反应。氧化膜越厚，反应阻力越来越大，反应速度就越来越小。

但是，如果空气很潮湿，以致铁块表面上能保持一层水膜，情况就大不相同。由于金属是电子的良导体，水是离子导体，介电常数又很大，铁块表面的铁原子可以转变成为水膜中的铁离子，所失去的价电子则通过铁本身流向铁表面的另一处，传给溶解于水膜中的氧，与水分子一起形成氢氧根离子。然后水膜中的铁离子和氢氧根离子通过扩散相遇，以氢氧化铁或含水氧化铁的形式沉淀在铁块表面。可以用反应式表示如下：

$$Fe \rightarrow Fe^{2+}\text{（水）}+2e^-\text{（金属）（阳极反应）}$$

$$O_2\text{（水）}+2H_2O+4e^-\text{（金属）} \rightarrow 4OH^-\text{（水）（阴极反应）}$$

$$Fe^{2+}\text{（水）}+2OH^-\text{（水）} \rightarrow Fe(OH)_2\text{（沉淀）}$$

$$4Fe(OH)_2+2H_2O+O_2 \rightarrow 2Fe_2O_3 \cdot 3H_2O$$

水膜的存在使铁的氧化速度大为提高，电子导体相和离子导体相接触发生氧化反应和还原反应，又称阳极反应和阴极反应，阳极和阴极共同组成腐蚀电池，这种氧化腐蚀反应又称为电化学腐蚀。

金属的腐蚀包括化学腐蚀和电化学腐蚀，纯化学腐蚀一般发生在高温高压的干燥状态，大气、土壤、酸碱水中发生的腐蚀绝大部分为电化学腐蚀。氧浓度差、金属成分的不均匀都会使阳极与阴极电位差增大，促进电化学腐蚀的进行。

前面的讨论都是基于水膜中没有其他的阴阳离子，如果水中存在较多氢离子、氢氧根离子、酸性离子（如氯离子、硫酸根离子等）、碱性离子（如钠离子、钙离子等），水的导电性增加，则会大幅增加某些材料的电化学腐蚀速度，迅速造成设备的失效。

7.1.3 电化学腐蚀

金属跟电解质溶液接触时，会产生原电池反应，使金属失去电子而被氧化，这种腐蚀就叫做电化学腐蚀，材料与腐蚀介质之间存在电流是电化学腐蚀的重要特征。

金属在非电解质作用下的腐蚀（氧化）过程称为化学腐蚀，通常指在非电解质溶液及干燥气体中，纯化学作用引起的腐蚀。电化学腐蚀相对化学腐蚀更为普遍，金属的腐蚀绝大部分为电化学腐蚀。

7.1.3.1 腐蚀电池

（1）腐蚀电池原理。

当 Cu 和 Zn 两种金属板浸入到 H_2SO_4 溶液时，通过导线连接可以看到电流表上指针发生偏转，并在铜板上有气泡聚集并逸出。由于在 Zn 电极上发生氧化反应 $Zn-2e^- \rightarrow Zn^{2+}$，Cu 电极上发生还原反应 $2H^+ + 2e^- \rightarrow H_2$。Zn 电极上氧化反应生成的电子不断流向金属铜，为氢离子的还原所吸收，即 $Zn + 2H^+ \rightarrow Zn^{2+} + H_2$。在电化学中常把发生氧化反应的电极称为阳极，发生还原反应的电极称为阴极。

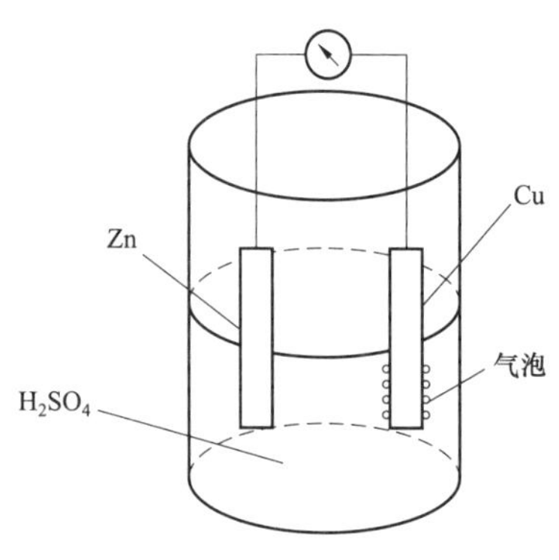

图 7–1–1　腐蚀电池原理图

（2）腐蚀电池发生条件。

从腐蚀电池原理实验可以得出，构成腐蚀电池的基本条件是阴极与阳极共存于电解液中且存在电位差。当然，腐蚀电池只是构成电化学腐蚀的基本条件，但不是腐蚀的根本原因，发生腐蚀的根本原因是因为存在可以与金属发生腐蚀反应的去极化剂，如实验中的 H^+离子。如果没有去极化剂，则即使构成腐蚀电池仍然不会发生腐蚀。通过更换不同的金属还可以看出，越活泼的金属，在溶液中的电极电位越负，越不耐腐蚀。越不活泼的金属在溶液中的电极电位越正，越不容易发生腐蚀。金属的电极电位大小与金属的性质、晶体结构、表面状态、介质的组成、浓度、pH 值和温度等有关，即不同电极电位的金属在溶液中的腐蚀行为不同。

（3）宏观和微观腐蚀电池。

根据构成金属腐蚀电极尺寸的大小，可以将腐蚀电池分为宏观腐蚀电池和微观腐蚀电池。宏观腐蚀电池是指电极尺寸较大，肉眼可分辨阴极和阳极的腐蚀电池。例如，异种金属连接导致的电偶腐蚀，以及由于浓度或温度导致的金属不同部位的电位不同而产生的腐蚀等。微观腐蚀电池是指电极尺寸微小，肉眼难以分辨出阴极和阳极的腐蚀电池。例如，金属材料化学成分不均（或存在杂质）、组织不均（如偏晶）或焊接引起的内应力等引起的腐蚀，均为微观腐蚀电池。

7.1.3.2 腐蚀极化

通过改变腐蚀电极的电流而使电极电位发生变化的现象称之为极化（也称极化作用），极化的本质是由于双电层电荷结构的改变而使电极的电位偏离了其稳定电位。电极电位由稳定电位正向偏移时则为阳极极化，反之为阴极极化。

电极的极化主要是电极反应过程中控制步骤所受阻力的反映。根据控制步骤的不同，可将极化分为电化学极化和浓度极化两类。此外，还有一类所谓电阻极化，是指电流通过电解质溶液和电极表面的某种类型的膜时产生的欧姆电位降，它的大小与体系的欧姆电阻有关。去极化是极化的相反过程，是指能消除或减少电极阳极或阴极极化的现象。能起这种作用的物质叫作去极化剂，又称活化剂。

在金属的腐蚀过程中，金属充当了阳极，发生溶解而腐蚀，其过程为阳极过程，因此关注其阳极极化曲线可以了解金属在不同极化下的腐蚀速度；而导致金属腐蚀的去极化剂（主要是H^+和O_2）的还原则是一个阴极过程，通过阴极极化曲线则可以了解去极化剂在不同极化情况下的还原速度。腐蚀极化图即是将表征腐蚀电池特征的阴极极化和阳极极化曲线表示在同一图表上，也称为伊文思（Evans）图。腐蚀极化图可用于分析腐蚀速度的影响因素和控制因素，故测量腐蚀体系的阴阳极极化曲线可以寻找腐蚀变化规律、机理对于采取何种防护措施具有重要的意义。

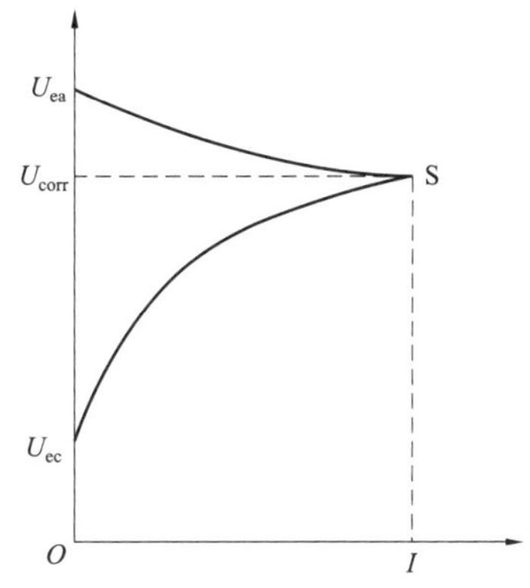

图 7–1–2 腐蚀极化曲线

U_{ea}—阳极平衡电位；U_{ec}—阴极平衡电位；U_{corr}—腐蚀电位；I—腐蚀电流密度

（1）极化曲线。

极化曲线是表示电极电位与反应电流或反应电流密度之间的关系曲线。极化曲线的分析测试是研究金属电化学腐蚀过程和速度的一种重要方法，通过极化曲线的测量可诠释金属材料的腐蚀机理。

极化曲线反映了电极偏离平衡电位或腐蚀电位的电流—电位响应关系。当电极上只进行一个电极反应时，极化曲线则反映了这个电极过程的动力学特征。而对于金属腐蚀电池而言，电极表面可能同时发生两个或两个以上的电极反应，这种情况下的电极电位为混合电位，或称为腐蚀电位 U_{corr}。而当电极偏离腐蚀电位时所获得的极化曲线实际上是电极上两个或多个电极反应的极化曲线的总的极化曲线。

（2）腐蚀极化图。

对金属腐蚀电池体系而言，主要关注金属腐蚀的阳极过程和去极化剂还原的阴极过程。在腐蚀电位下，金属发生阳极溶解的速度和去极化剂还原的速度相等。这对腐蚀电位所对应的电流就是金属在腐蚀电位下的腐蚀速度。因此，通过腐蚀极化可以了解所研究的腐蚀电池体系的腐蚀速度和腐蚀过程特征。

腐蚀极化图可将理论极化曲线表简化为直线形式，并用电流代替电流密度作横坐标，这样得到的腐蚀极化图就是伊文思极化图。根据腐蚀体系的阴极和阳极的极化程度以及体系欧姆电阻之间的相对大小，可将腐蚀过程分为阴极控制过程、阳极控制过程、混合控制过程以及欧姆控制过程，不同控制因素的腐蚀极化图如图 7–1–3 所示。腐蚀极化图是研究

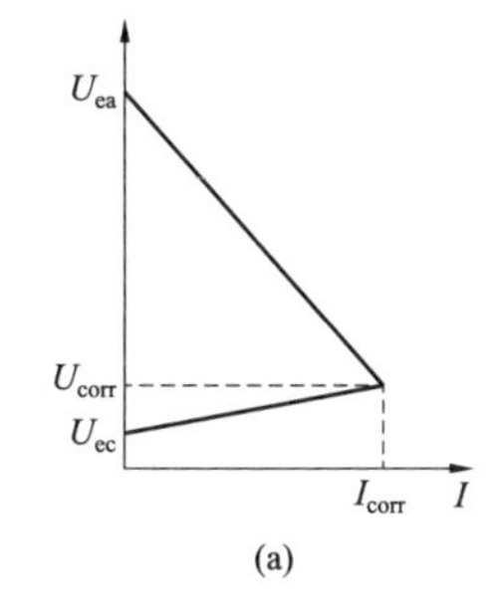

(a)

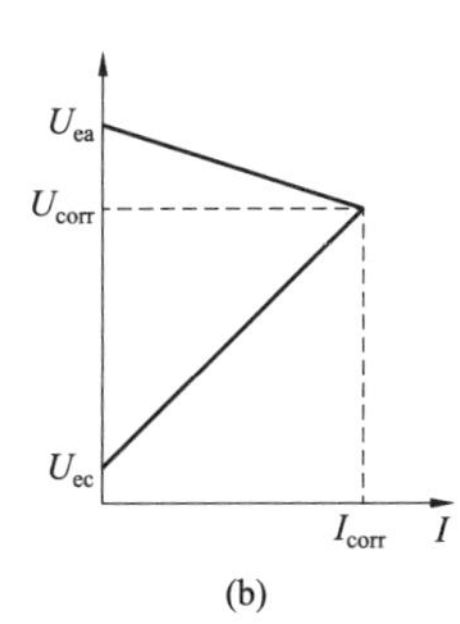

(b)

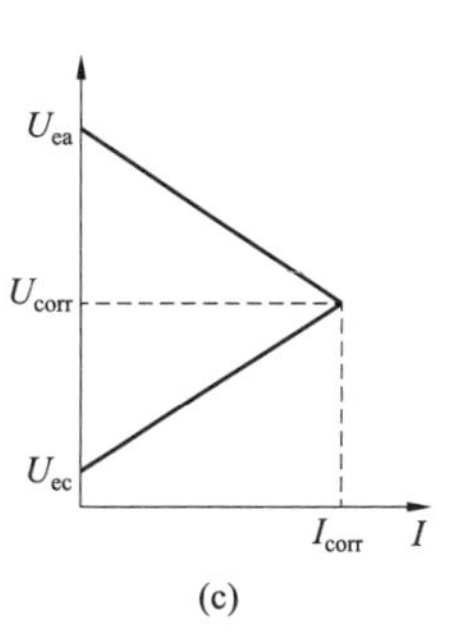

(c)

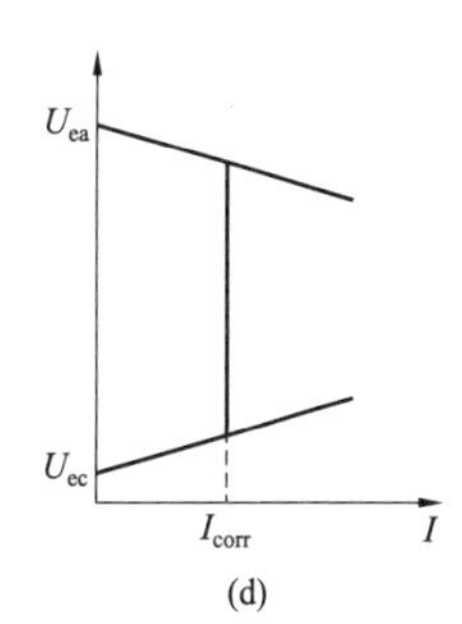

(d)

图 7–1–3 不同控制因素的腐蚀极化图

（a）阴极控制；（b）阳极控制；（c）混合控制；（d）欧姆控制

电化学腐蚀的重要工具，主要用于解释腐蚀现象、分析腐蚀过程的性质及影响因素、判断缓蚀添加剂的作用机理及图解计算多电极系统的腐蚀过程等。

7.1.4 金属的钝化

7.1.4.1 金属的自钝化

根据金属的电负性排列表，可以发现 Ti、Al、Cr 的活泼性都大于 Fe，Cr 是不锈钢材料的主要合金元素（Cr 含量超过 12%），为什么我们接触到的钛合金、铝合金和不锈钢都比铁能更好地保持金属光泽呢？这是因为在这些金属表面覆盖了很薄的一层金属氧化物膜，这层氧化物很薄（几纳米到几十纳米），且是透明，它保护了基体金属，使不锈钢不生锈，也使钛合金、铝合金材料在空气中不表现其活泼性。

这又带来一个新的问题，为什么铁的氧化物不能保护基体金属而使其不被持续氧化呢？这是因为普通钢铁上的氧化膜保护能力不如不锈钢和铝合金表面氧化膜的致密性好、保护能力强。钛合金、铝合金、不锈钢在潮湿的空气中不仅能保护基体金属不生锈，而且即使用硬物将表面划伤，使氧化膜局部遭到破坏，它也能立即生成新的有保护性能的氧化膜，具有自我修复能力。钛具有比铝更强的自我保护能力，即使在海水中最保险的耐腐蚀材料还是钛。

不锈钢、铝、钛在大多数介质中都能够自钝化（无需外电源提供钝化电流密度），而铁在特定条件下才能生成钝化膜。这里说的特定条件可能是某些特定溶液（如浓硝酸），也可能是外加的直流电使铁的电极电位升高到一定数值，铁的钝化膜虽然可以保护基体不受氧化，但不具有自修复功能。

7.1.4.2 阳极氧化

不锈钢表面的薄氧化膜为 Cr 的氧化物，铝表面的氧化膜为氧化铝。严格上说，这两种氧化膜虽然都有自我保护功能，但不完全一样。不锈钢和铜表面的氧化膜对电子来说是导体，实际上是一种半导体，而铝和钛表面的氧化膜本质上不是电子导体，对于电子来说是绝缘的。但由于氧化膜只有几纳米，电子可以通过“隧道效应”通过这层薄膜，所以铝表面仍然是导电的。可以通过电化学中的阳极氧化方法使这层氧化铝膜增厚，达到绝缘效果，这也是提高铝合金耐蚀性的一个重要方法。

7.1.4.3 钝化途径

金属的钝化膜能隔绝空气中的氧和水溶液（或熔融盐）中的离子（在酸溶液中会溶解），使其处于钝态。金属在钝态下只能通过很小的阳极电流密度，通常比金属在活化状态的下的腐蚀电流密度小得多，其腐蚀速度要比活化状态小几个数量级。基于这个理念，为了能使金属和腐蚀介质能构成自钝化体系，通常有以下三种途径来达到金属钝态的稳定。

第一条，也是最主要的一条途径就是冶炼能够在尽可能多的腐蚀介质中自钝化的合金，各种牌号的不锈钢就属于这种情况。

第二条途径是在腐蚀介质中添加钝化剂（能使金属自钝化的物质）。这种方法主要适

用于中、碱性水溶液。有些情况下，可以让金属表面在加有钝化剂的溶液中处理，使其生成钝化膜，增加其在空气或其他环境中的耐腐蚀能力。

第三条途径就是利用外电源提供阳极电流，使金属钝化并保持钝性。

7.1.4.4 影响金属钝化的主要因素

（1）金属的化学组成和结构。

各种金属和合金的钝化能力各不相同，钛、铬、钼、镍、铁属于易钝化金属，特别是钛、铬、铝能在空气中和很多含氧介质中钝化，一般称为自钝化金属，其钝态稳定性也很高。将钝化性能很强的金属（如铬）加入到钝化性能较弱的金属（如铁）中，组成固溶体合金，可大幅提高合金的钝化能力和钝态的稳定性。

（2）介质环境。

一般金属在氧化性介质中容易发生钝化，如硝酸、浓硫酸、重铬酸钾、高锰酸钾等。也有一些金属在非氧化介质中也会钝化，如 Mo、Nb 在盐酸中，Ni 在醋酸、草酸、柠檬酸中等。而大多数钝性金属在含有活性离子（特别是氯离子）和非氧化性酸（如盐酸）等介质中则会使其钝性减弱或消除。在含 Cl 离子的溶液中，金属钝化膜可能因局部被破坏而导致发生点蚀。

（3）其他因素。

金属的钝性也与环境温度有关，一般温度升高时钝化变得困难，降低温度有利于钝化的发生。还有阴极极化、还原性物质以及机械磨损等也会使得钝化效果减弱。

金属的钝化现象在金属和合金材料的应用中有重要意义。提高金属材料的钝化性能，促使金属材料在使用环境中钝化，是腐蚀控制的最有效途径之一。如在钢铁中加入易钝化的金属组分（Cr、Ni、Mo、Ti 等）制得各种不锈钢系列，使其在各种环境中易于钝化，在社会各行业有着非常重要的应用。

7.1.4.5 钝化膜的破坏

金属表面之所以获得钝性，是由于形成了完整钝化膜——金属氧化物薄膜。如果钝化膜不完整，将不能对金属进行保护，有时反而会因为局部腐蚀自动加速机制使得金属迅速失效而被破坏。

对于一些金属材料，溶液中的氢离子浓度是钝化膜是否稳定的重要因素。例如铁的氧化膜在酸性环境中极易被溶解掉；但有些金属，如 Cr，其氧化物在强酸中的溶解速度也很小，所以增加不锈钢中的 Cr 含量能提高不锈钢耐酸腐蚀的能力。

对于钝化膜最具破坏作用的是带负电荷的阴离子，它们与氢离子不同，不是使钝化膜全面溶解，而是使钝化膜局部破坏。在这些能破坏钝化膜的阴离子中，最为典型、也是最为重要的是氯离子，因为氯离子在生产和生活中是一种最常见的物质。氯离子使钝化膜在若干个点上快速溶解，导致金属发生小孔腐蚀，氯离子浓度越高，小孔腐蚀电位越低。当低于击穿电位时，就会产生类似于电击穿的小孔腐蚀。

海水中有 3%～3.5%的氯化钠，对钝化膜有很大的破坏作用。一般，18–8 奥氏体不锈钢在海水中会发生小孔腐蚀，增加 Mo 含量能提高不锈钢耐小孔腐蚀的性能。

铝及铝合金表面的氧化膜也能受到氯离子的侵袭而发生小孔腐蚀，其原理与上面所述的钝化膜小孔腐蚀一致。但如果铝制品经过阳极氧化和封孔处理，膜比较厚，而且是电绝缘的，则不容易被氯离子破坏。

7.2 金属材料典型腐蚀形态与机理

金属零件的腐蚀失效是指金属材料与周围介质发生化学及电化学作用而遭受变质和破坏的过程。金属腐蚀的实质是金属原子从金属状态转化为化合物的非金属状态的过程，是一个界面的反应过程。

金属的腐蚀分为均匀腐蚀和局部腐蚀。如果腐蚀反应均匀地在金属表面进行，这种腐蚀破坏叫做均匀腐蚀。碳钢和多数低碳合金钢在大气中的腐蚀一般是均匀腐蚀，一般的高温氧化也属于均匀腐蚀。针对均匀腐蚀破坏，在工程设计时，可以根据腐蚀试验得到的腐蚀速度数据，确定金属材料的厚度裕量。

局部腐蚀过程主要是电化学腐蚀过程，发生在有离子导体的电解液环境。局部腐蚀有坑状腐蚀（又称溃疡腐蚀）、小孔腐蚀、缝隙腐蚀、奥氏体不锈钢的晶间腐蚀、铝合金的层状腐蚀、应力腐蚀、腐蚀疲劳、冲刷腐蚀、空泡腐蚀等多种形式。其中，应力腐蚀和腐蚀疲劳是腐蚀与应力交互作用而产生的，应力腐蚀又可根据不同材料及对应的不同介质而细分为很多种。局部腐蚀具有自催化效应，也就是腐蚀过程中的次生效应加速了局部腐蚀的破坏。自催化效应不仅是腐蚀孔发展的原因，也是钝态金属遭受缝隙腐蚀的原因。由于氧不容易到达缝隙内或孔内，缝隙或孔内的金属表面因为缺氧而成为腐蚀微电池的阳极区，又由于溶解下来的金属离子向外传质困难，缝隙内酸性增加，阳极电流密度增大，这些都会加速缝隙内钝化膜的破坏及腐蚀速率。

7.2.1 氧化腐蚀

大多数金属（除金、铂等少数贵重金属外）本身的氧化反应是自由能（吉布斯能）降低的过程，是可以自发进行的，只是反应过程中要克服一个较高的能量位垒，只有能量较高的氧分子才能与金属形成化合物，这是一种不产生电流的化学腐蚀。这种腐蚀在常温常压下难以进行，但在高温时分子运动加剧，很容易克服反应的能量位垒，常常发生这种纯化学腐蚀，如金属材料在高温下的氧化。

金属处于有一定湿度的大气环境中时，其表面往往会形成一层极薄的、不易看见的湿气膜（水膜）。当这层水膜达到 20～30 个分子厚度时，它就变成电化学腐蚀所需要的电解液膜。如果金属表面只是处于纯净的水膜中，由于纯水的导电性差，一般不足以造成强烈的电化学腐蚀过程。然而实际上，水膜往往含有水溶性的盐类及溶入的腐蚀性气体（如二氧化碳、氢气、二氧化硫等），这样就使水膜成为具有导电性的电解液膜了。这种电解液使得电子可以自由运动，使金属的氧化变得容易。这就造成了腐蚀微电池，促使其表面受到电化学腐蚀损伤。

一般，钢铁材料在潮湿的大气中暴露很短时间便形成氧化皮。如果在高温下服役，效

果更显著，随着时间的延长，氧化皮越来越厚，最终会导致零件承载面积不足而失效。但在加入一定量的某些合金元素（如 Al、Cr）后，金属表面会形成一层很薄的致密保护膜，可以进一步阻止腐蚀。

在大气环境中，铝及铝合金、钛及钛合金、含 Cr 量超过 12%的不锈钢均能自钝化，氧化腐蚀速率非常缓慢。

7.2.2 点蚀（小孔腐蚀）

点蚀属于局部腐蚀的一种，主要是由于金属表面的夹杂物或表面保护膜的不完整性造成的。点蚀的腐蚀孔直径一般不大于 2mm，点蚀坑内金属发生阳极溶解，相邻的表面发生氧气与水生成 OH^-根离子的阴极反应。如溶液中含氯离子，点蚀坑内金属离子浓度的增高将导致氯离子向坑内迁移，以保持点蚀坑内溶液的电中性。所形成的金属氯化物发生水解使得点蚀坑底部的 pH 值下降，这种酸性环境会加剧坑内金属的溶解，从而导致点蚀损伤的加大。

金属构件由于点蚀而导致的失效，大多都是由氯化物或氯气溶于水产生氯离子引起的。溶液中的氯离子浓度越高，合金越易发生点蚀。若在氯化物溶液中含有铜、铁以及汞等金属离子，则点蚀的倾向增大。图 7–2–1 为不锈钢表面刚开始发生小孔腐蚀的金相照片，试样的表面经过了金相抛光处理，一个个小圆点是刚开始的小孔腐蚀，小点外的圆圈显示这一圈的氧化膜比较厚，这证明了局部腐蚀的自催化效应。

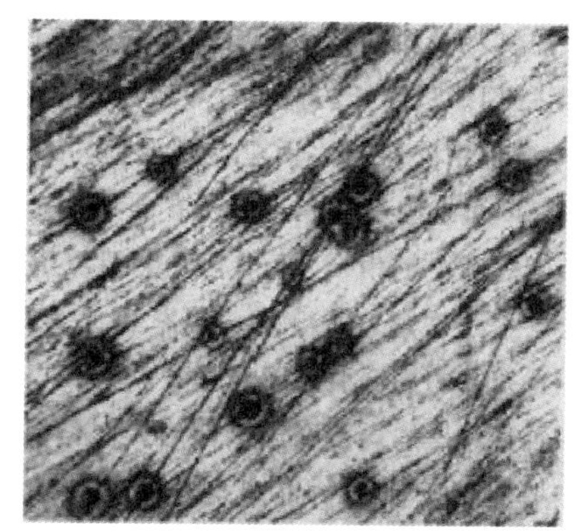

图 7–2–1 金属抛光表面刚开始发生的点蚀

7.2.3 缝隙腐蚀

缝隙腐蚀损伤是指金属材料由于腐蚀介质进入并滞留在缝隙中，产生电化学腐蚀作用而导致零件的损伤。缝隙腐蚀发生的条件是缝隙的宽窄程度必须足以让腐蚀介质进入并滞留其中。起初，包括缝隙表面在内的整个表面均匀地发生电化学腐蚀，但是由于缝隙内的溶液是停滞的，阳极反应耗尽的氧来不及补充，而缝隙外的金属表面氧很容易到达，形成氧的浓差电池。这时，阴极反应只在缝隙外的金属表面发生，而阳极反应只在缝隙内发生，构成了大阴极小阳极的腐蚀电池，由于阴阳两极的电流是相等的，所以缝隙内的阳极电流密度会很大，导致缝隙内的金属因严重的局部腐蚀而被破坏。

与点蚀一样，氯离子的存在会使缝隙内酸度增大，加速金属的溶解。对于不锈钢或铝合金，还会导致钝化膜的破裂，形成与点腐蚀相类似的腐蚀损伤。对于某些高 Cr 的不锈钢（如 304），缝隙内部溶液的酸化主要是由于 Cr^{3+}离子的水解引起的，即 $Cr^{3+}+3H_2O \rightarrow Cr(OH)_3+3H^+$。

7.2.4 电偶腐蚀

两种不同电位的金属电极接触在同一介质中会构成宏观原电池，产生电偶腐蚀。腐蚀电位低的成为阳极，腐蚀加剧。减少电偶腐蚀倾向的措施有：选用电位差小的金属组合；避免小阳极、大阴极；用涂料、垫片等使金属间绝缘；采用阴极保护。图 7-2-2 为一颗螺钉处的电偶腐蚀。

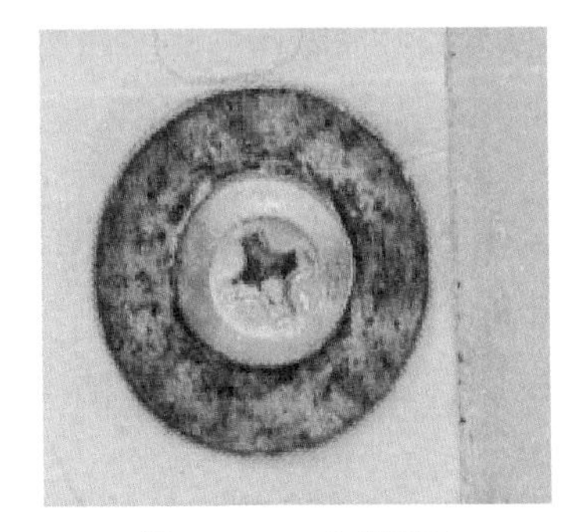

图 7-2-2　电偶腐蚀

7.2.5　热腐蚀

金属的热腐蚀是指金属材料在高温工作时，基体金属同沉积在表面的沉积盐（如 Na_2SO_4）及气体的综合作用而产生的腐蚀现象。热腐蚀与材料中的杂质（如 S、Na、V 及 C 离子等）及随空气一起带来的海盐、灰尘及水蒸气相互之间复杂的化学作用、热力学作用及流体力学作用有关。热腐蚀会破坏金属表面致密的氧化膜，形成一层疏松的、无粘附性的氧化物。在这种氧化物层下面还有内部氧化物和硫化物，会加速氧化过程的进行；或形成大量的夹杂着金属颗粒和硫化物颗粒的疏松且无粘附性的氧化物层，造成灾难性氧化。某些碱类与硫、钒相结合，特别具有促进热腐蚀的作用。

7.2.6　晶间腐蚀

晶间腐蚀是一种很特殊的局部腐蚀破坏形式，曾一度是奥氏体不锈钢造成严重腐蚀破坏的原因。发生这种腐蚀破坏时，肉眼看金属材料似乎没有发生任何变化，但在腐蚀严重的情况下，轻轻敲击，金属已经发不出清脆的响声，用力敲击，金属材料可能会碎成小块。

由于晶界的反应能力比较强，比晶内容易发生扩散、偏析和沉淀，因此，大多数金属和合金，如不锈钢、铝合金，因碳化物分布不均匀或过饱和固溶体分解不均匀，会引起电化学不均匀，从而促使晶界成为阳极区而在一定的腐蚀介质中发生晶间腐蚀损伤。金属构件的晶间腐蚀损伤起源于表面，裂纹沿晶界扩展。

图 7-2-3　为某 Co-Ni-Fe 基高温合金晶间氧化腐蚀开裂形貌，图 7-2-4 为某 304 不锈钢晶间腐蚀形貌。

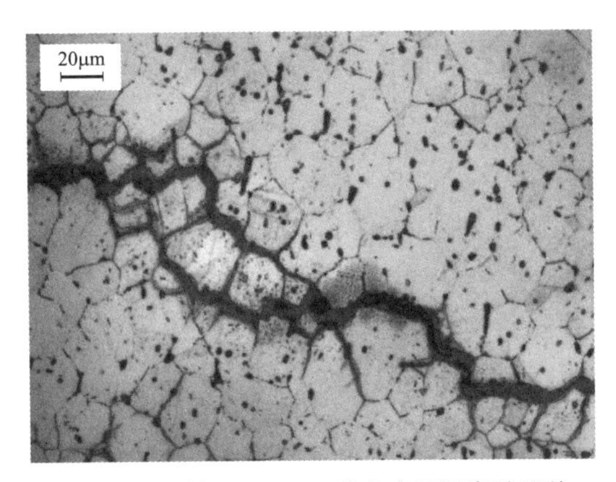

图 7-2-3　某 Co-Ni-Fe 基合金晶间腐蚀形貌

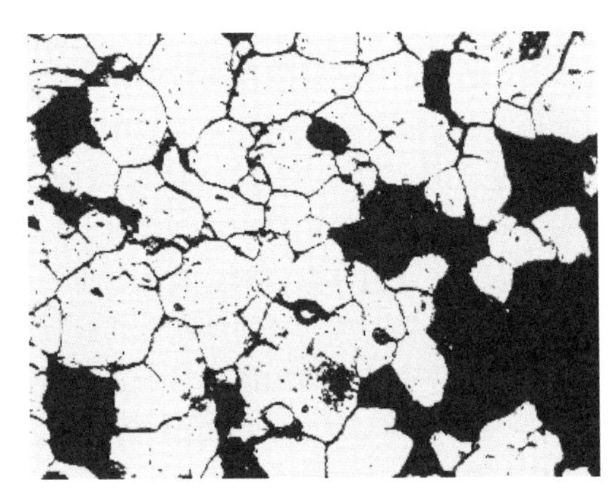

图 7-2-4　1Cr18Ni9 晶间腐蚀

具体到奥氏体不锈钢，其晶间腐蚀机理描述如下：

（1）碳在奥氏体中的溶解度随温度的变化而改变，在 1100℃以上时，约固溶 0.08%～

0.15%，但在 450～850℃温度范围内碳的溶解度低于 0.02%；含碳量高于 0.02%的奥氏体不锈钢中，碳与铬能生成碳化物（$Cr_{23}C_6$）。这些碳化物在高温固溶处理（大于 1100℃）时，绝大部分能溶解于奥氏体中（碳化物分解以碳元素和铬元素单独的形式存在于奥氏体中），此时钢中没有富铬的碳化物相（$Cr_{23}C_6$）存在，在采用淬火冷却处理后，此固溶态可保持到室温。

（2）由于铬呈均匀分布，使合金各部分铬含量均在钝化所需值，即 12%Cr 以上，使合金具有良好的耐蚀性。这种过饱和固溶体在室温下虽然暂时保持这种状态，但它不是稳定的。如果加热到敏化温度范围内（450～850℃），碳的溶解度降低，固溶体中的碳就会向晶界扩散以碳化物的形式沿晶界析出，铬的扩散速度远低于碳的扩散速度，不能从晶粒内固溶体中扩散补充到边界，因而碳以碳化物的形式沿晶界析出时只能消耗晶界附近的铬，生成较稳定的 $Cr_{23}C_6$，造成晶粒边界贫铬区。

（3）贫铬区的含铬量远低于钝化所需的极限值，其电位比晶粒内部的电位低，更低于碳化物的电位，贫铬区和碳化物紧密相连，当遇到一定的腐蚀介质时，就会发生短路电池效应（即腐蚀微电池）。在该情况下，碳化铬和晶粒为阴极，贫铬区为阳极，晶界迅速被侵蚀。

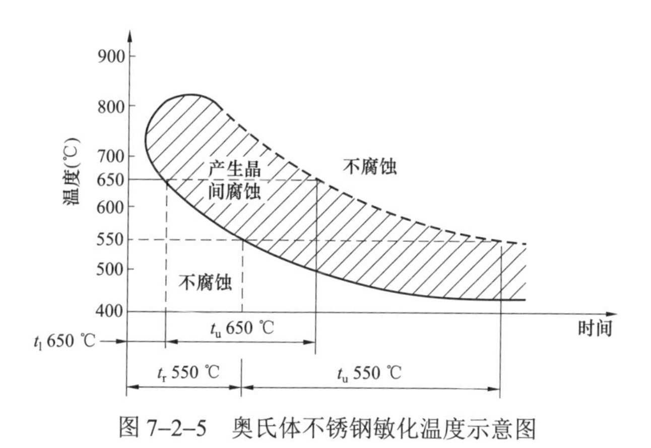

图 7-2-5　奥氏体不锈钢敏化温度示意图

基于以上分析，可以通过降低含碳量、热处理冷却时迅速通过敏化温度区间、添加强碳化物形成元素（Ti、Nb 等）并进行稳定化处理（使碳优先于 Ti 或 Nb 形成稳定碳化物、避免 Cr 形成碳化物）三种途径来提高奥氏体不锈钢的晶间腐蚀抗力。

7.2.7　应力腐蚀

应力腐蚀是在拉应力和化学介质的联合作用下，按特有机理产生的断裂。应力腐蚀断裂最基本的机理是滑移—溶解理论（或称钝化膜破坏理论）和氢脆理论。

对应力腐蚀敏感的合金在特定的化学介质中，首先在表面形成一层钝化膜，使金属不致进一步受到腐蚀。若金属表面有拉应力作用，则可在表面某些部位产生局部的塑性变形，形成滑移台阶，滑移台阶在表面露头时钝化膜破裂，显露出新鲜表面。这个过程可以用图 7-2-6 来示意，这个新鲜表面在电解质溶液中成为阳极，而其余具有钝化膜的金属表面成为阴极，从而形成腐蚀微电池，阳极金属溶解后在表面形成蚀坑。拉应力除促使钝化膜破坏外，更主要的是在蚀坑或裂纹尖端形成应力集中，使阳极电位降低，加速阳极金属的溶解。如果应力集中始终存在，那么微电池反应便不断进行，钝化膜不能修复，裂纹将逐步向纵深扩展。

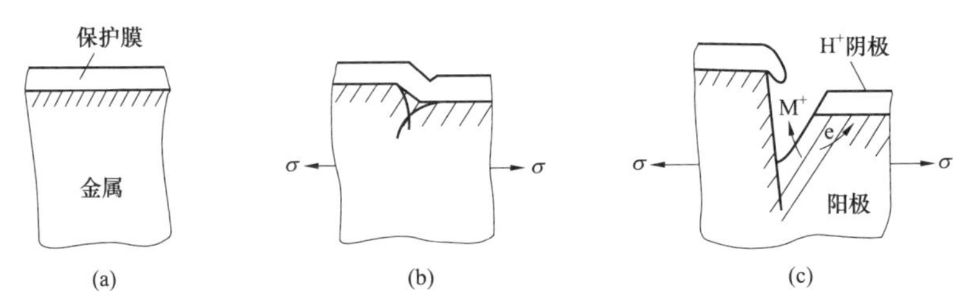

图 7–2–6　“滑移阶梯”模式示意图

（a）金属表面生成一层保护膜；（b）金属在拉应力的作用下产生“滑移”变形；（c）金属产生较大的“滑移阶梯”附近保护膜拉破

应力腐蚀中拉应力的来源可能是外部载荷造成的表面拉应力、外部热源冷却时因结构限制不能自由收缩导致的拉应力，也可能是加工变形（焊接、轧制等）结束后工件表面残余的拉应力。例如，不锈钢弯管成形后未经固溶退火处理，其内弧会残余拉应力，变形铝板表面也会有残余拉应力。

应力腐蚀显微裂纹如图 7–2–7 所示，常有分叉现象，呈枯树枝状。应力腐蚀断口的宏观形貌与疲劳断口相似，只是在扩展区会见到腐蚀产物和氧化现象。与晶间腐蚀不同，应力腐蚀的断口形貌既有穿晶也有沿晶的。

图 7–2–7　应力腐蚀树枝状裂纹形貌

对一定的金属材料，需要有一定特效作用的离子、分子或络合物才能导致应力腐蚀，材料与环境的配合条件见表 7–2–1。

表 7–2–1　材料与环境的配合条件

材料	环　境
碳钢及低合金钢	NaOH 溶液、NaOH–Na_2SiO_3 溶液、硝酸盐溶液、$FeCl_3$ 溶液、HCN 溶液、$CO+CO_2+H_2O$ 溶液、$CO_2+HCN+H_2S+NH_3$、液氧、H_2S 溶液、海水、混酸（$H_2SO_4+HNO_3$）、$CO_3^{-2}+HCO_3$
高强钢	湿 H_2S、氯化物水溶液、湿大气
奥氏体不锈钢	氯化物溶液、海水、高温水、NaOH 溶液、连多硫酸、HCl、H_2SO_4+NaCl、H_2S 溶液
马氏体不锈钢	海水、NaCl 溶液、NaCl+H_2O 溶液、NaOH 溶液、NH_3 溶液、硝酸、硫酸、$H_2SO_4+HNO_3$ 溶液、H_2S 溶液、高温和高压水、高温碱
蒙乃尔	75%NaOH 的沸腾溶液、有机氯化物、汞化合物、大于 427℃蒸汽、HF
镍基合金	熔融 NaOH、HCN+杂质、260℃以上的硫、427℃以上的蒸汽

续表

材料	环　境
因科乃尔合金	HF、NaOH 溶液（260～427℃）水蒸气+SO_2、高浓度 Na_2S 水溶液、浓缩的锅炉水
钛、钛合金	海水、盐水、有机酸、熔融 NaOH、盐酸、硫化铀、三氯乙烯、红色硝酸
铜及铜合金	含 SO_2 大气、$FeCl_3$ 溶液、湿大气、氨溶液
铝及铝合金	海水，湿大气，含 SO_2 大气，含 Br^-，I^-水溶液，有机溶剂
镁及镁合金	湿大气、海洋性大气、氟化物、NaOH、硝酸溶液

7.2.8　氢脆

由于氢和应力共同作用而导致金属材料产生脆性断裂的现象，称为氢脆。氢在金属中可以有几种不同的存在形式。一般情况下，氢以间隙原子状态固溶于金属中，也可从固溶体中析出，通过扩散的方式聚集在较大的缺陷（如空洞、气泡、裂纹等）处，以氢分子的状态存在。此外，氢还可能和一些过渡族、稀土或碱土金属元素作用生成氢化物，或与金属中的第二相作用生成气体产物（如甲烷）。

由于氢在金属中存在的状态不同以及氢与金属交互作用性质的不同，氢可通过不同的机制使金属脆化，常见的几种氢脆现象有氢蚀、白点（发裂）、氢化物致脆、氢致延滞断裂。

7.2.8.1　氢腐蚀

氢蚀是由于氢与金属中的第二相作用生成高压气体，使基体金属晶界结合力减弱而导致金属脆化。在钢的表面，氢原子通过晶格和晶界向钢内扩散，并与钢中的渗碳体、游离碳发生反应，继而造成氢腐蚀。发生的化学反应如下：

氢分子与钢中渗碳体发生反应：$2H_2+Fe_3C \rightarrow 3Fe+CH_4$

氢分子与钢中游离碳发生反应：$2H_2+C \rightarrow CH_4$

氢原子与钢中游离碳发生反应：$4[H]+C \rightarrow CH_4$

上述所有反应均生成甲烷 CH_4，甲烷在钢中的扩散能力很低，极易聚集在晶界原有的微观空隙内。随着反应不断进行，晶间上的甲烷量不断积聚增多。与原先氢原子所占的容积相比，甲烷的分子很大，无法在钢中扩散，于是在晶粒间产生巨大的局部内压力，其数值可达 $1.8\times10^5 kg/cm^2$。于是沿晶界生成晶间裂纹，从而使钢内部造成微裂纹，使钢的性能急剧降低。

举例说明，碳钢在 300～500℃的高压氢气中工作时，由于氢与钢中的碳化物作用生成高压的 CH_4 气泡，当气泡在晶界上达到一定密度后，金属的塑性将大幅度降低。这种氢脆现象的断裂源产生在机件与高温、高压氢气相接触的部位。氢蚀断裂的宏观断口形貌呈氧化色、颗粒状。微观断口晶界明显加宽，呈沿晶断裂。

另一种最为常见的氢腐蚀现象一般出现在内部介质为水的碳钢管内壁容易结垢位置，往往与垢下腐蚀同时出现。图 7-2-8 为某碳钢管内壁结垢及氢腐蚀裂纹形貌。由于氢腐蚀机理，裂纹旁一般会形成脱碳（渗碳体消失）。

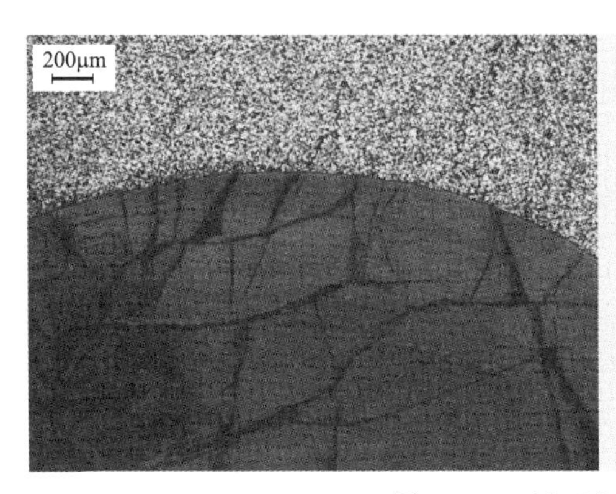

图 7–2–8　垢下腐蚀与氢腐蚀形貌

7.2.8.2　白点

当钢中含有过量的氢时，随着温度降低氢在钢中的溶解度减小。如果过饱和氢未能扩散逸出，便聚集在某些缺陷处形成氢分子。此时，氢的体积发生急剧膨胀，内压力很大足以将金属局部撕裂而形成微裂纹。这种微裂纹的断面呈圆形或椭圆形，颜色为银白色，故称为白点。

7.2.8.3　氢化物致脆

某些ⅣB 或ⅤB 族金属（如钛、镍、钒、锆、铌及其合金）与氢有较大的亲和力，极易生成脆性氢化物，使金属脆化。裂纹常沿氢化物与基体的界面扩展，因此，在断口上可见到氢化物。另外，氢化物的形状和分布对金属的变脆有明显影响：若晶粒粗大，氢化物在晶界上呈薄片状，极易产生较大的应力集中，危害很大；若晶粒较细，氢化物多呈块状不连续分布，对金属危害不太大。

7.2.8.4　氢致延滞断裂

高强度钢含有适量的处于固溶状态的氢（原来存在的或从环境介质中吸收的），在低于屈服强度的应力持续作用下，经过一段孕育期后，在金属内部，特别是三向拉应力区形成裂纹，裂纹逐步扩展，最后突然发生脆性断裂。这种由于氢的作用而产生的延滞断裂现象称为氢致延滞断裂。工程上所说的氢脆，大多数是指这类氢脆而言的。由环境介质中的氢引起氢致延滞断裂必须经过三个步骤：氢原子进入钢中、氢在钢中迁移和氢的偏聚。这三个步骤都需要时间，这就是为什么会有孕育阶段的原因。

断裂机理：氢原子与位错产生交互作用，形成氢气团，在应变速率较低而温度较高时，氢气团的运动速率与位错的运动速率相适应，随位错运动。气团对位错有“钉扎”作用，当遇到障碍（如晶界）时，便产生位错塞积。若应力足够大，在塞积端部会形成较大的应力集中，由于不能通过塑性变形使应力松弛，于是便形成裂纹。氢原子不仅使裂纹易于形成，也使裂纹容易扩展。

高强度钢的氢致延滞断裂断口的宏观形貌与一般脆性断口相似。其微观形貌大多为沿原奥氏体晶界的沿晶断裂，且晶界面上常有许多撕裂棱。但当钢的纯度提高时，会出现穿

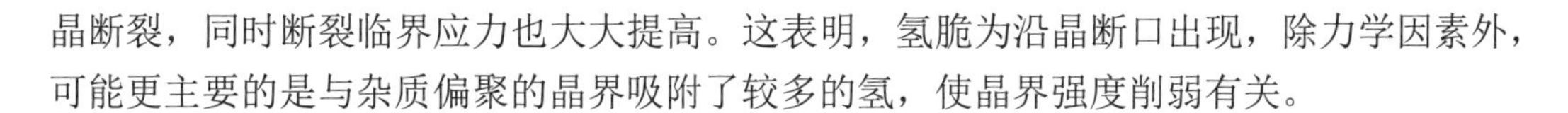

晶断裂，同时断裂临界应力也大大提高。这表明，氢脆为沿晶断口出现，除力学因素外，可能更主要的是与杂质偏聚的晶界吸附了较多的氢，使晶界强度削弱有关。

7.2.9 铝及铝合金的典型腐蚀形貌

铝及其合金除了在少数介质中呈现全面腐蚀外，如碱溶液和磷酸溶液中，一般都发生局部腐蚀，常见的腐蚀形态是点腐蚀、电偶腐蚀、缝隙腐蚀、丝状腐蚀和层状腐蚀。铝合金的应力腐蚀开裂与腐蚀疲劳是在应力（拉应力和交变应力）与腐蚀联合作用下发生的破坏，多见于高强铝合金，具有极大的瞬间破坏性。

7.2.9.1 点腐蚀

点腐蚀（又称孔蚀）是铝及铝合金最常出现的腐蚀形态之一，在大气、淡水、海水以及中性水溶液都会发生点腐蚀，严重的点腐蚀将导致穿孔。幸运的是腐蚀孔最终可能停止发展，腐蚀量到达一个极限值。图 7–2–9 所示为典型的铝腐蚀程度—时间关系，并与钢和镀锌钢的腐蚀行为进行了比较。

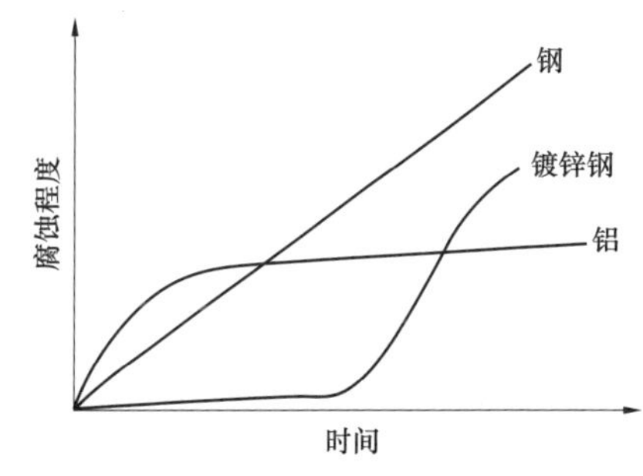

图 7–2–9　铝、钢、镀锌钢的腐蚀程度—时间关系

点腐蚀的严重程度与介质和合金有关。图 7–2–10 所示为 6063 合金和 6351 合金挤压材在不同大气条件下的腐蚀程度—时间关系。实验表明，铝合金点腐蚀的介质中必须存在破坏局部钝态的阴离子，如氯离子、氟离子等。还必须存在促进阴极反应的物质，如水溶液中的溶解氧、铜离子等。从铝合金系来看，高纯铝一般较难发生点腐蚀，含铜的铝合金点腐蚀最敏感，而铝–锰系和铝–镁系合金耐点腐蚀性能较好。

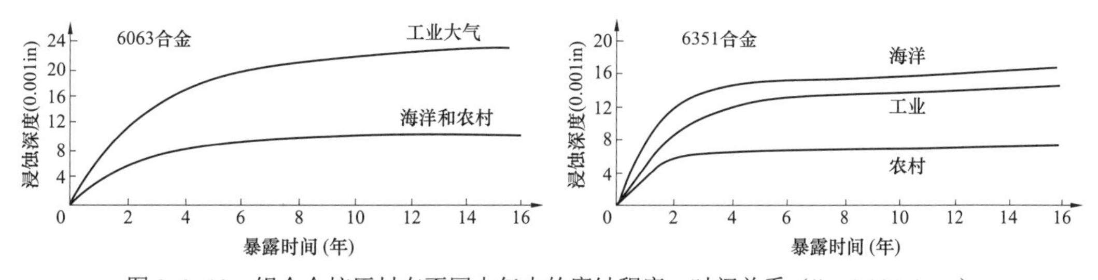

图 7–2–10　铝合金挤压材在不同大气中的腐蚀程度—时间关系（lin=0.025 4mm）

7.2.9.2 电偶腐蚀

电偶腐蚀也是铝的特征性的腐蚀形态。铝的自然电位很负，当铝与其他金属接触（或电接触）时，铝总是成为阳极使其本身腐蚀加速。电偶腐蚀又称双金属腐蚀，其腐蚀严重程度是由两个金属在电位序中的相对位置决定的。它们的电位差越大，则电偶腐蚀越严重。几乎所有铝合金都不能避免电偶腐蚀。铜与铜合金、石墨对铝材的电偶腐蚀有严重影响。

7.2.9.3 缝隙腐蚀

铝自身或铝与其他材料的两个表面接触存在缝隙，由于差异充气电池（氧浓差电池）的作用，缝隙内腐蚀加速，而缝隙外没有影响。缝隙腐蚀与合金类型关系不大，即使非常耐蚀的合金也会发生缝隙腐蚀。近年来，对于缝隙腐蚀机理有了更深入研究，缝隙顶端酸性环境是腐蚀的原动力。沉积物（垢）下腐蚀是缝隙腐蚀的一种形式，6063 铝合金挤压材表面灰浆下腐蚀就是垢下腐蚀的一个实例。

铝合金的缝隙腐蚀还有一种形式是丝状腐蚀。丝状腐蚀是一种膜下腐蚀，呈蠕虫状在膜下发展。这种膜可以是漆膜，或者是其他涂层，一般不发生在阳极氧化膜下面。丝状腐蚀最早在航空器的涂层下发现，近年欧洲陆续报道在建筑铝型材喷涂层下也有发生。丝状腐蚀与合金成分、涂层前预处理和环境因素有关，环境因素有湿度、温度、氯化物等。

7.2.9.4 晶间腐蚀

纯铝不发生晶间腐蚀，铝–铜系、铝–铜–镁系和铝–锌–镁系合金有晶间腐蚀敏感性。晶间腐蚀的原因一般与热处理不当有关系，合金化元素或金属间化合物沿晶界沉淀析出，相对于晶粒是阳极，两者构成腐蚀电池，引起晶界腐蚀加速。

图 7–2–11 铝合金管内壁的剥层腐蚀

剥层腐蚀是变形铝合金的一种特殊晶间腐蚀形态（简称剥蚀），其特征在于沿平行于金属表面晶界的横向腐蚀或晶内平行于表面的条纹状横向腐蚀，如图 7–2–11 所示。这种定向腐蚀导致分层作用，这种分层作用又因大量的腐蚀产物剥落而加剧。最严重时腐蚀穿透整个金属，以层状分离形式使金属解体。剥层腐蚀发生的前提条件是：析出相沿平行于表面析出，呈连续链状分布。在电解质的作用下，从表面优先产生的点蚀为起点，以平行表面的析出相网络为腐蚀通道，沿此方向横向腐蚀扩展。

剥层腐蚀往往是沿晶进行的，可以把它看作晶间腐蚀的一种特殊形式，因此剥层腐蚀机理同晶间腐蚀机理有一定的相通之处。析出相的形状、尺寸及分布就成为剥层腐蚀最重要的影响因素。另外，各析出相间的电位差也会形成腐蚀微电池，造成其发生电化学腐蚀，而那些优先溶解的阳极相溶解后形成阳极通道，使材料由表及里不断地深入地受到腐蚀。因此，析出相的形状、尺寸及分布决定了材料的剥层腐蚀，析出相粗大腐蚀加重，析出相细小腐蚀减轻；析出相平行于表面呈扁平状，腐蚀加重，析出相细小呈球状腐蚀较轻。

7.3　金属腐蚀防护方法

腐蚀防护就是使金属不受到腐蚀或腐蚀速度尽可能低，且不发生局部腐蚀。一般采取的途径有：① 改变材料本身；② 对金属材料的表面采取保护措施（表面保护）；③ 改变腐蚀介质；④ 电化学保护。

防护措施是否合理不是单纯的以腐蚀速度是否最小、腐蚀破坏是否最小来衡量，而是以是否能满足使用要求而所花代价最小来衡量。例如，不锈钢在空气中的腐蚀速度接近零，但所有暴露在空气中的金属构件不可能都用不锈钢来制造，一些不太重要的部件可用普通钢材制造，再刷上油漆进行防护；而有些重要设备中的关键部件腐蚀以后会使整个系统失效，导致严重的事故，这时必须不惜代价使设备不腐蚀或腐蚀速度尽可能小。

7.3.1　改变材料本身

该防护方法需在设计制造阶段介入。设计阶段应选用耐腐蚀性能好的合金材料，针对具体的腐蚀介质和工况条件选择合适的金属或非金属材料；制造阶段应采用能提高材料耐腐蚀性的工艺。例如对于奥氏体不锈钢，如果要求其抗晶间腐蚀性能，可以选取碳含量低、含 Nb/Ti 稳定化元素的奥氏体不锈钢，在工艺上采取细化奥氏体晶粒、固溶处理后进行稳定化处理、焊接时快速冷却使其快速通过敏化温度区间等措施。

7.3.2　表面处理

腐蚀防护中用的最多、方法也最多的是对金属表面进行处理以防止腐蚀。这大致可分为四种类型：① 在金属表面涂上防腐蚀涂层；② 在金属表面镀上耐腐蚀金属或合金镀层；③ 改变金属表面层的成分；④ 使金属表面形成化学转化膜。有时两类方法联用，如喷镀锌再涂有机涂层。其中金属或合金镀层的种类也非常繁多，如镀层的方法包括电镀、化学镀、热浸镀、热喷镀和溅射。

表面处理技术种类繁多，这里只介绍电网设备中金属部件的常用的涂漆及热镀锌技术，铝及铝合金阳极氧化属于“金属表面形成化学转化膜”类，铝阳极氧化和封闭处理将在 7.4 节中阐述。

7.3.2.1　涂漆

电网设备金属应按照腐蚀环境、工况条件、防腐年限设计涂层配套体系。重腐蚀环境中的不锈钢、黄铜、铝合金、镀锌钢等部件应进行涂装；在役金属部件的腐蚀防护或修复应进行涂装。涂装前应对结构件需涂装的表面进行除油、除盐分、除锈等处理。当表面处理完成后不能及时涂装致使表面出现返锈现象时，应重新除锈。

有机涂层基本上可分为油基漆和树脂基漆两类，对于腐蚀防护用的有机涂层的主要要求为：与基体金属附着牢靠、涂层中没有看得见的微孔、抗水分子的渗透性能好。按 DL/T 1424—2015《电网金属技术监督规程》的要求，涂层表面应平整、均匀一致，无漏涂、起泡、裂纹、气孔和返锈等现象，允许轻微桔皮和局部轻微流挂；涂层厚度的最大值不能超过设计厚度的 3 倍；涂层附着力可按划格法进行测量，不大于 1 级；重腐蚀环境涂层体系性能指标为：附着力不小于 5MPa，中性耐盐雾性能不小于 1000h，人工加速老化不小于 800h。有机防腐层干膜厚度要求与腐蚀等级及设计使用年限有关，可依照 DL/T 1425—2015《变电站金属材料腐蚀防护技术导则》中的要求进行验收。

7.3.2.2 热镀锌

热镀锌也称热浸镀锌，是钢铁构件浸入熔融的锌液中获得金属覆盖层的一种方法。近年来随高压输电、交通、通信事业迅速发展，对钢铁件防护要求越来越高，热镀锌需求量也不断增加。变电站及输电线路上的紧固件、结构件通常都使用热镀锌技术。

（1）镀锌层防护机理。

镀锌可有效起到钢铁材料在大气环境中的腐蚀防护目的，当钢铁材料表面的镀锌层完好时，只发生锌的腐蚀。由于锌腐蚀的产物 ZnO、$Zn(OH)_2$ 及碱式碳酸锌对基体有较好的保护作用，所以腐蚀速度非常慢，寿命是未镀锌钢材的 15～30 倍。当钢材表面的镀锌层发生损伤，或其他原因使镀层遭到局部破坏时，钢材从破口中暴露在环境之中。在这种情况下，镀层中的锌与钢材基体中的铁在潮湿的环境中组成了原电池，由于锌的标准电极电位只有–0.762V，低于铁的–0.44V，因而锌作为阳极被氧化，而铁作为阴极得到保护。由于锌腐蚀以后的生成物结构很致密，反应速度很慢，因此总体的耐腐蚀性能大幅度提高。镀锌件的阴极保护原理如图 7–3–1 所示。

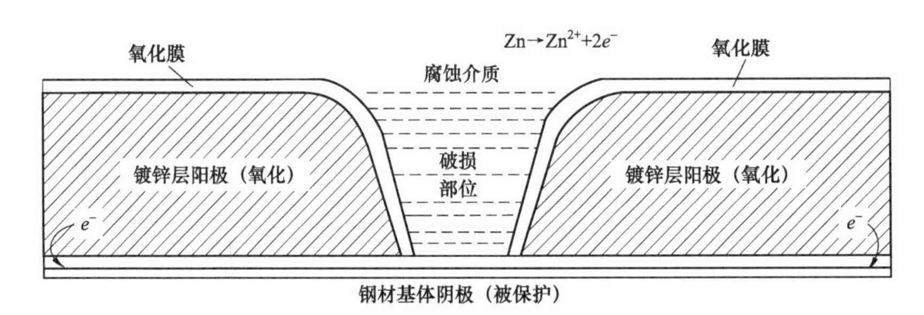

图 7–3–1　镀锌件的阴极保护原理

（2）钢铁材料热浸镀锌的影响因素。

1）基体金属。

大多数钢铁材料都能进行热浸镀锌加工，但是钢中的一些活性元素会影响热浸镀锌，如硅（Si）和磷（P），钢材的表面成分将会影响镀锌层的厚度和外观。在一定的成分范围内，硅和磷可能会导致形成不均匀的光亮和（或）暗灰色镀层，这些部位的镀层可能较脆较厚。含硫较多的易切削钢会产生热脆性，因此不适合热浸镀锌。

2）表面状态。

进入热浸镀锌浴之前的基体金属表面应干净。酸洗是清洗表面的推荐方法，但是应避免过度酸洗。不能酸洗掉的表面污物，如碳膜（如轧制油的残余物）、油污、油漆、焊渣以及类似的污染物，应在酸洗前去除，去除这些杂质的责任应由供需双方商定。

铸铁件表面应尽可能无孔隙和缩孔，并应采用喷砂、抛丸、电解酸洗或其他适用于铸铁件的方法进行清理。

3）钢材的表面粗糙度对镀锌层厚度的影响。

钢表面粗糙度对镀层厚度和镀层结构有影响，基体金属表面不均匀性在热浸镀锌之后一般仍会保留。钢材在酸洗前进行喷砂、粗磨等处理可获得粗糙表面，如此处理的钢材热浸镀锌后获得的镀层要厚于仅进行酸洗处理的。反之，表面光滑的制件较难获得较厚的镀锌层。

火焰切割改变了火焰切割区域内钢材的组织和成分，以至于该区域内难以得到设计要求的镀层厚度，为了得到规定的镀层厚度，可磨去火焰切割表面后再热浸镀锌。

4）基体金属中的内应力。

基体金属中的部分应力在热浸镀锌过程中会被消除，同时也可能会引起镀锌制件的变形。钢制件经一定程度的冷加工（如弯曲）后会变脆。热浸镀锌是一个热处理过程，如果被镀钢材对形变时效敏感，会加速形变时效的发生而使钢铁制件进一步脆化。在热镀锌时，如果认为某种钢对形变时效敏感，则在镀锌前应尽可能避免深度冷加工。若不能避免深度冷加工，则应在酸洗和热浸镀锌之前进行去应力热处理。

经过热处理和冷加工强化的钢在热浸镀锌的同时，还会受热回火而使经热处理或冷加工获得的强度降低。淬火钢和（或）经深度拉伸的钢会有内应力，如此大的内应力可使酸洗和热浸镀锌过程增加钢制件在锌浴中开裂的危险性。在酸洗和热浸镀锌之前对制件进行消除应力处理可以减小这种开裂风险。但是对此类钢材进行热浸镀锌处理时应进行试验验证。

结构钢一般不会在酸洗时由于吸氢而产生脆断，残留的氢一般不会影响结构钢。对于结构钢而言，被吸入的氢在热浸镀锌过程中会被释放出去，如果钢的硬度高于 34HRC、340HV 或 325HB，在前处理中应尽量将吸氢量降到最低程度。

5）制件几何尺寸的影响。

大尺寸和常规制造方法制成的厚钢件的冶金学性质，这两个因素要求制件在热浸镀锌浴中停留较长的时间，这会导致形成厚的镀层。

6）热浸镀锌工艺。

在热浸镀锌浴中加入少量合金元素，可以显著地降低硅和磷的不利影响或改善镀层外观。这些可能添加的元素不影响热浸镀锌层的一般质量、耐腐蚀寿命和镀锌产品的力学性能，对此类添加元素无需进行标准化。

（3）输变电设备镀锌的一般要求。

镀锌层表面应连续、完整，不应有酸洗、漏镀、结瘤、积锌、毛刺等缺陷。镀锌层的厚度一般使用镀层测厚仪来测量，仲裁时使用称量法。

镀层与基体结合力强是热浸镀锌工艺的特点，所以通常不需测试镀锌层和基体之间的结合力。但是一般厚度的热浸镀锌工件在使用和正常操作条件下应没有剥落和起皮现象。若必须测试结合力，如制件在使用和安装过程中要承受较大的机械应力，则供需双方可参照被镀制件的服役条件协商选定适当的试验方法。刻划十字的试验方法对评价镀层的机械性能有一定的参考意义，但是在某些条件下试验的要求要高于使用要求。另外，也可采用锤击法和锉刀法。

（4）关于热浸镀锌的安全性要求。

严禁对包含有封闭内腔的制件进行热浸镀锌，除非在封闭内腔上适当开孔，以防止封闭内腔内的空气受热后压力增加产生爆炸。另外，适当开孔可保证热浸镀锌后，内腔内的锌液能顺利地流出。未经完全烘干的制件，表面会残留溶剂的水溶液或其他水分，进入锌浴后会爆炸，应采取措施防止飞溅的锌液烫伤人体。

7.3.3 改变腐蚀介质

改变腐蚀介质在水处理系统中应用较为广泛，例如除氧、调整 pH 值等，另外还有在水中加入缓蚀剂、钝化剂等。改变腐蚀介质在电网设备应用较少，在此不作阐述。

7.3.4 电化学保护

7.3.4.1 阴极保护

使被保护金属的电位发生阴极极化而受到保护的方法称为阴极保护。阴极保护原理极化图如图 7–3–2 所示。U_a 和 U_c 分别表示金属表面阳极和阴极的初始电位。当金属腐蚀时，在极化的作用下阳极和阴极的电位逐渐接近并最终交于点 F 所对应的腐蚀电位 U_{corr}，与此相对应的腐蚀电流为 I_{corr}。在腐蚀电流的作用下，阳极上金属因腐蚀而不断发生溶解，最终导致腐蚀破坏。

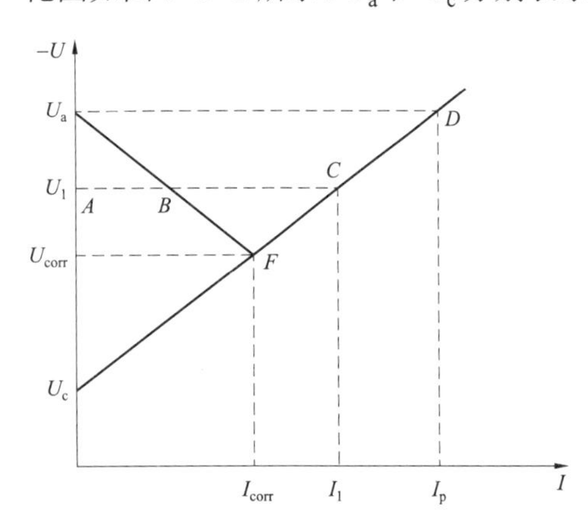

图 7–3–2 阴极保护原理极化图

金属采用阴极保护时，在阴极电流作用下金属的电位从 U_{corr} 向更负的方向变动，阴极极化曲线 U_{corr} 从 F 点向 D 点方向延长。当金属电位极化到 U_1，这时体系的腐蚀电流为 I_1，相当于 AC 线段。AC 线段由两个部分组成，其中 BC 段部分是外加的阴极电流，而 AB 线段这部分是金属腐蚀电流，可以看出金属腐蚀速度逐渐减缓。当外加阴极电流继续增大时，金属的电位将变得更负。若金属的极化电位达到阳极的初始电位 U_a 时，金属表面各个部分的电位都等于 U_a，腐蚀电流就为零，金属达到了完全的保护。

根据实施方法不同，阴极保护分为外加电流阴极保护和牺牲阳极阴极保护。

（1）外加电流阴极保护。

如果用外加的电源对金属进行阴极极化，使它的电位接近腐蚀过程的阳极反应的平衡电位，就可以使金属得到保护，用这种方法来保护金属就叫做外加电流阴极保护。阴极保护中要注意避免在被保护的金属表面上析出大量氢气，引起氢脆。

（2）牺牲阳极的阴极保护。

将一块腐蚀电位比较低的金属与被保护金属相连接，就形成了一个腐蚀电偶。腐蚀电位比较低的金属就成为腐蚀电偶的阳极，发生阳极溶解，阳极金属失去的电子转移到了阴

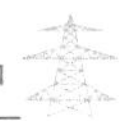

极金属，阴极金属因为获得电子而得到一定程度保护，这种方法就叫做牺牲阳极的阴极保护。利用这一原理，选择合适的金属材料作为腐蚀电偶的阳极，就能达到阴极保护的目的。

7.3.4.2 阳极保护

金属在腐蚀介质中虽然不能自动进入钝化状态，但通过外加阳极电流能使它从活化的腐蚀状态转变为钝化状态，降低腐蚀速度。进入钝化状态后，金属不能自动保持钝化状态，但只要外加一个很小的电流密度就可以使它保持在钝化状态，这就是阳极保护技术。这是不同于阴极保护的另一种电化学保护。

7.4 铝合金阳极氧化及封闭处理

铝合金的阳极氧化处理和表面涂覆技术是使铝合金扩大应用范围、延长使用期限的关键。前面提到铝及铝合金的表面自钝化生成的氧化膜很薄，虽然能阻止铝及铝合金进一步被氧化，但在电解质溶液中电子可以借助隧道效应通过氧化膜，从而发生电化学腐蚀，因此需要利用阳极氧化+封闭处理使氧化膜增厚，使其具有较强的耐腐蚀性。

7.4.1 铝的阳极氧化

根据国家标准，铝的阳极氧化的定义是：一种电解氧化过程，在该过程中铝或铝合金的表面通常转化为一层氧化膜，这层膜具有防护性、装饰性及一些其他的功能特性。铝阳极氧化的分类可以按照铝材的最终用途分为建筑用、装饰用、腐蚀保护用、电绝缘用和工程用铝阳极氧化等。本书主要介绍腐蚀保护用铝阳极氧化工艺。

7.4.1.1 铝阳极氧化膜分类

铝的阳极氧化膜有壁垒型阳极氧化膜和多孔型阳极氧化膜两大类。壁垒型阳极氧化膜是一层紧靠金属表面的致密无孔的薄阳极氧化膜，简称壁垒膜，其厚度取决于外加的阳极氧化电压，但一般非常薄，不会超过 0.1μm，主要用于制作电解电容器。多孔型阳极氧化膜由两层氧化膜组成，底层是与壁垒膜结构相同的致密无孔的薄氧化物层，叫做阻挡层，其厚度只与外加氧化电压有关。而主体部分是多孔层结构，其厚度取决于通过的电量。

7.4.1.2 铝阳极氧化膜的结构形貌

多孔型阳极氧化膜的微孔是有规律的垂直于金属表面的孔形结构，这个“孔”实际上应该说是一根细长的直管。微孔的密度更是大得惊人，达到 760 亿个孔/cm^2。

图 7–4–1 为多孔性阳极氧化膜生成时的结构变化图，其中：A、B、C、D 区域依次是从开始到结束的不同时间段，A 区域生成壁垒型膜（阻挡层）；B 区域氧化膜开始局部溶解，出现许多细孔；C 区域细孔长成微孔；进入 D 区域后电流密度恒定，微孔的数目恒定深度随时间而增加，多孔性阳极氧化膜稳定生长。

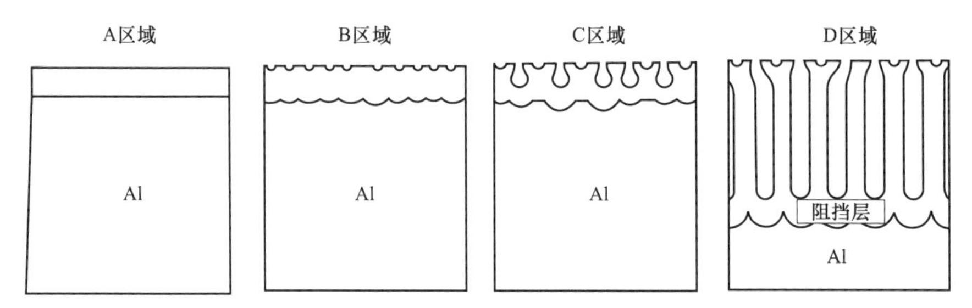

图 7–4–1　多孔性阳极氧化膜生成过程中的结构变化图

7.4.1.3　铝阳极氧化反应过程

铝作为阳极在电解溶液中通过电流，金属铝失去电子成为三价铝离子，从而都使价态升高，发生了氧化反应。

在生成多孔型阳极氧化膜的情形下，阳极铝上首先生成附着性良好的非导电薄膜（阻挡层），氧化物薄膜继续生长必定伴随着膜的局部溶解。随着阳极氧化膜原“壁垒膜”上微孔的加深，即氧化膜的厚度增加，使氧化膜的生长速度逐渐受到阻滞。当氧化膜的生长速度降低到膜在电解溶液中的溶解速度时，则阳极氧化膜的厚度不再增长。

铝的阳极氧化反应不像电镀层那样建立在金属的外表面（即金属/电解液界面）上，而是在氧化膜/铝界面向铝的内部生长。

7.4.2　铝阳极氧化膜的封孔处理

铝的阳极氧化膜多孔的特性虽然赋予阳极氧化膜着色和其他功能的能力，但是耐腐蚀性、耐候性、耐污染性等都不可能达到使用的要求。未封孔的阳极氧化膜，由于大量微孔孔内的面积，使暴露在环境中的工件或试样有效表面积增加几十倍到上百倍，为此相应的腐蚀速度也大为增加。因此从提高耐腐蚀性和耐污染性角度考虑，都必须进行封孔处理。

封孔是铝阳极氧化之后对于阳极氧化膜进行的化学或物理处理过程，以降低阳极氧化膜的孔隙率和吸附能力。铝阳极氧化膜的封孔方法很多。从封孔原理来分，主要有水合反应、无机物充填或有机物充填三大类。为了清晰和方便起见，表 7–4–1 中列出了现在工业上采用的铝阳极氧化膜的主要封孔处理方法、工艺条件及其性能特点。

表 7–4–1　　铝阳极氧化膜的主要封孔方法、工艺条件及其性能特点

方法	封孔溶液	主要封孔条件	备　注
沸水法	离子交换水	pH=6～9，95℃以上	耐蚀、耐候性能好
水蒸气法	高温加压水蒸气	1.2atm（1atm=101 325Pa）以上	耐蚀、耐候性能好，封孔时间比沸水法短
	高温常压水蒸气		
冷封孔法	氟化镍等水溶液	常温	我国和欧洲通用，性能同水蒸气法
电泳法	聚丙烯酸树脂水溶液	常温	耐蚀、耐候性能好，尤其在污染大气中
浸渍法	聚丙烯酸树脂有机溶液	常温	性能相似于电泳法，膜均匀性较差
乙酸镍法	乙酸镍或乙酸钴水溶液	pH=5～6，70～90℃	可能带有淡绿色，适用于染色膜

续表

方法	封孔溶液	主要封孔条件	备　注
重铬酸钾法	重铬酸钾水溶液	pH=6.5～7.0，90～95℃	带淡黄色，适于 2000 系铝合金
硅酸钠法	水玻璃	约 20%（体积分类，85～95℃）	耐碱性好
油脂法	—	—	特殊情况或临时保护用

7.4.2.1 热封孔

热封孔是在接近沸点的纯水中，通过氧化铝的水合反应，将非晶态氧化铝转化成称为勃姆体的水合氧化铝。由于水合氧化铝比原级氧化膜的分子体积大了 30%，体积膨胀使得阳极氧化膜的微孔填充封闭，阳极氧化膜的抗污染性和耐腐蚀性随之提高。图 7–4–2 为铝阳极氧化膜的水合—热封孔过程的机理模型。

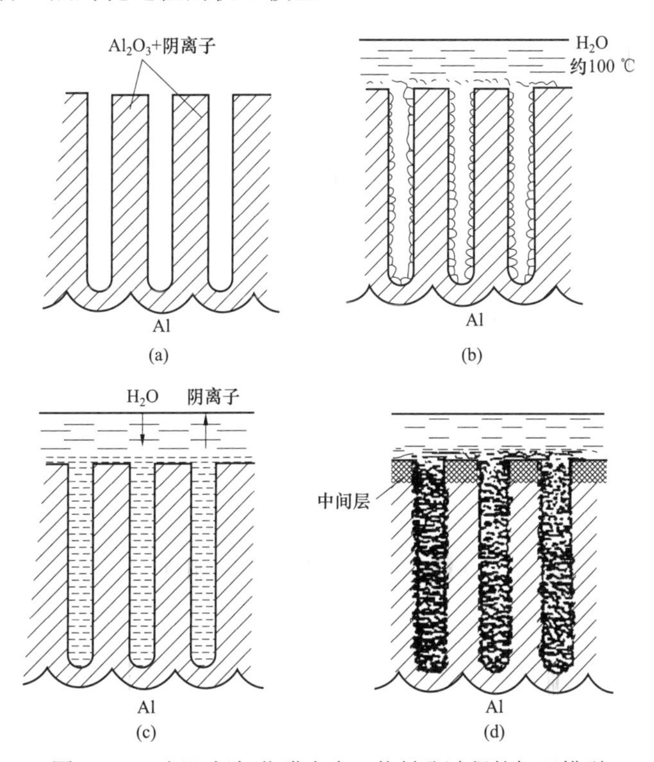

图 7–4–2　铝阳极氧化膜水合—热封孔过程的机理模型

（a）未封孔的膜结构；（b）凝胶在孔壁和膜表面沉积；（c）凝胶浓集形成假勃姆体；（d）再结晶生成勃姆体

7.4.2.2 冷封孔

冷封孔是源于欧洲的封孔技术，也是我国目前最基本、最常用的封孔工艺。冷封孔节省能源和时间，操作温度为 20～25℃的室温，与沸水封孔相比，封孔时间缩短一半或三分之二。冷封孔的机理与沸水封孔完全不同，不是依靠水合反应生成勃姆体，使其体积膨胀，而是由于微孔中沉积的填充物质。对于阳极氧化薄膜，封孔反应在氧化膜外表面及整个内孔壁进行，反应产物从孔壁向孔中心逐渐发展并将孔封闭（见图 7–4–3）。对于较厚的阳极氧化膜而言，封孔反应主要在氧化膜微孔的外层区域发生，反应产物可能只将孔的外层区封闭，内层区仍未填满（见图 7–4–4）。

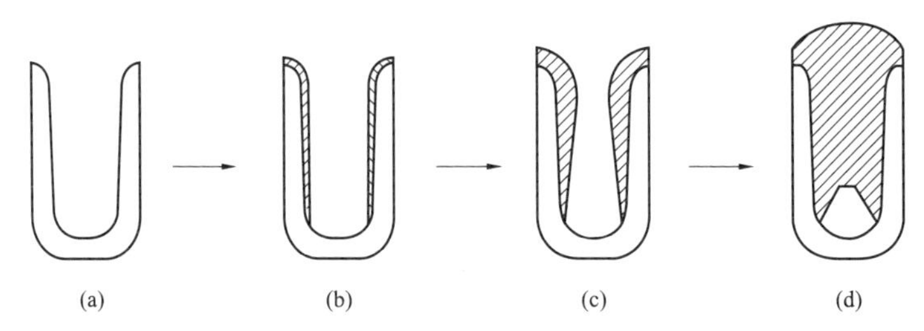

图 7–4–3　薄阳极氧化膜的冷封孔模型

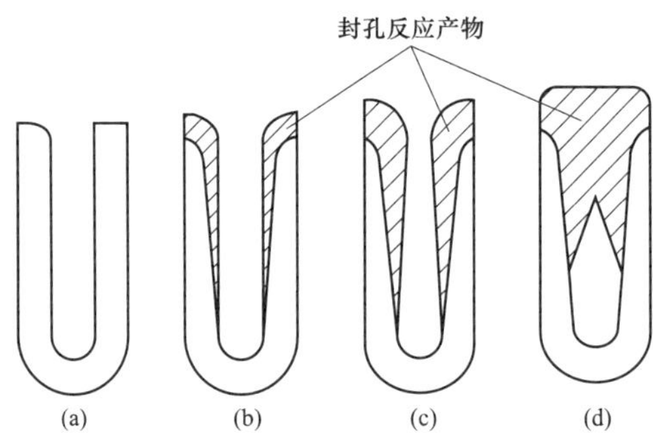

图 7–4–4　厚阳极氧化膜的冷封孔模型

7.5　金属部件材料耐腐蚀性能检测方法

电网设备中金属部件的耐腐蚀性能测试一般包括不锈钢或铝合金的晶间腐蚀试验、涂镀层的盐雾试验。

7.5.1　晶间腐蚀试验

晶间腐蚀试验是在特定介质条件下检验金属材料晶间腐蚀敏感性的加速腐蚀试验方法，目的是了解材料的化学成分、热处理和加工工艺对提高材料的抗晶间腐蚀性能是否有效。其原理是采用可使金属的腐蚀电位处在恒电位阳极极化曲线特定区间的各种试验溶液，利用金属的晶粒和晶界在该电位区间腐蚀电流的显著差异加速显示晶间腐蚀。不锈钢、铝合金等的晶间腐蚀试验方法均已标准化，具体内容见 GB/T 4334—2008《金属和合金的腐蚀　不锈钢晶间腐蚀试验方法》和 GB/T 7998—2005《铝合金晶间腐蚀测定方法》。

以奥氏体不锈钢的晶间腐蚀试验方法为例，有 A、B、C、D、E 五种方法，其中方法 A 为 10%草酸试验方法，适用于不锈钢晶间腐蚀的筛选试验，也适用于不允许破坏被测结构和设备的情况；方法 B 为硫酸—硫酸铁腐蚀试验方法；方法 C 为 65%硝酸腐蚀试验方法；方法 D 为硝酸—氢氟酸腐蚀试验方法，适用于检验含钼奥氏体不锈钢的晶间腐蚀倾向；

方法 E 为硫酸—硫酸铜腐蚀试验方法。

五种方法中，方法 B、C、D 均是试样在相应溶液中煮沸试验后，以腐蚀速率（失去的重量除以试样总面积和时间的乘积）来评定晶间腐蚀倾向；方法 E 是试样在相应溶液中煮沸试验后，由弯曲试验和金相来判定晶间腐蚀倾向；它们的试样尺寸及制备要求不同。方法 E 应用较为广泛，腐蚀后的试样进行弯曲试验，弯曲角度为 180°，压头直径为 1mm（试样厚度小于 1cm）或 5mm（试样厚度大于 1cm），弯曲后的试样在 10 倍放大镜下观察弯曲试样外表面，有无因晶间腐蚀而产生的裂纹；试样不能进行弯曲评定或弯曲的裂纹难以判定时，则采用金相法评判。

对于将在敏化温度下使用的奥氏体不锈钢部件，需要经过敏化处理后进行晶间腐蚀试验，对于超低碳钢和稳定化钢，敏化处理温度为 650℃。

7.5.2 盐雾试验

涂镀层的盐雾试验属于加速老化试验的一种，是评价金属涂层或镀层防护性能最经典、使用最普遍的一种试验方法。盐雾试验包括中性盐雾试验（NSS）、醋酸盐雾试验（ASS）、铜盐醋酸加速盐雾试验（CASS）。

盐雾试验是利用一种具有一定容积空间的试验设备——盐雾试验箱，在其容积空间内通过人工方法将某种配方的水溶液喷射成雾状，充满整个箱内，配合温度、湿度的控制，并强化这些因素进行加速老化。当盐雾的微粒沉降附着在材料表面上，便迅速吸潮溶解成氯化物的水溶液，在一定的温、湿度条件下，溶液中的氯离子通过材料的微孔逐步渗透到内部，引起金属的腐蚀。

与天然环境相比，盐雾环境中氯化物的盐浓度可以是一般天然环境盐雾含量的几倍或几十倍，使腐蚀速度大大提高，试验时间也大大缩短。如在天然暴露环境下对某产品样品进行试验，待其腐蚀可能要 1 年，而在人工模拟盐雾环境条件下试验，最短只要 24h，即可得到相近的结果。但人工加速模拟试验与天然环境存在差异不同，因而也不能代替天然环境下的腐蚀试验。

中性盐雾试验（NSS 试验）采用 5%的氯化钠盐水溶液（近似海水成分），溶液 pH 值调为中性范围（6～7）作为喷雾用的溶液。试验温度均取 35℃，要求盐雾的沉降率为 1～2ml/80cm。醋酸盐雾试验（ASS 试验）是在中性盐雾试验的基础上发展起来的。它是在 5%氯化钠溶液中加入一些冰醋酸，使溶液的 pH 值降为 3 左右，溶液变成酸性，最后形成的盐雾也由中性盐雾变成酸性，它的腐蚀速度要比 NSS 试验快 3 倍左右。铜盐加速醋酸盐雾试验（CASS 试验）是国外新近发展起来的一种快速盐雾腐蚀试验，试验温度为 50℃，盐溶液中加入少量铜盐——氯化铜，强烈诱发腐蚀。它的腐蚀速度大约是 NSS 试验的 8 倍。

电网设备金属涂镀层的盐雾试验一般为中性盐雾试验。重腐蚀环境下的涂层及镀层需要进行盐雾试验，其中涂层中性盐雾性能试验应不小于 1000h。用于钢结构件防腐的热浸镀锌层耐中性盐雾试验时间不小于 480h，且表面无棕色锈点和红色锈斑。

8 输变电设备金属材料现场检测工作要点

8.1 开关类设备触头镀银层厚度检测

8.1.1 隔离开关触头镀银层厚度检测

（1）检测方法。

变电站敞开式隔离开关触头、镀银层厚度的检测，采用固定式 X 射线荧光镀层检测仪、手持式 X 荧光镀层测厚仪（或带有镀银层厚度测量功能的 X 荧光光谱分析仪）等设备进行。仲裁试验时，可以用高倍显微镜法。

检测标准和质量判定依据：按照 DL/T 486—2010《高压交流隔离开关和接地开关》对导电回路的要求，所有的检测点中最小镀银层厚度不小于 20μm。

（2）检测实例。

现场检验发现 10kV、35kV 电容器隔离开关触头镀银层厚度不符合标准要求的情况较多，主要有三种情况：① 触头未镀银，图 8-1-1 所示为某 220kV 变电站 10kV 电容器隔离开关触头未镀银，不符合标准要求；② 触头镀银层厚度小于 20μm，图 8-1-2 所示为某 220kV 变电站 10kV 电容器隔离开关触头镀银层厚度小于 20μm，不符合标准要求；③ 隔

图 8-1-1 隔离开关触头未镀银

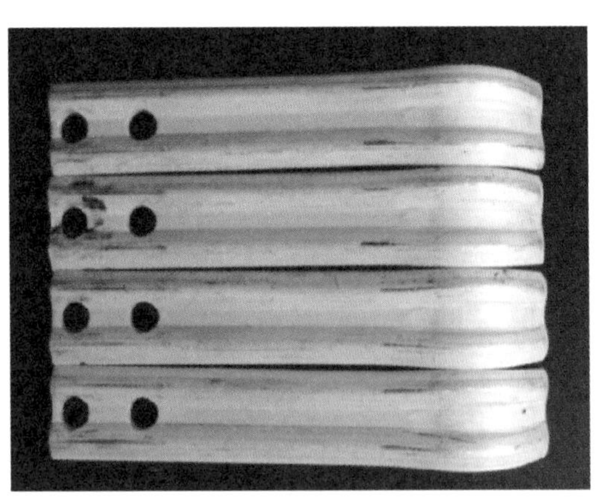

图 8-1-2 隔离开关触头镀银层厚度偏低

离开关触头采用镀锡代替镀银，图 8–1–3 所示为四种型号隔离开关的触头采用镀锡代替镀银，不符合标准要求。

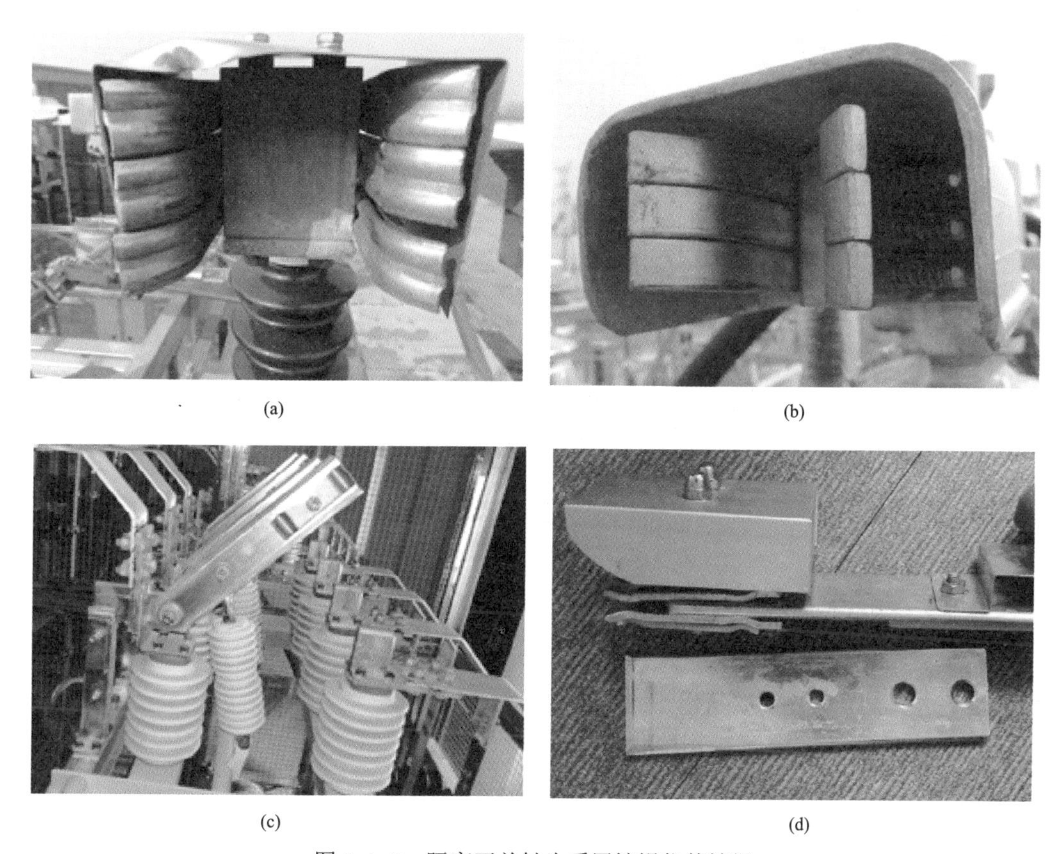

(a)　(b)　(c)　(d)

图 8–1–3　隔离开关触头采用镀锡代替镀银

（a）某 220kV 变电站 10kV 隔离开关；（b）某 220kV 变电站 35kV 隔离开关；
（c）某 220kV 变电站 10kV 隔离开关；（d）某 220kV 变电站 35kV 隔离开关

（3）现场检测工作要点及注意事项。

隔离开关触头镀银层测厚应在现场安装前进行，检验过程可以概括为“一看、二试、三检测”，即首先通过外观颜色检查，看触头接触面是否镀银，如触头接触面是铜的紫红色，则可以确认触头未镀银，可以直接判定不合格；未发现颜色异常后，再通过手持式 X 荧光镀层测厚仪对触头接触面进行材质分析，如成分仅有锡和铜，说明该触头为镀锡代替镀银；可以直接判为不合格；成分结果为银和铜，说明触头已镀银；接下来需要用手持式 X 荧光镀层测厚仪对接触面进行检测。使用手持式 X 荧光光谱仪检测时，一般要求被测试样的待测面积不得小于 8mm×8mm，圆弧面试样的曲率半径应不小于 15mm，部分型号隔离开关的静触头能满足测试要求，可以现场检测。如现场检测结果不合格，应取样，在实验室通过台式镀银层测厚仪进行检测。动触头由于接触面较小或者触头位置关系不能按规范要求进行检测时，需要取样，通过台式镀银层测厚仪进行检测。检测时要明确触头的接触部位，记录下厚度数据。

图 8–1–4　某 220kV 输变电工程 110kV 隔离开关

现场取样工作需在建设方、监理、厂家和检测单位多方到场见证，由厂家现场拆卸或者厂家委托施工方进行拆卸。由于某些剪刀式的隔离开关触头现场无法拆卸或者拆卸后无法复原，需要在制造厂组装前进行检测，如图 8–1–4 所示。图 8–1–5 标注了不同结构型式的隔离开关动、静触头导电接触部位，应对该部位进行检测。

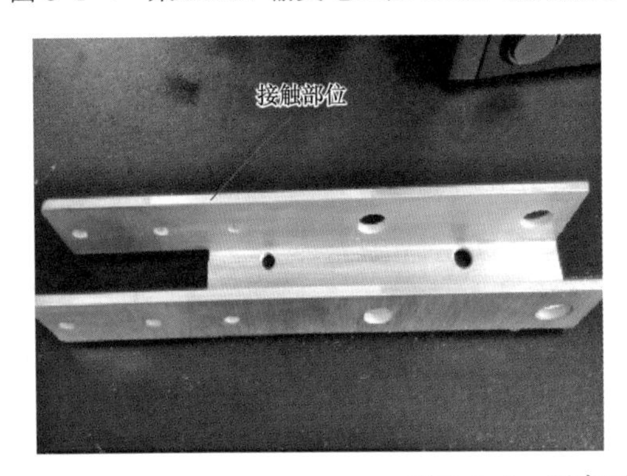

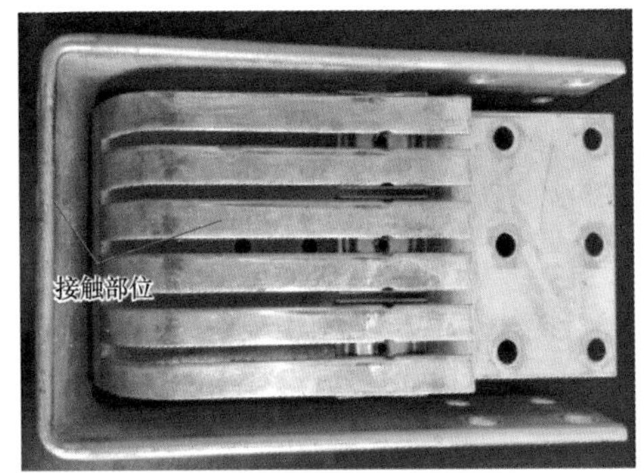

图 8–1–5　隔离开关触头检测部位

8.1.2　开关柜触头镀银层厚度检测

（1）检测方法。

开关柜触头镀银层的检测方法与隔离开关设备类似，但由于开关柜触指厚度较薄，在现场采用手持式 X 荧光镀层测厚仪检测时，触指的厚度不足以覆盖仪器的检测窗口，因此可将多片触指并排合并检测。当发现检测结果偏小时，需要在实验室用固定式 X 射线荧光镀层检测仪检测。

根据 DL/T 1424—2015《电网金属技术监督规程》的规定，开关柜触头镀银层厚度应不低于 8μm。

（2）检测实例。

某 220kV 变电站 10kV 开关柜母线侧触头局部区域镀银层厚度为 7.02μm，如图 8–1–6 所示，不符合标准要求，应重新镀银或者更换。

（3）现场检测工作要点及注意事项。

开关柜触头采用手持式 X 荧光镀层测厚仪进行检测时，应将表面油污清理干净，检测时间应不少于 10s，一般应设置为 15～20s，若发现测试数据接近或者低于合格标准时，应取样在实验室通过台式镀银层测厚仪进行复测，测试结果以实验室测试结果为准。检验部位如图 8–1–7 所示区域最高点。静触头应由厂家或者厂家委托施工方现场拆卸后进行检验。

(a) (b)

图 8-1-6 某 220kV 输变电工程 10kV 开关柜触头

（a）开关侧触头；（b）母线侧触头

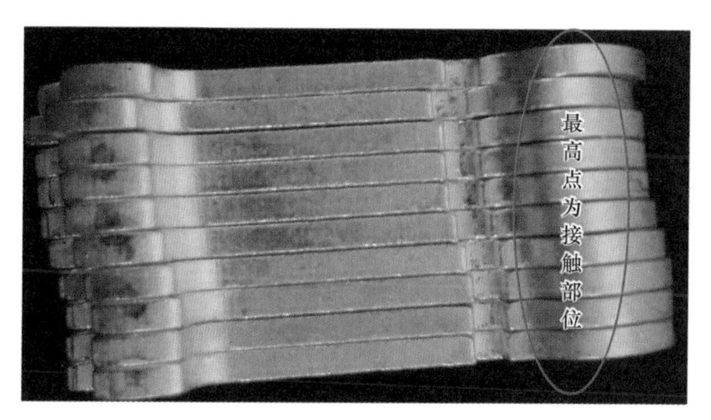

图 8-1-7 10kV 开关柜触头镀银接触部位

8.2 户外密封机构箱箱体厚度检测

（1）检测方法。

变电站的户外密封机构箱（包括：隔离开关操动机构及二次设备的箱体、其他设备的控制、操作及检修电源箱等）需要进行厚度检测，当箱体厚度不符合要求时，箱体强度和刚度达不到要求，使用期间可能会产生变形，影响密封性导致潮气或雨水进入后使设备发生故障（误动或拒动、内部机构件锈蚀等）。箱体的厚度采用超声波测厚仪进行测量。

按照 DL/T 1424—2015《电网金属技术监督规程》要求，户外密闭箱体厚度不应小于 2mm。检测依据为 GB/T 11344—2008《无损检测接触式超声脉冲回波法测厚方法》。

（2）检测实例。

某 220kV 变电站现场对不锈钢箱体厚度检验时发现 220kV 隔离开关操动机构箱前后

图 8–2–1　户外密封机构箱体

左右 4 个面的厚度为 1.42～1.46mm，小于 2mm，不符合标准要求。现场照片如图 8–2–1 所示。

（3）现场检测工作要点及注意事项。

户外密封机构箱厚度不符合要求会造成比较严重的设备故障，由于安装调试后更换难度大、需要返工，所以尽量在安装前进行厚度检验。箱体测厚前应使用同等材质的试块或者材质声速相近的试块对超声波测厚仪进行校准。如需对带涂层的工件壁厚进行测量，需选择具有该功能的测厚仪，并对测厚仪进行校准后测量，或者去掉测试部位涂层后使用不带涂层模式或常规测厚仪测量。

8.3　变电站不锈钢部件材质分析

（1）检测方法。

变电站设备的户外密闭箱体（隔离开关操动机构及二次设备的箱体、其他设备的控制、操作及检修电源箱等）长期受环境的影响，如材质耐腐蚀性能不良，就会产生锈蚀等问题，影响设备整体的运行可靠性。因此，根据 DL/T 1424—2015《电网金属技术监督规程》的要求，户外密闭箱体的材质宜为 Mn 含量不大于 2%的奥氏体不锈钢或铝合金。而变电设备上其他同样存在锈蚀的部件，如传动机构轴销等，应根据 DL/T 486—2010《高压交流隔离开关和接地开关》的要求，采用不锈钢或铝青铜等防锈材料。一般采用手持式 X 射线荧光光谱分析仪对变电站不锈钢部件的材质进行检测。当有疑问时，可取样，进一步采用台式直读光谱仪进行检测。

（2）检测实例。

户外密封机构箱体材质应选用 Mn 含量不大于 2%的奥氏体不锈钢或铝合金，部分厂家会选用高 Mn 含量、低 Ni 含量的不锈钢材质。这种不锈钢抗腐蚀能力相比 Mn 含量低于 2%的奥氏体不锈钢要差，运行后很容易锈蚀。此外，还有一种高 Cr（含量在 20%以上），低 Ni、Mn 元素的不锈钢，由于不是奥氏体组织，耐腐蚀性能也较弱，因此不能使用。

如图 8–3–1 所示，经检验，某 220kV 主变压器本体端子箱的材质成分为 Fe74.45%、Cr13.23%、Ni1.09%、Mn10.26%，不符合标准要求。经检验，某 110kV GIS 隔离开关操动机构箱的材质成分为 Fe74.35%、Cr13.49%、Ni1.13%、Mn10.21%，不符合标准要求。

(a)

(b)

图 8-3-1 户外密封机构箱体

（a）某 220kV 变电站主变本体端子箱；（b）某 220kV 变电站电动操动机构箱

经检验，某 110kV GIS 隔离开关材质为表面镀铬碳钢，如图 8-3-2 所示，不符合标准要求。投运前已开始锈蚀，长期使用后很容易锈蚀卡死，进而影响开关的正常操作。

（3）现场检测工作要点及注意事项。

对户外密封机构箱体进行材质分析时应对每块钢板进行检验，外表面有覆盖层时（有的不锈钢箱体表面会有一层无色透明的防污膜），应去除覆盖层后检验。检测首先选择表面平整光洁的部位进行检测，测试试件不少于 15s，同一部件应检测不少于两点。部分轴销焊接在底座上，与传动机构一起进行热镀锌，所以对于表面存在镀锌层的轴销不能直接检验，应去除锌层后检验。图 8-3-3 所示的某 35kV 隔离开关传动机构轴销去除锌层后检验结果为不锈钢，符合要求。

图 8-3-2 110kV GIS 隔离开关传动机构轴销

图 8-3-3 某 35kV 隔离开关传动机构轴销

8.4　GIS壳体对接焊缝超声波检测

（1）检测方法。

为了确保GIS设备焊缝的质量，避免因焊接接头质量问题导致的焊缝开裂漏气等缺陷和故障的发生，需要在到货验收阶段或运维阶段采用A型脉冲反射超声波检测仪对GIS设备对接焊缝内部缺陷进行检测。

GIS设备焊接接头分类标准应执行JB/T 4734—2002《铝制焊接容器》，其壳体圆筒部分的纵向焊接接头属A类焊接接头，环向焊接接头属B类焊接接头，超声检测不低于Ⅱ级合格；检验标准依据NB/T 47013.3—2015《承压设备无损检测　第3部分：超声检测》的相关要求。检测方法参照NB/T 47013.3—2015《承压设备无损检测　第3部分：超声检测》附录H的相关规定。

（2）检测实例。

图8–4–1所示为某220kV电磁式电压互感器环焊缝表面气孔和某500kV断路器环焊缝表面未熔合缺陷。两处缺陷处均经过超声波探伤检验，未发现内部存在超标缺陷。对于该气孔和未熔合，应修磨后根据修磨的深度决定是否补焊。

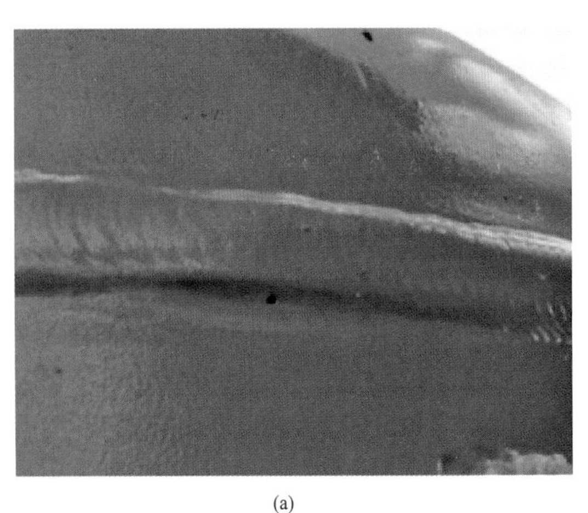
(a)

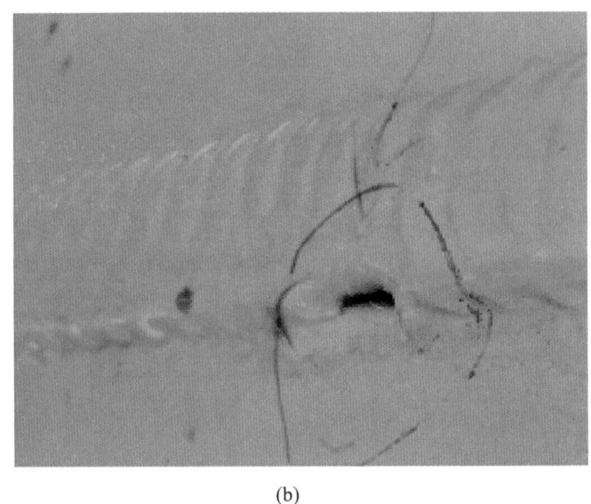
(b)

图8–4–1　GIS焊缝表面缺陷

（a）某220kV变电站GIS焊缝气孔缺陷；（b）某500kV变电站GIS焊缝未熔合缺陷

图8–4–2为某1000kV GIS焊缝内部经超声波检测发现的超标缺陷，采用射线方法验证的X光影像。

（3）现场检测工作要点及注意事项。

GIS设备焊缝抽检时首先进行宏观检验，宏观检验合格后再进行超声波探伤。抽检满足检验比例要求的同时应选择焊接可能会出现问题的焊缝，尽可能包含断路器、隔离开关、母线筒、电流互感器、电压互感器等设备的焊缝。现场检测应使用化学浆糊或其他可水洗的耦合剂。

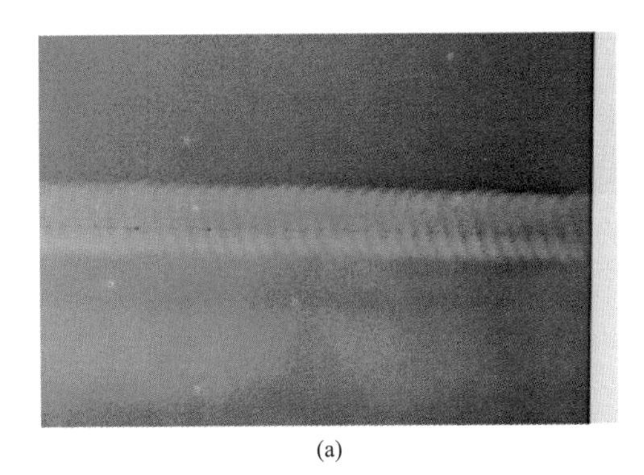

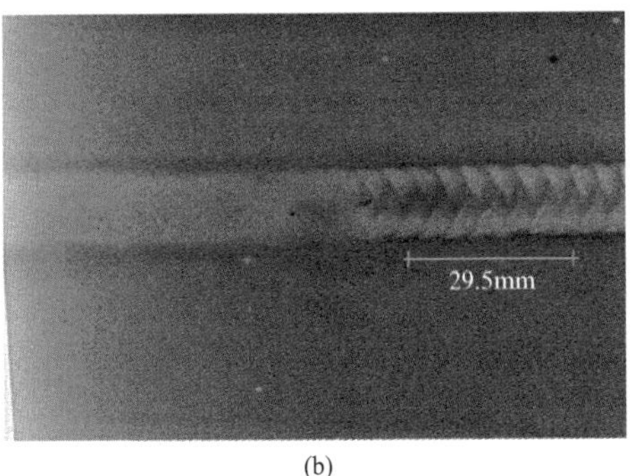

(a) (b)

图 8-4-2 GIS 焊缝内部超标缺陷

（a）焊缝内部未熔合缺陷影像；（b）焊缝内部裂纹缺陷影像

8.5 输变电金具外观质量检查

（1）检测方法。

在设备到货开箱之后进行检测。一般采用目视检查，必要时采用渗透检测的方法进行验证。GB/T 2314—2008《电力金具通用技术条件》要求，铝制件表面应光洁、平整，焊缝外观应为比较均匀的鱼鳞形，不允许存在裂纹等缺陷。

（2）检测实例。

对某 220kV 变电站中型号为 SSY–630/200 的设备线夹进行外观质量检验时，发现多只线夹焊缝存在弧坑裂纹（收弧裂纹），如图 8–5–1 所示。焊接收弧时操作不当导致电流突然降低甚至熄灭，造成熔池中心凝固太快，受到周围金属收缩产生的拉应力，导致弧坑裂纹的形成。对于弧坑裂纹应打磨消除，并视打磨深度决定是否补焊。

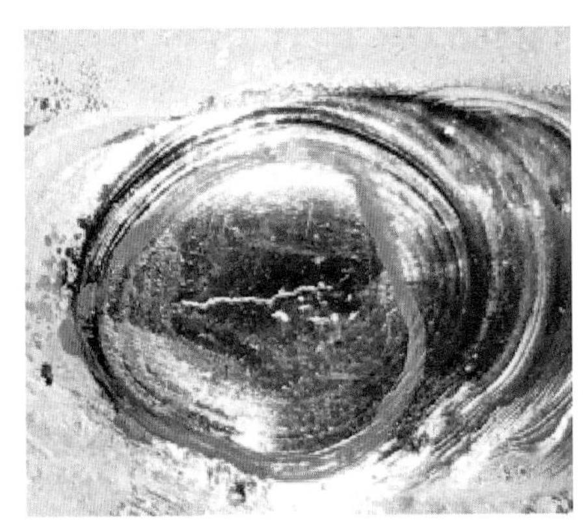

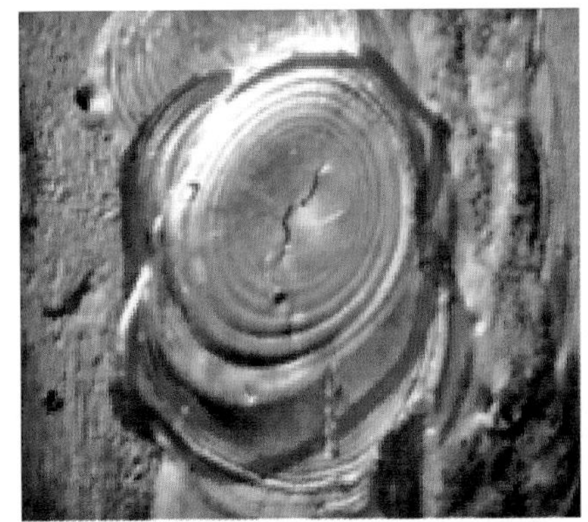

图 8–5–1 设备线夹焊缝裂纹

（3）现场检测工作要点及注意事项。

设备线夹、耐张线夹及引流板外观质量检查应重点对容易出现裂纹、气孔等缺陷的铸件和焊缝表面进行检查，特别是焊缝的收弧处，试件表面有脏物时应清洗干净，以免影响判断。宜采用5倍放大镜进行观察，对于怀疑有缺陷的部位，应采用渗透探伤进行验证。

同一个工程可能有多个设备线夹、耐张线夹及引流板供货厂家，应确保对每个供货厂家的设备均有抽检。

8.6 输变电构支架铁塔镀锌层厚度检测

（1）检测方法。

变电站各类构架、支架，输电线路铁塔、钢管塔等钢铁件的表面一般均采用镀锌的方式进行防腐防护，锌层的厚度是一个关键的质量指标。在现场一般采用磁性镀层测厚仪测量镀锌层厚度。检测方法依据 GB/T 13912—2002《金属覆盖层　钢铁制件热浸镀层技术要求及试验方法》，输变电钢构支架及铁塔的镀锌层厚度应符合 GB/T 2694—2010《输电线路铁塔制造技术条件》、DL/T 646—2012《输变电钢管结构制造技术条件》的要求。

（2）检测实例。

图 8-6-1 所示为某220kV隔离开关构支架和某500kV变电站出线构支架，前者整体厚度为56～63μm，不符合要求；后者出线构支架有30cm×18cm、18cm×15cm两块区域的镀锌层厚度不符合要求，为26～50μm。

(a)

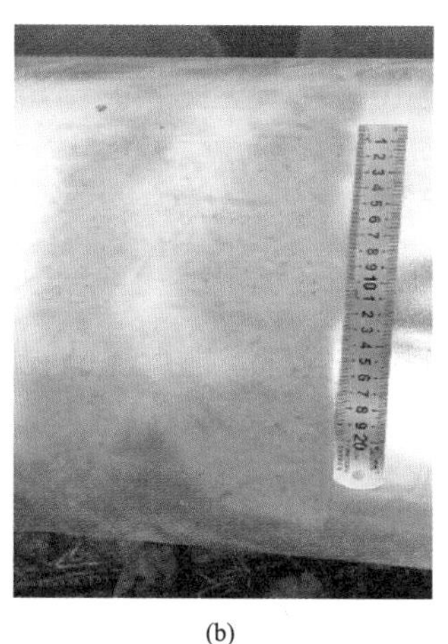

(b)

图 8-6-1　构支架镀锌层厚度不合格

（a）某隔离开关构支架整体镀锌层厚度偏低；（b）某变电站出线构支架局部镀锌层厚度偏低

镀锌层外观质量存在的问题也较多，图 8-6-2 所示为某220kV线路塔脚坂镀锌层外观缺陷，包括漏镀、起皮和锌渣缺陷。

（3）现场检测工作要点及注意事项。

镀锌层测厚前应先进行外观质量检验，对于有怀疑的部位应重点检查。镀锌层测试时应明确工件的厚度，根据工件的厚度来判断镀锌层厚度是否符合要求。镀锌层厚度检测应包含工程内各种形式的构支架。

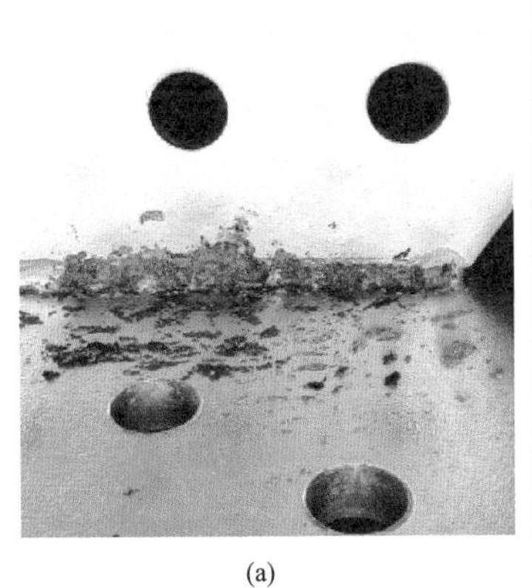

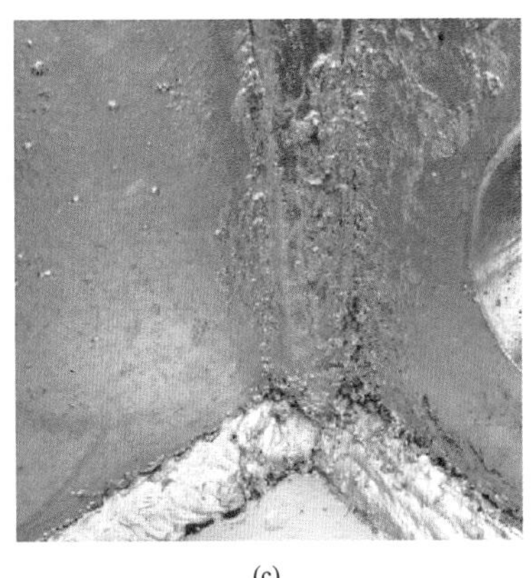

(a) (b) (c)

图 8–6–2 铁塔镀锌层缺陷
（a）漏镀；（b）起皮；（c）锌渣

8.7 输变电钢管结构焊缝质量检测

（1）检测方法。

输变电钢管结构焊缝质量检测包括变电站钢管构支架焊缝检测和输电线路钢管塔焊缝质量检测，检测依据 DL/T 646—2012《输变电钢管结构制造技术条件》进行，质量检测涉及的检测方法有外观目视检测、焊缝无损检测（包括磁粉检测和超声波检测）。

输变电钢管结构的焊缝无损检测，对于设计要求全焊透的一级焊缝的内部质量采用 A 型脉冲反射超声波检测；二、三级焊缝采用放大镜和焊缝检验尺进行外观质量检查，需要时可采用表面无损检测方法检查。焊缝质量验收依据 DL/T 646—2012《输变电钢管结构制造技术条件》的规定。采用 A 型脉冲反射超声波检测时，应符合 GB/T 11345—2013《焊缝无损检测 超声检测 技术、检测等级和评定》、DL/T 1611—2016《输电线路铁塔钢管对接焊缝超声波检测与质量评定》的规定。

1）焊缝的质量等级：

一级焊缝：插接杆外套管插接部位纵向焊缝设计长度加 200mm、环向对接焊缝、连接挂线板的对接和主要 T 接焊缝。

二级焊缝：钢管塔横担与主管连接的连接板沿主管长度方向焊缝、钢板的对接焊缝（应对焊缝内部质量实行 100%无损检测）；无劲法兰、有劲法兰或者带颈法兰与杆体连接的角焊缝、钢管杆杆体与横担连接处的焊缝、连接挂线板角焊缝、钢管与钢管相贯连接焊缝（符合二级焊缝外观质量要求）。

三级焊缝：钢管的纵向焊缝（应完全熔透），设计图纸无特殊要求的其他焊缝。

2）焊缝外观要求：焊缝外形应均匀、成形美观，焊道与焊道、焊缝与母材金属间过渡较圆滑，焊渣和飞溅物应清除干净。外观质量应符合表 8–7–1 的规定。

① 焊缝外形尺寸要求：全焊透的角焊缝和对接焊缝的组合焊缝（不需要疲劳验证），其角焊缝的焊脚尺寸 h_f 不应小于 $t/4$，且不应大于 10mm，其允许偏差应为 0～4mm。焊缝

余高、错边允许偏差应符合表 8–7–2 的规定。焊缝增宽应符合表 8–7–3 的规定，其中，焊缝最大宽度 B_{max} 和最小宽度 B_{min} 的差值，在任意 50mm 焊缝长度范围内偏差值不大于 4.0mm，整个焊缝长度范围内偏差值不大于 5.0mm。

表 8–7–1　　　　焊缝质量等级及外观缺陷分级

<table>
<tr><th rowspan="2">序号</th><th rowspan="2">项目</th><th colspan="3">焊缝等级及相应缺陷限值[注1]，mm</th></tr>
<tr><th>一级</th><th>二级</th><th>三级</th></tr>
<tr><td>1</td><td>裂纹、弧坑裂纹</td><td colspan="2">不允许</td><td>允许存在个别长度≤5.0
的弧坑裂纹</td></tr>
<tr><td>2</td><td>焊瘤</td><td colspan="3">不允许</td></tr>
<tr><td>3</td><td>表面气孔</td><td colspan="2">不允许</td><td>每 50.0mm 长焊缝内允许有直径≤0.4t，且≤3 的气孔 2 个，孔距≥6 倍孔径</td></tr>
<tr><td>4</td><td>表面夹渣</td><td colspan="2">不允许</td><td>深≤0.2t，长≤0.5t，
且≤20.0mm</td></tr>
<tr><td>5</td><td>咬边</td><td>不允许</td><td>深度≤0.05t，且≤0.5；
连续长度≤100 且焊缝两侧
咬边总长≤10%焊缝全长</td><td>深度≤0.1t 且≤1.0，
长度不限</td></tr>
<tr><td rowspan="2">6</td><td rowspan="2">接头不良</td><td rowspan="2">不允许</td><td>深度≤0.05t 且≤0.5</td><td>缺口深度≤0.1t 且≤1.0</td></tr>
<tr><td colspan="2">每 1000mm 焊缝不得超过 1 处</td></tr>
<tr><td>7</td><td>未焊满
（指不足设计要求）</td><td colspan="2">不允许</td><td>≤0.2+0.02t 且≤1.0，每
100.0 焊缝缺陷总长≤25.0</td></tr>
<tr><td>8</td><td>未熔合</td><td colspan="2">不允许</td><td></td></tr>
<tr><td>9</td><td>未焊透</td><td colspan="2">不允许</td><td>注 2</td></tr>
<tr><td rowspan="2">10</td><td rowspan="2">根部收缩（内凹）</td><td rowspan="2">不允许</td><td>≤0.2+0.02t 且≤1.0</td><td>≤0.2+0.04t 且≤2.0</td></tr>
<tr><td colspan="2">长度不限</td></tr>
<tr><td>11</td><td>电弧擦伤</td><td colspan="2">不允许</td><td>母材性能未受影响时，
允许个别电弧擦伤</td></tr>
</table>

注 1：除注明角焊缝缺陷外，其余均为对接、角接焊缝通用。

注 2：当出现下列情况之一时，为不合格：在焊缝任意 300mm 连续长度中，其累积长度超过 25mm；当焊缝长度小于 300mm，其累计长度超过焊缝总长的 8%。

注 3：t 为连接处较薄的管或板的厚度。

表 8–7–2　　　　焊缝尺寸允许偏差（mm）

<table>
<tr><th rowspan="2">序号</th><th rowspan="2">项目</th><th rowspan="2">图　例</th><th colspan="3">允许偏差</th></tr>
<tr><th>一级</th><th>二级</th><th>三级</th></tr>
<tr><td>1</td><td>对接
焊缝
余高
（C）</td><td>B
C</td><td colspan="2">B<20 时，C 为 0～3.0
B≥20 时，C 为 0～4.0</td><td>B<20 时，C 为 0～3.5
B≥20 时，C 为 0～5.0</td></tr>
</table>

续表

序号	项目	图 例	允许偏差		
			一级	二级	三级
2	错边		$\Delta \leqslant 0.1t$，且≤2		$d \leqslant 0.15t$，且≤3
3	角焊缝余高（C）		$h_f \leqslant 6$ 时，0～1.5； $h_f > 6$ 时，0～3.0		

表 8–7–3　　焊缝允许增宽尺寸

焊接方法	焊缝形式	焊缝宽度 B（mm）	
		B_{min}	B_{max}
埋弧焊	I 形焊缝	b+6	b+10
	非 I 形焊缝	g+2	g+8
焊条电弧焊及气体保护焊	I 形焊缝	b+4	b+8
	非 I 形焊缝	g+2	g+6

注 1：表中 b 为装配间隙，应符合 GB/T 985.1—2008《气焊、焊条电弧焊、气体保护焊和高能束焊的推荐坡口》、GB/T 985.2—2008《埋弧焊的推荐坡口》标准要求的实际装配值；g 为坡口面宽度。

注 2：I 型坡口和非 I 型坡口如下：

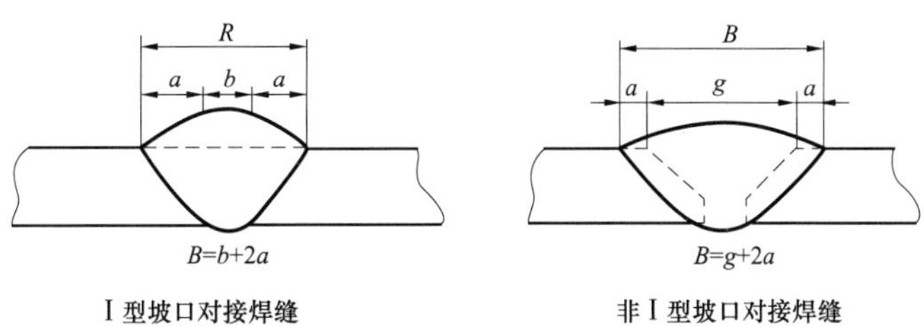

I 型坡口对接焊缝　　非 I 型坡口对接焊缝

② 管桁结构的 T、K、Y 形接头的角焊缝焊脚尺寸 h_f 按表 8–7–4 执行。表 8–7–4 不适用于支管/杆倾角 φ 小于 30° 或支/主管直径比 d/D 不大于 1/3 的情况。方管时 d/D 不大于 0.8 应单独进行工艺评定。

表 8–7–4　　管桁结构的 T、K、Y 形接头的角焊缝焊脚尺寸

角度 φ	最小焊脚尺寸 h_f（mm）		
	h_e=0.7t	h_e=t	h_e=1.07t
跟部＜60°	1.5t	1.5t	取 1.5t 和 1.4t+Z 中较大值
侧边≤100°	t	1.4t	1.5t

续表

角度φ	最小焊脚尺寸 h_f（mm）		
	h_e=0.7t	h_e=t	h_e=1.07t
侧边 100°～110°	1.1t	1.6t	1.75t
侧边 110°～120°	1.2t	1.8t	2.0t
趾部＞120°	t（切边）	1.4t（切边）	开坡口 60°～90°（焊透）

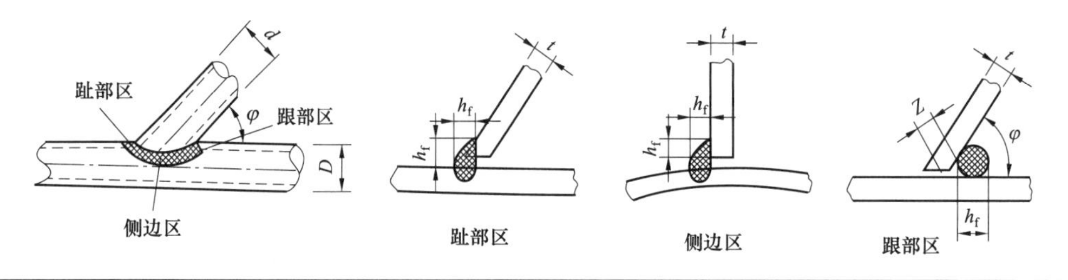

注 1：t 为较薄件厚度；h_e 为角焊缝有效厚度，即焊缝跟部至焊缝表面的最小距离；Z 为跟部角焊缝未焊透尺寸，Z 由焊接工艺评定确定。

注 2：允许的根部间隙为 0～5mm；当根部间隙大于 1.6mm 时，应适当增加 h_f。

注 3：当 φ＞120° 时，边缘应切掉。

③ 在任意 300mm 连续焊缝长度内，焊缝边缘沿焊缝轴向的直线度 f 如图 8–7–1 所示，其值应符合表 8–7–5 的规定；在焊缝任意 25mm 长度范围内，焊缝余高 C_{max}～C_{min} 的允许偏差值不大于 2.0mm，如图 8–7–2 所示。

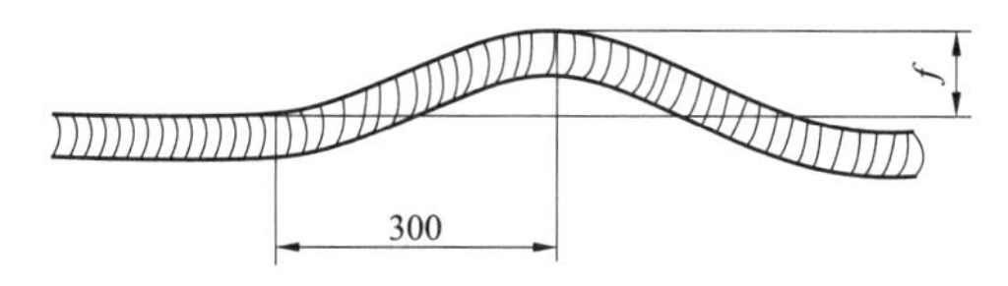

图 8–7–1　焊缝边缘直线度示意图

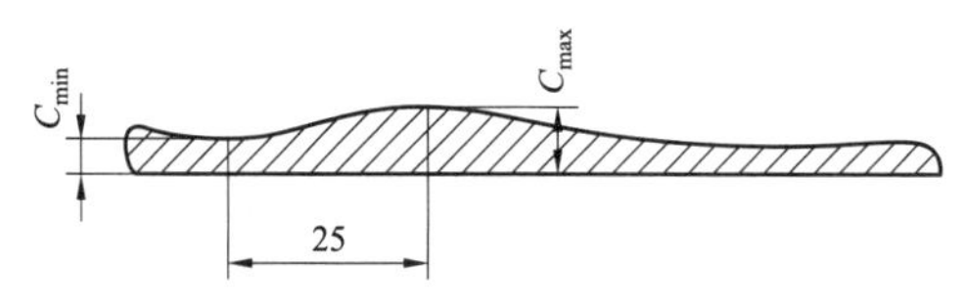

图 8–7–2　焊缝表面凹凸度示意图

表 8–7–5　焊缝边缘直线度允许偏差

焊接方法	焊缝边缘直线度允许偏差值 f（mm）
埋弧焊	4.0
焊条电弧焊及气体保护焊	3.0

④ 焊接接头的角变形应符合：没有装配要求的板件的焊接角变形应不大于 3°；角焊缝的变形及其结构的焊接变形应符合设计文件和焊接工艺规程的要求。

3）焊接接头的无损检测质量标准。

① 焊接接头表面无损检测质量等级符合 NB/T 47013.4—2015《承压设备无损检测

第 4 部分：磁粉检测》、NB/T 47013.5—2015《承压设备无损检测 第 5 部分：渗透检测》的 I 级合格。

② 一、二级焊缝的超声检测和射线检测的评定等级应符合表 8–7–6 的规定。

表 8–7–6 焊缝内部质量的检验方法、比例及标准

检测方法	依据标准	检测要求	焊缝质量等级	
			一级焊缝	二级焊缝
超声波检测	GB/T 11345—2013《焊缝无损检测 超声检测技术、检测等级和评定》	检测等级	B 级	B 级
	GB/T 29712—2013《焊缝无损检测 超声检测 验收等级》	验收等级	2 级	3 级
射线检测	GB/T 3323—2005《金属熔化焊焊接接头射线照相》	检测等级	B 级	B 级
		评定等级	Ⅱ级	Ⅲ级

注 1：射线检测的检测等级为射线透照技术等级。

（2）检测实例。

对某 500 变电站电抗器支架焊缝进行检查时，发现 1 根支架纵焊缝存在裂纹，分别长约 150mm（见图 8–7–3），不合格。

图 8–7–3 构支架焊缝裂纹

（3）现场检测工作要点及注意事项。

设计要求全焊透的一级焊缝的内部质量采用 A 型脉冲反射超声波检测，进行超声波探伤时工件平面应平滑，锌瘤、锌刺等应清理干净。二、三级焊缝采用放大镜和焊缝检验尺进行外观质量检查，有怀疑时应采用表面无损检测方法验证。

8.8 输变电工程紧固件质量检测

（1）检测方法。

紧固件螺栓和螺母在铁塔构支架连接和金具连接中起着关键作用，如发生断裂或脱扣失效，产生的危害影响很大，因此对紧固件的质量检验意义重大。

紧固件常规检测项目包括外观质量、螺栓楔负载、螺母保证载荷试验及镀锌层厚度检测等。紧固件的质量应符合 DL/T 284—2012《输电线路杆塔及电力金具用热浸镀锌螺栓与螺母》、GB/T 3098.1—2010《紧固件机械性能 螺栓、螺钉和螺柱》、GB/T 3098.2—2015《紧固件机械性能 螺母》等标准的要求。

（2）检测实例。

对某 220kV 输电工程用螺栓进行楔负载试验时，在拉力未达到最小拉力载荷前该螺栓

即断裂，其抗拉强度不满足对应等级要求，使用时易发生过载断裂。对螺母进行保证载荷试验时，在达到最小保证载荷前该螺母便已脱扣。由于脱扣是逐渐发生而不易察觉，大大增加了紧固件失效而造成事故的危险性。断裂和脱扣后的照片如图 8–8–1 所示。

(a)

(b)

图 8–8–1　紧固件螺栓和螺母
（a）螺栓断裂；（b）螺母脱扣

（3）现场检测工作要点及注意事项。

紧固件取样应在建设方、供货商、监理、检验方多方见证下进行。取样数量和规格严格按照技术方案要求，如现场供货数量有限，在不耽误工期的情况下应首先保证抽样检查，不够的数量由厂家尽快补货。螺母保证载荷的芯棒长时间使用会产生变形，进而影响试验结果，应及时更换。

现场取样要明确供货厂家和生产厂家、批次数量、安装位置。

8.9　输电线路电力金属闭口销检测

（1）检测方法。

电力金具闭口销应符合 DL/T 1343—2014《电力金具用闭口销》的要求，主要对闭口销的材质成分、尺寸、拔出载荷以及弯曲试验的进行检验。其中，材质成分采用手持式 X 荧光光谱仪检测。由于闭口销尺寸较小，因此要求光谱仪具备小点检测模式。闭口销的拔出载荷试验见 5.2.8 节所述。

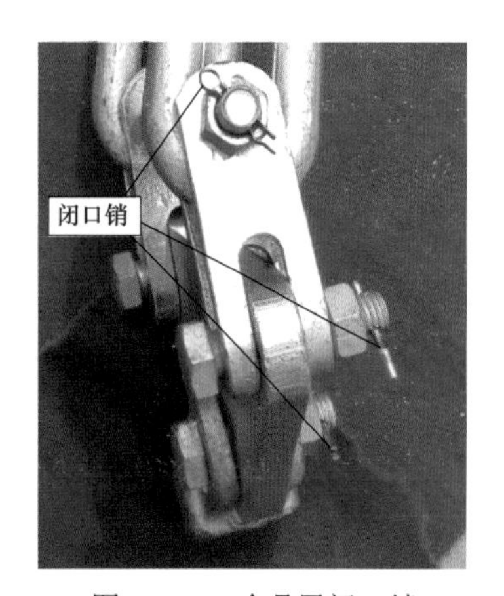

图 8–9–1　金具用闭口销

（2）检测实例。

对某 220kV 输电线路金具用闭口销进行材质检测，抽查 4 种型号闭口销共 20 只，成分为：Fe，71.82%～74.31%；Cr，10.58%～11.79%；Ni，0.73%～1.51%；Mn，13.03%～16.12%；非奥氏体不锈钢。检测结果为不符合标准要求，必须更换。闭口销实物如图 8–9–1 所示。

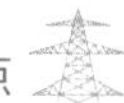

（3）现场检测工作要点及注意事项。

闭口销截面较小，进行材质分析时应将闭口销拔出，可以 2 个或 2 个以上闭口销并排合在一起进行检验，减少测试误差。现场取样检测要明确供货厂家和生产厂家、批次数量、安装位置。

8.10 输电线路耐张线夹压接质量 X 射线检测

（1）检测方法。

输电线路接续管和耐张线夹的压接质量应符合 DL/T 5285—2013《输变电工程架空导线及地线液压压接工艺规程》、GB 50233—2014《110～750kV 架空送电线路施工及验收规范》、Q/GDW 571—2014《大截面导线压接工艺导则》的要求。通过 X 射线可检测评判接续管和耐张线夹压接处是否存在防滑槽压接不到位、导线穿管长度不足、压接管弯曲变形过大、裂纹、偏芯等异常状态。

（2）检测实例。

对某线路耐张线夹进行 X 射线检测，发现 2 只耐张线夹 1 号区域压接位置存在防滑槽压接不到位，属于严重缺陷，如图 8–10–1 所示。

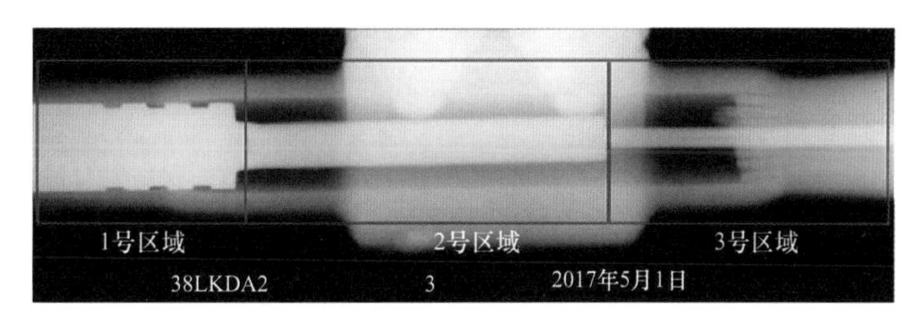

图 8–10–1　耐张线夹压接接头

（3）现场检测工作要点及注意事项。

在耐张线夹检测前，应先安排人员对待检线路进行实地勘察，熟悉施工现场环境情况，明确待检线路结构，确定待检耐张线夹数目，合理制定安全完善的施工程序。

检测所需的胶片需提前装袋，对检测所需的 X 射线发射机和操作台进行训机和校准。对发电机和稳压电源情况也需认真检查，确保检测工作顺利进行。

射线检测技术等级选择应符合相关法规、规范、标准和设计技术文件的要求，同时还应满足合同双方商定的其他技术要求。耐张线夹 X 射线检测一般采用 AB 级进行检测。如客户有更高要求并在合同内约定可采用 B 级进行检测。

一般情况下，以线夹各评价区域内最严重缺陷等级作为整个线夹 X 射线检测结果，当整个线夹内同时出现两个或两个以上同一等级缺陷时，将总体缺陷评价等级下降一个级别。如当某个线夹内同时出现不同类型严重缺陷且无单独危急缺陷时，该线夹综合评级为危急。

9 输变电设备金属材料检测作业规范

9.1 开关类设备触头镀银层厚度检测作业规范

9.1.1 隔离开关及开关柜触头镀银层实验室检测

序号	项目	操作步骤和要点
1	检测对象	敞开式隔离开关触头、触指；开关柜动、静触头
2	检测仪器设备	固定式（台式）镀银层测厚仪、标准试片（纯元素试片）、对比试片（已知厚度的镀银层试片）
3	试验标准	GB/T 16921—2005《金属覆盖层　覆盖层厚度测量　X 射线光谱法》
4	准备工作	1） 样品要求：试样检测面的可检测区域应保证大于 X 射线发射接收器的尺寸，被测试样的待测面积不得小于 2mm²，圆弧面试样的曲率半径应不小于 5mm。 2） 待测表面状况检查：测量前应先检查试样表面是否清洁无污物、镀层平整无损伤，表面不存在尖锐形状。必要时应使用沾有无水乙醇的脱脂棉球对样品表面进行清洁。 3） 开机：仪器在使用前应进行充分预热。 4） 原始记录表格
5	仪器校准	1） 根据待测样品类型选择测量程序。 2） 对仪器进行基准测量。 3） 选用对比试片进行测量，如对比试片的测量结果不能接受（允许偏差在±5%H 范围内，H 为标准片厚度），则应按仪器说明书要求进行校正。 4） 如仪器设备不是连续使用，则每次使用前均应进行校正。校正后要再次对对比试片进行检测复核，确保仪器校正合格
6	检测	1） 测量点必须选择在触头的接触点部位。 2） 试样在测量仪器中的摆放应符合 X 光路不受干扰的原则，包括不受阻挡和散射。 3） 检测时间应不少于 10s，一般应设置为 15～20s。 4） 隔离开关触头、触指每个检测面不少于 3 点。开关柜用梅花触指按片检测，每片测 1 点。同一位置测量 3 次，取平均值。测量数值保留一位小数。 5） 检测结果取最小值。 6） 记录数据，编写报告
7	异常情况处理	1） 测量结果异常偏小，与测量光路被阻挡、样品摆放不正确有关，也可能与样品表面不清洁有关。 2） 测量数据不稳定，同一位置多次测量，数据偏差 10%以上时，应首先排除检测表面存在污物的影响，其次应使用对比试片排除仪器稳定性问题。 3） 仪器检测结果为 0 或报错（如显示“光谱测量错误”），应通过光谱功能判断镀层材质是否为银，基体材质是否与程序一致。 4） 仪器的对焦应清晰，否则会影响检测结果的准确性

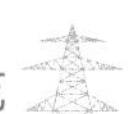

续表

序号	项目	操作步骤和要点
8	合格标准	1）敞开式隔离开关：按照 DL/T 486—2010《高压交流隔离开关和接地开关》第 5.107.5 条对导电回路的要求，所有的检测点中最小镀银层厚度不小于 20μm。 2）开关柜：按照 DL/T 1424—2015《电网金属技术监督规程》开关柜触头镀银层厚度不低于 8μm

9.1.2 隔离开关及开关柜触头镀银层现场检测

序号	项目	要　点
1	检测对象	敞开式隔离开关触头、触指；开关柜动静触头；其它铜基体镀银部件
2	检测仪器设备	手持式 X 荧光镀层测厚仪、对比试片
3	试验标准	GB/T 16921—2005《金属覆盖层　覆盖层厚度测量　X 射线光谱法》
4	准备工作	1）样品要求：试样检测面的可检测区域应保证大于 X 射线发射接收器窗口的尺寸（不同型号的仪器检测接收器窗口有差异），一般情况下被测试样的待测面积不得小于 8mm×8mm，圆弧面试样的曲率半径应不小于 15mm。 2）待测表面状况检查：测量前应先检查试样表面是否清洁无污物，镀层是否平整无损伤，表面是否不存在尖锐形状；必要时应使用沾有无水乙醇的脱脂棉球对样品表面进行清洁。 3）原始记录表格
5	仪器校准	1）仪器在使用前应进行充分预冷稳定并自校准完毕。 2）根据待测样品类型选择或编制测量程序。 3）选用与待测对象厚度相近的对比试片进行测量，如对比试片的测量结果不能接受，则应按仪器说明书要求进行校正
6	检测	1）测量点必须选择在触头的接触点部位。 2）样品应贴近仪器检测窗口。 3）检测时间应不少于 15s。 4）同一位置测量 3 次，取平均值，并记录。 5）隔离开关触头、触指每个检测面不少于 3 点。开关柜用梅花触指因厚度原因无法满足便携式仪器检测要求时，可将多片并列同时检测。如发现数据接近合格标准时，应使用台式 X 射线镀层厚度仪复测。 6）测量数值保留一位小数，记录数据
7	异常情况处理	1）测量结果异常偏小，可能与测量面不平整、检测面过小有关，也可能与样品表面不清洁有关。 2）测量数据不稳定，同一位置多次测量，数据偏差 10%以上时，应首先排除检测表面存在污物的影响，其次使用对比试片排除仪器稳定性问题。 3）仪器检测结果为 0 或报错，应判断镀层材质是否为银，以及基体材质与程序是否一致
8	合格标准	1）敞开式隔离开关：按照 DL/T 486—2010《高压交流隔离开关和接地开关》第 5.107.5 条对导电回路的要求，所有检测点中最小镀银层厚度不小于 20μm。 2）开关柜：按照 DL/T 1424—2015《电网金属技术监督规程》的规定，开关柜触头镀银层厚度不低于 8μm

9.2 输变电构支架铁塔及紧固件镀锌层厚度检测作业规范

序号	项目	操作步骤和要点
1	检测对象	变电站设备构支架、铁塔、镀锌螺栓、镀锌螺母
2	检测仪器设备	磁性法镀层测厚仪（以 CMI 233 型为例）

续表

序号	项目	操作步骤和要点
3	试验标准	GB/T 4956—2003《磁性基体上非磁性覆盖层　覆盖层厚度测量　磁性法》 GB/T 13912—2002《金属覆盖层　钢铁制件热浸镀锌层技术要求及试验方法》
4	准备工作	1）确认仪器设备状态正常，在检定或校准合格期内，电量充足。 2）了解被测对象的数量、位置等信息，对于构支架还应测试构支架钢板厚度；确认样品表面干洁，少量的灰尘一般不影响检测。 3）确认待测样品的尺寸符合仪器规定的检测要求，曲面对厚度测量的影响较大。CMI233型镀层测厚仪说明书显示其不受影响的测量凸面曲率半径为1.6mm，凹面曲率半径为6.4mm。为了减少干扰，一般要求待测面的凸面曲率半径应大于3mm，凹面曲率半径应大于10mm。 4）原始记录表格
5	仪器校准	1）磁性法镀锌层测厚仪使用前必须进行校准，校准用仪器自带的塑料薄膜配合碳钢基材进行，校准可采用两点法，即：选择两种不同厚度的标准片（厚度范围要包含待测样品的厚度值），根据仪器说明书的要求依次进行校准。 2）校准后再次测量标准片，如果偏差符合$\pm3\%H+1\mu m$（H为标准片厚度）时，则可以投入使用。如校准后不符合此要求，则需要再次进行校准，反复校准几次。 3）仪器的校准必须在与检测样品同场进行
6	测点选择	1）构支架检测：① 检测比例根据工作要求确定。② 检测点选取应有代表性，每件构支架测点不得少于12处（钢管结构在两端不小于100mm处和中部各环向均匀测量4点，角钢试样每面测试3点，钢板试样每面测试6点）。对变电站出线和主变压器构架，应选取上、中、下部位有代表性的测点，对有怀疑的部分根据实际情况增加测点。 2）紧固件螺栓、螺母的镀锌层厚度检测： 依据DL/T 284—2012《输电线路杆塔及电力金具用热浸镀锌螺栓与螺母》，每个螺栓和螺母的镀锌层至少取5个测量点，测量部位见下图所示，5个测量点的算术平均值为镀层局部厚度。对于一种规格的螺栓、螺母，抽检应不少于3件，计算其平均厚度（对于公称直径较小的螺母，端面测量面太小会影响测量结果，允许只对侧面进行检测。） 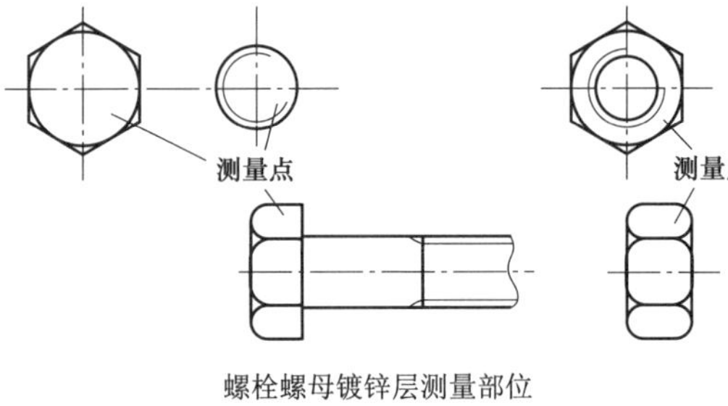 测量点　测量点 螺栓螺母镀锌层测量部位
7	检测	1）将仪器探头紧贴待测工件表面，仪器会显示结果，待数据稳定后记录检测部位和数据。同一检测部位应检测不少于3次，取平均值，数值保留至整数。 2）检测部位可以通过现场画简图或者拍照标记的方式记录。 3）测量工作完成后，应对仪器进行复核校验。如仪器出现明显偏差（超过$\pm3\%H+1\mu m$），则应对仪器校准后重新检测。 4）编写报告
8	异常情况处理	1）仪器不显示数据：多与检测样品表面条件不好有关，应选择光洁平整的表面进行检测。 2）仪器数据不稳定：重新校准仪器再次测量
9	合格标准	1）输电线路铁塔镀锌层厚度应符合GB/T 2694—2010《输电线路铁塔制造技术条件》第6.9节的要求：镀锌层表面应连续完整、光滑，不应有过酸洗、起皮、漏镀、结瘤、积锌和锐点等对使用有害的缺陷。对于壁厚小于5mm时，锌层厚度最小值为55μm，最小平均值为65μm。对于壁厚大于等于5mm时，锌层厚度最小值为70μm，最小平均值为86μm。 2）输变电钢管结构（构支架、避雷针等）镀锌层厚度应符合DL/T 646—2012《输变电钢管结构制造技术条件》第12.3条的要求，该要求与GB/T 2694—2010第6.9节要求相同。 3）锌层厚度最小值是指12个测点中的最小值，最小平均值是指12个测点数据的算术平均值。 4）DL/T 284—2012《输电线路杆塔及电力金具用热浸镀锌螺栓与螺母》规定，紧固件螺栓、螺母热浸镀锌层的局部厚度不小于40μm，平均厚度不小于50μm

9.3 不锈钢材质分析作业规范

序号	项目	要点
1	检测对象	户外GIS、隔离开关传动机构轴销，户外密闭箱体，闭口销
2	检测仪器设备	手持式X荧光光谱仪（NITON XL3t 980E型）、标准试块、200目以上的砂纸（必要时）
3	试验标准	DL/T 991—2006《电力设备金属光谱分析技术导则》
4	准备工作	1）确认仪器设备状态正常，电量充足。 2）了解被检部件的名称、材料牌号、规格和用途，确认样品表面状态，如存在油漆、污垢、氧化层或其他影响检测结果的覆盖层，应采用砂纸或其它磨料进行打磨处理。 3）确认待测样品的尺寸符合仪器规定的检测要求，一般样品的检测面积应不小于ϕ8mm的圆面积。有些便携式X射线荧光光谱仪具备小点功能，可以检测直径3mm甚至更小的样品，此时可以按仪器要求执行。 4）应拒绝接收违反安全操作规程和不符合分析条件的工作。 5）准备好原始记录表格，并记录被检部件及环境条件的相关信息
5	仪器状态确认	1）光谱仪在使用之前必须进行状态确认。 2）自校准：分析前使用仪器自校准功能进行曲线漂移校正。 3）标样校准：仪器启动稳定后设定金属成分分析功能，选用与待测样品成分一致或接近的标准样品进行检测，要求主要合金元素（如Cr、Ni、Mn）含量与标准样品的数值偏差不大于10%。 4）如果发现仪器不能正常检测或检测结果存在漂移，应停止使用，并联系厂家进行维修或校准
6	测点选择	1）选择测点时，应根据方案以及相关标准规范的要求并结合被检工件的结构等条件进行综合考虑，应选择表面平整光洁的部位进行检测，检测面尺寸应足够大以覆盖探测器窗孔。 2）每个样品测量3次，记录每次的测量结果并计算其算术平均值作为该样品的结果。数据修约至与标准含量一致。 3）对大型工件、铸件及容易产生成分偏析的部件，应在其一定距离范围内进行多点多次分析
7	检测	1）确认现场条件满足安全工作需求。 2）检测时用光谱仪探测口对准并贴紧检测面进行检测，检测时间一般在15s以上，但最长不得超过60s。 3）在检测过程中仪器会显示元素成分及含量，待数值稳定后即可完成检测，记录数据
8	注意事项	1）测定某些特定元素，如Al、Si时，如果被检部件需要打磨清洁，需注意选用不含该特定元素的磨料。 2）对于闭口销或其它小尺寸部件，应使用带小点定位功能的光谱仪。 3）光谱检测时，被检部件在检测器前应独立存在，应避免附近其它物体对检测结果的影响，例如，不能将闭口销放置于其它物体表面进行检测。 4）严禁将光谱仪检测窗口面对人
9	异常情况处理	1）仪器显示出某些元素值异常偏高，如Ti、Pb、Si等在不锈钢中微量存在的元素含量过高，则可能与表面不清洁有关。 2）仪器数据跳跃不稳定时，先考虑检测面是否完全覆盖检测窗口，其次考虑是否有明显的电磁干扰。 3）仪器电池电量不足时会影响测量精确性
10	合格标准	1）根据DL/T 486—2010《高压交流隔离开关和接地开关》中5.107.3条的要求，传动机构轴销应采用不锈钢或铝青铜等防锈材料。 2）根据DL/T 1424—2015《电网金属技术监督规程》中6.1.7条的要求，户外密闭箱体的材质宜为Mn含量不大于2%的奥氏体不锈钢或铝合金。 3）根据DL/T 1343—2014《电力金具用闭口销》，材料应采用GB/T 1220—2016《不锈钢棒》规定的奥氏体不锈钢

9.4 户外密封机构箱箱体厚度检测作业规范

序号	项目	操作步骤和要点
1	检测对象	密闭箱体，表面无涂覆涂层，表面平整、清洁
2	检测仪器设备	超声波测厚仪 27MG、标准试块（不锈钢阶梯试块）、耦合剂、200 目以上的砂纸（必要时）
3	试验标准	GB/T 11344—2008《无损检测　接触式超声脉冲回波法测厚方法》
4	准备工作	1） 确认仪器设备状态合格，在量值溯源有效期内。 2） 了解被测对象的数量、位置等信息。 3） 原始记录表格
5	仪器校准	1） 超声波测厚仪在使用之前必须进行校准。 2） 超声波测厚仪的校准方法： ① 一般校准方法： （a）选用声速特性与被检工件相同或相近的材料制造的标准试块（阶梯试块）； （b）在试块上选取接近或涵盖待测厚度的一厚一薄两个厚度部位（待测厚度应在这个范围内），将探头置于厚试块上，调整“声速”使测厚仪的显示值接近该试块的名义厚度值；再将探头置于薄试块上，调整“零位”使测厚仪的显示值接近该试块的名义厚度值。如此反复调整，直至测厚仪均能准确显示厚薄两个试块的名义厚度值。 （c）用调节好的仪器在试块上选取一指定厚度（最好接近待测工件厚度）进行测量，测厚仪示值误差应满足工件厚度测量误差要求，否则应重新校准仪器或选择测厚探头。 ② 若已知材料声速，则可预先调好声速值。在一块声速特性与被检工件相同或相近的试块上，调节“零位”使测厚仪的显示值接近该试块的名义厚度值。 ③ 若已知材料声速，但没有声速特性与被检工件相同或相近的试块，也可以先在与被检工件材料不同的一组试块上，调整好仪器使之能正确显示该组试块的名义厚度值，再将仪器“声速”调整至被检工件的已知声速。 ④ 如需测量带涂层的工件壁厚，需选择具有该功能的测厚仪，并按其要求进行测厚仪的校准工作后测量，或者去掉测试部位涂层后使用不带涂层模式或常规测厚仪测量。 3） 校准完毕后，超声波测厚仪的准确度偏差应在±0.05mm 范围内
6	测点选择	1） 选择测点时，应根据方案以及相关标准规范的要求并结合被检工件的结构等方面的条件进行综合考虑。 2） 进行厚度测量时，必须保证测点位置定位的精确性
7	测定方法的选择	测定方法包括一次测定法、二次测定法、ϕ30mm 多点测定法，对于表面平整的不锈钢样品，一般选择一次测定法。 1） 一次测定法：在测定点只进行一次测定的方法，一般适用于单晶直探头的场合。 2） 二次测定法：在用双晶直探头测定时，将分割面的方向转动 90°，在同一测定点测两次的测定方法。测定值以小的数值为准。 3） ϕ30mm 多点测定法：当测定值不稳定时，以一个测定点为中心，在ϕ30mm 的范围内进行多点测定，以最小值作为测定结果。一般用于测量粗糙表面的工件
8	检测	1） 确认现场待测箱体条件满足安全工作需求。 2） 确认现场待测箱体表面状态符合平整光洁要求，如箱体表面有少量灰尘等污物时，应用砂纸进行打磨后再测量。 3） 检测：将耦合剂涂抹在待测试部位，再将探头平稳地置于待测试部位，保证探头于试件表面耦合良好。待仪器面板显示读数稳定后，将该显示值记为该部位的壁厚值。在整个测试过程中如对显示读数产生怀疑，应重新校验仪器。 4） 户外密闭箱体的每个箱体正面、反面、侧面各选择不少于 5 个点检测。 5） 记录检测位置和数据，测量结果保留 2 位小数。 6） 用抹布或其它的干洁布料擦除残留的耦合剂。 7） 测量工作完成后，应对仪器进行复核校验。如仪器出现明显偏差（>±0.05mm），则应重新对仪器校准后进行检测

续表

序号	项目	操作步骤和要点
9	异常情况处理	1）仪器没有显示值：当工件表面耦合不好或表面不平整时，会出现无显示的情况，需要重新涂抹耦合剂或更换测点位置。 2）仪器数据跳跃不稳定：排除是否存在明显的电磁干扰，板材背面可能有焊点、焊缝部位或者板材背面有麻点、腐蚀坑等情况，需要更换测点进行测量。 3）显示个别数量异常：测量厚板时如出现个别点或部分区域数据比其他区域明显偏小，应怀疑板材可能存在分层缺陷，可采用超声波探伤仪进行确认。 4）仪器电池电量不足时会影响测量精确性
10	合格标准	DL/T 1424—2015《电网金属技术监督规程》中6.1.7条要求，户外密闭箱体厚度不应小于2mm

9.5 焊缝超声波检测作业规范

9.5.1 GIS焊缝超声波检测

（1）依据标准。

NB/T 47013.1—2015《承压设备无损检测　第1部分：通用要求》

NB/T 47013.3—2015《承压设备无损检测　第3部分：超声检测》

（2）仪器及工器具。

1）仪器：超声波探伤仪（HS610e）、探头线、横波斜探头、纵波直探头。

2）试块：铝CSK–IA试块、铝合金1号对比试块。

3）辅助工器具：钢板尺、卷尺、记号笔或粉笔、耦合剂、抹布等。

（3）检测前准备工作。

GIS焊缝超声波检测作业前，相关准备工作见表9–5–1。

表9–5–1　　GIS焊缝检测前的准备工作

序号	内容	技术要求及注意事项
1	焊缝外观检查	外观检测应合格
2	检测面的选择	单面双侧
3	超声波探头的选择	1）横波斜探头：标称频率，4～5MHz；*K*值，2.0～3.0；晶面尺寸，直径6～12mm（或等效矩形）。 2）纵波直探头：5MHz，直径14～20mm
4	工件表面处理	清除检验面探头移动区焊接飞溅、锈蚀、氧化物及油垢等杂物，必要时表面应打磨平滑，打磨宽度至少为探头移动范围
5	仪器和探头系统的调节	1）在CSK–IA上测量所用斜探头的实际前沿、*K*值。 2）利用铝CSK–IA试块或铝CSK–IIA–1试块调节检测系统时基线比例（扫描速度），使仪器上的指示值能正确反映标准反射体位置，并将最大检验范围调节至荧光屏时基线满刻度的2/3以上。 3）利用铝CSK–IIA–1试块实测各反射体反射波的波幅，测量时务必使反射波在荧光屏上的位置或其读数值能够准确表征反射体的水平位置或深度；调节仪器上的分贝值旋钮或按键，使各反射波的幅度为同一波高（推荐选择的基准波高为荧光屏满刻度的60%或80%）；记录各反射体的水平位置或深度以及其反射波幅度为基准波高时的分贝值，并在仪器上绘制（生成）DAC曲线，曲线应包含评定线、定量线以及判废线。调节完成后应对调节结果进行复核。 评定线（EL）　定量线（SL）　判废线（RL） $\phi 2\times40-18dB$　$\phi 2\times40-12dB$　$\phi 2\times40-4dB$ 4）根据工件表面状况，设定声能传输损失，统一补偿3dB

（4）焊缝检测。

GIS 焊缝超声检测工作的主要内容和技术要求详见表 9–5–2。

表 9–5–2　　GIS 焊缝超声检测主要内容及技术要求

序号	主要内容	技术要求及注意事项
1	探头移动区母材扫查	将直探头对准工件底面，将二次波调整到 80%波高，对探头移动区域进行扫查，确认该区域不存在影响横波检测的“缺欠”。如有缺欠或缺陷，应在工件上记录
2	焊缝检测	1） 检测时选定的扫查灵敏度应不低于最大声程处的评定线灵敏度。 2） 在保持声束垂直焊缝探头作前后移动的同时，探头还应作 10° 左右的摆动。 3） 探头的扫查速度应不超过 150mm/s，相邻两次探头移动间隔保证至少有探头宽度 10%的重叠。 4） 反射回波的分析：对波幅超过评定线的反射回波，或波幅虽未超过评定线但有一定长度范围的来自焊缝被检区域的反射回波，或疑为裂纹等危害性缺陷所致的较弱的反射回波，应根据所用的探头、探头位置及方向、反射回波的位置及动态变化情况、焊缝的具体情况（如坡口型式、焊接型式、焊接工艺、热处理情况等）、母材材料及焊接材料和通过增加检测面进行检测等，经过综合分析，判断反射回波是否为焊缝内的缺陷所致；必要时应更换 *K* 值不同的探头或直探头进行辅助检测，或增加检测方式（如检测时用一次反射法，分析判断时增加串列式检测方法）。 5） 最大反射波幅的测定：对判断为缺陷的部位，采取前后、左右、转角、环绕等扫查方式，并增加探伤面、改变探头折射角度进行探测，测出最大反射波幅并与距离—波幅曲线作比较，确定波幅所在区域，记录为 *SL*±*x* dB。 6） 缺陷位置及参数的测定：缺陷位置以获得缺陷最大反射波的位置来表示，根据探头位置和反射波在荧光屏上的位置来确定缺陷在焊缝长度方向的位置、缺陷深度以及缺陷距离焊缝中心线的垂直距离。 7） 缺陷长度的测定：当缺陷反射波只有一个高点，且位于 II 区或 II 区以上时，用–6dB 法测量其指示长度。当缺陷反射波峰值起伏变化，有多个高点，且均位于 II 区或 II 区以上时，应以端点–6dB 法测量其指示长度。当缺陷最大反射波幅位于 I 区，将探头左右移动，使波幅降到评定线，用评定线绝对灵敏度法测量缺陷指示长度。 8）对判断有缺陷的部位均应在焊缝的表面或母材的相应位置进行标记。 9）缺陷的评定：超过评定线的信号应注意其是否具有裂纹等危害性缺陷特征，如有怀疑应采取改变探头角度、增加探伤面、观察动态波形等手段综合判定。沿缺陷长度方向相邻的两缺陷，其长度方向间距小于其中较小的缺陷长度且两缺陷在与缺陷长度相垂直方向的间距小于 5mm 时，应作为一条缺陷处理，以两缺陷长度之和作为其指示长度（间距计入）。如果两缺陷在长度方向投影有重叠，则以两缺陷在长度方向上投影的左右端点间距作为其指示长度
3	焊缝质量分级	1） 不允许存在裂纹、未熔合和未焊透等缺陷。 2） 评定线以下的缺陷都评定为 I 级。 3） 接头的质量分级按 NB/T 47013.3—2015《承压设备无损检测　第 3 部分：超声检测》附录 H 的表 H.3 执行
4	仪器和探头系统复核	1） 每次检测后应在对比试块及其它等效试块上对扫描时基线和灵敏度进行复核。 2） 检测工作过程中遇有下述情况时应及时对系统进行复核：① 调节好的仪器、探头状态发生改变；② 检测者怀疑灵敏度有变化；③ 连续工作 4h 以上；④ 所用的耦合剂与系统调节时不同。 3） 时基调节校验时，如发现校验点反射波在扫描线上偏移超过原校验点刻度读数的 10%或满刻度的 5%（两者取较小值），则扫描比例应重新调整，前次校验后已经检验的焊接接头要重新检验。 4） 灵敏度校验时，如校验点的反射波幅比距离—波幅曲线降低 20%或 2dB 以上，则应重新调整仪器灵敏度，并应重新检验前次校验后检查的全部焊接接头。如校验点的反射波幅比距离—波幅曲线增加 20%或 2dB 以上，则应重新调整仪器灵敏度，对前次校验后已经记录的缺陷重新测定并予以评定。 5） 复核距离—波幅曲线时，校核应不少于 3 点。如曲线上任何一点幅度下降 2dB，则应对上一次所有的检测结果进行复检；如幅度上升 2dB，则应对所有的记录信号重新评定
5	检测结束	1） 整理仪器、探头。 2） 完成检测后，应对被检工件表面进行清理

（5）报告或记录编写。

按标准格式填写检测记录或报告，在报告中对焊缝合格与否进行评定，并签字。

9.5.2　钢管焊缝超声波检测

（1）依据标准。

GB/T 11345—2016《焊缝无损检测　超声检测技术、检测等级和评定》

GB/T 29712—2013《焊缝无损检测　超声检测　验收等级》

（2）仪器及工器具。

1）仪器：超声波探伤仪（HS610e）、探头线、横波斜探头、纵波直探头。

2）试块：钢 CSK–IA 试块、钢 RB–1 试块。

3）辅助工器具：钢板尺、卷尺、记号笔或粉笔、耦合剂、抹布等。

（3）检测前准备工作。

钢管焊缝超声波检测作业前，相关准备工作见表 9–5–3。

表 9–5–3　钢管焊缝检测前的准备工作

序号	内容	技术要求及注意事项
1	焊缝外观检查	外观检测应合格
2	检测面的选择	单面双侧
3	超声波探头的选择	1）横波斜探头：标称频率，2～5MHz（推荐使用较低的频率）；*K* 值，2.0～3.0；晶片尺寸，直径 6～12mm（或等效矩形）。 2）纵波直探头：5MHz，直径 14～20mm
4	工件表面处理	清除检验面探头移动区焊接飞溅、锈蚀、氧化物及油垢等杂物，必要时表面应打磨平滑，打磨宽度至少为探头移动范围
5	仪器和探头系统的调节	1）在 CSK–IA 上测量所用斜探头的实际前沿、*K* 值。 2）利用钢 CSK–IA 试块或 RB–1 试块上调节检测系统时基线比例（扫描速度），使仪器上的指示值能正确反映标准反射体位置，并将最大检验范围调节至荧光屏时基线满刻度的 2/3 以上。 3）利用 RB–1 试块实测各反射体反射波的波幅，测量时使反射波在荧光屏上的位置或其读数值能够准确表征反射体的水平位置或深度；调节仪器上的分贝值旋钮或按键，使各反射波的幅度为同一波高（推荐选择的基准波高为荧光屏满刻度的 60%或 80%）；记录各反射体的水平位置或深度以及其反射波幅度为基准波高时的分贝值，并在仪器上绘制（生成）DAC 曲线。 4）根据工件表面状况，设定声能传输损失，统一补偿 3dB

（4）焊缝检测。

钢管塔环焊缝超声检测工作的主要内容和技术要求详见表 9–5–4。

表 9–5–4　焊缝超声检测主要内容及技术要求

序号	主要内容	技术要求及注意事项
1	探头移动区母材扫查	将直探头对准工件底面，将二次波调整到 80%波高，对探头移动区域进行扫查，确认该区域不存在影响横波检测的“缺欠”。如有缺欠或缺陷，应在工件上记录

续表

序号	主要内容	技术要求及注意事项
2	焊缝检测	1）检测时选定的扫查灵敏度应保证最大声程处反射体有足够的信噪比。 2）在保持声束垂直焊缝探头作前后移动的同时，探头还应作10°左右的摆动。 3）探头的扫查速度应不超过150mm/s，相邻两次探头移动间隔保证至少有探头宽度10%的重叠。 4）反射回波的分析：对波幅超过评定等级的反射回波，或波幅虽未超过评定等级但有一定长度范围的来自焊缝被检区域的反射回波，或疑为裂纹等危害性缺陷所致的较弱的反射回波，应根据所用的探头、探头位置及方向、反射回波的位置及动态变化情况、焊缝的具体情况（如坡口型式、焊接型式、焊接工艺、热处理情况等）、母材材料及焊接材料和通过增加检测面进行检测等，经过综合分析，判断反射回波是否为焊缝内的缺陷所致；必要时应更换*K*值不同的探头或直探头进行辅助检测，或增加检测方式（如检测时用一次反射法，分析判断时增加串列式检测方法）。 5）最大反射波幅的测定：对判断为缺陷的部位，采取前后、左右、转角、环绕等扫查方式，并增加探伤面、改变探头折射角度进行探测，测出最大反射波幅并与距离—波幅曲线作比较，确定波幅所在区域，记录为H_0±××dB或φ_3×40±××dB。 6）缺陷位置及参数的测定：缺陷位置以获得缺陷最大反射波的位置来表示，根据探头位置和反射波在荧光屏上的位置来确定缺陷在焊缝长度方向的位置、缺陷深度以及缺陷距离焊缝中心线的垂直距离。 7）缺陷长度的测定：当缺陷最大反射波幅高于评定等级，将探头左右移动，使波幅降到评定等级，以探头移动距离作为缺陷指示长度。 8）对判断有缺陷的部位均应在焊缝的表面或母材的相应位置进行标记。 9）缺陷的评定：按GB/T 29712—2013《焊缝无损检测　超声检测　验收等级》5.4的要求对群显示进行评定
3	焊缝质量验收	按GB/T 29712—2013附录A，技术1验收等级2对缺陷进行验收，以判定是否合格
4	仪器和探头系统复核	检测过程中，至少每4h或检测结束时，应对时基线和灵敏度设定进行校验，当系统参数或等同设定变化或怀疑时，也应重新校验。如果校验发现偏离，应进行修正，方法参见GB/T 11345—2013《焊缝无损检测　超声检测　技术、检测等级和评定》第9.1条
5	检测结束	1）整理仪器、探头。 2）完成检测后，应对被检工件表面进行清理

（5）报告或记录编写。

按标准格式填写检测记录或报告，在报告中对焊缝合格与否进行评定，并签字。

10 输变电设备金属材料失效案例分析

金属材料结构发生断裂失效，一般情况下有以下三种原因：

（1）结构件本身存在制造缺陷，如材质成分不符、性能不合格，在正常或者超过设计载荷力的作用下发生了断裂失效。

（2）结构件本身没有缺陷，受到超过设计载荷的外力作用时发生断裂失效。

（3）结构件在运行过程中产生了缺陷，如出现裂纹、受腐蚀或磨损导致有效承载截面减小，在正常载荷力的作用下发生了断裂失效。

对电网金属部件材料失效分析，也主要是从断口形貌、材质分析、结构受力分析、环境条件等方面开展。

10.1 不锈钢部件失效案例

10.1.1 GIS 膨胀节拉杆开裂

（1）概况。

某变电站 GIS 上的膨胀节螺杆总数约 400 根，发生断裂或开裂的螺杆有约 30 根。断裂、开裂及正常的螺杆形貌如图 10–1–1、图 10–1–2、图 10–1–3 所示。螺杆规格为 M16×320mm，材料牌号为 S30408（06Cr19Ni10）。图 10–1–4 为断裂螺杆的断口形貌，螺杆开裂和断裂部位均存在明显的黄褐色锈迹，说明在运行过程中材料发生了明显的腐蚀。

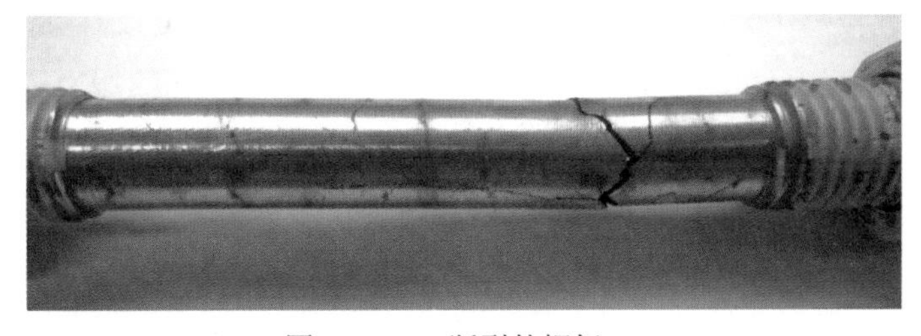

图 10–1–1 断裂的螺杆

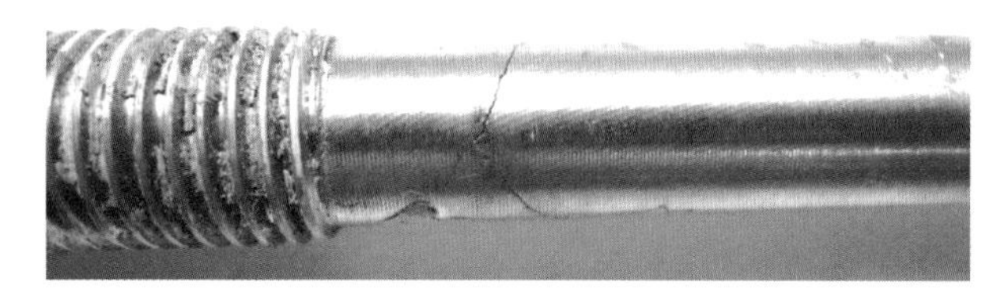

图 10–1–2　开裂的螺杆

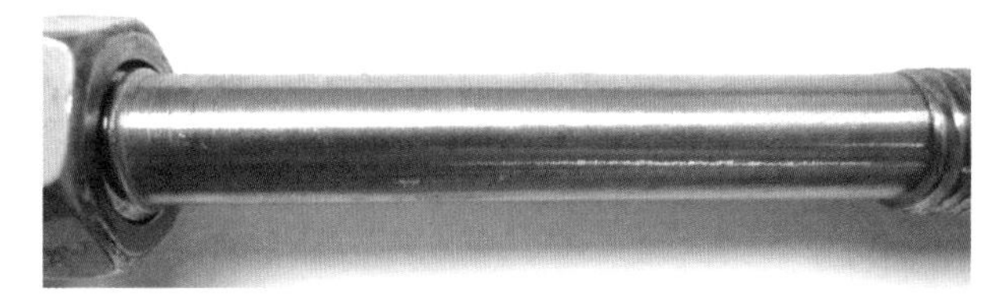

图 10–1–3　正常的螺杆

图 10–1–4　断口形貌

（2）螺杆材质分析。

采用光谱仪对开裂的 3 只旧螺杆和 2 只新螺杆进行了材质成分分析，结果如表 10–1–1 所示。

表 10–1–1　　螺杆材质成分检测结果

样品	主要合金元素成分 *wt.*%				
	Cr	Ni	Mn	Si	Cu
断裂螺杆	14.63	4.24	8.47	0.64	0.62
开裂螺杆	14.71	4.20	8.34	0.74	0.67
未开裂的螺杆	18.24	8.16	1.14	0.74	0.68
新螺杆 1	18.38	8.00	1.09	0.87	0.33
新螺杆 2	18.10	8.49	1.28	0.83	0.36
GB/T 20878—2007 S30408（06Cr19Ni10）	18.00～20.00	8.00～11.00	≤2.0	≤1.0	

注　1. 国标 S30408 对应美国 ASTM 304（俗称 304 不锈钢）。

2. GB/T 20878—2007《不锈钢和耐热钢　牌号及化学成分》和 GB/T 1220—2007《不锈钢棒》中对 S30408（06Cr19Ni10）的成分要求相同。

由检测结果可见，发生断裂的和开裂的螺杆材质成分与未开裂的螺杆以及新螺杆存在明显的不同，断裂和开裂的螺杆成分中 Cr、Ni 元素含量明显低于 GB/T 20878—2007《不锈钢和耐热钢　牌号及化学成分》中 S30408（06Cr19Ni10）的要求，Mn 元素含量明显高于 S30408（06Cr19Ni10）的要求，说明材料不符合 S30408（06Cr19Ni10）的要求。而现场运行的未开裂的螺杆和新螺杆的材料成分符合 S30408（06Cr19Ni10）的要求。

（3）裂纹形貌分析。

对发生开裂的螺杆中部（无螺纹区域）取样，抛光后可见内部有明显的裂纹，如图 10–1–5 所示。由图可见，裂纹是从表面向中心扩展。对抛光面电解侵蚀后，可见裂纹都是沿晶界发展，而且其金相组织以铁素体为主，如图 10–1–6 所示。

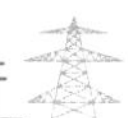

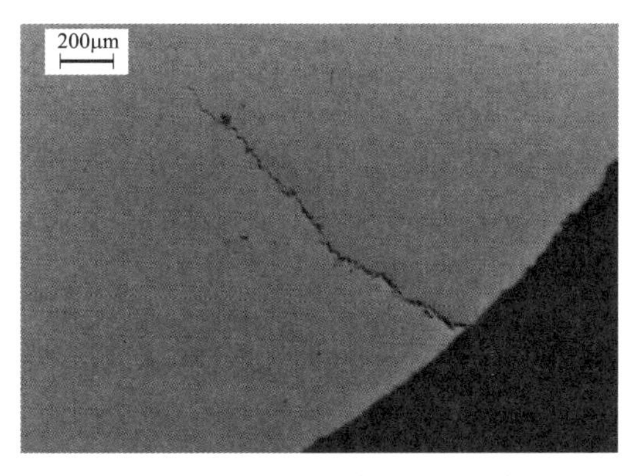

图 10–1–5 螺杆直径边缘部位的裂纹

图 10–1–6 螺杆中心部位的裂纹沿晶界发展

（4）综合分析。

断裂和开裂螺杆的中部均存在多条裂纹，而且裂纹缝隙处有黄褐色的锈迹，说明材料发生了腐蚀，且裂纹的发生和发展已有很长的时间。

螺杆材料成分分析结果显示，发生断裂和开裂的螺杆材料与未开裂螺杆以及新螺杆的材料成分存在很大差异，未开裂螺杆和新螺杆的材料均为 S30408（06Cr19Ni10），而开裂和断裂螺杆的材质成分不符合 S30408（06Cr19Ni10）的要求。

不锈钢材料中的 Cr、Ni 是起到“不锈”作用的主要合金元素，Cr 元素会在钢铁表面形成以 Cr_2O_3 为主的钝化薄膜，使不锈钢基体在各种介质中的腐蚀受阻，减缓腐蚀的速率，因而钢铁材料中 Cr 含量越高其耐腐蚀性能越好。Ni 元素能降低钢的共析点，使得奥氏体能在室温下存在，形成奥氏体组织。Ni 元素还能提高钢的热力学稳定性，因此奥氏体不锈钢具有良好的热腐蚀性和耐热性。为了获得单一的奥氏体组织，当钢中含有 0.1%的 C 和 18%Cr 时所需的最低 Ni 含量约为 8%，而本次检测的开裂螺杆材料成分中的 Cr 含量只有 14%左右，Ni 含量也只有 4%，因此其耐腐蚀性能明显低于 06Cr19Ni10 奥氏体不锈钢。

螺杆的断口为典型的脆性断口，螺杆上存在多条横向裂纹，裂纹是从外表面沿晶界向内扩展。裂纹形貌说明螺杆的开裂和断裂是在长期承受拉应力状态下，材质发生了应力腐蚀破坏所致。

送检的 3 根旧螺杆中，发生开裂和断裂的 2 根材质成分不符合 S30408（06Cr19Ni10）奥氏体不锈钢的要求，未开裂的 1 根材质成分符合，也说明材质不耐腐蚀是螺杆发生应力腐蚀破坏的主要原因。现场运行的 400 余根螺杆中有约 30 余根发生了断裂或开裂，说明有部分材质错误的螺杆混入。

（5）结论。

经分析，GIS 膨胀节螺杆设计要求材质为 S30408（06Cr19Ni10）奥氏体不锈钢，而发生开裂、断裂的螺杆材质成分与设计标准存在较大差异，其耐腐蚀性能低于设计要求对应的奥氏体不锈钢。在运行中，材质不符合设计要求的部分螺杆逐渐发生了应力腐蚀破坏，出现开裂和断裂。

10.1.2 不锈钢关节轴承开裂

（1）概况。

某隔离开关在分闸操作时操作拉杆上的不锈钢关节轴承断裂。该设备运行仅 3 年、平时操作较少。变电站地处近海，距离海岸线约 5km。下面从断裂件的断口形貌、材质性能状况、结构受力、运行环境等方面综合分析了不锈钢关节轴承断裂的原因。

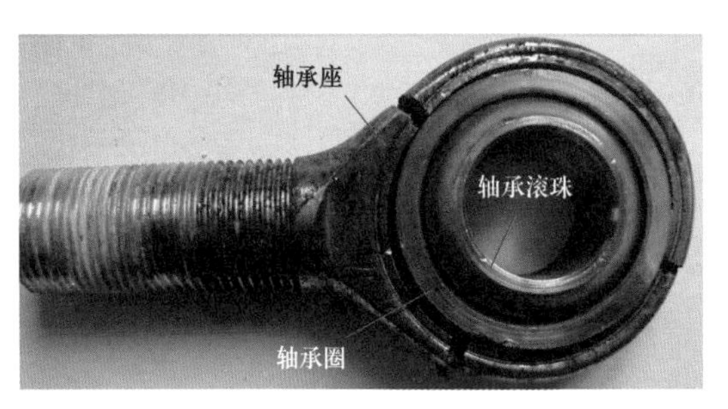

图 10–1–7 不锈钢关节轴承整体结构

（2）断裂部件宏观分析。

不锈钢关节轴承结构如图 10–1–7 所示，整体结构包括外层的轴承座、中间层的轴承圈、内层的轴承滚珠三个部分，材质均为 304 不锈钢（0Cr18Ni9），固溶处理。其中，轴承座为铸件，轴承圈和轴承滚珠为锻件。

对断裂件进行宏观检查，外层的轴承座表面存在明显的黄褐色锈蚀痕迹，轴承圈及轴承滚珠表面光洁，未见锈蚀。断裂均发生在关节轴承的轴承座部位，有的断为 2 段，有的断为 3 段。除发生断裂部位外，轴承座内外表面还存在多条明显的裂纹，裂纹宽度约 0.5～1mm，裂纹长度基本贯穿轴承座的整个宽度面，如图 10–1–8 所示。

(a)

(b)

图 10–1–8 轴承座内外表面的裂纹

（a）外表面裂纹；（b）内表面裂纹

（3）断裂部件断口分析。

1）断口宏观分析。轴承座断口呈明显的冰糖状脆性断口，断裂区域无明显的塑性变形，如图 10–1–9 所示。

2）断口微观形貌及能谱分析。为明确分析断裂的发生和发展过程，对轴承座断口及材质内部采用扫描电子显微镜进行分析。如图 10–1–10（a）所示，断口未见韧窝，断裂面存在颗粒状剥离坑，属于颗粒状沿晶断裂。在 300 倍面下观察，如图 10–1–10（b），可见清晰的沿晶界扩展的裂纹，说明晶界已发生分离，材质的力学性能，尤其是韧性下降明显。

(a)

(b)

图 10–1–9 轴承座断口宏观形貌

（a）断口表面；（b）断口外侧面

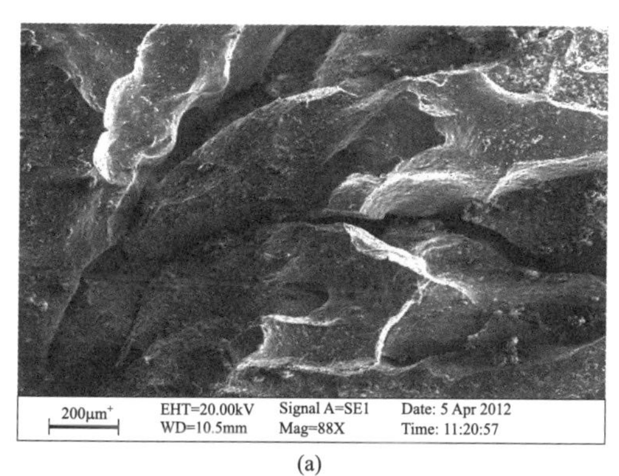

(a)

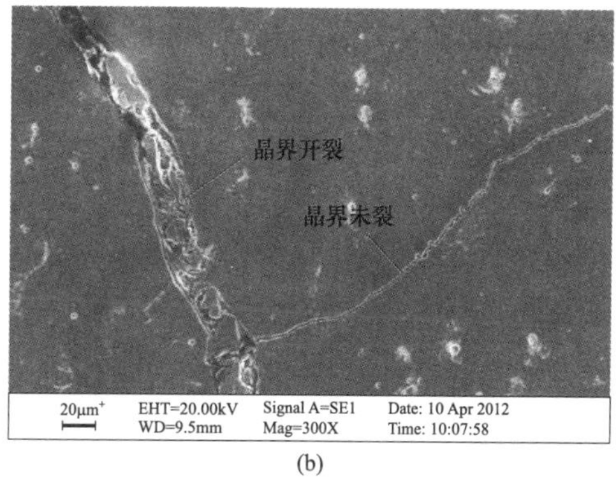

(b)

图 10–1–10 轴承座断口扫描分析

（a）脆性断口形貌；（b）沿晶扩展的裂纹

对断口采用能谱仪进行检测，发现断口边缘的腐蚀产物中（见图 10–1–11 中谱图 1 位置）存在 O、Cl、S、Na、Mg、S 等离子，表明开裂与 Cl、S 离子导致的腐蚀有关。

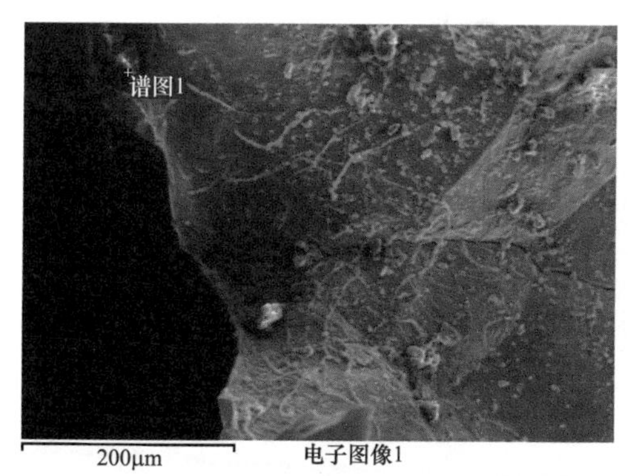

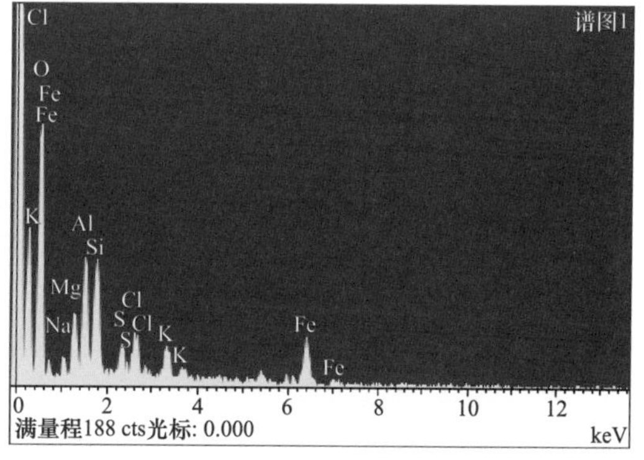

位置	元素	O	Na	Mg	Al	Si	S	Cl	K	Fe	总的
谱图 1	*Wt*（%）	53.64	2.43	5.26	8.88	8.87	2.19	3.68	3.12	11.92	100.00

图 10–1–11 轴承座断口能谱分析

（4）材质性能分析。

不锈钢材料韧性、塑性相对较好，而断口分析发现该轴承座的断口形貌为脆性断口，说明在断裂时材质已发生了明显了脆化，脆化的原因就在于晶界开裂。下面从材料的化学元素成分、微观金相组织方面，对材质性能作进一步分析。

1）材质化学成分分析。采用化学元素分析的方法，对发生断裂的轴承座以及内层的轴承滚珠的化学元素成分进行分析，结果如表 10–1–2 所示。

表 10–1–2　　轴承座及轴承滚珠化学成分

分析部件		化学元素含量（*wt*%）								
		C	Si	Mn	P	S	Cr	Ni	Mo	Cu
轴承座材质分析结果（铸件）		0.17	0.96	0.98	0.035	0.010	16.65	7.80	0.10	0.95
轴承滚珠材质分析结果（锻件）		0.08	0.37	1.08	0.032	0.016	17.50	8.00	0.15	0.38
标准规定	304（0Cr18Ni9） GB 1220—1992	≤0.07	≤1.00	≤2.00	≤0.035	≤0.030	17.00～19.0	8.00～11.0		
	304（06Cr19Ni10） GB/T 20878—2007 GB/T 1220—2007	≤0.08	≤1.00	≤2.00	≤0.045	≤0.030	18.00～20.0	8.00～11.0		

注　GB 1220—1992 于 2007 年 10 月更新为 GB/T 1220—2007，GB/T 1220—2007《不锈钢棒》和 GB/T 20878—2007《不锈钢和耐热钢　牌号及化学成分》中将 0Cr18Ni9 牌号更改为 06Cr19Ni10。

据资料可知，隔离开关整体是 2008 年 10 月出厂的，其中轴承部件的生产时间应早于 2008 年 10 月，而且其材质牌号标记为 0Cr18Ni9，因此，按照 GB 1220—1992 标准进行判断。

由检测结果可见，发生断裂的轴承座材质中，C 元素含量明显高于标准要求，Cr、Ni 元素含量低于标准要求，而且含有较高的杂质 Cu 元素。轴承滚珠材质中各元素含量符合 GB 1220—1992 的要求。

根据材质化学元素的结果，可以判定，发生断裂的关节轴承中铸件轴承座的材质成分不符合标准要求，锻件轴承滚珠的材质成分符合标准要求。

2）材质微观组织分析。对发生断裂的轴承座材质进行微观组织分析，发现材质内部存在大量的微裂纹，裂纹由内、外表面向材质内部扩展。更进一步分析发现，裂纹均位于奥氏体晶界上，表现为明显的沿晶开裂，如图 10–1–12 所示。奥氏体晶粒粗大，晶内弥散分布着大量的碳化物，如图 10–1–13 所示。

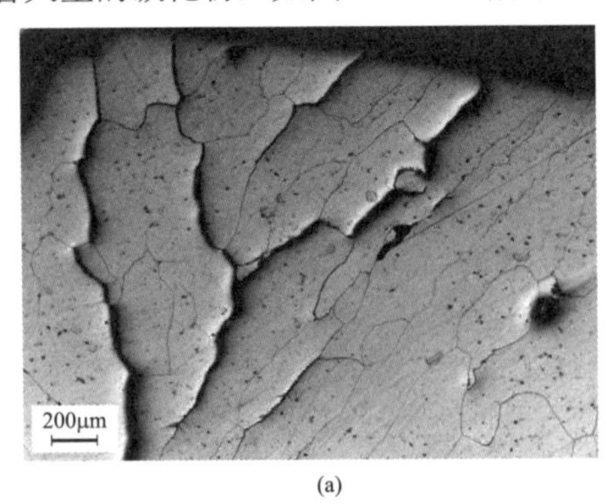

(a)

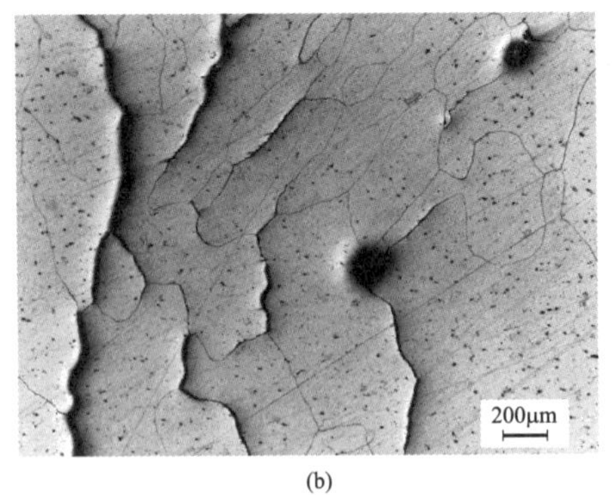

(b)

图 10–1–12　轴承座材质金相分析——裂纹位于晶界

（a）断口边缘部位；（b）材质内部

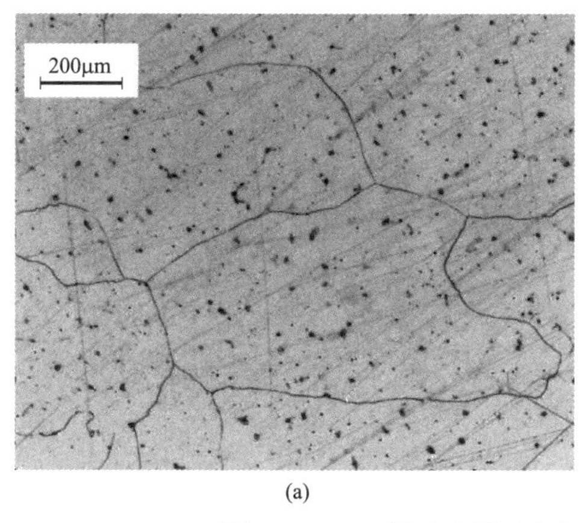

(a)

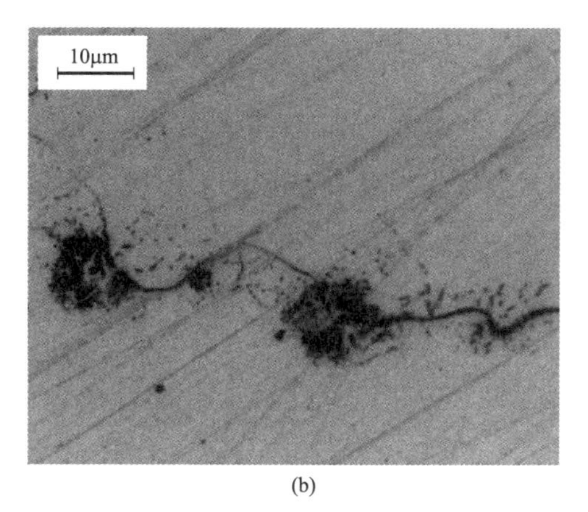

(b)

图 10–1–13 轴承座材质金相分析——晶粒粗大及晶内碳化物

（a）奥氏体晶粒粗大和晶内碳化物；（b）碳化物形貌（1000×）

晶界处存在大量裂纹，表明材质的晶界部位明显劣化，而晶内大量弥散分布的碳化物表明材料的固溶处理效果不佳，碳化物未能全部溶入奥氏体晶粒中，致使材质的耐腐蚀性能下降。对同一个关节轴承上的轴承滚珠（锻件）进行金相分析发现，晶界未见裂纹，晶粒为细小的奥氏体孪晶组织，晶内碳化物较少，表明材质的固溶处理效果较好，如图 10–1–14 所示。

图 10–1–14 轴承滚珠（锻件）材质金相分析

（5）结构受力分析。

经解体检查，隔离开关本体及传动机构中的轴承、齿轮、弹簧均无锈蚀和卡滞，整个传动系统无明显可见变形，排除了因受力过载导致断裂的可能性。而隔离开关生产时不锈钢关节轴承座与轴承套之间采用过盈配合，采用加力将轴承套压入轴承座的方式装配，因此，外层的轴承座承受一个向外扩张的拉伸内应力。

（6）综合分析。

发生断裂的关节轴承座为 304 不锈钢，304 不锈钢的牌号来源于美国 ASTM（美国材料试验协会）标准，对应的我国国标牌号为 0Cr18Ni9。2007 年 10 月，GB/T 20878—2007《不锈钢和耐热钢　牌号及化学成分》中将 0Cr18Ni9 牌号更改为 06Cr19Ni10，化学元素成分进行了调整，增加了 Cr 元素含量。

304 不锈钢属于奥氏体不锈钢，即材料金相组织为奥氏体。不锈钢中的 Cr、Ni 是起到不锈作用的关键元素，但材料中 C 元素会与 Cr 形成碳化合物从而导致局部 Cr 的贫化，使钢的耐蚀性下降。又由于 C 元素在奥氏体晶内的溶解度较低，C 元素会逐渐向晶界迁移，并在晶界处和 Cr 元素形成碳化物，导致晶界处贫铬，因此，奥氏体不锈钢存在晶界腐蚀的问题。控制奥氏体不锈钢的耐腐蚀性，常用的方法就是控制 C 元素含量，其次就是通过固溶处理、稳定化处理将形成的碳化物固溶在奥氏体晶内，防止其向晶界扩展。

环境中的Cl^-离子可以破坏奥氏体不锈钢表面的钝化膜，在电化学作用下产生腐蚀坑，当奥氏体不锈钢存在晶间贫铬时，腐蚀会沿晶界形成树枝状的裂纹，严重降低材料的力学性能，尤其是塑性和韧性，使材料在受力时发生脆性断裂。

经对发生断裂的轴承座材质进行化学元素分析，材质的含碳量明显超过了标准的要求，而且起耐蚀作用的 Cr、Ni 元素含量低于标准要求的下限，表明材质的耐蚀性从元素成分上就存在不足。材质中超量的 C 元素与 Cr 元素形成了碳化物，降低了耐蚀性能，使材质存在晶界腐蚀的倾向。高的含 C 量还增加了材质的脆性。

金相分析发现，轴承座材质内部存在大量的微裂纹，裂纹由内、外表面向内部扩展。金相组织为粗大的奥氏体，裂纹均处于奥氏体晶界上，也证明了晶界的耐蚀性较弱。而且，晶内存在较多的碳化物也表明材质固溶处理的效果不良，整体的耐蚀性能不佳。

对比实验表明，轴承滚珠材质的化学成分符合标准要求，固溶处理的效果优于轴承座材质，其耐蚀性也应是轴承滚珠优于轴承座。因此在同一环境下，轴承座表面出现了锈迹和裂纹，而轴承圈和轴承滚珠表面未见裂纹和锈蚀。

对断裂部件进行断口扫描分析，断裂区域未发生明显的塑性变形，断口呈明显的冰糖状，断裂面存在颗粒状剥离坑，属于沿晶脆性断口。说明由于晶界的耐蚀性能不佳，腐蚀沿晶界生成和扩展，导致晶界分离形成裂纹，丧失了晶界处的结合力，使轴承座在受力时沿存在裂纹的晶界发生沿晶脆性断裂。

对断口区域进行能谱检测，发现断口边缘的腐蚀产物表面存在 Cl^-离子等容易导致奥氏体不锈钢发生应力腐蚀和晶间腐蚀的离子，这与变电站地处近海有关，同时也说明了轴承座断裂是由于 Cl^-离子导致的晶间应力腐蚀开裂。

关节轴承的压入式装配方式导致轴承座承受一个向外扩张的拉伸内应力，是造成应力腐蚀开裂的一个必要条件。

（7）结论。

通过对发生断裂的 304 不锈钢关节轴承座的材质化学成分、金相组织、断口宏观和微观形貌、腐蚀产物、结构受力等方面的综合分析，得出以下结论：

1）轴承座铸件的化学元素成分不符合标准要求，其中碳元素含量明显高于标准要求，铬、镍元素含量低于标准下限。

2）轴承座铸件的材质晶内弥散分布着较多的碳化物颗粒，表明固溶处理的效果不良，而且材质的含碳量较高，超量的碳元素在晶界处形成铬的碳化物，致使晶界处贫铬，降低了晶界处的耐腐蚀性能，所以裂纹均位于晶界部位，断口也表现为沿晶的脆性断口。

3）变电站位置近海，环境中的氯离子含量较高，轴承座断口处的腐蚀产物中也存在氯离子，而且轴承座由于结构原因承受拉应力，符合发生奥氏体不锈钢应力腐蚀的必要条件。

4）轴承座材质本身耐晶间腐蚀的性能不良，又处在高氯离子的环境中，本身还存在拉伸内应力，在内外因素的综合作用下，在表面生成应力腐蚀裂纹，并沿晶界扩展到材质内部，削弱了材料的力学性能，甚至丧失了原有的塑性和韧性，因此在操作隔离开关时发生脆性断裂。

5）在强腐蚀性环境中，如近海、化工污染区等，选用不锈钢材料时，应优先选用超

低碳、耐晶间腐蚀和应力腐蚀的材料（如含有铌、钛元素的不锈钢），在必要时通过晶间腐蚀试验进行验证。

10.2 焊接接头失效案例

10.2.1 GIS 分支母线焊缝断裂

（1）概况。

在 GIS 内部母线结构设计中，有的厂家采用焊接的方式将主母线与分支母线进行连接，形成如图 10–2–1 所示的骑坐式焊接接头结构。此种采用骑坐式角焊缝连接的焊接结构，焊缝形状为相贯线，多用于承受轴向拉、压的场合，在承受弯曲及扭转的场合较少应用。在一起 GIS 内部击穿的故障中，就出现了此种结构的 GIS 分支母线与主母线的焊接接头在短路电动力的作用下，焊缝沿熔合线断裂，如图 10–2–2 所示。

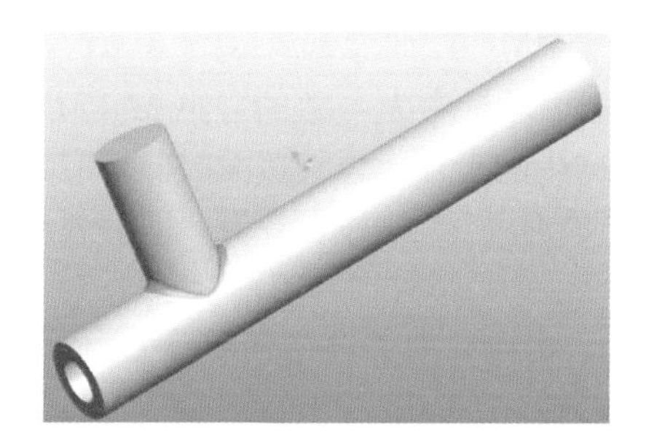

图 10–2–1 分支母线与主母线焊接结构示意图

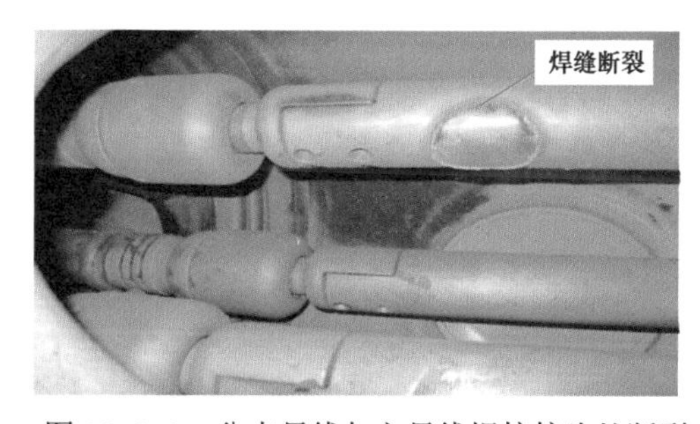

图 10–2–2 分支母线与主母线焊接接头处断裂

骑坐式角焊缝的焊接结构在 GIS 母线连接方式中属于一种新的形式。在故障分析的过程中发现制造厂家对此种焊接结构的设计缺乏专业的技术研究，设计施工前未进行充分的技术论证，对于焊接接头成品也未进行相关的力学性能试验，致使产品质量缺乏充分的技术保证。为此，结合实例从材料力学和焊接结构两方面对骑坐式角焊缝结构的安全性与科学性进行了分析，提出了相应的技术要求。

（2）结构受力分析。

本案例结构在正常运行工况下，主母线与分支母线均受绝缘盆子或触头的支撑，焊接接头部位主要起通流作用，受力很小，仅在发生短路电流的情况下，才会承受较大的电动力。

各分支母线承受的电动力包括分支母线受主母线影响的电动力和分支母线之间的电动力，电动力合力 P 即为结构承受的力，力的方向垂直于分支母线的轴向。在这种情况下，焊接接头部位实际上承受一个偏心冲击导致的弯曲，如图 10–2–3 所示。

（3）结构强度校核。

发生短路故障时，分支母线承受由短路电流导致的电动力冲击作用。材料受冲击载荷作用时，其屈服强度和抗拉强度都会有所提高，但其缺口敏感性却增大，通常仍采用静载

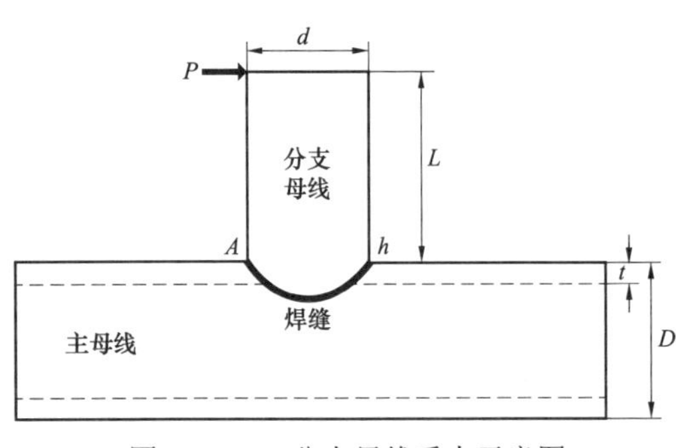

图 10–2–3　分支母线受力示意图

作用下材料的许用应力来建立强度条件。动载荷强度计算比静载荷强度计算复杂得多，通常是采用一个动载系数后按静载荷进行计算，并相应提高安全系数。

$$|\sigma_{\mathrm{d}}|_{\max} = K_{\mathrm{d}}\,|\sigma_{\mathrm{j}}|_{\max} \leqslant [\sigma']$$

式中：K_{d} 为动载系数；$[\sigma']$ 为焊接接头处材料许用拉应力。

因此，要计算焊接接头在冲击作用下的应力状况，需要计算静载应力 σ_{j} 和动载系数 K_{d}。

以本案例中的实际数据进行强度校核，经计算：发生 50kA 短路电流时 B 相分支母线承受电动力最大，为 P=4180.8N。已知：主母线直径 D=100mm，主母线厚度 t=25mm，B 相分支母线直径 d=100mm，集中力位置距焊缝距离 L=233.5mm，肩部焊脚尺寸 h_{f}=10mm，焊缝计算厚度 h_{e}'=7mm（考虑到焊脚尺寸不均匀性，取平均有效计算厚度 h_{e}=5mm）。结构材质为铝合金 6063，依据标准，母材抗拉强度 R_{m}=205MPa，屈服强度 R_{e}=170MPa。

1）静载荷应力计算。在力 P 的作用下，焊缝截面承受由 P 导致的弯矩 M（M）产生的垂直于焊缝截面的弯曲正应力分量 σ，以及由 P 产生的平行于焊缝截面的剪切应力分量 τ。对于焊缝截面，通常采用正应力 σ 和剪切应力 τ 的合力 $\sigma_{折}$ 来进行计算，即静载荷应力 $\sigma_{\mathrm{j}} = \sigma_{折}$。

根据国际焊接学会推荐的角焊缝强度计算公式，由电动力 P 产生的焊缝截面的合力

$$\sigma_{折} = \beta\sqrt{\sigma_{\perp}^2 + 3(\tau_{\perp}^2 + \tau_{//}^2)}$$

式中：β 为材料屈服强度系数，当 R_{e}=170MPa 时，β=0.67；$\sigma_{\perp}$ 为垂直作用于计算断面的正应力；$\tau_{\perp}$ 为计算断面上与焊缝垂直的剪切应力；$\tau_{//}$ 为计算断面上与焊缝平行的剪切应力。

① 计算由短路电动力 P 导致的弯矩 M（M=PL）产生的垂直于焊接截面的应力分量 σ

$$\sigma = \frac{4PL(r + h_{\mathrm{e}})}{\pi[(r + h_{\mathrm{e}})^4 - r^4]} = 23.58\text{（MPa）}$$

将 σ 沿图 10–2–3 所示 A 位置分解为垂直于焊缝计算截面的拉应力 $\sigma_{\perp}$ 和焊缝计算截面上垂直于焊缝方向的剪切应力 $\tau_{\perp}$，如图 10–2–4 所示，则

$$\sigma_{\perp} = \tau_{\perp} = \frac{\sqrt{2}}{2}\sigma = 23.58\times 0.71 = 16.74\text{（MPa）}$$

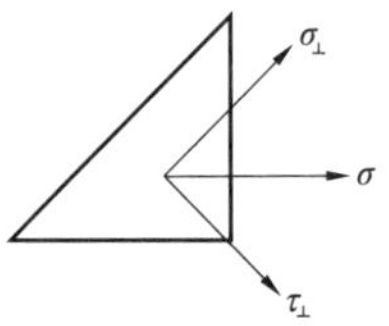

图 10–2–4　σ 的受力分析

② 计算由 P 产生的计算断面上与焊缝平行的最大剪切应力 $\tau_{//}$

$$\tau_{//} = \frac{2P}{l_{\mathrm{w}} h_{\mathrm{e}}}$$

焊缝计算长度 l_{w} 取焊缝的实际长度（相贯线的长度），l_{w}=3.64d。

$$\tau_{//}=\frac{2\times4180.8}{3.64\times100\times5}=4.60\text{（MPa）}$$

③ 计算焊缝截面的合力$\sigma_{折}$

$$\sigma_{折}=\beta\sqrt{\sigma_{\perp}^2+3(\tau_{\perp}^2+\tau_{//}^2)}=23.06\text{（MPa）}$$

2）冲击载荷应力计算。短路电流的电动力是瞬时产生的，相当于突然加载在图10–2–3所示力P的位置，可以近似认为重量为P的质点在高度为h=0时的自由落体冲击，动载系数的计算公式为

$$K_{\mathrm{d}}=1+\sqrt{1+\frac{2h}{\delta_{\mathrm{j}}}}$$

当h=0时，K_{d}=2；$\sigma_{\mathrm{d}}=K_{\mathrm{d}}\sigma_{\mathrm{j}}$=46.12（MPa）

3）安全系数计算。依据 DL/T 754—2001《铝母线焊接技术规程》，焊接接头的强度应不低于母材强度的60%，因此，取焊接接头处的失效应力为60%的母材失效应力，即有$\sigma'=0.6\sigma$。则焊接接头设计安全系数n的计算公式为

$$n=\frac{失效应力\sigma'}{计算工作应力\sigma_{\mathrm{d}}}=\frac{0.6\times170}{46.12}=2.2$$

本结构设计要求安全系数应不小于2，可见本焊接接头设计的安全系数满足要求。

需要注意的是：在计算安全系数时，前提是假定了该焊接接头性能优良，强度可以满足母材强度60%的要求。在实际情况中，焊接质量会受到很多因素的影响，因此，有必要对实际的焊接质量进行试验验证，确信接头的焊接质量可以满足标准要求。

（4）焊接质量验证。焊接工艺设计与实施过程中，焊接质量的验证是非常重要的一个环节。由于焊接质量受焊接材料、焊接方法、焊接电流电压、焊接速度、保护气体的流速、操作人员的技能等因素影响巨大，因而在焊接工艺确定前，都需要按照设计的工艺参数进行预试验，将预试验的样品进行力学性能试验，用以确认设计的焊接工艺可以保证焊接质量，这个过程通常称为焊接工艺评定。只有评定合格的工艺才可以被用于设备的批量焊接生产。国家和行业标准中已对特定设备的焊接工艺评定的流程和内容有较为明确的要求，如锅炉、压力容器、钢结构、电气设备的铝母线等。

在本案例中，由于设备制造方未进行相关的焊接工艺评定工作，以至于焊接质量及焊接接头的性能存在很大的不确定性。由于本设备已经投运，而且焊接接头出现了断裂的情况，所以更有必要对此结构进行焊接质量的验证。

结合标准要求和验证的等效性，设计了如图10–2–5所示的焊接接头进行拉伸试验，通过检验拉断力来评判焊接接头的性能是否达到了标准规定的母线强度60%的要求。

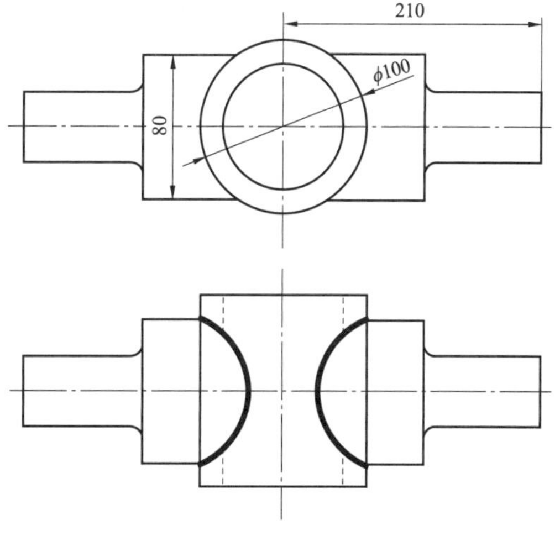

图10–2–5 焊接接头质量验证试样

焊接接头的截面应力为$\sigma=\dfrac{N}{h_{\mathrm{e}}l_{\mathrm{w}}}$；焊缝计算长度（相贯线长度）为$l_{\mathrm{w}}=3.53d$；焊缝平均有效计算厚度$h_{\mathrm{e}}$同前，取5mm。

$$试验力\ N=\sigma h_{\mathrm{e}}3.53d=173.68\text{（kN）。}$$

因此，当试验力大于等于173.68kN时，可以认为焊接接头的强度满足母材60%强度的要求，同时也就保证了安全系数的要求。

（5）焊接接头结构分析。

焊接接头的设计，一方面必须满足力学要求，如强度、刚度等；另一方面也要满足焊接结构合理性和科学性的要求，比如焊接接头的焊脚尺寸、坡口形式、应力集中状况等。优良的焊脚尺寸和坡口形式不仅可以保证强度、刚度等力学要求，同时也有助于减小结构的应力集中状况，提高焊接工作的经济性。

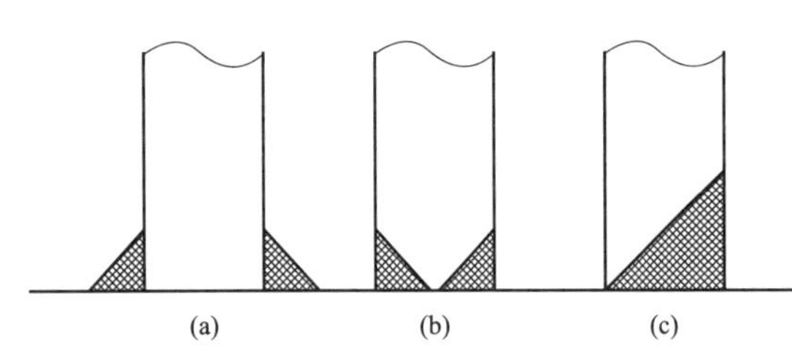

图10–2–6　T形接头角焊缝坡口形式

（a）不开坡口；（b）双侧坡口；（c）单侧坡口

1）坡口形式：在T形角焊缝中，通常有图10–2–6所示的三种形式，从结构受力和焊接经济性考虑，优先选用开坡口的结构形式（b）、（c），不开坡口的贴脚焊（a）在T型接头中一般不推荐使用，只有在受力很小的联系焊缝中才用到。电力行业标准对角焊缝的坡口形式也做类似参考规定，如图10–2–7所示。

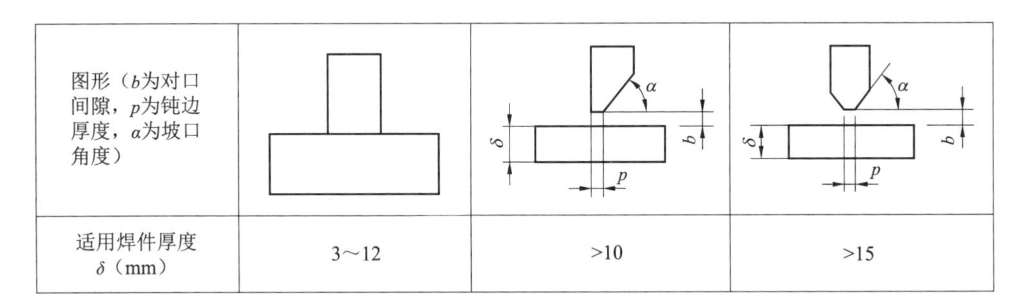

图10–2–7　角接接头焊缝坡口形式

2）焊脚尺寸：无论是承受载荷的工作焊缝还是承力很小的联系焊缝，为减小焊脚部位的应力集中，《焊接工程师手册》对角焊缝的最小焊脚尺寸做了规定，如焊件厚度为19～38mm时，焊角尺寸的最小值为8mm；焊件厚度为38～55mm时，焊角尺寸的最小值为10mm。

3）加工装配精度：焊接接头的成型质量不仅取决于焊接过程，焊件的加工及装配精度也会直接影响到焊接接头的强度和焊接成型质量。如相贯线的加工精度、不等径相贯时平台区的处理、装配精度、焊接对口间隙等都会影响到焊接施工以及焊缝熔覆金属量。焊接接头中的夹渣、未熔合、未焊透、焊缝焊脚尺寸超标、焊接残余应力集中往往也与不合格焊件加工和装配精度有关。

4）本结构主母线为直径100mm、壁厚25mm的圆管，分支母线为直径100mm（或80mm）的实芯圆棒，根据相关技术资料推荐的焊接接头坡口形式和焊脚尺寸，应选用在分支母线侧

开单边坡口的角焊缝形式，焊脚尺寸 10～13mm（考虑相贯线的影响）为较为科学的焊接结构形式。在本案例中，制造方选择了不开坡口的贴角焊，焊脚尺寸设计值为 10mm，而产品的实际值并未达到 10mm，这说明制造方在焊接结构设计、焊件加工装配以及焊接实施环节中都存在不规范现象，从而导致了焊接接头在承受外力时安全性不足，出现失效。

（6）结论。

GIS 主母线与分支母线之间的焊接结构关乎整个设备的安全性，GIS 在投运时，不可避免地会出现短路的情况，而承受短路电流冲击之后的焊接接头又无法进行检验，因而在设计和制造时焊接接头的安全性要充分保证。结合实例分析，采用骑坐式焊接接头连接主母线和分支母线时，应满足以下要求：

1）焊接接头应采用开单边坡口的结构，保证一定的熔深，不推荐采用不开坡口的贴脚焊形式。

2）焊缝的焊脚尺寸应在满足最小要求的情况下通过强度校核予以确定，强度校核时需要考虑电动力的冲击动载，并相应提高安全系数。

3）焊接接头部位材料的许用应力或失效应力应通过工艺评定试验进行验证，以保证实际的焊接接头成型质量。

4）骑坐式焊接件相贯线的加工精度、焊接接头装配尺寸等参数应在结构设计时予以明确，并在加工装配时进行过程监控。良好的加工装配精度是焊接成型质量的基本要素之一，必须在零件图和部件图图样或技术要求中做出明确要求，并严格检验以保证部件质量。

5）由于 GIS 母线与分支母线的骑坐式焊接接头在焊接成型后难以进行内部焊缝质量的无损检测，因而在其焊接结构设计、焊件加工装配、焊接工艺评定试验以及焊接操作各个环节中需做到结构设计合理、工装尺寸精准、工艺评定有效、操作严守规程，以保证此种焊接接头的安全性。

10.2.2 TA 接线板焊接接头开裂

（1）概述。

某 220kV TA 接线板部位存在变形倾斜，停电后检查发现 TA 接线板已严重开裂（图 10–2–8），在拆卸时完全断裂。B、C 两相的相同部位正常，未见变形及开裂情况。该 TA 运行约 4 年。

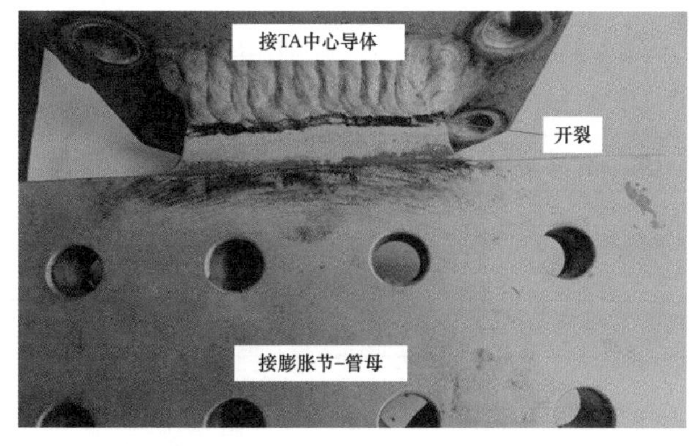

图 10–2–8　A 相 TA 接线板开裂部位

（2）设备结构。

发生开裂的 TA 接线板现场安装结构如图 10–2–9 所示。由图 10–2–9 可以看出，TA 通过接线板连接膨胀节、长约 6m 的管型母线（设备连接线）以及另一个膨胀节与断路器相连，TA 接线板在垂直方向承受管型母线的重力，在水平方向分担管型母线的轴向应力。

图 10–2–9　TA 接线板现场安装结构

（3）开裂原因分析。

对此 TA 接线板的开裂原因，通过材料成分分析、材料力学性能试验、断口形貌分析、断裂区金相组织分析和显微硬度测试等方法，结合 TA 接线板的结构受力等方面进行综合分析，该 TA 接线板开裂的原因分析如下：

1）接线板及焊缝成分分析。该 TA 接线板材质牌号为 6063–T6（LD31CS），依据 GB/T 7999—2007《铝及铝合金光电直读发射光谱分析方法》，采用 OBLF 750–Ⅱ型直读光谱仪对发生断裂的 A 相接线板本体材质及同组 B 相接线板本体的材质成分进行了分析。结果显示，两只接线板本体材料成分均符合 GB/T 3190—2008《变形铝及铝合金化学成分》的要求，但焊缝处的成分与母材存在较大差异，如表 10–2–1 所示。

表 10–2–1　　TA 接线板材质成分分析结果

样品	主要合金元素及含量（*wt*.%）							
	Si	Fe	Cu	Mn	Mg	Cr	Zn	Ti
GB/T 3190 6063–T6	0.20～0.60	≤0.35	≤0.10	≤0.10	0.45～0.90	≤0.10	≤0.10	≤0.15
A 相 TA 接线板母材	0.49	0.18	0.04	0.02	0.63	0.01	0.01	0.013
B 相 TA 接线板母材	0.46	0.19	0.04	0.02	0.64	0.01	0.01	0.012
A 相 TA 接线板焊缝	3.79	0.13	0.03	0.01	0.13	<0.01	0.01	0.019
B 相 TA 接线板焊缝	4.36	0.11	0.02	0.01	0.09	<0.01	<0.01	0.002

2）接线板材料力学试验。根据 GB/T 228.1—2010《金属材料　拉伸试验　第 1 部分：室温试验方法》，对发生断裂的 A 相 TA 接线板进行材质力学性能试验，判断其是否符合

GB/T 3880—2006《一般工业用铝及铝合金板、带材》的要求，同时与同组 B 相 TA 接线板的材质力学性能进行了试验对比，试验结果如表 10–2–2 所示。

试验表明，发生断裂的 A 相 TA 接线板材质的力学性能符合标准要求，且与正常运行的 B 相 TA 接线板材质力学性能无明显差别。

表 10–2–2　　TA 接线板材质力学性能试验结果

样品	抗拉强度 R_m（MPa）	规定非比例延伸强度 $R_p0.2$（MPa）	断后伸长率 A_{50}（%）
A 相接线板（断裂件）	283	265	12
B 相接线板（正常件）	260	249	12
GB/T 3880 标准值 6063–T6	≥230	≥180	≥8

3）断口分析。

① 断口宏观分析。

A 相 TA 接线板开裂的位置在焊缝熔合线边缘的热影响区，如图 10–2–10 所示。断裂后的断口形貌如图 10–2–11 所示，接线板表面未见腐蚀迹象，断面整体较干净、有光泽。

由图 10–2–11 可见，断面整体由三部分组成：靠近上表面的起裂区，中间疲劳裂纹扩展区，以及靠近下表面的最后断裂区（拆卸时人工掰断）。

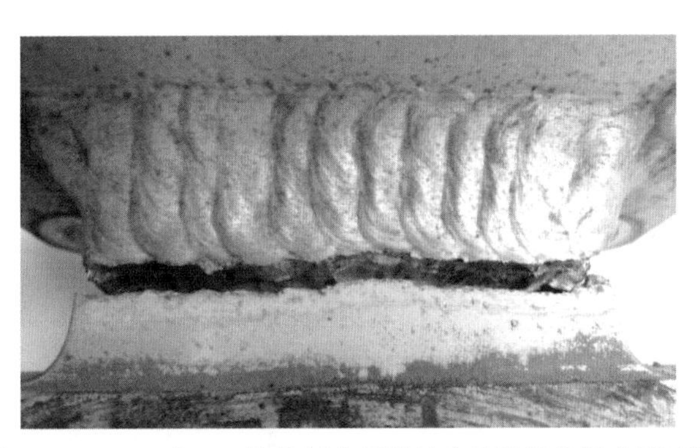

图 10–2–10　A 相 TA 接线板在焊缝熔合线边缘热影响区开裂

在起裂区可以看到两处明显的裂纹起始点［见图 10–2–11（a）中起裂点 A 和起裂点 B］，以及一处大小约ϕ4mm 的未熔合焊接缺陷。起裂点 A 和 B 部位颜色发灰黑，与断口外金属的陈旧状况很接近，说明起裂点暴露在空气中的时间较长。而疲劳裂纹扩展区色泽光亮，说明疲劳裂纹扩展的速度较快，暴露在空气中的时间较短。整个断口面上未见有气孔、夹杂等其它材质缺陷。

② 断口微观形貌分析。

通过光学显微镜和扫描电子显微镜对起裂点及疲劳裂纹扩展区进行微观形貌分析。由图 10–2–12 可见，占整个断面截面宽度约 3/5 的中部区域存在明显的疲劳纹，纹带的宽度约为 1～2mm，是断裂的疲劳裂纹扩展区，说明断裂部位受到了低周大应变疲劳的作用。

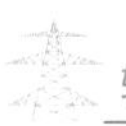

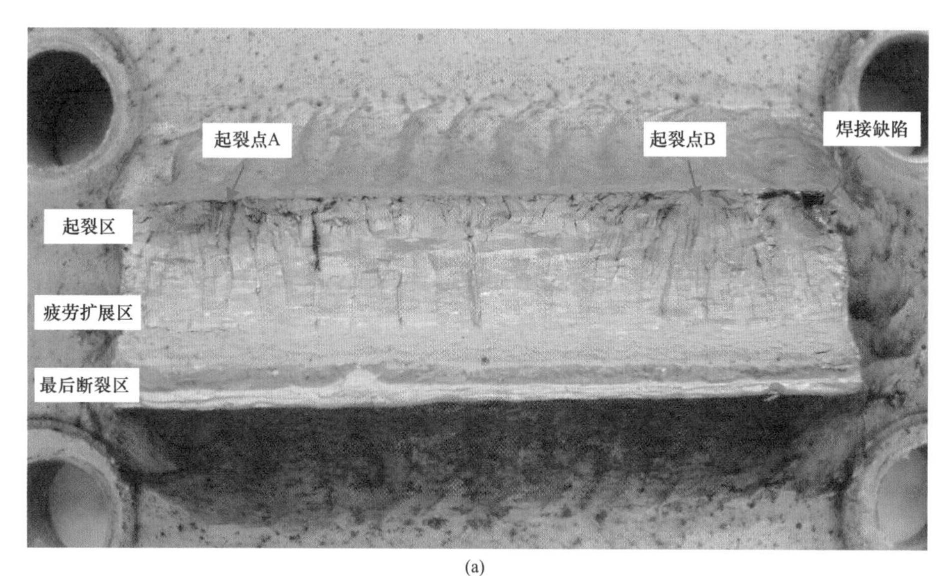

(a)

(b)

图 10-2-11　A 相 TA 接线板断口形貌

（a）TA 侧断面；（b）接膨胀节侧断面

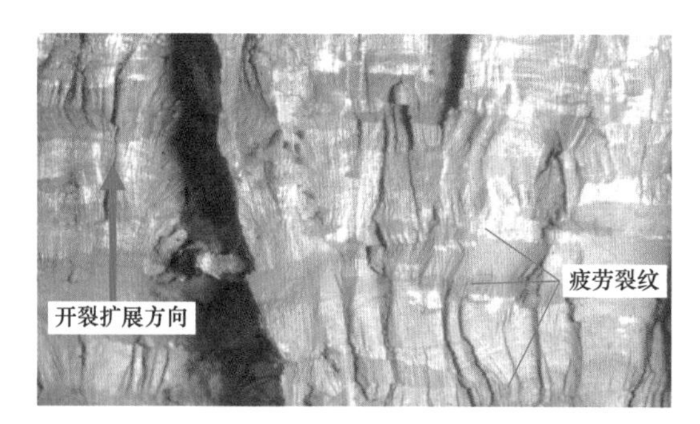

图 10-2-12　A 相 TA 接线板断面疲劳裂纹扩展区微观形貌

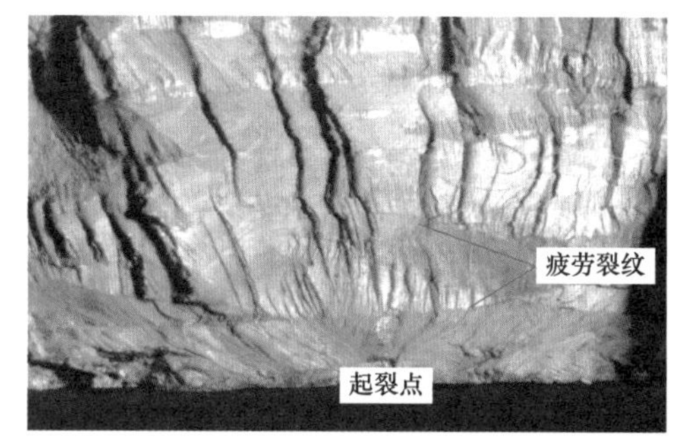

图 10-2-13　A 相 TA 接线板断口起裂区微观形貌

起裂区的微观形貌显示，在起裂区也存在宽度较大的疲劳纹带（图 10-2-13），说明起裂与疲劳受力有一定的关系。对起裂点用扫描电子显微镜观察（图 10-2-14），起裂点处未发现有明显的气孔、未熔合等焊接缺陷，而且在裂纹扩展路径上也未见撕裂形成的二次裂纹，说明断面上的组织致密均一。

4）金相组织分析。由于开裂发生在焊缝熔合线邻近的热影响区，因此对开裂区域进行金相组织分析，判断是否存在焊接过热等组织异常情况。由开裂区的金相组织照片［图10–2–15（a）］可见，开裂的位置距离焊缝熔合线约0.05mm，位于焊缝热影响区，焊缝和临近热影响区的金相组织存在很大差别。采用0.5%HF和混合酸（1%HF、1.5%HCl、2.5%HNO_3）侵蚀后，焊缝区域金相组织中可见明显析出的Mg_2Si相，晶粒大小正常。其热影响区部位为面心立方晶格的α相［图10–2–15（b）］，Mg_2Si析出相很少。

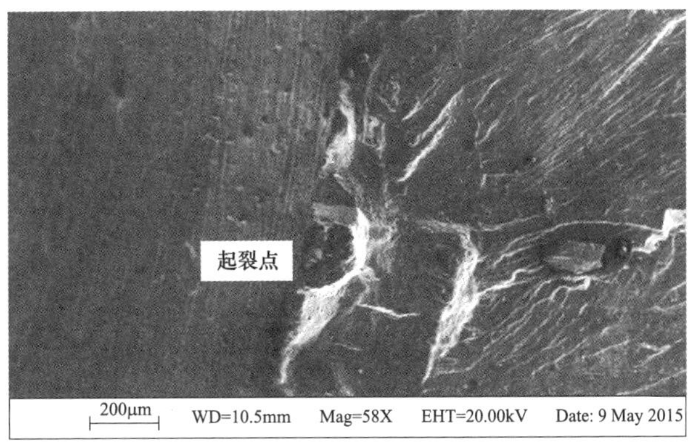

图10–2–14　A相TA接线板断口起裂点形貌

由表10–2–1成分分析的可知，焊缝区域的Si含量远高于母材，因此焊缝组织中析出有较多的Mg_2Si相。

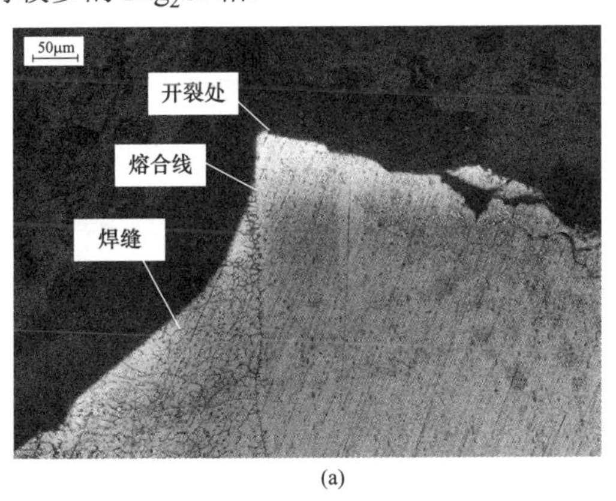

(a)

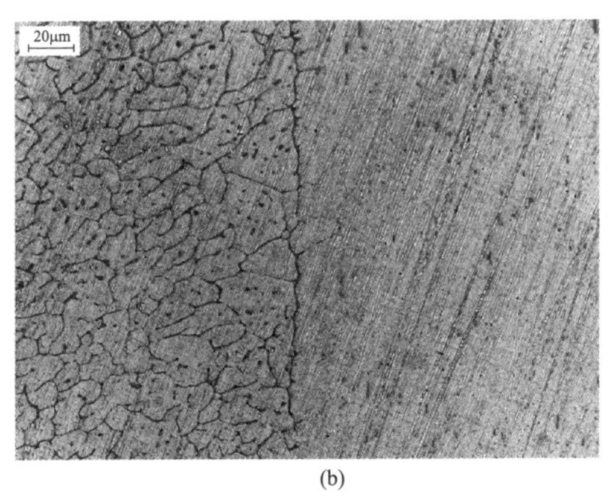

(b)

图10–2–15　A相TA接线板断口金相组织

（a）开裂起始部位金相组织；（b）焊缝—热影响区—母材金相组织

5）断裂部位硬度测试。对于金属材料而言，硬度是其强度的一个直接体现，为了分析焊接接头部位（焊缝、热影响区、母材）的力学性能差异，对发生断裂的A相TA接线板焊接接头部位采用FM–700型显微硬度计进行硬度测试，测试位置如图10–2–16所示，测试结果如表10–2–3所示。

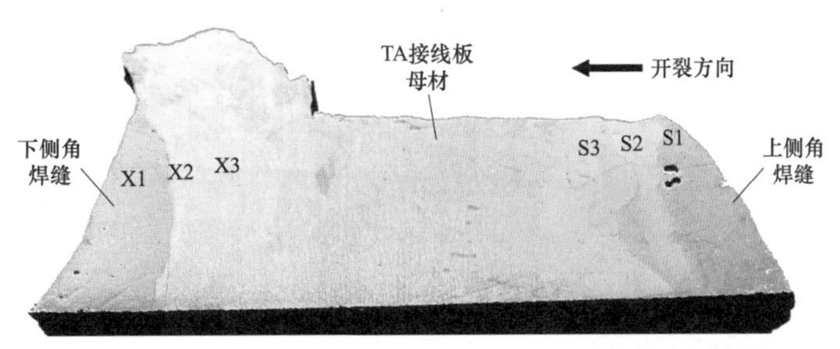

图10–2–16　A相TA接线板焊接接头硬度测试部位图

表 10–2–3　　　　　　A 相 TA 接线板焊接接头部位硬度测试结果

检 测 部 位		硬度值（HV0.2）
上侧（起裂侧）焊缝—热影响区—临近母材区域	焊缝 S1	66.4/67.0/61.2
	热影响区 S2	31.6/32.1/32.6
	母材 S3	59.6/62.1/64.1
下侧（未裂侧）焊缝—热影响区—临近母材区域	焊缝 X1	84.1/72.5/74.9
	热影响区 X2	63.9/60.8/55.6
	母材 X3	61.2/61.3/62.1

由表 10–2–3 的测试结果来看，焊缝处的硬度高于母材和热影响区，这一方面是由于焊接采用了高含 Si 量的焊丝；另一方面从金相组织可以看出，焊缝组织中含有较多 Mg_2Si 析出相，而使其硬度较高。上下两侧的焊缝热影响区（距熔合线约 0.5mm）的硬度均低于母材，而起裂位置的上侧热影响区硬度明显较低，约为母材硬度的一半左右，说明其局部强度比母材和焊缝都低。

6）焊接接头承载力试验。根据 GB 1208—2006《电流互感器》，220kV 电流互感器应承受的静态载荷应不小于 4kN。为了验证此结构焊接接头的承载力，设计了相应夹具，在精度为 0.5 级的 MTS 810.25 型电液伺服材料性能试验机上对 C 相接线板焊接接头部位进行承载力试验，试验过程见图 10–2–17 所示。试验表明，此结构的承载力远超过 4kN 的标准要求值，试验加载至 60kN 以上，焊接接头部位仍未出现开裂，加载试验载荷曲线如图 10–2–18 所示。

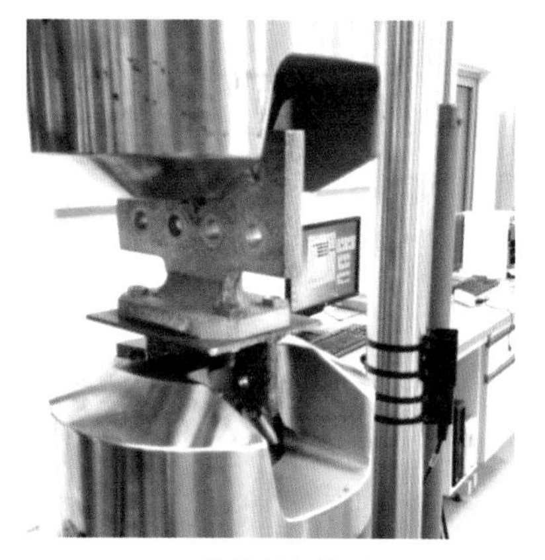

图 10–2–17　TA 接线板焊接接头承载力试验

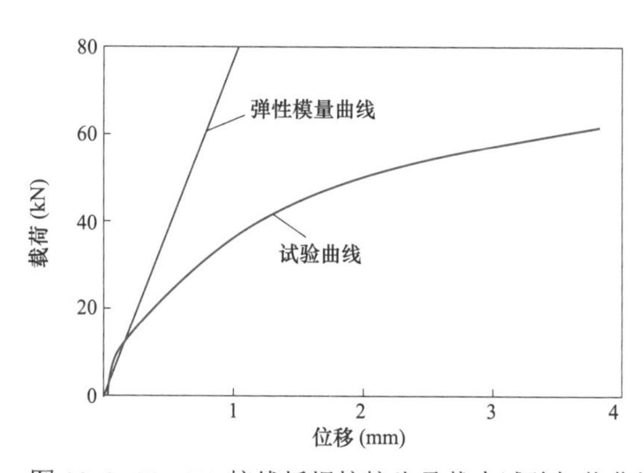

图 10–2–18　TA 接线板焊接接头承载力试验加载曲线

7）综合分析。电网设备结构件发生开裂的原因一般有以下几种：① 材料与设计不符，存在错用材料或材料代用情况；② 材料本身性能不合格，尤其是力学性能不合格；③ 材料本身性能合格，但加工成型过程（如焊接、热处理、冷弯、翻边、拔孔等）导致材料性能下降；④ 材料在运行过程中发生了性能劣化，如腐蚀、蠕变、高温等；⑤ 结构在运行时受到设计许用之外的疲劳、冲击等额外载荷。

此次 TA 接线板开裂发生在的 T 型焊接接头熔合线边缘的热影响区，在材质上属于母

材，因此首先对接线板的材料成分进行了分析，其结果符合厂家提供的6063-T6（LD31CS）材料牌号对应的标准要求，而且与同组B相接线板的成分也相同。A相接线板材料的力学性能试验结果显示其力学性能也符合对应标准的要求，且与同组B相接线板无差异。由此可以判定接线板所用铝材是符合要求的。

发生开裂的接线板安装运行时间不足4年，整体呈现铝合金的本色，无腐蚀和积垢。断口较干净有光泽，根据撕裂棱走向和开裂扩展形貌，将断面分为三部分：靠近上表面的起裂区（占宽约1/5），中间疲劳裂纹扩展区（占宽约2/5），以及靠近下表面拆卸时人工掰断的最后断裂区（占宽约2/5）。起裂区存在两处明显的裂纹起始点，以及一处大小约ϕ4mm的未熔合焊接缺陷。起裂点部位颜色发灰黑，与断口外金属的陈旧状况很接近，说明起裂点暴露在空气中的时间较长。在起裂区也存在较明显的疲劳纹带，说明起裂与疲劳受力有一定的关系。疲劳裂纹扩展区色泽光亮，说明疲劳裂纹扩展的速度较快，疲劳断面暴露在空气中的时间很短。疲劳纹带的宽度约为1～2mm，说明断裂部位受到了低频大应变疲劳的作用。

金相分析发现，TA接线板母材与焊缝的组织存在很大差异，焊缝区域组织中可见明显析出的Mg_2Si相，临近焊缝的热影响区组织为面心立方晶格的α相，Mg_2Si析出相很少，说明焊缝区的强度要高于临近的热影响区。通过对焊接接头区域的焊缝、热影响区、母材部位的显微硬度测试，证明了这一点。硬度测试发现，在开裂起始的上侧焊缝热影响区，其硬度值明显低于临近焊缝和母材本体，说明起裂部位的强度相对较弱，在结构受力上属于薄弱环节。

对于接线板采用的6063-T6铝而言，其热处理状态为固溶处理加人工时效。铝合金时效硬化的一般方法是将其加热到固溶线温度以上，保温一段时间使合金元素充分溶入基体中，然后快速冷却至室温形成过饱和固溶体，再在一定温度下进行时效处理，使强化相Mg_2Si从α相中析出来以提高强度。但是由于铝合金的熔点为660℃，而固溶处理的温度为530℃，时效处理的温度为180±10℃，因此，焊接热循环过程会导致铝合金的强化相重新溶解而发生软化，这种软化就发生在临近熔合线的热影响区。热影响区软化与焊接热输入和焊后热处理工艺密切相关，焊接热输入越大，软化程度越明显。但是这种软化是可以通过焊后热处理来改善的，即通过焊后热处理实现人工时效强化。

结构件的开裂不仅与材质内因有关，也与其受力情况相关。A相TA接线板断面上存在较大宽度的疲劳纹带，尤其是起裂区也存在疲劳纹，说明该TA接线板在运行时受到了循环作用的疲劳应力。根据流体力学理论，两端采用膨胀节柔性连接的管型母线（设备连接线）由于卡门涡街现象容易发生风振，而且实际上也发生过管型母线风激振动导致设备故障的案例。疲劳断口干净有光泽，说明断裂时间不久，因此查询了2015年3～4月附近气象站的风速监控数据，发现在4月7日，变电站所在地区出现过大风，最大风速超过了11m/s。由此可以推断导致TA接线板发生开裂和快速扩展的外力原因是管型母线（设备连接线）的风振疲劳，较宽的疲劳纹带也符合风振低频大应变疲劳的特性。

发生开裂的A相TA接线板本身存在焊接热影响区软化，局部强度较其它部位低，在以往运行过程中由于风振疲劳或受其它外力原因在上表面出现了裂纹。本次在大风中由于较大幅度的风振疲劳，加之材料的塑性相对较低（断后伸长率只有12%），因此疲劳裂纹迅速扩展，并在断面上形成了宽度达 1～2mm 的疲劳纹带，最终由于裂缝过大导致管型母线变形倾斜。

对同组 C 相焊接接头的承载力试验表明，此结构的承载力远超标准要求，焊接接头有很大的安全裕度。

（4）结论。

通过材料成分分析、材料力学性能试验、断口形貌分析、断裂区金相组织分析和显微硬度测试等方法，结合 TA 接线板的结构受力等进行了综合分析，得出以下结论：

1）A 相 TA 接线板材料的成分和力学性能符合相应标准要求，材料性能合格。

2）A 相 TA 接线板断裂位置为上侧焊缝熔合线边缘的热影响区，其硬度相对较低，表征其强度相对较弱，属于结构的薄弱环节，是开裂发生的内因。建议制造厂提高焊接工艺，改进焊接热输入控制，防止焊接热输入过大导致焊缝热影响区软化，并研究通过增加焊后热处理实现人工时效强化来改善焊缝热影响区软化的工艺。

3）大风引起的管型母线（设备连接线）风振疲劳是导致 TA 接线板开裂发生和快速扩展的外力原因。A 相 TA 接线板上侧焊缝热影响区局部强度相对较弱，在以往运行过程中由于风振疲劳或受其它外力的原因在上表面出现了裂纹，本次在大风中由于较大幅度的风振疲劳，疲劳裂纹迅速扩展，最终由于裂缝过大导致管型母线变形倾斜。建议设备运维单位加强对管型母线（设备连接线）风振情况的巡查，当存在明显风振现象时，应及时处理和消除。

4）正常的 TA 接线板焊接接头部位有很大的安全裕度，符合设备标准要求。

10.3 材料原因导致失效案例

10.3.1 变电设备铝接线板腐蚀

（1）概况。

某 220kV 变电站隔离开关集中检修时发现很多铝接线板表面存在较为严重的腐蚀，如图 10–3–1 所示。该站投运约 6 年，铝接线板材质为 2A12。下面从腐蚀特征、材质成分和耐腐蚀性能等方面综合分析了隔离开关接线铝板腐蚀的原因。

图 10–3–1 接线铝板表面腐蚀状况

（2）铝接线板宏观分析。

铝接线板上表面覆盖有一层黑褐色的污垢，中间区域存在一处长 135mm、宽 20～50mm 不等的长条状腐蚀坑，如图 10–3–1 所示。腐蚀产物呈灰白色，片层状分布，沿深度方向发展，如图 10–3–2 所示。腐蚀产物组织疏松，可轻易用手剥离，片层状结构说明其是典型的因晶界腐蚀导致的沿晶开裂。

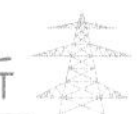

腐蚀产物的宏观形貌还显示，腐蚀并不是从表面均匀向深处发展的，而是表面缝隙处的材质内部产生了腐蚀，由于生成的腐蚀产物体积膨胀后将表面胀裂，而后再向材质深处发展，如图 10–3–3 所示。

图 10–3–2　腐蚀产物呈片层状向深处发展

图 10–3–3　内部腐蚀后导致表面膨胀鼓起

图 10–3–4　未发生明显腐蚀的铝接线板

备注：实际上该铝板表面已出现了腐蚀坑（黄褐色部位），但深度小于 0.5mm。

（3）铝板材质成分检测分析。

采用直读光谱分析仪对发生严重腐蚀的检测样品（图 10–3–1）和表面未发生明显腐蚀的对照铝接线板（图 10–3–4）进行材料成分检测，结果显示，两块铝接线板的材质主要合金元素基本相同，含量均符合 GB/T 3190《变形铝及铝合金化学成分》的要求，如表 10–3–1 所示。

表 10–3–1　材料成分分析结果

检测部件	元素含量（%）							
	Cu	Mg	Mn	Fe	Si	Ni	Zn	Ti
严重腐蚀铝接线板	4.69	1.24	0.63	0.24	0.18	0.12	0.06	0.01
未明显腐蚀铝接线板	4.81	1.27	0.54	0.31	0.15	0.14	0.12	0.02
2A12 GB/T 3190—1996 标准	3.80～4.90	1.20～1.80	0.30～0.90	≤0.50	≤0.50	≤0.10	≤0.30	≤0.15

注　GB/T 3190—1996《变形铝及铝合金化学成分》已更新为 2008 版，由于该产品是 2005 年前制造的，故仍用 1996 版的标准，新旧两版标准中材质的成分要求相同。

（4）综合分析。

用作该隔离开关接线板的 2A12 是一种 Al–Cu–Mg 系的铝合金，属于变形铝中的硬铝，

图 10–3–5　2009 年某变电站隔离开关铝接线板腐蚀

腐蚀类型以晶间腐蚀为主。近几年，全国范围内已发生多起由于2A12材质晶间腐蚀造成的设备故障，如 2009 年常州某变电站的铝接线板也发生过与此几乎相同的腐蚀情况，如图 10–3–5 所示。2010 年，辽宁有 19 个变电站的隔离开关设备导电铝杆及接线板（2A12 铝材）发生了较严重的腐蚀情况，腐蚀形貌也基本相同。

此类腐蚀状况的共同点是：

1）发生腐蚀的铝板、铝导电臂材质都是 2A12。

2）腐蚀都是从表面以下发生，生成的腐蚀产物为灰白色、疏松、片层状，腐蚀产物体积膨胀将表面胀裂。

3）腐蚀开裂基本沿材料生产加工时压延方向，并向深度方向发展。

4）腐蚀均属于晶间腐蚀导致的沿晶开裂。

5）腐蚀产物中均发现有氯离子、硫离子（或硫酸根离子）等酸性腐蚀离子。

Al–Cu 及 Al–Cu–Mg 系铝合金中的主要合金元素是 Cu 和 Mg。铜（Cu）在铝合金中主要用于增强机械强度。铝铜合金是面心立方的晶体结构，所以这一类合金的延展性很好。同时，由于电子的松散结构使得这类合金有良好的导电、导热性能。铝铜合金中通常铜的含量为 4%～11%，主要强化相是 $CuAl_2$。铜加入到铝硅合金后组织中会出现 α 固溶体、$CuAl_2$ 和 Si 相。当铜作为强化相固溶于铝基体中或以颗粒状化合物形式存在时，可显著提高铝合金的强度和硬度，但伸长率稍有降低。铝合金的弹性模量随铜的加入量的提高成比例增加，铜的加入还可提高铝合金的高温力学性能（抗蠕变性能）和抗疲劳强度。但是铜的化学电极电位比铝的高，易导致晶间腐蚀和应力腐蚀，降低了铝合金的耐蚀性，尤其是铜以化合物形式存在时，其耐蚀性更差。

镁（Mg）主要用于增加铝合金的抗拉强度、硬度、耐腐蚀性，可提高阳极氧化膜的性能，但镁的增加会增大热裂性及降低压铸性能。铝镁合金在淬火态下是单相，即使有 Mg_2Si 相存在，其在电化学腐蚀中作为阳极存在直至腐蚀完表面形成单相 α 为止，所以耐腐蚀性好。铝硅合金中加入少量镁可以形成 Mg_2Si 相。淬火时，Mg_2Si 溶入 α 固溶体中，时效处理后又成弥散相析出，使 α 固溶体的结晶点阵发生畸变，从而强化合金。镁可以提高铝合金的耐蚀性和强度，但也可以使合金产生硬化和脆化，降低伸长率，增大热裂纹的倾向。

Al–Cu 及 Al–Cu–Mg 系铝合金通常采用固溶强化和时效强化来提高力学性能，但热处理时在晶界上会连续析出富铜的 $CuAl_2$ 相，造成邻近 $CuAl_2$ 相的晶界固溶体中贫铜，因晶界贫铜区电位低，作为阳极而发生电化学腐蚀，因此这种铝合金有较明显的晶间腐蚀倾向。

铝合金还有一种特殊的腐蚀形态称为剥层腐蚀，简称剥蚀，也称鳞状腐蚀。这类腐蚀过程是有选择地沿着与表面平行的次表面开始，未腐蚀金属薄层在腐蚀层之间剥裂分离，并且高出原始表面。由于沿腐蚀路径形成体积大的腐蚀产物，所以加速了分层。腐蚀表现

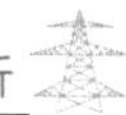

为铝合金从表层一层一层地剥离下来。剥蚀通常仅在有明显的定向伸长组织的产品中发生。发生剥蚀的情况最多的是 A1–Cu 系合金，而且多发生于挤压材，并且在其表层之下发生腐蚀，而挤压材已经再结晶或经过表面阳极氧化处理的表层不受腐蚀。铝合金阳极氧化处理后在表面形成的氧化膜有较高的化学稳定性、良好的耐腐蚀性能，但氧化膜较脆，当部件受到较大的冲击载荷或弯曲变形时，氧化膜便会出现细微的裂纹或破裂，导致腐蚀介质接触到表层下的基体开始剥层腐蚀。由此可见，剥层腐蚀与其显微组织和表面处理状态有关。

接线板腐蚀的宏观特征呈分层剥蚀形态，而显微特征显示剥蚀具有明显的方向性，腐蚀仅平行于表面被轧制拉长的晶粒进行，导致金属表层以层片状分离。由于腐蚀产物的体积膨胀，使表面鼓起破裂，从而使腐蚀介质可迅速渗入金属内部，最终造成金属大面积的破坏和大量的层片状剥落。

综上所述，2A12 这类铜系铝合金由于热处理强化引起的沉淀相 $CuAl_2$ 析出、Al–Cu 电极电位差、压力加工后晶粒的层片状取向是材料引起层片状剥层腐蚀的主要原因。接线板上未直接暴露在大气中的螺孔处并未腐蚀，这说明发生层片状腐蚀的另外一个重要原因就是环境，对腐蚀产物的能谱分析中检出含有 S、Cl 等元素，说明污垢中的酸性离子对铝接线板的腐蚀有加剧作用。

（5）结论。

通过对送检接线板腐蚀状况的检测分析，参照其它地区同类问题的分析结论，得出以下结论：

隔离开关铝接线板的腐蚀属于 Al–Cu 系铝合金的剥层腐蚀，腐蚀原因与 2A12 铝合金由于热处理强化引起的沉淀相 $CuAl_2$ 析出、Al–Cu 电极电位差、压力加工后晶粒的层片状取向有关。接线板表面污垢中的 Cl、S 等酸性腐蚀离子，加速了铝板表面防护层细微裂纹等薄弱处的破坏并渗入基体，在有 $CuAl_2$ 沉淀相析出的晶界部位形成电化学腐蚀，造成低电极电位的贫铜晶界腐蚀，腐蚀产物由于组织疏松，体积膨胀后将表面拱起胀裂，失去表层防护的基体由于腐蚀介质的大量渗入，最终造成金属大面积的破坏和大量的层片状剥落。

由于 2A12 铝合金存在因组织原因导致的耐腐蚀性能不良，因此建议此类设备的材质更换为耐腐蚀性能更优的 Al–Mg 系或 Al–Mg–Si 系铝合金。

10.3.2　线路电压互感器（TV）端子金具断裂

（1）概况。

某 500kV 变电站线路保护发 TV 断线信号，经停电后检查发现 A 相线路 TV 端子金具断裂，现场情况如图 10–3–6 和图 10–3–7 所示。

该 TV 型号为 WVB500–5H，投运约 10 年。变电站值班人员反映 TV 端子金具断裂时天气状况良好，风力约 4～5 级。

（2）端子金具基本情况。

发生断裂的 TV 端子金具结构如图 10–3–8 所示，材质牌号为 ZL101–T6。

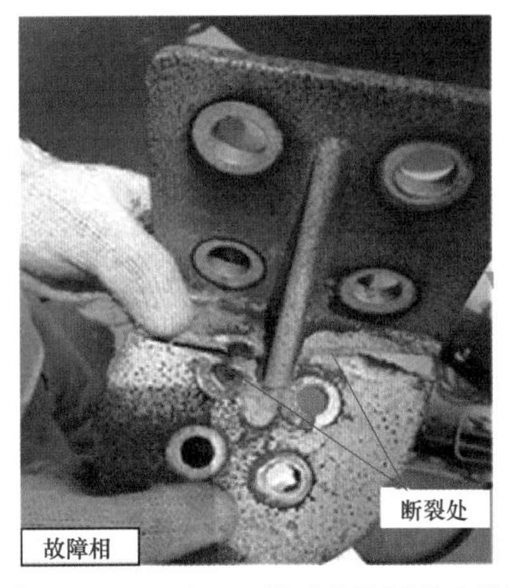

图 10–3–6　A 相 TV 端子金具断裂后形貌

图 10–3–7　正常运行的 TV 端子金具

现场运行时，TV 端子金具通过设备线夹与 2×1440 双分裂导线相连，与 TV 相连的双分裂导线长度约 12m，安装结构如图 10–3–9 所示。

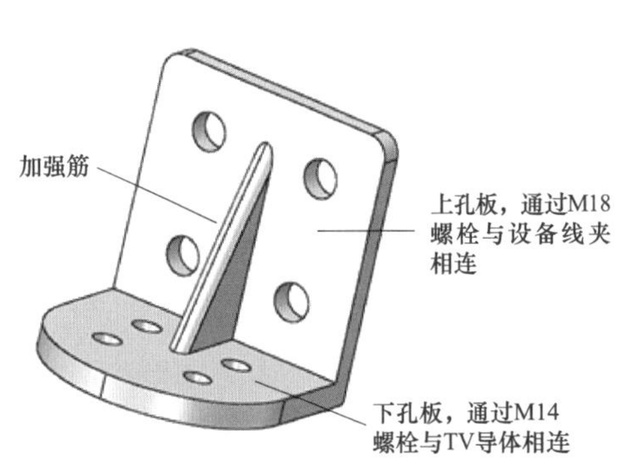

图 10–3–8　TV 端子金具结构图

图 10–3–9　TV 端子金具现场安装情况

（3）端子金具断口形貌分析。

1）断口宏观形貌分析。断裂后的 TV 端子金具分为上、下两部分，如图 10–3–10 所示。

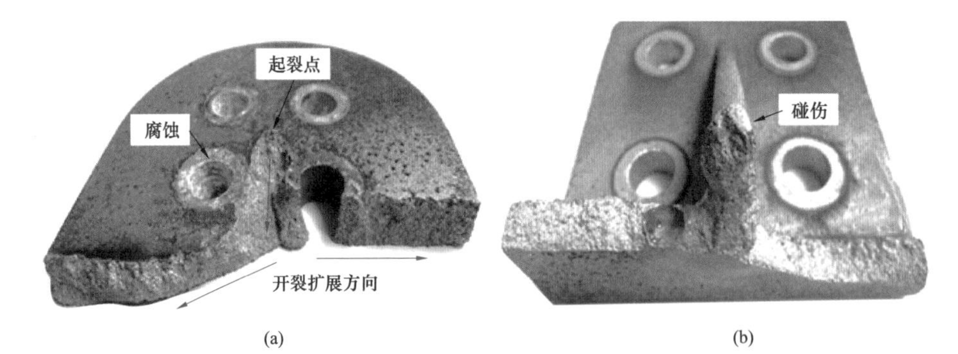

图 10–3–10　TV 端子金具断口形貌

（a）断裂后端子线夹的下半部分；（b）断裂后端子线夹的上半部分

端子金具整体上呈浅灰黑色，外侧表面存在大量较浅的点状腐蚀坑，下侧螺栓孔内壁存在明显的白色腐蚀产物，说明该端子板运行 10 年来，已开始出现明显腐蚀的迹象。

断口形貌表明，TV 端子金具大体上沿加强筋与下孔板结合处断裂，并贯穿下孔板的一个螺栓孔，断口表面新鲜有光泽，上下两半部的断面上均未见锈蚀、污垢等陈旧性开裂迹象，说明断裂是一次性发生的。断裂件上半部分加强筋端角处存在一处碰伤，应为端子金具断裂后与 TV 顶面或均压环碰撞所致。

由于端子金具运行时主要承受与 TV 连接的双分裂导线的风载荷所施加的弯曲载荷，当上下两部分被螺栓固定后，加强筋是承受应力最大的部位，而此次开裂沿着加强筋与下孔板的结合线发展，说明加强筋与下孔板的结合端点处为开裂的起始点，如图 10–3–10（a）所示。

2）断口微观形貌分析。对断面采用扫描电子显微镜进行微观形貌分析，结果表明，开裂起始部位存在多处直径约 0.5mm 的气孔性缺陷，已基本接近外表面，见图 10–3–11。在断面的边缘上存在多处长约 0.5～1mm 的微裂纹，见图 10–3–12。而且整个断面上存在较多的气孔性缺陷，见图 10–3–13。

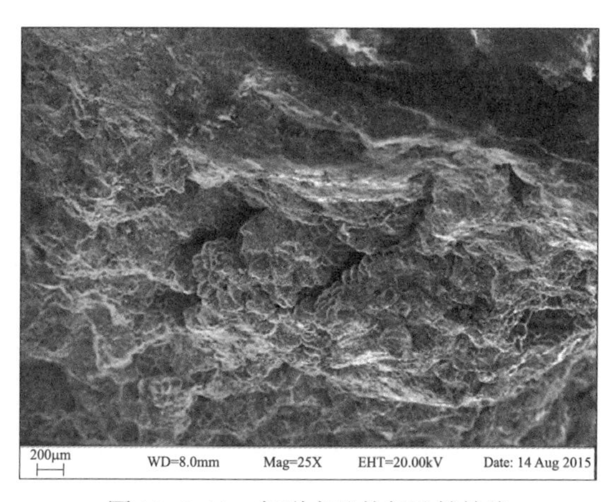

图 10–3–11　起裂点处的气孔性缺陷

断口微观形貌表明，开裂的起始和发展与材质存在较多的气孔性缺陷有直接关系，而断面边缘的多处微裂纹说明材质在运行过程中已开始萌生缺陷，导致性能出现劣化。

图 10–3–12　断面边缘存在微裂纹缺陷

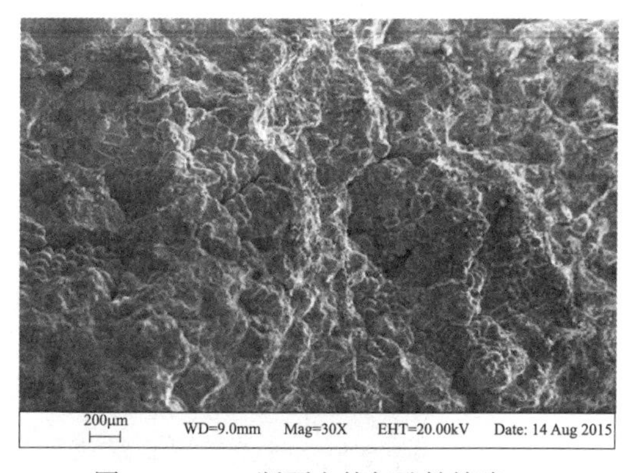

图 10–3–13　断面上的气孔性缺陷

（4）材质成分及性能分析。

1）材质成分分析。根据制造厂提供的图纸信息，该端子金具的材料牌号为 ZAlSi7Mg（代号 ZL101–T6），依据 GB/T 7999—2007《铝及铝合金光电直读发射光谱分析方法》，采用 OBLF 750–Ⅱ型直读光谱仪对端子金具本体材质成分进行了分析，材质成分符合 GB/T 1173—1995《铸造铝合金》的要求，如表 10–3–2 所示。

表 10–3–2　　端子金具材质成分分析结果

样品及参考标准	主要合金元素及含量（*wt.*%）	
	Si	Mg
端子金具样品	7.20	0.37
ZAlSi7Mg（ZL101–T6） GB/T 1173—1995 标准要求	6.5～7.5	0.25～0.45

2）材料力学性能试验。

GB/T 9438—2013《铝合金铸件》规定，铸造铝合金件本体取样进行力学性能试验时，3 个试样抗拉强度和断后伸长率的平均值应不低于 GB/T 1173—1995《铸造铝合金》规定值的 75%和 50%。

根据 GB/T 228.1—2010《金属材料　拉伸试验　第 1 部分：室温试验方法》，在端子金具本体上取样进行材质力学性能试验，试验结果应符合 GB/T 9438—2013《铸造铝合金件》的规定，如表 10–3–3 所示。

表 10–3–3　　端子金具本体材质力学性能试验结果

样　品	抗拉强度 R_m（N/mm^2）	断后伸长率 A_{50}（%）
端子金具（断裂件）	300/228/297	1.0/2.0/1.0
ZAlSi7Mg（ZL101–T6） GB/T 9438—2013 标准要求	≥169	≥0.5

3）材质内部气孔状况分析。

在断口微观形貌分析时发现断面上存在大量微气孔形貌，因此在端子板金具厚度截面上检测其气孔状况。对端子金具的厚度截面进行打磨抛光后，可见明显的气孔，气孔直径约为 0.2～0.6mm，在端子金具材质内部零散分布，且大多数靠近外表面，如图 10–3–14 所示。

图 10–3–14　端子金具材质内部的气孔缺陷

根据图纸中“铸件不得有气孔、针孔、疏松、夹杂、裂纹、偏析、成分超差等缺陷”的技术要求，该端子金具材质内部存在较多气孔，不符合其设计要求。

（5）端子金具结构受力分析。

1）TV 连接导线风载荷计算

根据线路 TV 的运行工况，端子金具主要承受 TV 连接导线的风载荷。参照《电力工程电气设计手册电气一次部分》中对变电站设备连接线的风载荷计算公式

$$P_f = \alpha_f k_d A_f \frac{v_f^2}{16}$$

计算变电站设计风速 30m/s 及端子金具断裂当时 5 级风速（10.7m/s）两种工况下 TV 连接导线的风载荷，计算参数及结果如表 10–3–4 所示。

表 10–3–4　压变连接导线风载荷计算参数及结果

计算风速 v_f（m/s）	风速不均匀系数 α_f	空气动力系数 k_d	导线投影面积 A_f（m^2）	风载荷（N）
10.7	1.0	1.2	1.3	110
30				865

2）端子金具受力仿真计算。根据设计图纸，对端子金具的受力情况进行仿真计算，由计算结果可知，该端子金具的应力最大位置在加强筋的中下部位置，加强筋与下孔板结合处由于截面积最小因此也存在明显的应力集中，如图 10–3–15 所示，这与开裂从加强筋与下孔板结合处开始相吻合。

表 10–3–5 为端子金具在不同载荷工况下的最大应力仿真计算结果，可以看出，导线的风载荷施加在端子金具上时，端子金具的应力值远远低于材料的强度值，因此其静力学强度裕度足够。

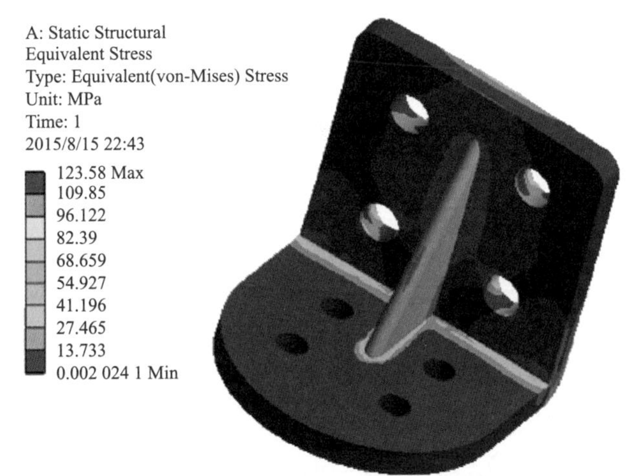

图 10–3–15　端子金具应力分布图

表 10–3–5　端子金具在不同载荷工况下的最大应力仿真计算结果

计算工况	5 级风速（10.7m/s）时导线风载荷 110N	设计风速 30m/s 时导线风载荷 865N	参考计算载荷 10 000N
端子金具应力（MPa）	1.3	10.7	123.6
材料许用应力（MPa）		150	

（6）综合分析。

5270 线 A 相线路 TV 端子金具材料成分、力学性能指标均符合 GB/T 1173—1995《铸造铝合金》和 GB/T 9428—1999《铸造铝合金件》的规定，但其材质内部存在较多的气孔，与制造厂的设计图纸技术要求不符。

通过对断口的宏观和微观形貌分析确定，此端子金具自加强筋与下孔板结合端部处开裂，裂纹沿结合面迅速扩展导致整体断裂，断面上没有陈旧性裂纹，本次断裂属于瞬时性发生。

由于端子金具材质存在较多的气孔，且气孔主要分布于靠近外表面处，在断口的起裂处及整个断面上也均发现有较多的气孔性缺陷，因此本次端子金具断裂的内在原因是材质存在较多的气孔减弱了其力学性能，尤其是外表面部位的力学性能所致。

通过对端子金具安装运行工况的分析，结合当时的天气状况和变电站设计风速，对比计算了不同风速工况条件下端子金具的受力状况。仿真计算表明，该端子金具结构设计强度满足静载荷受力的要求。但是，由于端子金具主要承受的 TV 连接导线的风载荷属于动载荷，对端子金具造成的影响以疲劳损伤为主，在 10 年的运行过程中，受疲劳应力最大的加强筋与下孔板结合部位的气孔聚集部位出现了微裂纹，而铸铝本身韧性极低，加之内部存在较多的气孔缺陷更有助于裂纹的扩展，因此裂纹生成后迅速扩展导致金具整体断裂。

根据制造厂家提供的信息，该类型的端子板前几年在别的省份也曾发生过因风载荷疲劳导致的断裂问题，因此，厂家在 2007 年 6 月更改了设计图纸，将加强筋由 1 根改为 2 根，并且厚度由 8mm 改为 10mm；在 2008 年 11 月再次调整设计，将端子板的本体厚度由 12mm 增加到 13.5±0.5mm。这说明厂家根据运行过程中发生断裂的情况逐步加强端子金具的结构强度。新旧两种端子金具的结构对比如图 10–3–16 所示。

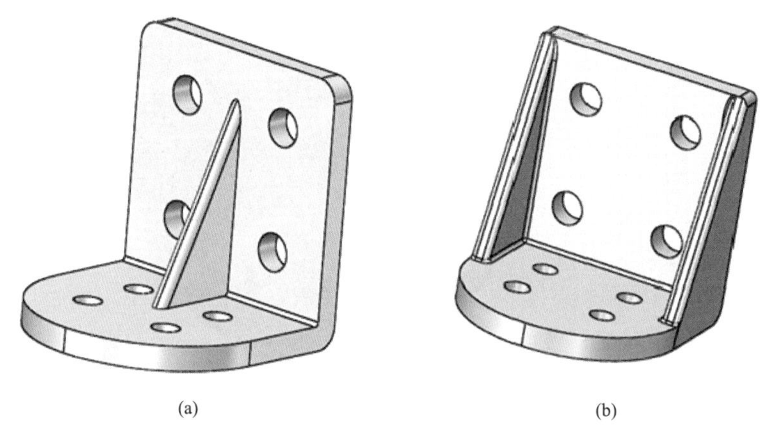

(a) (b)

图 10–3–16 两种端子金具的结构对比

（a）现场运行的端子金具（2006 年制造）；（b）2008 年更改设计后的端子金具

（7）结论与建议。

对线路压变端子金具的开裂原因，通过材质成分及力学性能检测试验、断口形貌分析、结构受力分析等方法进行了综合分析，得出以下结论，并根据相关问题提出了建议：

1）端子金具的材料成分、力学性能符合标准要求，但其材质内部存在较多的气孔，与设计技术图纸要求不符。

2）端子金具加强筋与下孔板结合部位是应力集中较大部位，由于材质本身存在较多气孔性缺陷，长期运行的风载荷疲劳使得该部位气孔聚集处出现了微裂纹，由于铸铝材质本身塑性较差，因此裂纹快速扩展发生了瞬时脆性断裂。

3）现场运行的同批次 TV 端子金具由于已运行 10 年，长期受疲劳应力的影响使得材质性能会出现劣化，并且已发生了较明显的腐蚀状况，因此存在断裂的安全隐患。

10.3.3 10kV 真空断路器导电连接夹具断裂

（1）概况。

某 110kV 变电站 10kV 断路器小修时，发现 C 相回路电阻值偏大（测量值为 58μΩ，合格参考值为 20～40μΩ），电动分合闸操作后回路电阻值增大达到 500μΩ。经检查发现，断路器真空灭弧室与下导电臂的导电连接夹具断裂，夹具与导电部分松脱，如图 10–3–17 所示。

图 10–3–17 导电连接夹具断裂处安装工况

经全面检查，全站 35 台断路器中共有同型号连接夹具 105 只，其中存在断裂、开裂缺陷的连接夹具有 8 只，缺陷形貌如图 10–3–18 所示。

此批断路器为型号为 3AH3115，总数 35 台，出厂日期为 2000 年 5 月，设备连续运行 16 年，平均开断次数 800 次。

图 10–3–18 导电连接夹具断裂、开裂形貌

（2）材质成分分析。

发生断裂的连接夹具材料牌号设计为 QCr0.5（备注：现行标准中名称牌号为铬铜 TCr0.5）。为了确认材料的牌号，对断裂件采用 OBLF 750–Ⅱ型直读光谱仪进行了成分检测，结果见表 10–3–6。断裂件的材质成分符合 GB/T 5233—1985《加工青铜 化学成分和产品形状》（备注：现行标准为 GB/T 5231—2012《加工铜及铜合金牌号和化学成分》）。

表 10-3-6　　材质成分检测结果

检测结果及标准要求	主要合金元素及含量（*wt.*%）			
	Cr	Fe	Ni	杂质总和
检测样品	0.542	0.032	0.022	0.335
QCr0.5 标准要求	0.4～1.1	≤0.2	≤0.05	≤0.5

（3）断口形貌分析。

1）断口宏观形貌。图 10-3-19 为断面的宏观形貌（备注：由于断面在现场受到油污染，断面经石油醚和无水乙醇超声波清洗），断面未见有明显的孔洞、疏松等缺陷，但是断面也未见明显的塑性变形，说明断裂件材料较脆。

图 10-3-19　断口宏观形貌

2）断口微观形貌分析。采用扫描电子显微镜对断口进一步进行分析，如图 10-3-20 所示，断口可见晶粒较细，韧窝很少，属于脆性穿晶断口，说明晶粒的晶内强度和晶界强度相当，基本不存在晶界弱化。

图 10-3-20　断口微观形貌

（4）材料金相组织分析。

断口微观形貌显示，断裂形式为脆性穿晶断裂，说明晶内可能存在夹杂物、第二相粒子等降低了晶内强度，因此对材料的金相组织进行分析。图 10-3-21 为断裂件的材料金相组织，可见在基体上存在明显的第二相粒子，第二相粒子已基本成条带状，金相组织为α相孪晶组织。

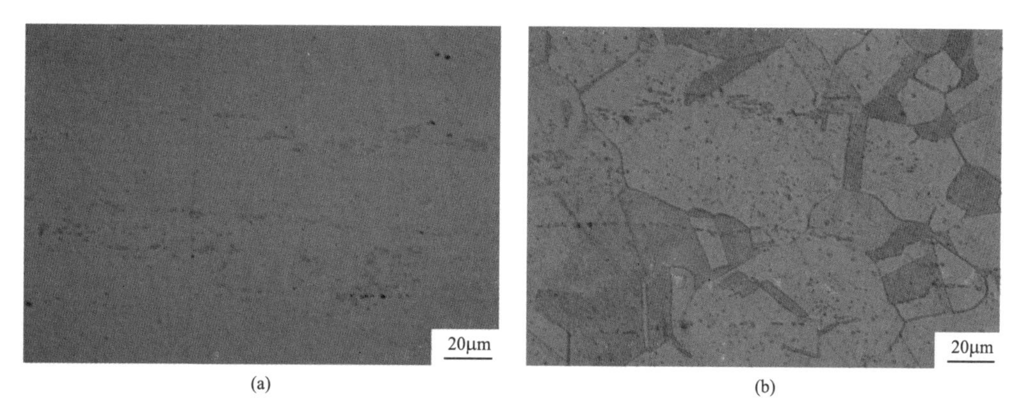

图 10–3–21　材料金相组织

（a）侵蚀前；（b）侵蚀后

通过扫描电子显微镜和能谱仪对金相组织中的第二相粒子进行成分分析，确认第二相粒子为 Cu–Cr 相，如图 10–3–22 所示。

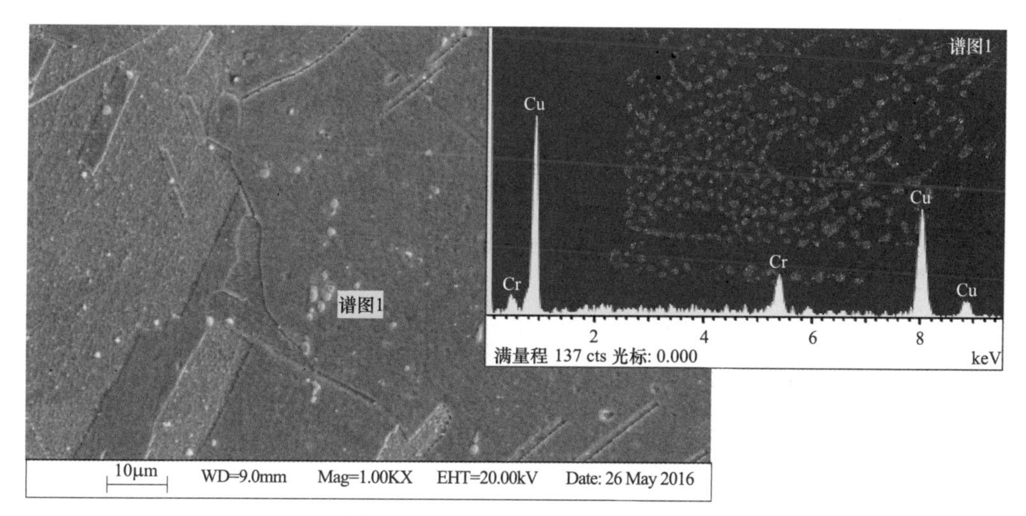

图 10–3–22　第二相成分能谱分析

（5）综合分析。

QCr0.5 为铬铜合金，铬（Cr）为主要合金元素，含量为 0.4%～1.1%。由于铬在铜中的溶解度随着温度下降快速下降，在 500℃时溶解度只有 0.05%，所以铬元素在铜中的固溶强化效果并不明显，只能是通过沉淀强化、时效处理和加工硬化等工艺来提高强度和硬度，其在晶内析出的 Cu–Cr 第二相就是主要的沉淀强化相。

对于 QCr0.5 材料，不同的热处理工艺能获得不同的性能（见表 10–3–7），固溶处理后材料的强度和硬度会明显增加，断后伸长率有所下降，断面收缩率也有所下降，但仍然保持在 50%以上。这说明材料虽然强度和硬度大幅提高了，但仍然保持韧性材料的特征，断后的断口会发生 50%以上的面积缩减，即断口会出现明显的颈缩塑性变形。

由于制造厂未能提供确切的连接夹具热处理工艺，以及发生断裂的连接夹具体积太小，无法进行强度、断后伸长率和断面收缩率的直接试验，所以对其材料的硬度进行了检测。经测试，断裂件材料的硬度为142HBW2.5/62.5，高于表10–3–7中的各种热处理工艺得到的力学性能，也就意味着其韧性指标更低。通过断口形貌（图10–3–18、图10–3–19）可见，断裂件本体和断面均未发生明显的塑性变形，说明材料的脆性非常大。脆性大的原因一方面与其晶内有大量呈条带状分布的 Cu–Cr 相粒子，形成了较高的沉淀强化效果有关；另一方面与具体的强化处理工艺有关。

表10–3–7　　QCr0.5不同状态下的力学性能

工艺方法	屈服强度（MPa）	抗拉强度（MPa）	断后伸长率（%）	断面收缩率（%）	硬度（HBW）
供应状态	92.7	222.4	49～50.4	84.13	55.3
1020℃固溶	94～99	221	38.5～39	83～84	53.3
1020℃固溶，64%冷变形	—	221～294	16.5～17.5	77～78	101
980℃固溶，440℃时效4h	—	387～97	34～36	64～73	115
1000℃固溶，440℃时效4h	251～225	419	29.6～30	67.5～73	120
1020℃固溶，440℃时效4h	260～270	423～424	30～31	48.5～59	124
1030℃固溶，440℃时效4h	279～283	430～431	20.4～26.4	54～56	125

由于连接夹具直接与导电杆、真空灭弧室连接，连接夹具承受断路器分合闸时产生的振动冲击。从现场情况可知，有些连接夹具在分合闸试验过程中发生了断裂，有些连接金具已出现了的裂纹，但尚未完全断裂。这说明在长期的运行过程中连接夹具已产生了较严重的内部裂纹，裂纹在受到分合闸的冲击载荷后逐步扩展积累，最终断裂。

（6）结论。

经对发生断裂的连接夹具的材料进行分析，确认是由于连接夹具材料（QCr0.5）的强化工艺原因导致其硬度高、韧性差，连接夹具无法长期承受断路器分合闸动作时的振动冲击载荷作用，在材料内部出现了较严重的裂纹，部分连接夹具部件在本次小修试验时由于裂纹进一步扩展而发生了断裂。

根据分析，断路器的连接夹具因材料不能承受长期振动冲击载荷而产生了内部开裂，由于多只部件均出现了不同程度的开裂，可以确定本批次产品的连接夹具已不满足使用要求，需要全部更换。

10.4　结构受力失效案例

10.4.1　变压器套管线夹开裂

（1）概况。

某变电站主变压器C相220kV、500kV各一只套管线夹出现裂纹，如图10–4–1所示。

A、B 两相的线夹经检查未发现裂纹。该线夹设计材质为 H62 黄铜，经铸造及机加工而成。该套管线夹用 3 颗 8.8 级 M10 螺栓将其与套管头部导体固定，用以保证线夹与套管头部导电柱的可靠接触。

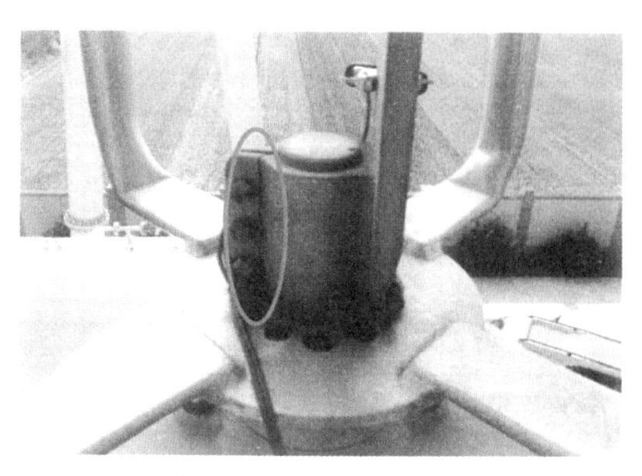

图 10–4–1　套管线夹裂纹

为查明套管线夹开裂的原因，下面对发生断裂的套管线夹从断口形貌、材质成分和性能、结构受力等方面进行检测试验和综合分析。

（2）宏观形貌。

送检分析的两只套管线夹（220kV、500kV 各一只）结构形状相同，为方便后续分析，将开裂但未完全断开的一只线夹记为 A 线夹，将完全断开的一只线夹记为 B 线夹。两只线夹开裂部位处于同一位置，均为螺栓连接平板与圆弧过渡处。

A 线夹左侧螺栓连接平板与圆弧过渡处存在裂纹，裂纹在上下两端部的宽度大于中间部位，如图 10–4–2 所示。B 线夹右侧半部发生断裂，断裂位置与 A 线夹产生裂纹处一致，均为螺栓连接平板与圆弧过渡处，断口粗糙，断面大部分成灰黑色，个别区域呈金黄色，如图 10–4–3 所示。由于两只线夹的结构型式完全一致且为同一批产品，所以重点分析发生完全断裂的一只（B 线夹）。

图 10–4–2　A 线夹螺栓紧固处根部开裂

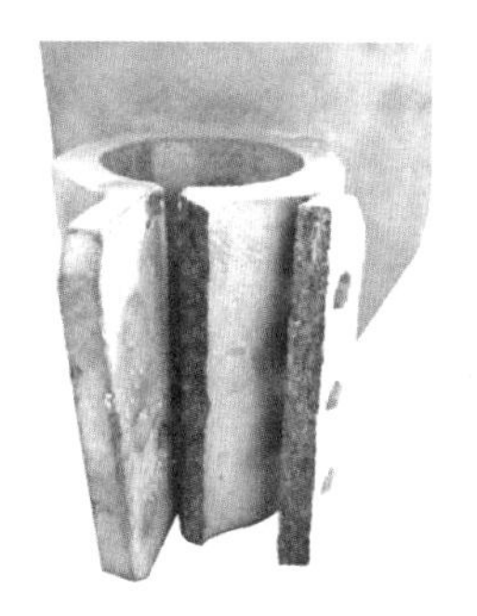

图 10–4–3　B 线夹螺栓紧固处根部断裂

（3）材质成分分析。

线夹材质为 ZH62 黄铜，ZH62 黄铜是平均含铜量约 62%、含锌量约 38%的普通铸造黄铜（Z 表示铸造，H 表示黄铜），其标准名称应为 ZCuZn38。为核实材质成分是否符合设计和标准要求，在线夹上取样，采用 QSN750–II 直读式光谱仪对其主要成分进行检测，结果见表 10–4–1。并与 GB/T 1176—2013《铸造铜及铜合金》进行对比。

表 10–4–1　线夹材料成分含量检测结果

试验次数	主要合金元素及含量（*wt.*%）			
	Cu	Pb	Zn	Fe
1	57.58	0.514	41.18	0.159

续表

试验次数	主要合金元素及含量（*wt.*%）			
	Cu	Pb	Zn	Fe
2	57.44	0.515	41.31	0.159
3	57.16	0.453	41.65	0.156
4	56.79	0.499	41.98	0.157
5	56.63	0.464	42.16	0.158
平均值	57.12	0.489	41.66	0.158
比对 GB/T 1176—2013 ZCuZn38	60.0～63.0	—	余量	≤0.8
参考 GB/T 5231—2012 H62	60.5～63.5	≤0.08	35.77～38.77	≤0.15

由检测结果可知，套管线夹材料的成分中，Cu 含量低于标准要求，说明 Pb、Zn 等元素的含量过高。虽然 GB/T 1176—2013《铸造铜及铜合金》对 ZCuZn38 中的 Pb、Zn 含量没有明确要求，但参考同类型的 H62 黄铜的标准（GB/T 5231—2012《加工铜及铜合金牌号和化学成分》）可知，Pb、Zn 含量对材料性能有明显影响。

（4）材料力学性能试验。

根据 GB/T 1176—2013《铸造铜及铜合金》、GB/T 13819—2013《铜及铜合金铸件》的要求，ZCuZn38 材料的力学指标主要有抗拉强度 R_m、规定塑性延伸强度（屈服强度）*R*p0.2、断裂伸长率、硬度。为核查发生断裂线夹材料的力学性能，进行了拉伸和硬度试验。

1）线夹材料拉伸试验。分别在套管线夹断裂处附近和另一边完好处各加工 2 个拉伸试样，采用 MTS810.25 材料试验机对试样进行拉伸试验，试验结果见表 10–4–2（备注：试样 4 内部含有铸造缺陷，拉伸时在缺陷处断裂，数据不记录）。

表 10–4–2　线夹材料拉伸试验结果

拉伸试样	力学性能		
	抗拉强度 R_m（MPa）	屈服强度 $R_{p0.2}$（MPa）	断裂伸长率（%）
1	296	105	5.2
2	258	98	3.0
3	409	135	12.0
标准要求	≥236	≥95	≥15

根据 GB/T 1176—2013 的要求，ZCuZn38 黄铜材料的抗拉强度 R_m 应不小于 295MPa，屈服强度 *R*p0.2 应不小于 95MPa，断后伸长率应不小于 30%。线夹为砂型铸件，标准规定其抗拉强度不应低于上述标准的 80%，即 236MPa；断后伸长率不应低于上述标准的 50%，即 15%。由表 10–4–2 可知，试样的抗拉强度数据之间存在较大差异，虽均满足标准要求，但其断裂伸长率均不满足要求，其中 1、2 号拉伸试样与标准值差距较大。

2）硬度检测试验。利用 BH–5 布氏硬度计对断裂套管线夹进行硬度检验，结果显示

套管线夹材料的布氏硬度为 87HBW。按 GB/T 1176—2013 的要求，砂型铸造的 ZCuZn38 黄铜的布什硬度应不低于 60HBW，因此套管线夹材料的布氏硬度值满足标准要求。

（5）线夹材料金相组织分析。

对线夹断口部位进行金相组织分析，可见裂纹大多沿晶界开裂，但晶内也有少量裂纹（图 10–4–4），裂纹两侧有轻微脱锌（图 10–4–5）。金相组织为 α 相+Pb 颗粒，晶粒粗大，晶粒平均直径为 0.51mm，组织内部可见析出的灰色颗粒 Pb 相（图 10–4–6）。

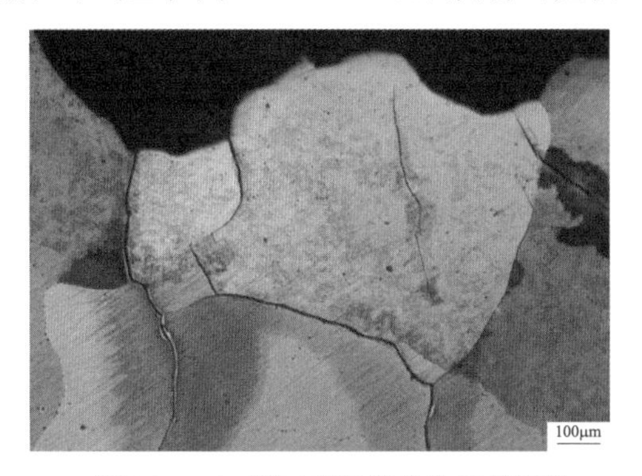

图 10–4–4　断口附近裂纹为沿晶开裂

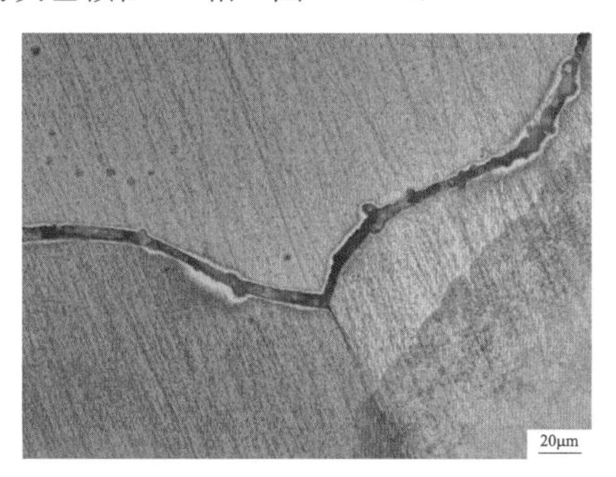

图 10–4–5　裂纹边缘存在脱锌

黄铜脱锌是腐蚀的一个表象，从断口附近裂纹边缘的脱锌情况来看，脱锌并不严重，表明线夹整体并未发生严重的腐蚀。从图 10–4–5 还可以看出，裂纹的走向均沿着晶界或晶内析出的 Pb 颗粒，说明材质中 Pb 含量较多，呈颗粒状析出的 Pb 减弱了材料强度。

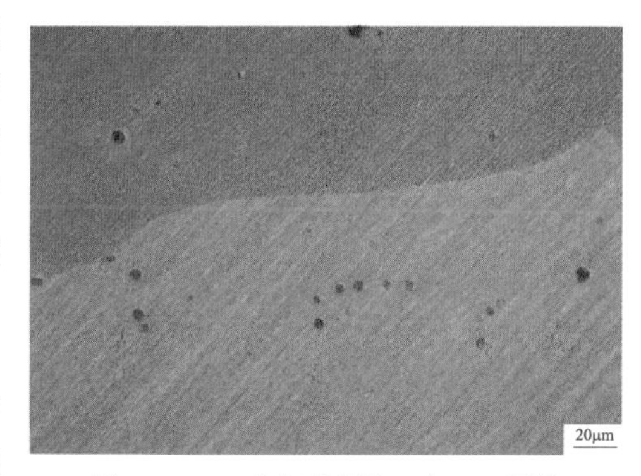

图 10–4–6　金相组织为 α 相+Pb 颗粒

（6）断口微观形貌分析。

对套管线夹断口采用扫描电子显微镜进行微观形貌分析，断口整体呈脆性沿晶开裂特征（图 10–4–7），晶粒粗大，表明材质的韧性较差、晶界结合强度差。微观分析显示，断口处有明显的腐蚀产物，说明裂纹形成、扩展至完全开裂是有一定时间的（图 10–4–8）。

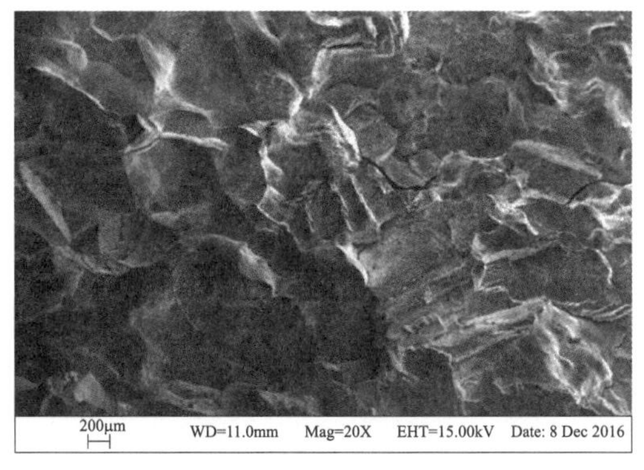

图 10–4–7　线夹断口形貌（20×）

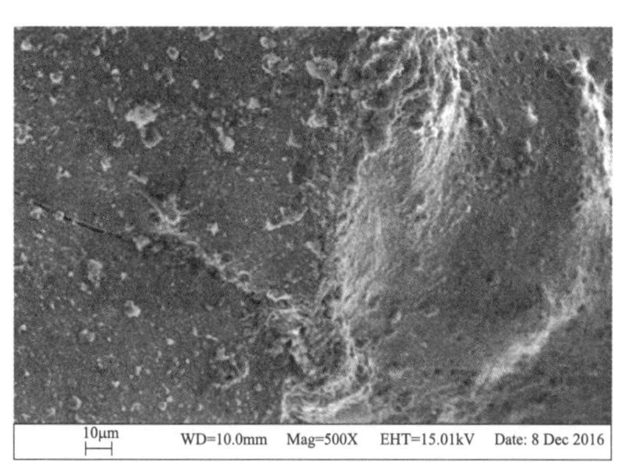

图 10–4–8　线夹断口微观形貌（500×）

对照分析，线夹上取样拉断后的样品断口微观形貌为典型的韧窝状组织（图 10–4–9），与陈旧性断口存在明显的不同，说明开裂是在承受较小的拉应力状态下逐渐沿晶界扩展形成的。

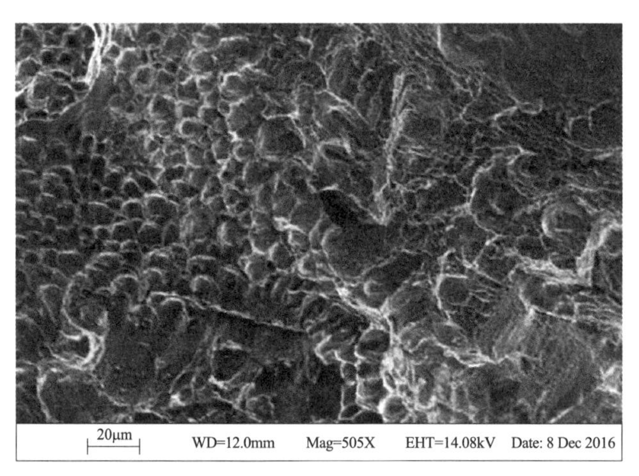

图 10–4–9　线夹试样拉断后断口形貌（500×）

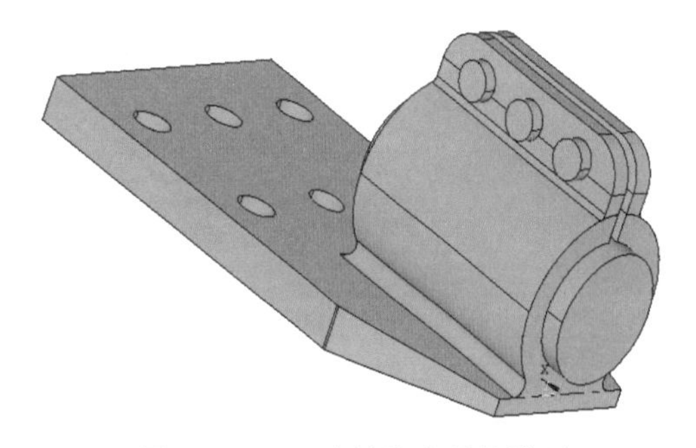

图 10–4–10　套管线夹结构模型

（7）线夹结构受力分析。

套管线夹在螺栓紧固力矩的作用下与套管导电杆紧密接触，为了判别是否因安装时螺栓紧固力矩过大，使得线夹承受较大的螺栓预紧力，导致螺栓连接平板与圆弧过渡部位应力超过材料的许用应力而发生开裂，因此对线夹进行了结构受力分析。

采用 ANSYS 分析软件对套管线夹结构进行同比例建模，模型如图 10–4–10 所示。通过加载螺栓预紧力来计算套管线夹开裂处的应力。

依据制造厂推荐的安装紧固力矩 50Nm，螺栓预紧力计算公式为

$$T = KFd$$

式中：T 为紧固力矩；K 为扭矩系数，取 0.2；d 为螺栓公称直径，m；F 为预紧力，N。

带入安装紧固力矩 T=50Nm，算出 M10 螺栓预紧力为 $F = 50 \div 0.2 \div 0.01 = 25\,000\text{N}$ 。加载入模型计算，得出应力云图如图 10–4–11 所示。由图可知，套管线夹在螺栓拧紧时，其受力最大处在螺栓连接平板与圆弧过渡部位，此处有较大的应力集中，最大等效应力达到 346MPa。该应力已超过了 ZCuZn38 黄铜材料的抗拉强度标准值 295MPa。

套管连接端子板采用的 M10 螺栓拧紧时紧固力矩取 30Nm，重新计算得到预紧力为 15kN。带入 ANSYS 模型加载，得到的应力云图如图 10–4–12 所示。由图可知，套管线夹最大应力仍位于螺栓连接平板与圆弧过渡处（开裂部位），最大等效应力为 208MPa。

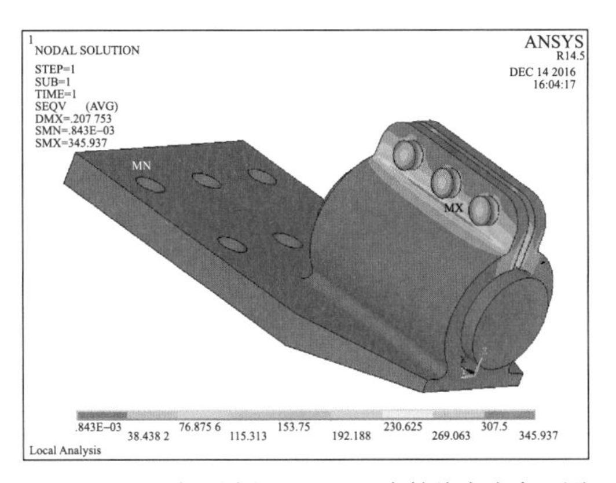

图 10–4–11　紧固力矩 50Nm 下套管线夹应力云图

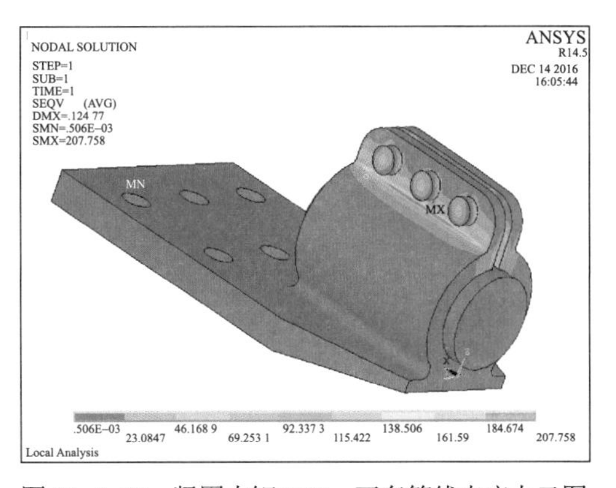

图 10–4–12　紧固力矩 30Nm 下套管线夹应力云图

（8）综合分析。

套管线夹的材料牌号为 ZCuZn38（ZH62）黄铜，经试验，其主要成分不符合 GB/T 1176—2013《铸造铜及铜合金》的要求，其中 Cu 的含量小于标准要求值，且含有较多的 Pb 元素。金相分析发现，断裂线夹的裂纹走向主要沿晶界或晶内析出的 Pb 颗粒处，是由于晶内 Pb 含量较多且呈颗粒状析出后减弱了材料强度。断口微观形貌分析表明，断口整体呈脆性沿晶开裂特征，表明材料的韧性较差、晶界强度较低，线夹的开裂是在承受拉应力状态下裂纹逐渐扩展形成的。

对发生断裂的套管线夹取样进行力学性能试验，试验结果表明线夹材料的抗拉强度值之间存在较大差异（试验结果为 258、296、409MPa），虽满足标准要求（≥236MPa），但其断裂伸长率（试验结果为 5、3、12%）远低于标准要求（≥15%），材料性能不符合标准要求。线夹材料的强度存在较大的不均匀性，且塑性较差，使线夹在受到较大应力时容易在强度较低处或存在铸造缺陷处产生裂纹并逐渐扩展而发生脆性断裂。

结构受力分析表明，依据制造厂推荐安装紧固力矩 50Nm，螺栓连接平板与圆弧过渡部位（发生开裂部位）的最大应力达到 346MPa，已经超过了材料抗拉强度的标准值和试验最小值，极易导致开裂。而根据制造厂第二次提供的紧固力矩工艺 30Nm 核算，螺栓连接平板与圆弧过渡部位的最大应力为 208MPa，虽未超过材料试验的抗拉强度，但已超过其屈服强度，材料进入塑性变形状态，在长期运行中也会导致开裂，存在安全隐患。由此可以推论，该套管线夹的结构尺寸、材料选型和螺栓紧固力矩三个参数不匹配，存在设计不当的问题。

（9）结论。

1）发生断裂的套管线夹的材质成分和力学性能不符合 GB/T 1176—2013《铸造铜及铜合金》的要求，其成分中铜含量小于标准要求值，力学性能的断后伸长率低于标准值。

2）设备制造厂提供的推荐安装紧固力矩 50Nm 过大，该紧固力矩下套管线夹的螺栓连接板与圆弧过渡部位的应力超过了材料的抗拉强度标准值，极易发生开裂。而在 30Nm 的安装紧固力矩下，套管线夹承受的最大应力虽未超过材料的抗拉强度，但已超过屈服强度，长期运行存在开裂的安全隐患。该套管线夹的结构尺寸、材料选型和螺栓紧固力矩三个参数不匹配，存在设计不当。

3）套管线夹材料强度存在较大的不均匀性，且螺栓紧固力矩产生的应力已超过了线夹材料强度的最小值，因此在线夹应力最大的螺栓连接板与圆弧过渡处产生了开裂，裂纹逐渐扩展最终导致线夹断裂。

10.4.2 线路复合横担绝缘子断裂

（1）概况。

某 220kV 线路跳闸，经检查发现横担绝缘子根部的金属附件断裂。当日天气为小到中雨，东北风约 7 级。发生断裂的绝缘子现场安装形式如图 10–4–13 所示，该绝缘子水平安装，用来固定架空导线与电缆终端接头之间的连接导线。绝缘子型号为 FFP–220/2.0，运行约 5 年。

图 10–4–13 横担绝缘子现场安装位置图

（2）断裂件断口形貌分析。

1）断裂绝缘子整体形貌。横担绝缘子的整体结构如图 10–4–14 所示，安装总长 2900mm，断裂发生在根部金属附件的平板与圆管连接部位，如图 10–4–15 所示。绝缘子头部金属部件存在放电烧蚀痕迹，如图 10–4–16 所示。

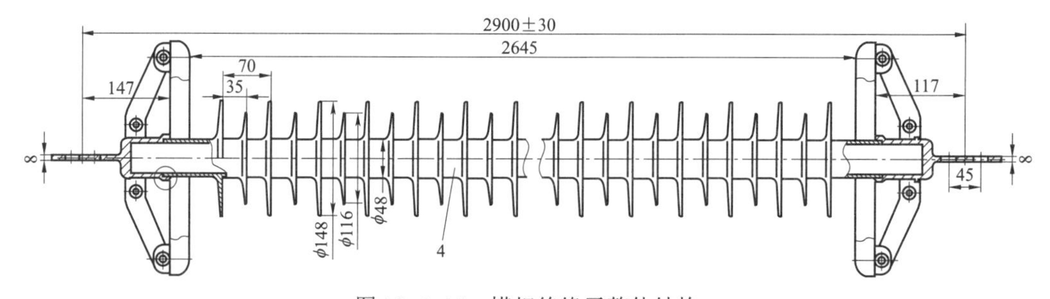

图 10–4–14 横担绝缘子整体结构

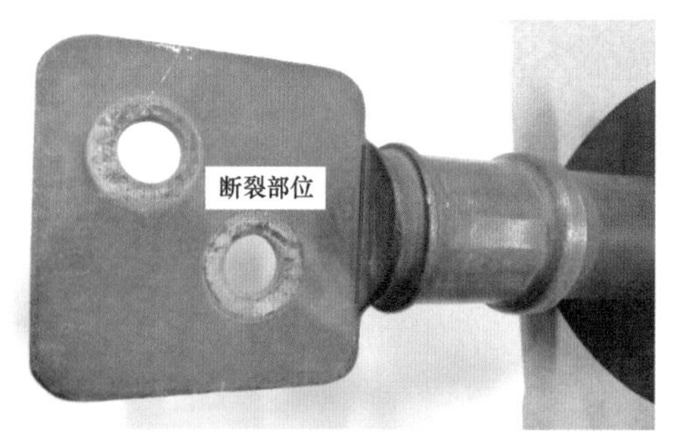

图 10–4–15 横担绝缘子根部金属附件断裂部位

图 10–4–16 横担绝缘子端部存在放电烧蚀痕迹

2）断裂部位断口分析。横担绝缘子根部金属附件的断口形貌见图 10–4–17 所示。断面基本平齐，表面均布有浅黄的锈迹，未见明显的陈旧性裂纹，表明开裂是在瞬时发生的，

浅黄色的锈迹是断裂后在潮湿的环境中快速形成的。根据断口上的撕裂棱走向，判断开裂是在上表面中间部位先开始的，裂纹迅速扩展导致断裂。对起裂点部位采用扫描电子显微镜进行观察，在起裂点处发现存在直径约 0.4mm 的孔洞，如图 10–4–18 所示。

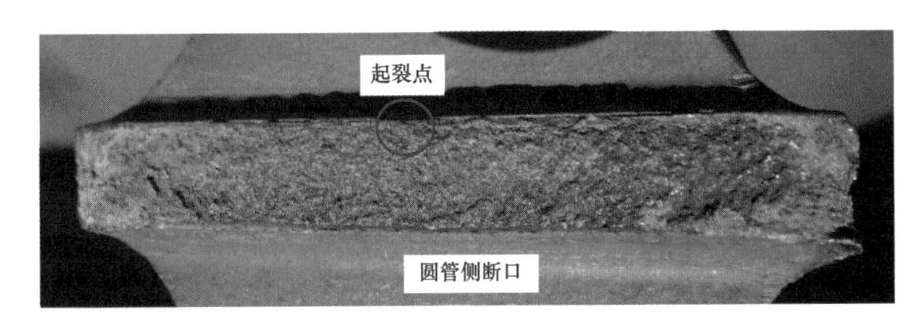

图 10–4–17　断裂的底座部件断口形貌

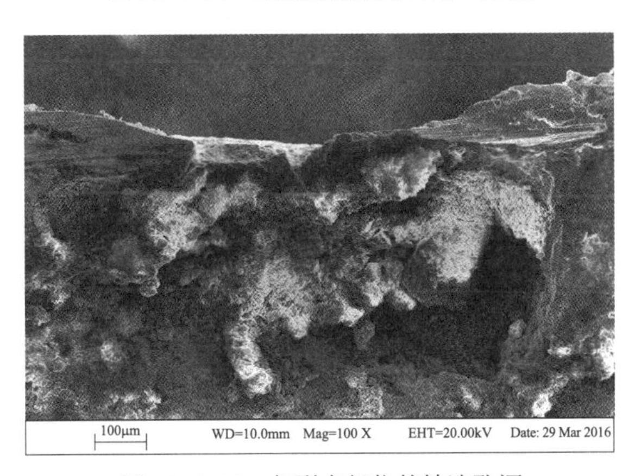

图 10–4–18　起裂点部位的铸造孔洞

（3）材料性能检测试验。

发生断裂的金属附件材料设计牌号为 ZG310–570，为了判断断裂金属附件的材料成分分析和力学性能试验是否符合标准要求，对其性能进行了分析和检测。

1）材料成分分析。采用 OBLF 750–Ⅱ直读光谱仪对材料成分进行分析，对照 GB/T 11352—2009《一般工程用铸造碳钢》，检测样品的成分符合 ZG310–570 的标准要求，如表 10–4–3 所示。

表 10–4–3　　材料成分检测结果（*wt.*%）

成分	C	si	Mn	P	S	Cr	Ni	Cu	Mo	V
检测样品	0.44	0.31	0.61	0.007	0.010	0.044	0.023	0.062	＜0.001	＜0.005
标准要求	≤0.50	≤0.60	≤0.90	≤0.035	≤0.035	≤0.35	≤0.40	≤0.40	≤0.20	≤0.05

2）材料力学性能。在断裂件的平板上取样，进行材料的力学性能试验，试验项目包括拉伸强度、断后伸长率、冲击吸收能量，试验结果如表 10–4–4 所示。

表 10–4–4　　材料力学性能试验结果

检测项目	屈服强度（MPa）	抗拉强度（MPa）	断后伸长率（%）	冲击吸收能量（J）
试验结果	372	675	18.0	10
GB/T 11352—2009 ZG310–570 要求	≥310	≥570	≥15.0	≥15

注　由于样品厚度只有 8mm，因此冲击试样的规格尺寸为 10mm×7.5mm×55mm，小于 10mm×10mm×55mm 的标准样品尺寸，故冲击吸收能量值仅作为参考。

从材料力学性能试验结果来看，断裂金属附件的材料性能（除冲击吸收能量，见表 10–4–4 注）符合 ZG310–570 标准要求。

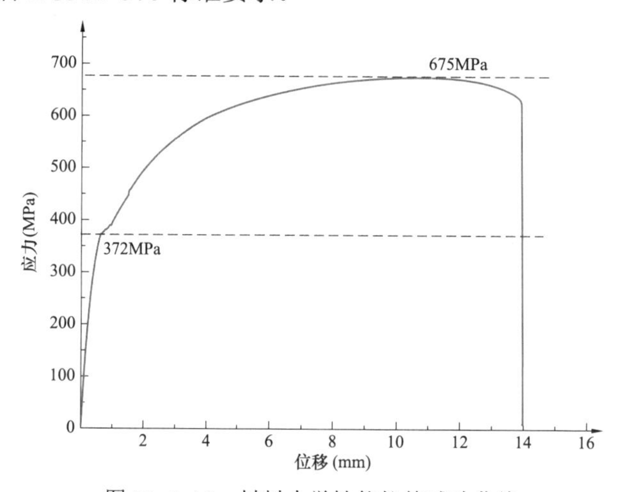

图 10–4–19　材料力学性能拉伸试验曲线

（4）结构受力分析。

根据现场安装情况，绝缘子安装总长 2900mm，通过固定端方板上的螺栓孔与铁塔相连，水平安装，呈悬臂梁受力结构。断口宽度 60mm，板厚度 8mm，绝缘子大伞裙直径为 148mm。绝缘子结构的受力主要包括三部分：① 自身的重力，方向为垂直向下；② 风载荷作用力，由于绝缘子安装高度在 15m 以下，在此高度的风受地面影响多为水平方向，因此风载荷也为水平方向；③ 端部固定导线的重量载荷，方向为垂直向下。绝缘子结构的受力分析如图 10–4–20 所示。

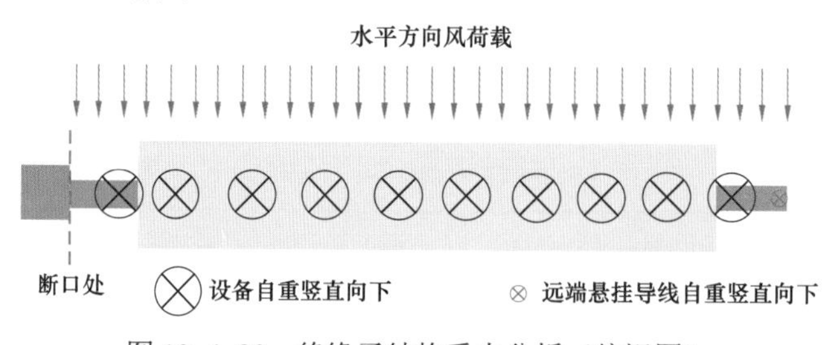

图 10–4–20　绝缘子结构受力分析（俯视图）

1）计算参数。

绝缘子自重：m_1=15kg（实际测量值）；

计算风速：V=17.1m/s（按现场提供的7级风数据）；

远端导线重量：m_2=1kg（由于连接导线的重量由三组绝缘子分担，因此近似取1kg计算）；

断口宽度：b=60mm，厚度 h=8mm；

绝缘子安装长度：l=2900mm；

绝缘子风荷载作用面积：2540mm×148mm（最保守情况下，按绝缘子投影面积计算）。

2）断口部位受力计算。绝缘子根部金属附件断面上的受力情况如图10–4–21所示，其中：A区承受由自重弯矩、导线弯矩以及风载荷引起的拉应力；B区承受由自重弯矩、导线弯矩引起的压应力，以及风载荷引起的拉应力；C区承受由自重弯矩、导线弯矩引起的压应力，以及风载荷引起的压应力；D区承受由自重弯矩、导线弯矩引起的拉应力，以及风载荷引起的压应力。因此，A区是承受拉应力最大的区域，C区是承受压应力最大的区域。

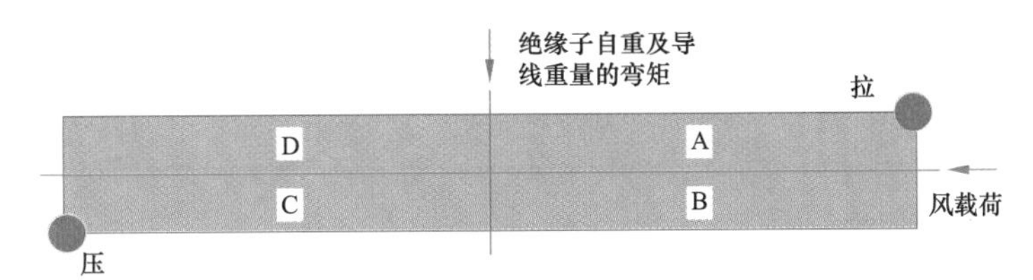

图10–4–21　底座断口部位受力结构图

① 绝缘子自重在断口处产生的弯矩为

$$M_1 = \frac{1}{2} m_1 g l$$

此弯矩产生的最大应力为

$$\sigma_1 = \frac{M_1}{W_1} = \frac{M_1}{\left(\frac{1}{6} b h^2\right)}$$

可得 σ_1 =339.8MPa

② 连接导线自重在断口处产生的弯矩为

$$M_2 = m_2 g l$$

此弯矩产生的最大应力为

$$\sigma_2 = \frac{M_2}{W_1} = \frac{M_2}{\left(\frac{1}{6} b h^2\right)}$$

可得 σ_2 =45.3MPa

③ 依据DL/T5154—2012《架空输电线路杆塔结构设计技术》的规定，绝缘子风荷载计算公式为

$$W_{\mathrm{I}}=W_{\mathrm{o}}\mu_{z}B_{1}A_{\mathrm{I}}$$

式中：W_{o}为基本风压，$W_{\mathrm{o}}=\dfrac{V^2}{1600}$；计算风速取7级风，取17.1m/s；$\mu_z$为风压高度变化系数，按B类地形15m高，取1.14；B_1为覆冰风荷载增大系数，无覆冰现象，取1；A_{I}为绝缘子串承受风压计算面积，取投影面积2540mm×148mm。

风荷载在断口处产生的弯矩为

$$M_3=\frac{1}{2}W_{\mathrm{I}}l$$

此弯矩产生的最大应力为

$$\sigma_3=\frac{M_3}{W_2}=\frac{M_3}{\left(\dfrac{1}{6}b^2h\right)}$$

可得σ_3=34.1MPa

对于图10–4–21所示断口面，其最大应力为

$$\sigma=\sigma_1+\sigma_2+\sigma_3=419\text{（MPa）}$$

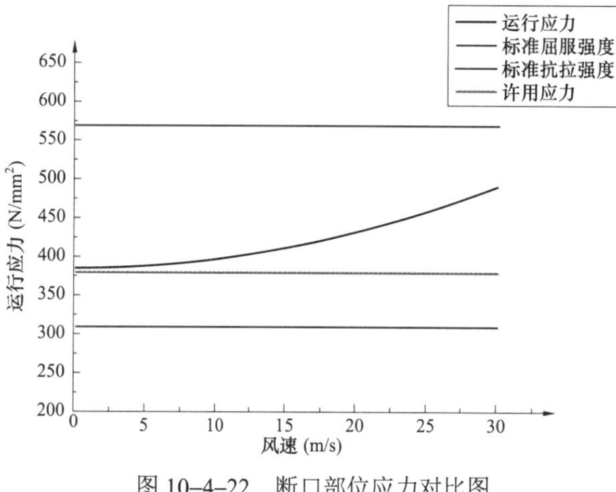

图10–4–22　断口部位应力对比图

3）受力结果分析。通过受力分析看出，在绝缘子根部金属附件变径（断口）部位，由绝缘子自重产生的应力占主要部分，风载荷导致的应力仅占约1/10，不同风速下断口处的应力曲线如图10–4–22所示。

根据材料ZG310–570的性能参数，其屈服强度为310MPa（图10–4–22中蓝色线），抗拉强度570MPa（图10–4–22中红色线）。由于材料是铸钢，根据常规安全系数（1.5～2.5），取1.5估算，材料的许用应力为380MPa（图10–4–22中绿色线）。由此可见，此结构的应力基本上都超过了许用应力，也就是说，结构在运行时均已超出了安全系数。

（5）综合分析。

1）材料与结构受力综合分析。由材料成分和性能检测分析结果可知，发生断裂的金属部件材质成分和强度指标均符合ZG310–570对应标准的要求，韧性指标由于样品太薄无法制备标准样品因此结果仅供参考，性能指标基本上符合标准要求。

从断口形貌分析，断口上没有陈旧性的裂纹，开裂是瞬时发生并快速扩散的，在断口的起裂部位可以看到微小的铸造孔洞，这是铸件在铸造过程中形成的。由于铸造孔洞的尺寸较小（直径约0.4mm），对材料的结构强度影响很小，不是导致断裂发生的原因。

通过结构受力分析发现，绝缘子水平呈悬臂梁布置时，变径部位截面最小，且是弯曲应力最大的部位。计算得知，此部位的应力值已超过了其材料的屈服强度，也已超过了材

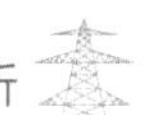

料的许用应力，说明结构在运行时已超过了设计安全裕度。由于材料的实际性能高于标准要求值，如发生断裂的金属底座材料的实际屈服强度 372MPa、抗拉强度为 675MPa，高于标准值，材料本身存在一定的性能裕度，因此绝缘子安装后未立即发生断裂或弯曲。而当遇到强风等外加载荷后，依靠材料本身的性能裕度就无法抵御绝缘子自重和风载荷叠加的综合应力，从而在应力最大处——绝缘子根部金属附件变径部位发生了断裂。

2）绝缘子设计生产安装资料核查。从材料和结构受力分析得出，该绝缘子水平布置，其断裂部位的应力值已经超过了材料的屈服强度，因此对该绝缘子的设计和制造图纸进行了核查。核查发现，发生断裂的绝缘子原设计是用于垂直安装的，不是用来水平安装的。

由于终端塔安装施工图中没有明确绝缘子的型号，导致原本垂直安装的悬垂绝缘子却被水平安装。由于垂直安装的悬垂绝缘子长度为 2.90m，而水平安装的横担绝缘子长度为 2.45m。当悬垂绝缘子水平安装时，由于其长度较长，因此其根部金属附件承受过大的弯曲应力。

（6）结论。

通过横担绝缘子底座材料及结构受力分析，确认绝缘子底座的材料性能符合设计和标准要求。但绝缘子运行状态下其根部金属附件断裂处的应力已超过了材料的屈服强度，也已超过了材料的许用应力，导致该绝缘子在运行时已超过了设计安全裕度，属于选型错误。

通过核查设计、制造、安装图纸发现，由于安装施工图上未明确绝缘子的型号，导致原本用于垂直安装的悬垂绝缘子被水平安装，使绝缘子根部金属附件变径处的弯曲应力超过了设计安全裕度。但由于金属附件材料本身有一定的安全裕度，因此绝缘子安装后未发生立即断裂或弯曲。故障发生时现场发生了 7 级大风，依靠材料本身的安全裕度无法抵御绝缘子自重和风载荷叠加的综合应力，从而在应力最大的绝缘子根部金属附件变径部位发生了断裂。

分析确认，故障绝缘子为悬垂绝缘子而非横担绝缘子，发生断裂属于安装选型错误所致。

参 考 文 献

[1] 束德林. 工程材料力学性能. 北京：机械工业出版社，2003.
[2] 温秉权. 金属材料手册. 北京：电子工业出版社，2009.
[3] 吴承建，陈国良，强文江. 金属材料学. 北京：冶金工业出版社，2006.
[4] 高改莲，盛经文. 电力工程常用材料. 北京：水利电力出版社，1994.
[5] 曾正明. 机械工程材料手册. 北京：机械工业出版社，2010.
[6] 杨坤玉，焊接方法与设备. 长沙：中南大学出版社，2010.
[7] 王建勋. 焊接结构生产. 长沙：中南大学出版社，2010.
[8] 堵耀庭，张其枢. 不锈钢焊接. 北京：机械工业出版社，2012.
[9] 邱葭菲，蔡建刚. 熔焊过程控制与焊接工艺. 长沙：中南大学出版社，2010.
[10] 王晓雷. 承压类特种设备无损检测相关知识（第二版）. 北京：中国劳动社会保障出版社，2007
[11] 强天鹏. 射线检测（第二版）. 北京：中国劳动社会保障出版社，2007.
[12] 郑晖，林树青. 超声检测（第二版）. 北京：中国劳动社会保障出版社，2008.
[13] 宋志哲. 磁粉检测（第二版）. 北京：中国劳动社会保障出版社，2007.
[14] 胡学知. 渗透检测（第二版）. 北京：中国劳动社会保障出版社，2007.
[15] 刘贵明，马丽丽. 无损检测技术（第二版）. 北京：国防工业出版社，2010.
[16] 刘福顺，汤明. 无损检测基础. 北京：航空航天大学出版社，2002.
[17] 崔忠圻. 金属学与热处理. 北京：科学出版社，1988.
[18] 王学武. 金属材料与热处理. 北京：机械工业出版社，2016. 3.
[19] 周振丰. 焊接冶金学. 北京：机械工业出版社，1991.
[20] 张文钺，焊接冶金学（基本原理）. 北京：机械工业出版社，2004.
[21] 姜焕中，电弧焊及电渣焊. 北京：机械工业出版社，1980.
[22] 周万盛，姚君山. 铝及铝合金的焊接，北京：机械工业出版社，2006.
[23] 屠世润，高越. 金相原理与实践. 北京：机械工业出版社，1990.
[24] 曹楚南. 腐蚀电化学原理（第三版）. 北京：化学工业出版社，2008.
[25] 李晓刚，材料腐蚀与防护. 长沙：中南大学出版社，2009.
[26] 胡士信，阴极保护工程手册. 北京：化学工业出版社，2003.
[27] 左禹，熊金平. 工程材料及其耐蚀性. 北京：中国石化出版社，2008.
[28] 张圣麟. 铝合金表面处理技术. 北京：化学工业出版社，2009.
[29] 李华为. 电镀工艺实验方法和技术. 北京：科学出版社，2006.
[30] 朱立编. 钢材热镀锌. 北京：化学工业出版社，2005.
[31] 朱祖芳. 铝合金阳极氧化与表面处理技术. 北京：化学工业出版社，2004. 5.
[32] 郑国经，计子华，余兴. 原子发射光谱分析技术及应用. 北京：化学工业出版社，2010.
[33] 余虹云，俞成彪，李瑞. 电力线路器材应用与检测. 北京：中国电力出版社，2007.
[34] 郑佩祥. 电网设备金属材料监督与检测. 北京：中国电力出版社，2013.
[35] 阚波. 电网设备金属监督检测技术. 北京：中国电力出版社，2016.
[36] 谢国盛. 电网设备金属部件失效典型案例. 北京：中国电力出版社，2015.